煤矿安全规程班组学习指南

（2022）

本书编委会 编

应急管理出版社

·北 京·

图书在版编目（CIP）数据

煤矿安全规程班组学习指南．2022/《煤矿安全规程班组学习指南（2022）》编委会编．-- 北京：应急管理出版社，2022（2022.5 重印）

ISBN 978-7-5020-9118-7

Ⅰ．①煤… Ⅱ．①煤… Ⅲ．①煤矿—安全生产—班组管理—学习参考资料 Ⅳ．①TD7

中国版本图书馆 CIP 数据核字（2021）第 236496 号

煤矿安全规程班组学习指南（2022）

编　　者　本书编委会
责任编辑　杨晓艳
责任校对　邢蕾严
封面设计　于春颖

出版发行　应急管理出版社（北京市朝阳区芍药居 35 号　100029）
电　　话　010-84657898（总编室）　010-84657880（读者服务部）
网　　址　www.cciph.com.cn
印　　刷　三河市中晟雅豪印务有限公司
经　　销　全国新华书店

开　　本　787mm×1092mm $^{1}/_{16}$　**印张**　$21^{1}/_{2}$　**字数**　518 千字
版　　次　2022 年 4 月第 1 版　2022 年 5 月第 2 次印刷
社内编号　20210798　　**定价**　68.00 元

编　委　会

主　　编　中国义　王成帅

副主编　廉保伟　王茂华　张文阳　张建静　陈　威　王　仙　潘立业　陈立新　吴　斌　吴政梅　姚辉苗　张　华

编写人员（按姓氏笔画为序）

王　伟　王　鸿　王红贤　王孝斌　冯建林　毕志军　刘　婕　刘先新　刘学亮　刘洪才　刘晓航　李素亮　李晓鹏　连焱鑫　沈玉旭　陈　磊　原海旺　郭　帅　郭文君　郭俊庆　魏大栋

前　言

《煤矿安全规程》(2022) 于2022年1月6日以中华人民共和国应急管理部令第8号公布，自2022年4月1日起施行。

《煤矿安全规程》是煤矿安全生产法律法规体系的重要组成部分，在煤炭行业具有极高的权威性，在煤矿安全生产领域居于主体规章地位，是安全生产监管监察执法的重要依据，是规范煤矿安全生产行为的重要准绳。

我国自1951年9月颁布第一部《煤矿安全规程》以来，先后经历9次全面修改和5次部分条文修改，此次修改是2016年全面修改后的第1次部分条文修改。此次对《煤矿安全规程》(2016) 的修改共包括18条，集中在“第一编总则”和“第三编井工煤矿”部分，其中设备查验1条、智能化1条、开采3条、突出防治2条、除降尘装置1条、冲击地压防治6条、火灾防治2条、水灾防治1条、井下爆破1条。《煤矿安全规程》(2022) 修改过程中，严格贯彻落实习近平总书记关于安全生产工作的重要论述精神，并衔接适应新修改的《安全生产法》等法律的规定和要求；深刻吸取近年来的煤矿灾害事故教训，认真分析灾害事故中暴露出的煤矿安全生产和技术管理漏洞及不合理因素，查找影响煤矿安全生产的危险因素和事故隐患，对相关规定要求做出相应的修改和补充；衔接协调《煤矿防治水细则》《防治煤与瓦斯突出细则》《防治煤矿冲击地压细则》《煤矿防灭火细则》等煤矿安全规范性文件及相关标准，充分体现了《煤矿安全规程》在煤矿安全生产领域的主体规章地位；解决好《煤矿安全规程》(2016) 实施5年多来煤矿现场管理的重要问题，尽量满足煤矿现场的使用需求。

保障煤矿安全生产和从业人员的人身安全与健康，防止煤矿事故与职业病危害，是《煤矿安全规程》(2022) 修改的根本目的。煤矿企业应当加大《煤矿安全规程》的宣贯力度，组织相应的学习培训，认真对照《煤矿安全规程》的新规定、新要求，开展对标对表检查，完善相关机构、制度、装备，补短板、强弱项，落实各项管理措施，强化应急救援处置，推进《煤矿安全规程》各项规定落地见效。班组是煤矿企业最基层的组织单元、煤矿安全生产的前哨和各项工作的具体落实者，《煤矿安全规程》的宣传学习和贯彻实施必须由煤矿班组来落地生根。为此，我们组织了现场经验丰富的煤矿企业管理人员、学校优秀教师，结合煤矿班组作业实际需要，编写了《煤矿安全规程班组学习指南（2022）》，满足煤矿企业班组宣传学习和贯彻的需要。

本书编写过程中，得到了山西科兴能源发展有限公司、晋能控股煤业集团、山西焦煤集团有限责任公司、山西焦煤华晋焦煤有限责任公司、山西昕益能源集团有限公司、山西弘顺能源发展有限公司、山西天地王坡煤业有限公司、太原理工大学、内蒙古科技大学、山西能源学院、山西水利职业技术学院、山西省煤炭学会、山西省应急管理研究院、山西煤矿安全培训中心、内蒙古煤矿安全培训中心、山西省能源职业学校（山西省能源职工教育中心）、山西蓝博教育咨询有限公司、山西沁源凤凰台煤业有限公司等单位及相关个人的大力支持，在此表示衷心感谢！

由于时间仓促，水平有限，书中不妥之处，恳请读者批评指正。

编委会

2022年3月

目　　录

第一部分　总　　则

第一条　为保障煤矿安全生产和从业人员的人身安全与健康，防止煤矿事故与职业病危害，根据《煤炭法》《矿山安全法》《安全生产法》《职业病防治法》《煤矿安全监察条例》和《安全生产许可证条例》等，制定本规程。

➤ 现场执行

煤炭行业属于高危行业的属性，决定了国家必须通过法律手段来规范企业的安全生产管理和从业人员的作业行为，防止煤矿事故与职业病危害。《煤矿安全规程》是国家法律法规体系的重要组成部分，在煤炭行业具有极高的权威性，在煤矿安全生产领域居于主体规章地位，是安全生产监管监察执法的重要依据，是规范煤矿安全生产行为的重要准绳。

第二条　在中华人民共和国领域内从事煤炭生产和煤矿建设活动，必须遵守本规程。

➤ 现场执行

中华人民共和国领域包括领土和领海。凡是在此范围内从事煤炭生产和煤矿建设活动的煤矿企业，都必须遵守《煤矿安全规程》的规定。

第三条　煤炭生产实行安全生产许可证制度。未取得安全生产许可证的，不得从事煤炭生产活动。

➤ 现场执行

（1）国家对矿山企业、建筑施工企业和危险化学品、烟花爆竹、民用爆破器材生产企业实行安全生产许可制度。企业未取得安全生产许可证的，不得从事生产活动。

（2）煤矿企业必须依照《煤矿企业安全生产许可证实施办法》（国家安全生产监督管理总局令第86号）的规定取得安全生产许可证。

煤矿企业除本企业申请办理安全生产许可证外，其所属矿（井、露天坑）也应当申请办理安全生产许可证，一矿（井、露天坑）一证。煤矿企业实行多级管理的，其上级煤矿企业也应当申请办理安全生产许可证。

第四条　从事煤炭生产与煤矿建设的企业（以下统称煤矿企业）必须遵守国家有关安全生产的法律、法规、规章、规程、标准和技术规范。

煤矿企业必须加强安全生产管理，建立健全各级负责人、各部门、各岗位安全生产与职业病危害防治责任制。

煤矿企业必须建立健全安全生产与职业病危害防治目标管理、投入、奖惩、技术措施审批、培训、办公会议制度，安全检查制度，安全风险分级管控工作制度，事故隐患排查、治理、报告制度，事故报告与责任追究制度等。

煤矿企业必须制定重要设备材料的查验制度，做好检查验收和记录，防爆、阻燃抗静电、保护等安全性能不合格的不得入井使用。

煤矿企业必须建立各种设备、设施检查维修制度，定期进行检查维修，并做好记录。

煤矿必须制定本单位的作业规程和操作规程。

➤ 现场执行

（1）我国煤矿安全生产法律法规标准体系主要由15部法律法规、50多部部门规章、1500多项国家标准和行业标准组成。煤矿企业从事煤炭生产与煤矿建设活动必须遵守上述安全生产的法律、法规、规章、规程、标准和技术规范，确保安全生产。

（2）安全生产责任制由各级负责人、各部门和各岗位组成。制定安全生产责任制时，必须满足《安全生产法》第二十一条规定，明确各岗位的责任人员、责任范围和考核标准等内容，建立相应的机制和监督考核规定，确保落实到各岗位和个人。

（3）《煤矿安全规程》、“作业规程”“操作规程”是煤矿安全生产的“三大规程”。“作业规程”是煤矿企业在生产过程中根据各单位工程的具体情况制定的作业程序和作业方法，“操作规程”是煤矿企业根据企业实际情况制定的各工作的操作规范。

“作业规程”“操作规程”必须符合安全生产法律法规规定，符合企业的实际情况。条件允许的企业，在制定“作业规程”“操作规程”时，制定标准可高于《煤矿安全规程》。

（4）煤矿企业应按照《煤矿安全生产标准化管理体系基本要求及评分方法（试行）》建立健全风险分级管控、事故隐患排查治理工作机制、事故隐患治理、监督管理和保障措施。

（5）重要设备材料入矿查验和入井前安全性能检查要求是《煤矿安全规程》（2022）新增内容。

《中华人民共和国产品质量法》规定，在中华人民共和国境内经过加工、制作，用于销售的产品必须有产品质量检验合格证明。《矿用产品安全标志标识》（AQ 1043）规定，矿用产品是矿山使用的设备、材料、仪器仪表的总称。《煤矿安全规程》规定，纳入安全标志管理的产品，必须取得煤矿矿用产品安全标志，对于井下电气设备，必须符合防爆要求。

根据上述规定，从事煤炭生产与煤矿建设的企业需制定重要设备材料的查验制度，应重点包括纳入安全标志管理的产品和有防爆要求的电气设备。主要包括电气设备，照明设备，爆炸材料及发爆器，通信及信号装置，钻孔机具及附件，提升及运输设备，动力机车，通风及防尘装备，阻燃及抗静电产品，环境、安全、工况监测监控仪器与装备，支护设备，采掘机械及配套设备等12个大类、118个小类。此外，还包括托盘、螺帽、U型钢、工字钢、拉撑杆等支护材料、煤矿井下反应型高分子材料和防火用阻化剂等材料。

重要设备材料的查验制度是煤矿全周期的一个制度，涉及煤矿建设、联合试运转至生产各环节。相关设备的查验应重点关注如下事项。

① 隔爆型电气设备。查验时，应核对产品是否具有有效的矿用产品安全标志和产品出厂合格证，产品铭牌中反映的相关信息是否与安全标志证书中标注的内容（包括产品名称、规格型号、安全标志编号、生产单位及地址等）一致，安全标志证书中标注应取得安全标志的配套件是否具有有效安全标志，产品安全警示牌板是否齐全、清晰、完整。

下井前需检查产品隔爆面长度、隔爆面粗糙度、隔爆面间隙（隔爆面间隙应在盖好盖板后或关上门后进行检查测量）、电气间隙、爬电距离（在最苛刻条件下，接线后是否还满足要求）、引入装置（橡胶圈是否符合要求）等隔爆参数，符合要求后方可下井投入使用。

② 矿用本质安全型电气设备。查验时，应核对产品是否具有有效的矿用产品安全标志和产品出厂合格证；产品铭牌中反映的相关信息是否与安全标志证书中标注的内容（包括产品名称、规格型号、安全标志编号、生产单位及地址等）一致；安全标志证书中标注与本产品关联的部件是否具有有效安全标志，且名称、规格型号、安全标志编号、生产单位与安全标志证书中标注一致；产品安全警示牌板是否齐全、清晰、完整。

对本质安全关联系统（如安全监控系统、人员管理系统、电力监测系统等）验收时，应核对是否具有系统整体安全标志，系统的实际组成部件是否与安全标志证书中标注一致，包括产品名称、规格型号、安全标志编号、生产单位等。

使用前，应检查产品保护功能是否正常，动作是否可靠。应测量该产品的工作电压、工作电流是否符合说明书要求的参数。确定该产品的关联设备或配接设备是否符合规定要求，并正确接线。不得将地线作本质安全电路回路（接地保护除外）。

③ 矿用隔爆兼本质安全型产品。查验时，应遵守矿用本质安全型电气设备和隔爆型电气设备验收事项。

第五条　煤矿企业必须设置专门机构负责煤矿安全生产与职业病危害防治管理工作，配备满足工作需要的人员及装备。

➢ 现场执行

（1）煤矿企业安全生产专门机构是指企业内部设置的负责煤矿安全生产的机构或部门，如生产技术科、调度指挥中心、地测防治水科、通风科、机电科等。

（2）依据《煤矿作业场所职业病危害防治规定》，煤矿应当设置或者指定职业病危害防治的管理机构，配备专职职业卫生管理人员，负责职业病危害防治日常管理工作。

第六条　煤矿建设项目的安全设施和职业病危害防护设施，必须与主体工程同时设计、同时施工、同时投入使用。

➢ 现场执行

（1）煤矿建设项目安全设施主要包括水、火、瓦斯、煤尘、顶板等灾害的防治措施。

（2）煤矿建设项目设计、施工应由具有相应资质的单位承担。施工前，安全设施设计应当经煤矿安全监察机构审查同意。

（3）竣工完成后，应当在正式投入生产或使用前进行联合试运转。联合试运转的时间一般为 1 ~6 个月，有特殊情况需要延长的，总时长不得超过 12 个月。

煤矿建设项目联合试运转，应按规定经有关主管部门批准。

（4）竣工投入生产或使用前，安全设施和安全条件应当由煤矿建设单位负责组织；未经验收合格的，不得投入生产和使用。

煤矿建设单位实行多级管理的，应当由具体负责建设项目施工建设单位的上一级具有法人资格的公司（单位）负责组织验收。

（5）“新建煤矿边建设边生产，煤矿改扩建期间，在改扩建的区域生产，或者在其他区域的生产超出安全设施设计规定的范围和规模”重大事故隐患，是指有下列情形之一的：

① 建设项目安全设施设计未经审查批准，或者审查批准后做出重大变更未经再次审查批准擅自组织施工的。

② 新建煤矿在建设期间组织采煤的（经批准的联合试运转除外）。

③ 改扩建矿井在改扩建区域生产的。

④ 改扩建矿井在非改扩建区域超出设计规定范围和规模生产的。

➤ **相关案例**

永昌县鑫盛隆煤业有限责任公司“2·24”瓦斯（瞒报）事故。

第七条 对作业场所和工作岗位存在的危险有害因素及防范措施、事故应急措施、职业病危害及其后果、职业病危害防护措施等，煤矿企业应当履行告知义务，从业人员有权了解并提出建议。

➤ **现场执行**

（1）危险因素是指能对人造成伤亡或对物造成突发性损害的因素。有害因素是指能影响人的身体健康、导致疾病或对物造成慢性损害的因素。

危险因素在时间上比有害因素来得快、来得突然，造成的危害性比后者严重。

（2）煤矿新职工入职时，首先进行矿级、区队级和班组级三级培训，了解作业场所和工作岗位存在的危险有害因素及防范措施、事故应急措施、职业病危害及其后果、职业病危害防护措施等。

（3）日常工作中，区队、班组应将安全生产中存在的危险有害因素事故应急措施、职业病危害及其后果、职业病危害防护措施等利用班前（后）会进行贯彻学习。

遇重大事故隐患、危险有害因素时，区队、班组负责人应重点讲述存在的危险因素，采取的防范措施，使操作人员作业现场自觉采取防范措施，主动搞好防范工作。

此外，区队班组应当定期开展危险有害因素和职业病危害防治专题培训，强化从业人员安全防范意识，将职业病危害及防护措施纳入安全培训学习的重点，增强从业人员职业病防护意识，自觉消除产生职业病危害的致病粉尘源，从源头上做好职业防护工作。

第八条 煤矿安全生产与职业病危害防治工作必须实行群众监督。煤矿企业必须支持群众组织的监督活动，发挥群众的监督作用。

从业人员有权制止违章作业，拒绝违章指挥；当工作地点出现险情时，有权立即停止作业，撤到安全地点；当险情没有得到处理不能保证人身安全时，有权拒绝作业。

从业人员必须遵守煤矿安全生产规章制度、作业规程和操作规程，严禁违章指挥、违章作业。

➤ **现场执行**

（1）群众监督是法律赋予工会在安全生产方面的职责。充分发挥工会在安全生产工作的监督作用是落实《安全生产法》规定和安全生产工作群防群治的客观需要。

（2）工会必须对建设项目安全设施的建设进行监督；对企业违反法律法规，侵犯从业人员合法权益的行为要求纠正；发现违章指挥、强令冒险作业予以制止；发生重大事故隐患，提出解决建议；发现危及职工生命安全的情况，有权建议作业人员撤离危险场所。

工会应组织职工认真学习安全生产法律法规，履行工会在安全生产方面的监督职能，维护从业人员的合法权益。

（3）违章作业是指违反规章制度，不服从管理而冒险作业的行为。违章指挥是指管理人员违反安全生产法律法规和企业规章制度规定，违反客观规律，进行指挥生产的行为。

违章作业、违章指挥均违反“安全第一”的方针，侵犯了从业人员的合法权益，是严重的违法行为和直接导致煤矿安全事故发生的重要原因。

（4）从业人员有权制止违章作业，拒绝违章指挥。

从业人员应加强煤矿安全知识和操作技能学习，努力提高业务能力及安全意识，及时研判险情，及时采取防范和应对措施，最终撤离到安全地点。一旦遇到危及自身安全的险情，职工有权在这些险情没有得到排除的情况下停止作业，并及时撤离到安全地点。

第九条　煤矿企业必须对从业人员进行安全教育和培训。培训不合格的，不得上岗作业。

主要负责人和安全生产管理人员必须具备煤矿安全生产知识和管理能力，并经考核合格。特种作业人员必须按国家有关规定培训合格，取得资格证书，方可上岗作业。

矿长必须具备安全专业知识，具有组织、领导安全生产和处理煤矿事故的能力。

➢ 现场执行

（1）煤矿企业必须把全员安全生产责任制教育培训工作纳入安全生产年度培训计划，全体从业人员必须掌握本岗位安全生产职责。

煤矿企业必须建立并执行安全培训管理制度，并以正式文件下发；对培训需求调研、培训策划设计、教学管理组织、学员考核、培训登记、档案管理、过程控制、经费管理、后勤保障、质量评估、教师管理等工作进行规定。

煤矿企业必须建立健全从业人员安全培训档案和企业安全培训档案，实行一人一档、一期一档；档案管理制度完善、人员明确、职责清晰，对煤矿企业主要负责人和安全生产管理人员的煤矿企业安全培训档案应当保存3年以上，对特种作业人员的煤矿企业安全培训档案应当保存6年以上，其他从业人员的煤矿企业安全培训档案应当保存3年以上；档案可为纸质档案或电子档案。

（2）煤矿企业从业人员，是指煤矿企业主要负责人、安全生产管理人员、特种作业人员和其他从业人员。

煤矿企业主要负责人是指煤矿企业的法定代表人，如公司制企业的董事长、执行董事或者总经理，非公司制企业的总经理；合伙企业、个人独资企业负责执行生产经营业务的人或投资人等实际控制人；矿务局局长、煤矿矿长等。

煤矿企业安全生产管理人员，是指煤矿企业分管安全、采煤、掘进、通风、机电、运输、地测、防治水、调度等工作的副董事长、副总经理、副局长、副矿长，总工程师、副总工程师和技术负责人，安全生产管理机构负责人（包括本机构的正职和副职）及其管理人员，采煤、掘进、通风、机电、运输、地测、防治水、调度等职能部门（含煤矿井、区、科、队）负责人（包括正职、副职和技术负责人）。

煤矿企业特种作业人员，是指直接从事容易发生事故，对操作者本人、他人的安全健康及设备、设施的安全可能造成重大危害作业的从业人员。特种作业包括煤矿井下电气作业、煤矿井下爆破作业、煤矿安全监测监控作业、煤矿瓦斯检查作业、煤矿安全检查作业、煤矿提升机操作作业、煤矿采煤机（掘进机）作业、煤矿瓦斯抽采作业、煤矿防突作业和探放水作业。

煤矿企业其他从业人员，是指除煤矿主要负责人、安全生产管理人员和特种作业人员以外，从事生产经营活动的其他从业人员，包括煤矿其他负责人、其他管理人员、技术人员和各岗位工人、被派遣劳动者和临时聘用人员。

（3）矿长、副矿长、总工程师、副总工程师具备煤矿相关专业大专及以上学历，具有3年以上煤矿相关工作经历，且不得在其他煤矿兼职。

安全生产管理机构负责人具备煤矿相关专业中专及以上学历，具有2年以上煤矿安全生产相关工作经历。

（4）煤矿企业主要负责人和安全生产管理人员应当自任职之日起6个月内通过考核部门组织的安全生产知识和管理能力考核，并持续保持相应水平和能力。

（5）煤矿企业特种作业人员在参加资格考试前应当按照规定的培训大纲进行安全生产知识和实际操作能力的专门培训。其中，初次培训的时间不得少于90学时。

已经取得职业高中、技工学校及中专以上学历的毕业生从事与其所学专业相应的特种作业，持学历证明经考核发证部门审核属实的，免予初次培训，直接参加资格考试。

煤矿特种作业操作资格考试包括安全生产知识考试和实际操作能力考试。安全生产知识考试合格后，进行实际操作能力考试。

煤矿特种作业操作资格考试应当在规定的考点进行，安全生产知识考试应当使用统一的考试题库，使用计算机考试，实际操作能力考试采用国家统一考试标准进行考试。考试满分均为100分，80分以上为合格。

（6）煤矿企业或者具备安全培训条件的机构应当按照培训大纲对其他从业人员进行安全培训。其中，对从事采煤、掘进、机电、运输、通风、防治水等工作的班组长的安全培训，应当由其所在煤矿的上一级煤矿企业组织实施；没有上一级煤矿企业的，由本单位组织实施。

煤矿企业其他从业人员的初次安全培训时间不得少于72学时，每年的再培训时间不得少于20学时。

煤矿企业或者具备安全培训条件的机构对其他从业人员安全培训合格后，应当颁发安全培训合格证明；未经培训并取得培训合格证明的，不得上岗作业。

（7）煤矿企业新上岗的井下作业人员安全培训合格后，应当在有经验的工人师傅带领下，实习满4个月，并取得工人师傅签名的实习合格证明后，方可独立工作。

工人师傅一般应当具备中级工以上技能等级、3年以上相应工作经历和没有发生过违章指挥、违章作业、违反劳动纪律等条件。

（8）煤矿企业井下作业人员调整工作岗位或者离开本岗位一年以上重新上岗前，以及煤矿企业采用新工艺、新技术、新材料或者使用新设备的，应当对其进行相应的安全培训，经培训合格后，方可上岗作业。

➢ **相关案例**

湖南省邵阳市邵东县司马冲煤矿“6·2”瓦斯爆炸事故。

第十条　煤矿使用的纳入安全标志管理的产品，必须取得煤矿矿用产品安全标志。未取得煤矿矿用产品安全标志的，不得使用。

试验涉及安全生产的新技术、新工艺必须经过论证并制定安全措施；新设备、新材料必须经过安全性能检验，取得产品工业性试验安全标志。

积极推广自动化、智能化开采，减少井下作业人数。

严禁使用国家明令禁止使用或者淘汰的危及生产安全和可能产生职业病危害的技术、工艺、材料和设备。

➢ **现场执行**

（1）目前，纳入安全标志管理的煤矿矿用产品共12个大类、118个小类。对纳入煤矿矿用产品安全标志管理的设备，煤矿企业必须选择、采购安全标志在有效期内的产品。产品到矿后应验收，核查安全标志标识、证书及其与产品铭牌、使用说明书所载信息的一致性。产品采购、到矿时安全标志有效，方为合法产品。在安全标志管理制度实施之前采购的无安全标志的产品，应执行《关于加强煤矿矿用产品安全标志管理工作的通知》(煤安监技装字〔2002〕141号）的规定。必要时查询矿用产品安全标志网站。

试验涉及安全生产的新设备、新材料，是指尚未在煤矿井下或本矿区及条件相近其他矿区应用、纳入矿用产品安全标志管理的设备和材料。由于缺乏相应标准和安全使用规范，应取得产品工业性试验安全标志。新产品工业性试验安全标志审核发放过程中仅仅考核安全性能，在井下试验时煤矿应与研发单位共同研究制定相关安全保障措施。

（2）机械化、自动化、信息化、智能化和无人化开采是煤炭工业发展的必由之路。为认真贯彻执行《关于加快煤矿智能化发展的指导意见》,《煤矿安全规程》(2022）新增推广自动化、智能化开采要求。

《关于加快煤矿智能化发展的指导意见》指出，至2025年，大型煤矿和灾害严重煤矿基本实现智能化，至2035年，各类煤矿基本实现智能化。

《煤矿智能化建设指南（2021年版)》指出，重点突破智能化煤矿综合管控平台、智能化综采（放)、智能快速掘进、智能主辅运输、智能安全监控、智能选煤厂、智能机器人等系列关键技术和装备，建成一批多种类型、不同模式的智能化煤矿，提升煤矿安全水平。

（3）井下作业人数应符合《煤矿井下单班作业人数限员规定（试行)》(煤安监行管〔2018〕38号）规定。

➢ **相关案例**

（1）窑街煤电集团有限公司海石湾煤矿“10·15”运输事故。

（2）神华宁夏煤业集团有限责任公司金家渠煤矿“9·17”运输事故。

第十一条　煤矿企业在编制生产建设长远发展规划和年度生产建设计划时，必须编制安全技术与职业病危害防治发展规划和安全技术措施计划。安全技术措施与职业病危害防治所需费用、材料和设备等必须列入企业财务、供应计划。

煤炭生产与煤矿建设的安全投入和职业病危害防治费用提取、使用必须符合国家有关规定。

➤ **现场执行**

（1）安全技术发展规划是指根据生产建设发展需要所采取的安全技术措施。安全技术措施计划是根据安全技术发展规划和针对生产中存在的重大安全问题和职业危害而制定的年度计划。

为保障煤矿安全工作健康发展，煤矿企业在编制生产建设长远发展规划和年度生产建设计划时，必须同步编制安全技术与职业病危害防治发展规划和安全技术措施计划。

（2）安全投入和职业病危害防治费用提取是保障煤矿企业具备安全生产条件和从业人员安全健康工作必备的物质基础。

煤矿企业必须按照《企业安全生产费用提取和使用管理办法》(财企〔2012〕16号）的规定，建立安全技术措施专项资金，并列入财务、供应计划，专项存储，统筹使用。

第十二条 煤矿必须编制年度灾害预防和处理计划，并根据具体情况及时修改。灾害预防和处理计划由矿长负责组织实施。

➤ **现场执行**

1.《煤矿灾害预防和处理计划》的编制内容

生产和在建煤矿都必须编制年度《煤矿灾害预防和处理计划》。

《煤矿灾害预防和处理计划》应能起到防范事故发生、并在一旦发生事故能指导迅速抢救受灾遇险人员的作用。《煤矿灾害预防和处理计划》应包括以下内容：

（1）根据本矿的采掘等生产计划、区域地质条件和其他自然因素，列举瓦斯爆炸、煤（岩）与瓦斯（二氧化碳）突（喷）出、火灾、水害、冲击地压、滑坡等事故的预兆、预防措施等。

（2）制定发生事故后所有现场人员的自救、撤离、抢救等措施、方案、职责，明确避灾路线，规定所必需的工程、设备、仪表、器材、工具、标识的数量、使用地点、使用方法和管理办法等。

（3）制定处理事故的组织领导和有关单位、部门及其负责人的任务、职责、通知方法和顺序。

（4）列出有关处理各种事故必备的技术资料，包括但不限于通风系统示意图、网路图（在这两种图上都应当标明通风设施的位置、风向、风量）及反风试验报告；供电系统图和电话的安装地点；地面和井下消防洒水、排水、注浆、充填、瓦斯抽采和压风等管路系统图；地面和井下消防材料库的位置及其所储备的材料、设备、工具的品名和数量登记表；井上下对照图，图中应标明井口位置和标高、地面铁路、公路、钻孔、水井、水管、储水池以及其他存放可供处理事故的材料、设备和工具的地点。

2.《煤矿灾害预防和处理计划》的编制、修改方法和审批程序

（1）《煤矿灾害预防和处理计划》必须由矿总工程师负责组织通风、采掘、机电、地测、技术等单位的有关人员编制，并有矿山救护队参加。

（2）《煤矿灾害预防和处理计划》必须在每年年初报矿长批准。

（3）在每季度开始前15天，矿总工程师根据矿井自然条件和采掘工程的变动情况，

组织有关部门进行修改和补充。

3.《煤矿灾害预防和处理计划》的贯彻执行

（1）已批准的《煤矿灾害预防和处理计划》由矿长负责组织执行并及时向全体职工（包括全体矿山救护队员）贯彻学习，熟悉避灾路线。不熟悉《煤矿灾害预防和处理计划》有关内容的人员，不得下井作业。

（2）每年至少组织一次应急演练。对演练中发现的问题，必须采取措施，立即修改。

（3）已批准的《煤矿灾害预防和处理计划》(含所附工程图和表册）应当分别送交矿长、副矿长、矿总工程师，调度、生产、地测、机电、通风、运输、安全、救护等业务部门及驻矿安全机构等。有上级企业的，还应当报上级企业的技术负责人和调度室、安全、计划等相关部门。

上述单位和负责人应当经常或定期检查《煤矿灾害预防和处理计划》的贯彻执行情况。

第十三条　入井（场）人员必须戴安全帽等个体防护用品，穿带有反光标识的工作服。入井（场）前严禁饮酒。

煤矿必须建立入井检身制度和出入井人员清点制度；必须掌握井下人员数量、位置等实时信息。

入井人员必须随身携带自救器、标识卡和矿灯，严禁携带烟草和点火物品，严禁穿化纤衣服。

➢ **现场执行**

（1）个体防护用品是指在生产劳动过程中使劳动者免遭或减轻事故和职业危害因素的伤害而提供的个人保护用品。

个体防护用品配备范围、使用期限应符合《煤矿职业安全卫生个体防护用品配备标准》(AQ 1051）的规定。

（2）入井检身制度是源头控制危险源入井的重要措施，井口检身人员必须严格落实岗位安全生产责任制，履行岗位职责。

出入井人员清点制度是保障从业人员收入和安全的重要措施。煤矿是高危行业，入井人员必须随身携带定位标识卡，以防发生事故时，掌握井下人员数量、位置等实时信息，及时实施应急救援。

（3）严禁携带烟草、点火物品和穿化纤衣服是从源头上控制发生火灾、瓦斯爆炸、有毒有害气体窒息等事故的重要措施。

煤矿企业开展“三级”培训时，应当对入井基本知识和自救器使用进行教育培训，保证入井人员必须随身携带自救器并会正确使用。

➢ **相关案例**

青海五彩通正荣煤炭有限公司大柴旦行委鱼卡煤矿“4·15”爆破事故。

第十四条　井工煤矿必须按规定填绘反映实际情况的下列图纸：

（一）矿井地质图和水文地质图。

（二）井上、下对照图。

（三）巷道布置图。

（四）采掘工程平面图。

（五）通风系统图。

（六）井下运输系统图。

（七）安全监控布置图和断电控制图、人员位置监测系统图。

（八）压风、排水、防尘、防火注浆、抽采瓦斯等管路系统图。

（九）井下通信系统图。

（十）井上、下配电系统图和井下电气设备布置图。

（十一）井下避灾路线图。

➤ **现场执行**

（1）矿图是煤矿企业根据地面和井下测量结果，按一定的比例尺和国家统一规定的图例、符号绘制，反映生产建设工程相互位置和相互关系的图纸。生产矿井必须具备矿井测量图和矿井地质图两类图纸。

矿井测量图是根据地面和井下实际测量资料绘制，随着采掘进度不断变化、逐步测量并填绘的图纸，主要反映井底地貌、地物情况；井下各条巷道的空间位置关系；煤层产状和各种物质构造；井下采掘工作面及井上、下相对位置关系等情况。

矿井地质图是在矿井测量图的基础上，将生产过程中收集的地质资料和原有的勘探资料，经过分析推断绘制的图纸。矿井地质图主要反映矿井煤层的产状、地质构造、地形地质、水文地质、煤层空间分布等情况。

（2）煤矿技术部门和区队班组技术负责人，应建立制图、绘图、审图和执行情况的检查制度。组织测量、绘图人员进行教育培训，提高绘图技能和精准性；组织班组长和岗位操作人员学习看图、识图等方面的知识，为基层和班组用好矿图和搞好安全生产创造必要条件。

➤ ***相关案例***

宁夏林利煤炭有限公司煤矿三号井“9·27”瓦斯爆炸事故。

第十六条 井工煤矿必须制定停工停产期间的安全技术措施，保证矿井供电、通风、排水和安全监控系统正常运行，落实24 h值班制度。复工复产前必须进行全面安全检查。

➤ **现场执行**

（1）井工煤矿停工停产是煤矿安全管理的重要内容。停工停产原因及时间各异，包括不具备安全生产条件，需停工停产；受煤炭市场影响，不正常组织生产；遇节假日或因气候条件影响停工停产。

停工停产一般分为停工停产前、停工停产期间和复工复产前3个阶段，不同阶段的安全技术措施应根据矿井的实际情况制定。

（2）停工停产前，煤矿应当检查各生产系统，针对检查的情况，制定安全措施和整改方案。

（3）停工停产期间，保证矿井供电、通风、排水和安全监控系统正常运行，落实24 h值班制度。凡参与检修的区队班组，必须参加学习并落实停工停产期间的安全措施。

机电维修人员、水泵工、变（配）电工必须按规定作业，严格执行现场交接班制度，交接重点内容包括隐患及整改、安全状况、安全条件及安全注意事项。班组长要加强班中巡回检查，重点岗位要亲自盯岗，认真检查设备，保障设备安全运行。

跟班安全检查工和瓦斯检查工，要严格执行巡回检查制度，除对原检查地点进行正常瓦斯检测（每班检查不少于1次），对采掘头面作业地点，如采面上隅角和下隅角、支架边缘、顶板等处的瓦斯浓度也要进行认真检查，发现问题要及时处理，不能处理的及时向矿调度室汇报。

认真检测井下盲巷、密闭等地点的瓦斯、一氧化碳和温度，做好记录，发现问题及时向矿调度室汇报。

地面监控系统值班人员、维修检查人员必须坚守岗位，严格执行值班和交接班制度，交接重点内容包括隐患及整改、安全状况、安全条件及安全注意事项，保证瓦斯监控系统24 h连续运行；认真检测井下各地点瓦斯、一氧化碳、风速、风压、温度、风门开启等传感器情况，做好记录，发现问题及时向矿调度室汇报。

煤矿主要负责人、领导班子成员和副总工程师等带班人员，必须严格执行领导带班下井制度，加强对采煤、掘进、通风等重点部位、关键环节的检查巡视，全面掌握当班井下的安全生产状况。

（4）复工复产前，严格按照《煤矿复工复产验收管理办法》（煤安监行管〔2019〕4号）第六条、第七条、第八条规定办理申请手续。

➤ ***相关案例***

山西煤炭运销集团晋中紫金煤业有限公司“2·23”顶板事故。

第十七条　*煤矿企业必须建立应急救援组织，健全规章制度，编制应急救援预案，储备应急救援物资、装备并定期检查补充。*

煤矿必须建立矿井安全避险系统，对井下人员进行安全避险和应急救援培训，每年至少组织1次应急演练。

➤ 现场执行

（1）煤矿企业应当按照《安全生产法》第八十一条、《生产安全事故应急预案管理办法》（应急管理部令〔2019〕第2号）规定，根据《生产经营单位生产安全事故应急预案编制导则》（GB/T 29639）要求，结合本企业生产特点和实际，编制应急救援预案。

（2）应急救援组织主要由救护、技术、调度、后勤、医疗、通信等部门组成。

应急规章制度主要包括事故预警、应急值守、信息报告、现场处置、应急投入、救援装备和物资装备、安全避险设施管理和使用等制度。

煤矿应急救援预案是针对煤矿可能发生的事故而编制的事故预防和应急救援的方案，主要由综合应急预案、专项应急预案和现场处置方案组成。

应急救援物资、装备主要包括现场急救药品、雨季“三防”物资、冬季“三防”物资、治安物资等。

（3）煤矿安全避险系统是预防事故以及事故发生时开展自救互救、紧急避险而达到减少伤亡目的的重要技术保障。煤矿应建立应急救援演练制度，科学制定避灾路线，编制应急救援预案，每年组织开展1次安全避险和应急救援联合演练。

煤矿应制定应急救援预案培训计划，组织有关人员开展应急救援预案、应急知识、自救互救和避险逃生技能的培训活动，使有关人员熟练掌握应急救援预案相关内容。

第十八条 煤矿企业应当有创伤急救系统为其服务。创伤急救系统应当配备救护车辆、急救器材、急救装备和药品等。

➢ **现场执行**

煤矿创伤急救系统主要包括急救指挥、急救通信、急救运输、急救医疗和急救培训。煤矿创伤急救系统应能随时启动，对负伤人员进行创伤急救，最大限度地减少人员伤亡。

为适应创伤急救工作的需要，应对创伤急救人员进行相关培训和演练，保证紧急情况下能立即投入创伤急救工作。

急救车辆、器材、装备和药品是创伤急救不可缺少的工具，日常应配备齐全，对于急救器材、装备还应进行经常性的维护和保养。

第十九条 煤矿发生事故后，煤矿企业主要负责人和技术负责人必须立即采取措施组织抢救，矿长负责抢救指挥，并按有关规定及时上报。

➢ **现场执行**

（1）发生事故后，事故现场有关人员应当立即向本单位负责人报告；单位负责人接到报告后，应当于1 h内向事故发生地县级以上人民政府安全生产监督管理部门和负有安全生产监督管理职责的有关部门报告。

情况紧急时，事故现场有关人员可以直接向事故发生地县级以上人民政府安全生产监督管理部门和负有安全生产监督管理职责的有关部门报告。

（2）事故发生后，有关单位和人员应当妥善保护事故现场以及相关证据，任何单位和个人不得破坏事故现场、毁灭相关证据。

因抢救人员、防止事故扩大以及疏通交通等原因，需要移动事故现场物件的，应当做出标志，绘制现场简图并做出书面记录，妥善保存现场重要痕迹、物证。

（3）自事故发生之日起30日内，事故造成的伤亡人数发生变化的，应当及时补报。

➢ **相关案例**

四川省川南煤业泸州古叙煤电有限公司石屏一矿“10·26”顶板事故。

第二部分　地　质　保　障

第二十二条　煤矿企业应当设立地质测量（简称地测）部门，配备所需的相关专业技术人员和仪器设备，及时编绘反映煤矿实际的地质资料和图件，建立健全煤矿地测工作规章制度。

➢ 现场执行

（1）专业技术人员是指受过专业院校地质、水文地质、测量专业教育的技术人员，人员数量以满足工作需要为准。煤矿地质类型复杂、极复杂的，还必须配备地质副总工程师，且地质副总工程师应由地质专业技术人员担任。

煤矿地质测量部门从煤矿基本建设开始直到闭坑过程中的地质测量工作、编绘各项反映煤矿实际的图件和资料以及储量管理，指导矿井防治水工作。

（2）煤矿地质灾害防治与测量技术管理所要求的 8 项制度内容应涵盖地质、测量、防治水、冲击地压等所有专业。

隐蔽致灾地质因素普查制度应包括井上、下各项隐蔽致灾普查内容、操作和考核方法等。

（3）煤矿地质和水文地质工作应至少各采用 1 种有效的物探手段开展物探工作；物探工作可以使用自购装备自行探测，也可以外委有资质的单位协助探测（需要有外委协议或合同等）；地测信息系统与上级公司联网并能正常使用。

第二十三条　当煤矿地质资料不能满足设计需要时，不得进行煤矿设计。矿井建设期间，因矿井地质、水文地质等条件与原地质资料出入较大时，必须针对所存在的地质问题开展补充地质勘探工作。

➢ 现场执行

煤矿存在下列情况之一的，应补充地质勘探。

（1）原勘探程度不足，或遗留有瓦斯地质、水文地质或重大工程地质等问题。

（2）在建矿和生产过程中，构造、煤层、瓦斯、水文地质或工程地质等条件发生重大变化。

（3）煤矿内老窑或周边相邻煤矿采空区未查清。

（4）资源整合、水平延深或煤矿范围扩大时，原地质勘探报告不能满足煤矿建设和安全生产要求。

（5）提高资源/储量级别或新增资源/储量。

（6）其他专项安全工程要求。

第二十五条　井筒设计前，必须按下列要求施工井筒检查孔：

（一）立井井筒检查孔距井筒中心不得超过 25 m，且不得布置在井筒范围内，孔深应当不小于井筒设计深度以下 30 m。地质条件复杂时，应当增加检查孔数量。

（二）斜井井筒检查孔距井筒纵向中心线不大于25 m，且不得布置在井筒范围内，孔深应当不小于该孔所处斜井底板以下 30 m。检查孔的数量和布置应当满足设计和施工要求。

（三）井筒检查孔必须全孔取芯，全孔数字测井；必须分含水层（组）进行抽水试验，分煤层采测煤层瓦斯、煤层自燃、煤尘爆炸性煤样；采测钻孔水文地质及工程地质参数，查明地质构造和岩（土）层特征；详细编录钻孔完整地质剖面。

➢ 现场执行

井筒检查孔每钻进 30～50 m 进行一次测斜，且钻孔偏斜率在 1% 以内。井筒检查孔应全孔取芯，并用物探测井法核定层位。孔径不小于 75 mm 时，黏土层与稳定岩层岩芯采取率不小于 75%，在矿层破碎带，软弱夹层中不小于 60%。检查孔各主要含水层（组）应分层进行抽水试验。为提高井筒检查孔的准确度，应采用先进的技术装备，全孔数字测井。

采用冻结法施工的井筒检查孔，应采测土样，进行冻土物理试验。冻土物理试验主要有 −8°～15°状态下厚黏土层冻土高压三向受力试验；−8°～10°状态下厚黏土层冻土蠕变试验；−8°～15°状态下厚黏土层冻土无侧限抗压强度试验。采用地面预注浆施工的井筒检查孔，为尽可能查明冲积层及基岩段含水层的水文地质资料，应采用流量测井及扩散测井。

第二十六条 新建矿井开工前必须复查井筒检查孔资料；调查核实钻孔位置及封孔质量、采空区情况，调查邻近矿井生产情况和地质资料等，将相关资料标绘在采掘工程平面图上；编制主要井巷揭煤、过地质构造及含水层技术方案；编制主要井巷工程的预想地质图及其说明书。

➢ 现场执行

井筒检查孔资料是井筒设计、制定施工方案的地质依据。地质人员应复查井筒检查孔资料，熟悉井筒检查孔地质报告，掌握井筒穿过的地层、煤层、瓦斯、水文、岩浆侵入体、工程地质等资料，与地勘资料进行对比分析，重点分析煤层瓦斯、水文地质和工程地质等参数测试方法和结果，预测各地质因素对井筒施工的影响程度，提出防治灾害发生的措施，核实井筒检查孔的位置及封孔质量等。

通过地表调查、实际踏勘和收集资料等方式，核实地勘时期钻孔位置及封孔质量，各煤层和标志层露头分布及围岩等情况，典型地质剖面、地面塌陷的位置、范围、积水等情况，地表水体的流向、范围、水位等情况，老空区和老窑的位置、范围、积水等情况，邻近煤矿的生产资料和地质资料等情况，并将相关资料标绘在采掘（剥）工程平面图上。特别要注意工业广场和矿区范围内的安全施工与维护。在第四系松散沉积物覆盖很厚的井田施工时，应该查清楚水井及水文观测孔的水位变化、含水层的渗透系数、地下水的流速等，以供特殊凿岩井施工时参考。收集邻近煤矿的井筒涌水量、揭煤或过构造带等水文地质与工程地质资料，为井巷揭煤、过地质构造、过含水层等设计方案提供地质资料和建议，并参与编制井巷揭煤探测方案、井巷过地质构造及含水层技术方案。

第二十七条　井筒施工期间应当验证井筒检查孔取得的各种地质资料。当发现影响施工的异常地质因素时，应当采取探测和预防措施。

➢ **现场执行**

井筒施工期间应当验证井筒检查孔取得的各种地质资料主要包括：井筒地层，井筒构造，含隔水层的水文地质特征，地下水的运移特征，地表水、老窑水、断层水对矿床的影响，井筒涌水量预测，井筒水文地质勘查类型，井筒岩土工程地质条件，井筒工程地质类型，煤质等。

在井筒施工中遇到疑难的地质问题或影响施工的不利地质因素时，如老窑、断层的导水性、岩溶陷落柱、淤泥等，必须停止施工，做好必要的井下补充勘探工作和预防措施，以进一步查明地质构造情况、煤层赋存情况、含水层分布情况等。出现地质异常时以钻探为主，采用物探方法查明其他地质异常特征、范围等。未消除安全隐患或者防治措施实施后未验证，不能组织生产。

第二十八条　煤矿建设、生产阶段，必须对揭露的煤层、断层、褶皱、岩浆岩体、陷落柱、含水岩层，矿井涌水量及主要出水点等进行观测及描述，综合分析，实施地质预测、预报。

➢ **现场执行**

当采区地质勘探工作量达不到有关规定要求或影响采区设计与掘进的构造、瓦斯和水等地质因素不确定时，应采用物探、钻探等手段开展下列工作。

（1）煤矿瓦斯、突水、顶板事故往往与地质构造因素有关，查明地质构造因素，准确掌握采区内构造性质及危害是煤矿事故预防的重点，掌握采区地质构造发育特征与规律是采区合理规划、工作面合理布置的基础。根据当前技术条件和煤矿生产实际，要求查明落差 5 m 以上的断层、直径大于 30 m 的陷落柱、褶曲的形态和岩浆岩侵入及影响范围等。

（2）查明煤层层数（可采煤层和不可采煤层）、煤层厚度、煤层倾角、煤层结构、煤体结构、各煤层间距及其变化，关注有无冲刷带、天窗、变薄尖灭等，确定或基本确定各煤层的可采性，尤其是上部薄煤层的可采性。及时修正煤层底板等值线图、煤层厚度等值线图、软分层分布图等相关图件及其他地质资料，核实采区煤炭资源/储量。

（3）收集开采采区及邻近采区已有的瓦斯（含煤层瓦斯及围岩瓦斯）地质资料，并进行可靠性分析。当现有瓦斯地质资料不可靠或不能满足安全需要时，需要采取地面或井下钻探等措施进行采区瓦斯地质补充勘查及相关采样的测试工作。根据获取的可靠瓦斯地质资料，结合邻近采区的瓦斯地质资料，找出影响煤层及围岩瓦斯赋存的主要因素，预测未开拓区域瓦斯地质规律，编制瓦斯地质图，制定相应的瓦斯防治措施。

（4）进行采区水文地质条件分类（简单、中等、复杂、极复杂），确定煤层底板水害类型、顶板水害类型、采空区水害类型、陷落柱水害类型及断层水害类型等不同采区水文地质条件的复杂程度，对同时有顶板、底板、断层、陷落柱、采空区水害类型的采区，则归为极复杂的地质条件。系统收集矿井及采区水文地质资料，采用物探、钻探等手段方法，查明井下采掘工程与采空区、老窑的空间关系，并根据采区水文地质条件、采空区和老窑的分布及含水量情况、围岩物理力学性质及岩层移动规律等因素确定相应的防隔水煤（岩）柱的尺寸，编制防治水方案，以指导和开展采区防治水工作。

（5）查明煤层顶底板岩性、分层厚度、含水性、裂隙发育情况及其与煤层的接触关系等。查明地温、煤层自燃倾向性、煤层倾角和冲击地压等其他开采技术条件，掌握煤层自燃倾向性等级、煤层倾角变化、冲击地压倾向性、地温变化梯度及地热异常区等，开展分析研究工作。

第二十九条 井巷揭煤前，应当探明煤层厚度、地质构造、瓦斯地质、水文地质及顶底板等地质条件，编制揭煤地质说明书。

➢ **现场执行**

石门、立井和斜井揭煤前必须采用物探、化探和钻探等手段进行综合探测，揭煤前优先采用物探探测地质构造和水文等地质条件，采用钻探探测煤层厚度、瓦斯、顶底板岩性等地质条件，并对物探探测结果进行验证。

钻探探测在揭煤工作面掘进至距煤层最小法向距离10 m前，至少施工2个穿透煤层全厚且进入顶（底）板不小于0.5 m的取芯钻孔。在掘进至距煤层最小法向距离7 m、5 m、2 m时，施工探孔查明地质条件，进行边探边掘。水文探孔的数量、布置方式及观测内容满足《煤矿防治水细则》要求。取芯钻孔进行宏观煤岩类型描述，包括厚度、煤岩成分及其含量、颜色、条痕色、光泽、裂隙、断口、结构、构造、结核、包裹体、夹矸、顶板等。

利用钻孔进行煤层瓦斯压力测试，采集煤层样品对煤层瓦斯含量、煤层瓦斯放散初速度、煤的坚固性系数、煤的孔隙率、煤的破坏类型等进行测试和观测，必要时进行岩石样品采集，测试其物理力学性质。依据探测结果，结合现有地质资料详细分析煤层赋存情况、地质构造和水文地质条件等对揭煤的影响，评价煤层突出危险性，进行预测预报，提出防范措施和建议，将相应的地质信息绘制到采掘工程图件上，并对现有地质资料进行补充和完善，妥善保存。具有突出危险性的煤层揭煤工作严格按照《防治煤与瓦斯突出细则》执行，收集资料详细分析突出与各种地质因素的关系。在未查清之前不得组织施工，必须在煤矿建设单位组织审查通过后才能施工。

第三十条 基建矿井、露天煤矿移交生产前，必须编制建井（矿）地质报告，并由煤矿企业技术负责人组织审定。

➢ **现场执行**

建井（矿）地质报告由煤矿企业总工程师（技术负责人）组织审定，煤矿建井地质报告包括绪论、以往地质工作及质量评述、地层构造、煤层和煤质及其他有益矿产、瓦斯地质、水文地质、工程地质及其他开采条件、资源/储量估算、煤矿地质类型、探采对比、结论及建议、附图和附表。

第三十一条 掘进和回采前，应当编制地质说明书，掌握地质构造、岩浆岩体、陷落柱、煤层及其顶底板岩性、煤（岩）与瓦斯（二氧化碳）突出（以下简称突出）危险区、受水威胁区、技术边界、采空区、地质钻孔等情况。

➢ **现场执行**

（1）掘进和回采作业前，应组织地质人员通过钻探、物探、化探等技术手段，结合已掌握的地质资料进行综合分析，查明地质构造、岩浆岩体、陷落柱、煤层、顶底板岩性以及煤柱、煤与瓦斯突出危险区、受水威胁区、技术边界、采空区、地质钻孔等情况。当有地质异常或与预测地质资料有较大出入时，必须停工，查明地质情况方可施工。

掘进工作面设计前1个月，地测部门应提出掘进工作面地质说明书，由矿井总工程师审批。掘进工作面地质说明书包括：

① 工作面位置、范围及与四邻和地面的关系。

② 区内地层产状和地质构造特征及其对本工作面的影响，断层落差，掘进找煤方向及褶皱的位置和形态。

③ 邻近工作面煤层厚度、煤层结构、煤体结构及其变化等。

④ 煤层顶底板岩性、厚度、物理力学性质。

⑤ 工作面瓦斯地质特征。

⑥ 主要含水层和主要导水构造与工作面的关系，工作面周边老空区范围，预测正常涌水量、最大涌水量和工作面突水危险性，防隔水煤（岩）柱、探放水措施建议等。

⑦ 岩浆岩体、陷落柱等对工作面掘进造成的影响。

⑧ 地热、地应力和煤自燃危险程度等。

⑨ 针对存在的地质问题的建议。

⑩ 附图，包括井上下对照图、工作面煤层底板等高线图、工作面预想地质剖面图或局部地质构造剖面图和地层综合柱状图。

（2）回采工作面地质说明书在补充地质工作结束后10天内提出，由矿井总工程师审批。回采工作面地质说明书包括：

① 工作面位置、范围、面积以及与四邻和地表的关系。

② 工作面实见地质构造的概况，实见或预测落差大于2/3采高断层向工作面内部发展变化。

③ 实见点煤层厚度、煤层结构和煤体结构情况，及其向工作面内部变化的规律。

④ 实见点煤层顶板岩性、厚度，裂隙发育情况。

⑤ 预测岩浆岩体、冲刷带、陷落柱等的位置及其对正常回采的影响。

⑥ 预测工作面瓦斯涌出量。

⑦ 预测工作面正常涌水量和最大涌水量。

⑧ 工作面煤炭资源/储量。

⑨ 地热、冲击地压和煤自燃危险程度等。

⑩ 针对存在的地质问题应注意事项及建议。

⑪ 附图，包括井上下对照图、工作面煤层底板等高线及资源/储量估算图、煤层厚度等值线图、主要地质预想剖面图、煤层顶底板综合柱状图和其他相关图件。

第三十二条 煤矿必须结合实际情况开展隐蔽致灾地质因素普查或探测工作，并提出报告，由矿总工程师组织审定。

井工开采形成的老空区威胁露天煤矿安全时，煤矿应当制定安全措施。

➢ 现场执行

隐蔽致灾地质因素主要包括：采空区、废弃老窑（井筒）、封闭不良钻孔，断层、裂隙、褶曲，陷落柱，瓦斯富集区，导水裂缝带，地下含水体，井下火区，古河床冲刷带、天窗等不良地质体。

（1）采空区普查，应采用调查访问、物探、化探和钻探等方法进行，查明采空区分布、形成时间、范围、积水状况、自然发火情况和有害气体等。应将采空区相关信息标绘在采掘工程平面图和矿井充水性图上，建立煤矿和周边采空区相关资料台账。

（2）废弃老窑（井筒）和封闭不良钻孔普查，应收集废弃老窑（井筒）闭坑时间、开采煤层、范围，是否开采煤柱和充填情况等资料。井田内及周边施工的所有钻孔都要标注在图上，分析每个钻孔封孔质量。建立井田内废弃老窑（井筒）、水源井、封闭不良钻孔台账。

（3）断层、裂隙和褶曲普查，应查明矿井边界断层和井田内落差大于 5 m 的断层，查明矿井内主要褶曲形态，收集矿井裂隙发育资料、总结规律，编制煤矿构造纲要图。其中，断层普查主要包括断层性质、走向、倾角、断距，断层带宽度及岩性，断层两盘伴生裂隙发育程度，断层富水性等。

（4）陷落柱普查，应查明矿井内直径大于 30 m 的陷落柱，主要包括陷落柱发育形态、岩性、周边裂隙发育程度、导水性等，并提出防范措施和建议。

（5）瓦斯富集区普查，应查明煤层厚度、变化规律、煤质和瓦斯含量及赋存状况，系统收集矿井所有的瓦斯资料和地质资料，编制瓦斯地质图，对矿井瓦斯赋存情况进行分区，开展瓦斯防突预测预报工作。

（6）导水裂缝带普查，应采用物探、钻探实测和理论计算等方法确定矿井导水裂缝带高度，合理留设防隔水煤（岩）柱。如果煤层顶板受开采破坏，其导水裂缝带波及范围内存在富水性强的含水层（体）的，在掘进、回采前，应当对含水层（体）进行疏干。

（7）地下含水体普查，应查明影响矿井安全开采的水文地质条件，各种含水体的水源、水量、水位、水质和导水通道等，预测煤矿正常和最大涌水量，提出防排水建议。

（8）井下火区普查，应查明火区范围、密闭、气体成分等情况，提出防灭火措施建议。

（9）古河床冲刷带、天窗等不良地质体普查，应采用物探、钻探等方法查明井田内岩浆岩侵入体分布范围、古河床冲刷带、古隆起、天窗等，将查出的不良地质体标绘在采掘工程平面图上。

➢ **相关案例**

（1）甘肃靖远煤电股份有限公司红会第一煤矿“4·28”水害事故。

（2）宜春市袁州区西村镇北槽煤矿“11·22”透水事故。

第三十三条 生产矿井应当每 5 年修编矿井地质报告。地质条件变化影响地质类型划分时，应当在 1 年内重新进行地质类型划分。

➢ **现场执行**

（1）煤矿生产过程中，当出现下列情形之一时，应及时修编矿井生产地质报告。

① 地质构造、煤层稳定程度、瓦斯地质、水文地质和煤炭储量等方面发生较大变化。

② 揭露地质构造复杂程度、煤层稳定程度、顶底板类型等与已评定类型相比更复杂。

③ 煤炭资源/储量变化超过前期保有资源/储量的25%。

④ 煤矿计划改扩建时。

（2）井工矿地质类型划分为简单、中等、复杂、极复杂四大类。当煤矿发生突水、煤与瓦斯突出等影响地质类型划分时，1年内重新划分地质类型。

第三部分　井　工　煤　矿

第一章　矿　井　建　设

第一节　一　般　规　定

第三十八条　单项工程、单位工程开工前，必须编制施工组织设计和作业规程，并组织相关人员学习。

➢ 现场执行

（1）煤矿基本建设工程必须严格执行一工程一措施，先报措施后施工的原则。经本单位总工程师审批的措施必须实行逐级交底，并履行签字手续。

各类施工组织设计中必须包括安全技术措施，并有安监人员参与审批。对专业性较强的工程项目和涉及重大安全的危险作业，应当编制专项安全施工组织设计。

施工方案若有重大变化，其施工组织设计必须由原审批单位批准。建设单位和施工单位对各自任务范围内的安全技术工作负责。

（2）矿井几个单位同时施工时，全矿井施工中的安全技术工作由建设单位统筹安排并对其负责。

（3）建设矿井施工组织设计。凡是由施工单位总承包的矿井，由施工单位组织施工、设计，地质等有关部门进行编制，由建设单位组织会审；凡是多个施工单位参与施工的矿井，由建设单位组织施工、设计，监理和地质等有关部门进行编制，建设单位总工程师组织相关人员会审。

（4）矿建工程。平硐、斜井和立井井筒施工的井巷单位工程的施工组织设计，由施工单位总工程师组织编制会审；采用特殊方法施工的报上级主管部门审批；其他矿建单位工程的施工组织设计、作业规程由工区（项目部）主管工程师组织编制，由本单位总工程师组织会审。

（5）土建工程。高层建筑、井塔、铁路（专用线）、选煤厂主厂房、大型桥涵等大型土建单位工程的施工组织设计，由施工单位组织编制，由建设单位组织会审；其他土建单位工程的施工组织设计、作业规程由工区（项目部）主管工程师组织编制，由本单位总工程师组织会审。

（6）安装工程。大型设备和特殊设备安装工程的施工组织设计，由施工单位组织编制，由建设单位组织会审；一般设备安装工程的施工组织设计、作业规程由工区（项目部）主管工程师组织编制，由本单位总工程师组织会审。

（7）作业规程的补充措施和施工现场急需处理的安全技术措施由施工队技术负责人编制，报工区（项目部）技术负责人审批。

（8）单项工程施工组织设计、单位工程施工组织设计、作业规程、安全技术措施，执行谁审批谁负责的原则，如施工单位要求改动施工组织设计，其内容有重大原则变动时，要报原会审机构另行批准；建设单位自行更改的部分，由建设单位负责。单项工程施工组织设计由项目总承包单位负责组织编制，并根据年度施工进展情况进行调整。没有实行总承包的由建设单位负责组织编制。施工组织设计需经设计、监理、施工等相关单位会审后组织实施，原设计变更的应作相应调整变更。

单位工程施工组织设计、作业规程、安全技术措施，由施工单位（工程处或项目部）组织编制，报上一级主管单位审批，批准后报送建设单位和监理单位；无上级主管单位的施工单位，报送建设单位批准实施。

施工单位必须严格按批准的设计、施工组织设计组织施工。当施工过程中发现设计存在重大缺陷，或者地质条件变化较大时，应立即停止施工并向建设单位报告。建设单位应及时组织相关各方制定应急安全防范措施，组织修改设计并按规定重新报批。

工程施工前，施工项目技术负责人必须组织施工班组全体作业人员学习施工组织设计和作业规程，考试合格后方可上岗作业。施工中必须严格按照施工组织设计和作业规程作业。

第二节　井巷掘进与支护

第四十一条　开凿平硐、斜井和立井时，井口与坚硬岩层之间的井巷必须砌碹或者用混凝土砌（浇）筑，并向坚硬岩层内至少延深5 m。

在山坡下开凿斜井和平硐时，井口顶、侧必须构筑挡墙和防洪水沟。

➤ 现场执行

（1）井口位置多处于松散含水的表土层和破碎风化的岩层，从井口到坚硬岩层将穿过冲积层、风化岩层、不稳定地层等，井壁承受地层侧压力、地层垂直应力。为保证安全出口支护的安全，该段井巷必须砌碹或用混凝土砌（浇）筑。

混凝土砌（浇）筑时，必须按照混凝土质量标准、养护要求及施工设计、施工技术措施进行施工。

（2）山坡下开凿斜井和平硐时，必须先进行滑坡处理，井口顶、侧构筑挡墙和防洪水沟施工时，班组施工作业人员必须严格按照设计位置、规格、质量要求及技术措施要求进行截排水沟槽的施工。

第四十二条　立井锁口施工时，应当遵守下列规定：

（一）采用冻结法施工井筒时，应当在井筒具备试挖条件后施工。

（二）风硐口、安全出口与井筒连接处应当整体浇筑，并采取安全防护措施。

（三）拆除临时锁口进行永久锁口施工前，在永久锁口下方应当设置保护盘，并满足通风、防坠和承载要求。

➤ 现场执行

（1）冻结法施工井筒是在井筒开凿前，用人工制冷方法，将井筒周围的岩层冻结形成封闭的圆筒，以抵抗地压，隔绝地下水，在冻结壁保护下进行掘砌工作的一种特殊凿井方法。

（2）冻结法施工井筒应满足各种施工材料及劳动力配齐备足；井筒中心点、测温孔和水文孔资料已分析确定；冻结壁的强度、井帮稳定性和井壁结构、施工工艺、掘砌速度等因素综合分析确定完毕；各种岗位人员已配备齐全，并经上级有关部门对各系统进行验收合格等。

（3）风硐口、安全出口采用明槽开挖时，应当按设计标高找平并夯实底板，铺设垫层，待井筒永久支护浇筑至风硐口、安全出口时，稳定井筒模板、绑扎钢筋，钢筋绑扎结束后进行浇筑，使井筒与风硐口、安全出口连接处、浇筑连接处呈整体。

（4）临时锁口拆除前，作业面的孔洞封闭严实，在永久锁口下方设置保护盘，拆除时作业人员站在安全地点，自上而下分层分段拆除，拆除后的建筑垃圾应放置在安全场所，及时清运。

（5）保护盘安装应严格按照设计要求施工，安装保护盘时必须有专业人员指挥操作，起吊物件时下方严禁人员通过、逗留。放置保护盘后，必须校正水平度，确保风筒、排水管、供水管、压风管从保护盘下通过，并确保满足通风、防坠和承载要求。

第四十三条 立井永久或者临时支护到井筒工作面的距离及防止片帮的措施必须根据岩性、水文地质条件和施工工艺在作业规程中明确。

➢ 现场执行

（1）立井井筒施工时，井筒工作面至永久或临时支护之间的范围内，井帮围岩处于裸露状态，为防止围岩风化剥落、井帮受淋水冲刷发生矸石脱落而发生伤亡事故，必须根据井筒岩性、水文地质条件和施工工艺，在作业规程中规定最大空帮距离。

（2）立井进行永久支护施工时，首先将井筒设计的内径立好内模板，再把地面搅拌好的混凝土通过管路或材料吊桶送至浇灌地点进行浇筑。

第四十四条 立井井筒穿过冲积层、松软岩层或者煤层时，必须有专门措施。采用井圈或者其他临时支护时，临时支护必须安全可靠、紧靠工作面，并及时进行永久支护。建立永久支护前，每班应当派专人观测地面沉降和井帮变化情况；发现危险预兆时，必须立即停止作业，撤出人员，进行处理。

➢ 现场执行

（1）立井井筒穿过冲积层、松软岩层或煤层时，冲积层遇水易变成流砂，松软岩层强度低，煤层可能赋存瓦斯等情况，施工难度较大，安全性较差，必须制定一次开挖深度、临时支护形式等专项措施。

（2）采用井圈或其他临时支护时，确保临时支护安全可靠、紧靠工作面，严密加固，不留空帮。待井筒围岩变形稳定后，及时进行永久支护，立井永久支护的距离、质量必须符合措施规定要求。在完成永久支护前，每班应派专人观测地面沉降、临时支护及井帮变化情况，若发现井筒临时支护严重变形，井壁围岩发生严重位移、松动、脱落及地面沉降等危险预兆时，必须立即停止施工，撤出人员，采取措施进行处理。

第四十五条 采用冻结法开凿立井井筒时，应当遵守下列规定：

（一）冻结深度应当穿过风化带延深至稳定的基岩 10 m 以上。基岩段涌水较大时，应当加深冻结深度。

（二）第一个冻结孔应当全孔取芯，以验证井筒检查孔资料的可靠性。

（三）钻进冻结孔时，必须测定钻孔的方向和偏斜度，测斜的最大间隔不得超过30 m，并绘制冻结孔实际偏斜平面位置图。偏斜度超过规定时，必须及时纠正。因钻孔偏斜影响冻结效果时，必须补孔。

（四）水文观测孔应当打在井筒内，不得偏离井筒的净断面，其深度不得超过冻结段深度。

（五）冻结管应当采用无缝钢管，并采用焊接或者螺纹连接。冻结管下入钻孔后应当进行试压，发现异常时，必须及时处理。

（六）开始冻结后，必须经常观察水文观测孔的水位变化。只有在水文观测孔冒水7天且水量正常，或者提前冒水的水文观测孔水压曲线出现明显拐点且稳定上升7天，确定冻结壁已交圈后，才可以进行试挖。在冻结和开凿过程中，要定期检查盐水温度和流量、井帮温度和位移，以及井帮和工作面盐水渗漏等情况。检查应当有详细记录，发现异常，必须及时处理。

（七）开凿冻结段采用爆破作业时，必须使用抗冻炸药，并制定专项措施。爆破技术参数应当在作业规程中明确。

（八）掘进施工过程中，必须有防止冻结壁变形和片帮、断管等的安全措施。

（九）生根壁座应当设在含水较少的稳定坚硬岩层中。

（十）冻结深度小于300 m时，在永久井壁施工全部完成后方可停止冻结；冻结深度大于300 m时，停止冻结的时间由建设、冻结、掘砌和监理单位根据冻结温度场观测资料共同研究确定。

（十一）冻结井筒的井壁结构应当采用双层或者复合井壁，井筒冻结段施工结束后应当及时进行壁间充填注浆。注浆时壁间夹层混凝土温度应当不低于4 ℃，且冻结壁仍处于封闭状态，并能承受外部水静压力。

（十二）在冲积层段井壁不应预留或者后凿梁窝。

（十三）当冻结孔穿过布有井下巷道和硐室的岩层时，应当采用缓凝浆液充填冻结孔壁与冻结管之间的环形空间。

（十四）冻结施工结束后，必须及时用水泥砂浆或者混凝土将冻结孔全孔充满填实。

➤ 现场执行

（1）冻结深度必须根据井筒检查孔提供的表土层厚度，风化带厚度，完整基岩深度及隔水性能，基岩含水层埋深、层厚，预计井筒掘进时涌水量以及井壁结构等资料确定，并应进入不透水完整岩层不小于10 m。冻结段最深的掘砌位置必须浅于冻结深度5 ~8 m。

（2）当冻结孔穿过井下巷道时，下冻结管前应制定冻结孔壁与冻结管之间充填的安全技术措施；在巷道掘进进入冻结管区域前，除制定穿越冻结管的安全技术措施外，还应制定破除冻结壁后和解冻后的防水措施。

（3）冻结管应采用无缝钢管，其材质为低碳钢时宜采用内衬箍对焊，且管箍、底锥材质应与冻结管一致，焊条材质应与管材相匹配；冻结管下放深度不得小于设计冻结深度0.5 m，每个冻结孔下放的每一节冻结管应有长度和管径记录、编号，严禁冻结管内有任何杂物，冻结管下入冻结孔后应进行试漏检验，发现渗漏现象必须及时处理。

（4）在冻结的表土层开凿井筒时，可以采用爆破作业，但必须制定安全技术措施：

① 掘进施工过程中，必须有防止冻结壁变形、片帮、掉石、断管等的安全措施。

② 生根壁座应落在含水较少的完整坚硬的基岩中。

③ 冻结深度小于 300 m 时，永久井壁施工全部完成后，方可停止冻结。冻结深度大于 300 m 时，停止冻结的时间由冻结单位、建设单位和监理单位根据冻结温度场观测资料分析冻结壁发展的实际情况共同研究确定。

④ 应尽可能避免在冻结段内设置梁窝，如必须设置应制定防止漏水的措施。

⑤ 不论冻结管能否回收，对全孔必须及时用水泥砂浆或混凝土充填，充填容积不得小于计算容积的 95% 。

⑥ 冻结站必须用不燃性材料建筑，并应有通风装置。应经常测定站内空气中的氨气含量，其浓度不得超过 0.004% 。站内严禁烟火，并必须备有急救和消防器材。氨瓶和氨罐必须经过试验，合格后方准使用；在运输、使用和存放期间，应制定安全措施。

（5）冷冻站拆除前，必须回收氨和盐水，严禁随意排放污染环境。

氨瓶和氨罐必须经过试验，合格后方准使用。在运输使用和存放期间，应有安全措施。

第四十六条 采用竖孔冻结法开凿斜井井筒时，应当遵守下列规定：

（一）沿斜长方向冻结终端位置应当保证斜井井筒顶板位于相对稳定的隔水地层 5 m 以上，每段竖孔冻结深度应当穿过斜井冻结段井筒底板 5 m 以上。

（二）沿斜井井筒方向掘进的工作面，距离每段冻结终端不得小于 5 m。

（三）冻结段初次支护及永久支护距掘进工作面的最大距离、掘进到永久支护完成的间隔时间必须在施工组织设计中明确，并制定处理冻结管和解冻后防治水的专项措施。永久支护完成后，方可停止该段井筒冻结。

➤ 现场执行

（1）冻结终端位置应保证斜井井筒顶板进入相对稳定的隔水地层垂距 5 m 以上，如图 3 - 1 - 1 所示。

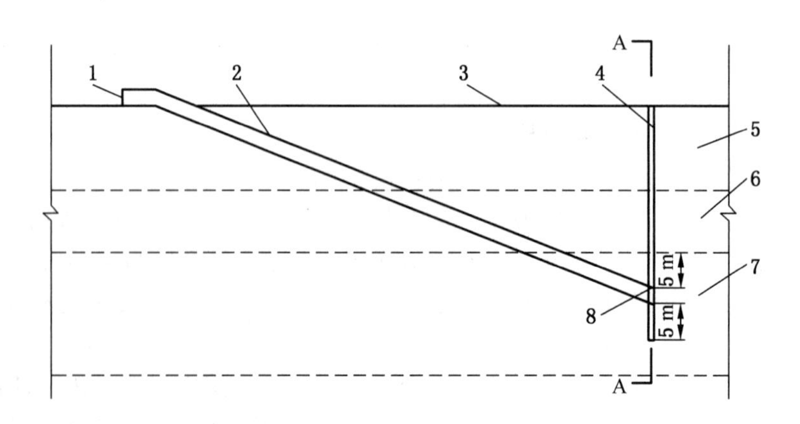

1—井口；2—斜井井筒；3—地面；4—冻结终端竖孔；5—冲积层；6—风化带；7—隔水层；8—井筒荒断面顶部

图 3 - 1 - 1 竖孔冻结终端位置示意图

为保证斜井井筒底板冻土厚度及强度，每一个冻结竖孔深度应穿过斜井井筒底板 5 m 以上，如图 3－1－2 所示。

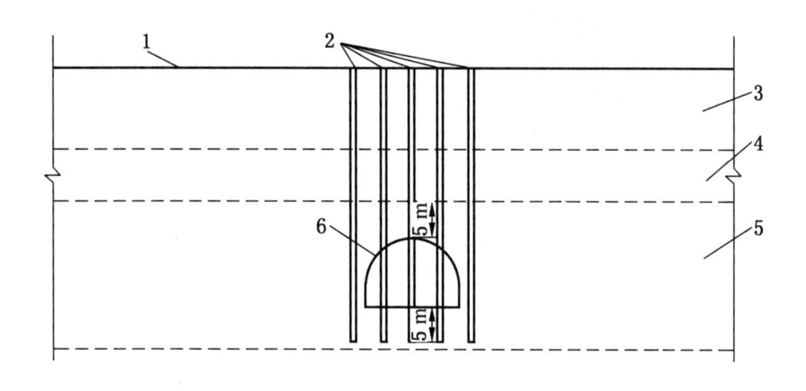

1—地面；2—冻结竖孔；3—冲积层；4—风化带；5—隔水层；6—井筒荒断面

图 3－1－2 竖孔冻结终端位置断面图（A—A）

（2）在采用竖孔冻结法开凿斜井井筒时，通常采用分段打钻、分段冻结施工工艺。沿斜井井筒方向，当掘进工作面距离每段冻结终端 5 m 前，必须停止掘进，待下一分段完成冻结后且具备掘进条件时，方可继续掘进，如图 3－1－3、图 3－1－4 所示。

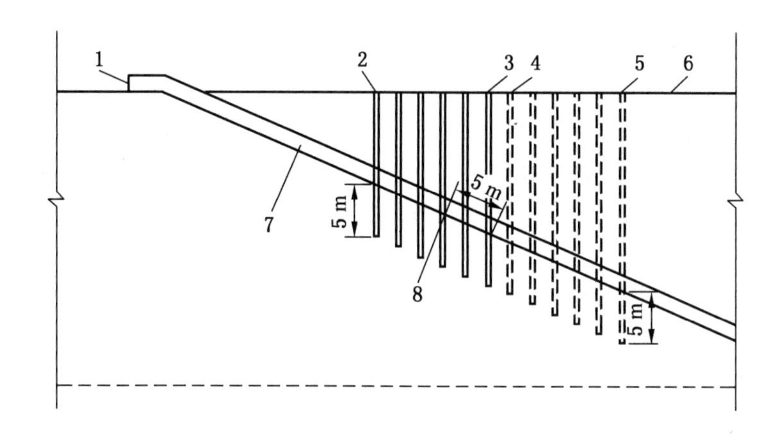

1—井口；2—上分段起始端冻结竖孔；3—上分段终端冻结竖孔；4—下分段起始端冻结竖孔；
5—下分段终端冻结竖孔；6—地面；7—斜井井筒；8—停掘工作面位置

图 3－1－3 分段竖孔冻结示意图

（3）在每一分段冻结范围内，应当根据冻结壁情况，明确初次支护、永久支护距掘进工作面的最大距离，以及掘进到永久支护完成的间隔时间，确保施工安全。

在掘进过程中，将会揭露部分冻结管，且需在初次支护前完成冻结管的切割拆除工作，因此应当提前制定处理冻结管和解冻后防治水的专项措施。

当每一分段永久支护全部完成后，方可停止该段井筒冻结，防止提前停止冻结造成事故。

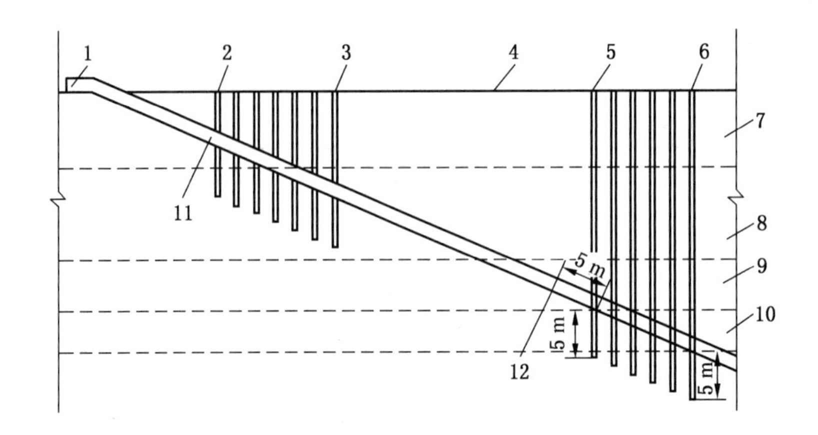

1—井口；2—冲积层及风化带起始端冻结竖孔；3—冲积层及风化带终端冻结竖孔；4—地面；5—基岩含水层起始端冻结竖孔；6—基岩含水层终端冻结竖孔；7—冲积层及风化带；8—隔水层；9—基岩；10—基岩含水层；11—斜井井筒；12—停掘工作面位置

图 3-1-4　基岩含水层竖孔冻结示意图

第四十八条　冬季或者用冻结法开凿井筒时，必须有防冻、清除冰凌的措施。

➤ **现场执行**

（1）冬季或采用冻结法开凿井筒在井筒内气温低于 0 ℃时，井壁淋水，极易结冰，严重影响提升运输及施工安全。

（2）冬季或采用冻结法开凿井筒时，必须对封口盘、固定盘、井壁或悬吊设施上的结冰及时清除，制定防冻、清除冰凌的措施。严格执行防冻、清除冰凌的措施。每班施工前，必须设专人检查井壁结冰，井筒供暖、防冻设施等情况。发现井架、井壁、吊盘、钢丝绳等悬吊设施存在冻冰及危冰，应及时采取措施清除。

第四十九条　采用装配式金属模板砌筑内壁时，应当严格控制混凝土配合比和入模温度。混凝土配合比除满足强度、坍落度、初凝时间、终凝时间等设计要求外，还应当采取措施减少水化热。脱模时混凝土强度不小于 0.7 MPa，且套壁施工速度每 24 h 不得超过 12 m。

➤ **现场执行**

（1）采用金属装配式模板砌筑内壁时，必须控制混凝土水灰比、砂率以及水泥品种、骨料条件、时间和温度、外加剂等技术参数，防止由于配合比不符合规定要求影响混凝土强度、坍落度、初凝和终凝时间等，造成水泥与骨料胶结能力下降，产生离析现象。

套壁施工时，浇筑速度过快，混凝土初凝时间超过设计初凝时间，或有水进入模板造成混凝土缓凝，会导致混凝土初凝强度不够，造成模板变形失稳。脱模时，混凝土强度超过 0.7 MPa，会产生混凝土黏结模板、开裂、脱落等现象。

（2）装配模板的材质、规格、强度等必须符合设计要求及有关规范的规定，模板组合要平整、牢固可靠，操平找正，模板及钢筋间的所有杂物必须清理干净，稳好一组模板，浇注一模混凝土。

浇筑采用防裂、抗渗性能的混凝土，混凝土的搅拌时间不低于2 min，以保证搅拌质量，结块失效的水泥严禁使用，砂子的含泥量应小于1%，石子的含泥量应小于0.5%，按设计配合比要求添加外加剂。

施工中应注意检测砂、石的含水率，并对实际用水量做出调整，严格按设计配比配制混凝土。混凝土搅拌均匀后方可入模，冬季施工，冻结段混凝土的入模温度：内层井壁不得低于10 ℃，外层井壁不得低于15 ℃，不合格的混凝土严禁入模。

入模后，一边浇注一边振捣，振捣均匀，振捣要适度。坍落度、流动性、黏聚性必须符合施工要求及有关标准规定，发现不符合设计要求及时调整，并做好井壁隐蔽工程记录。

第五十条　采用钻井法开凿立井井筒时，必须遵守下列规定：

（一）钻井设计与施工的最终位置必须穿过冲积层，并进入不透水的稳定基岩中5 m以上。

（二）钻井临时锁口深度应当大于4 m，且进入稳定地层中3 m以上，遇特殊情况应当采取专门措施。

（三）钻井期间，必须封盖井口，并采取可靠的防坠措施；钻井泥浆浆面必须高于地下静止水位0.5 m，且不得低于临时锁口下端1 m；井口必须安装泥浆浆面高度报警装置。

（四）泥浆沟槽、泥浆沉淀池、临时蓄浆池均应当设置防护设施。泥浆的排放和固化应当满足环保要求。

（五）钻井时必须及时测定井筒的偏斜度。偏斜度超过规定时，必须及时纠正。井筒偏斜度及测点的间距必须在施工组织设计中明确。钻井完毕后，必须绘制井筒的纵横剖面图，井筒中心线和截面必须符合设计。

（六）井壁下沉时井壁上沿应当高出泥浆浆面1.5 m以上。井壁对接找正时，内吊盘工作人员不得超过4人。

（七）下沉井壁、壁后充填及充填质量检查、开凿沉井井壁的底部和开掘马头门时，必须制定专项措施。

➢ 现场执行

（1）钻井过程中，必须经常检查护壁循环泥浆的质量，及时测定循环泥浆的各项参数，不符合规定时应及时调整。下沉井壁前，必须用优质泥浆进行循环，适当提高泥浆的黏度，保持泥浆的稳定性。

（2）当井壁对接的上、下法兰盘合拢时，井壁有可能触碰焊接在上法兰盘内缘的临时吊环造成焊缝断裂，造成临时吊盘坠落。井壁对接是下沉井壁过程中最危险的环节，满足施工的最少用工即为最优组合。

（3）下沉井壁时，由于钻井直径大于井壁直径，井壁下沉过程中会发生一定的偏斜，井壁下沉完成后必须对井筒偏斜进行纵、横断面实测，核定有效的井筒断面，找出实际的井筒中心线和中心坐标，并标定在井筒中心十字线基桩上。

壁后充填固井在符合设计要求后方可进行，充填材料必须经过试验，保证结石体强度和充填密实度，并应沿井壁分层、对称、均匀充填，严格控制两侧浆面高差。钻井段底部向上第一充填段应当采用水泥浆等胶结材料进行充填。

开凿沉井井壁的底部或开掘马头门之前必须检查破壁处及其上方 30 m 范围内壁后充填质量，如发现充填不实有导水可能时，应采取可靠的补救措施，确认合格不会漏水后才能破壁。钻井段以深井筒继续掘进时，应当在钻井段底部设置壁座。

第五十二条 采用注浆法防治井壁漏水时，应当制定专项措施并遵守下列规定：

（一）最大注浆压力必须小于井壁承载强度。

（二）位于流砂层的井筒段，注浆孔深度必须小于井壁厚度200 mm。井筒采用双层井壁支护时，注浆孔应当穿过内壁进入外壁 100 mm。当井壁破裂必须采用破壁注浆时，必须制定专门措施。

（三）注浆管必须固结在井壁中，并装有阀门。钻孔可能发生涌砂时，应当采取套管法或者其他安全措施。采用套管法注浆时，必须对套管与孔壁的固结强度进行耐压试验，只有达到注浆终压后才可使用。

➢ 现场执行

（1）采用注浆法防治井壁漏水时，壁后注浆压力要稳定，进浆均匀，压力不易过大。注浆压力宜比静水压力大 0.5 ~ 1.5 MPa。

在岩石裂隙中的注浆压力可适当提高，实际注浆压力应根据现场施工情况进行调整，但注浆压力不得超过措施规定值。注浆过程中，操作人员必须观察井壁及注浆压力表等情况，发现压力突降而吸浆量突然增大，或已注入一定量的浆液而注浆压力仍不见回升时，说明浆液进入孔隙或裂隙泄漏，可采取加大水泥浆浓度、缩短凝固时间等方法处理；若发现泵压骤升，可能是注浆管路堵塞，应立即停泵检查；若发现井壁异常，有裂隙或掉块时应立即停止注浆工作，查明原因，及时处理。

（2）注浆前，必须检查注浆管固结及阀门完好情况，采用套管法注浆时，采取静水压力测试套管与孔壁的固结强度。测试时，连接好管路，先用清水冲孔，做压水试验，试验压力稳定 10 ~ 15 min 不漏，视为合格，试验压力不低于注浆终压。

（3）施工注浆孔时，要选择好注浆孔位置，掌握好打孔深度、方向。采用破壁注浆时，严格按照安全措施及工艺要求进行钻孔和布孔，破壁注浆过程中，操作人员要高度警惕，做好个人安全防护，防止破壁后高压涌水、涌砂事故发生。

第五十三条 开凿或者延深立井、安装井筒装备的施工组织设计中，必须有天轮平台、翻矸平台、封口盘、保护盘、吊盘以及凿岩、抓岩、出矸等设备的设置、运行、维修的安全技术措施。

➢ 现场执行

天轮平台、翻矸平台、封口盘、保护盘、吊盘以及凿岩、抓岩、出矸等设备是开凿或延深立井的重要设备。

井筒装备维修时，维修工必须经过专业技术培训，考试合格，持证上岗。熟知天轮平台、翻矸平台、封口盘、保护盘、吊盘以及凿岩、抓岩、出矸等设备的结构、性能、原理等。严格遵守工种岗位责任制，及时排除故障，并认真检查填写检修记录等。

➢ 相关案例

昭通金寰矿业有限公司昭阳区石垭口煤矿“12·31”其他事故。

第五十四条 延深立井井筒时，必须用坚固的保险盘或者留保护岩柱与上部生产水平隔开。只有在井筒装备完毕、井筒与井底车场连接处的开凿和支护完成，制定安全措施后，方可拆除保险盘或者掘凿保护岩柱。

➤ **现场执行**

（1）延深立井井筒时，为保障上部井筒正常运转，预防井筒提升容器、物料等重物坠落，必须使用坚固的保险盘或留设保护岩柱与上部生产水平隔开。

保险盘或保护岩柱的拆除，一般在井筒装备安装完毕和井筒与井底车场连接处的开凿、支护完成后进行。

（2）拆除保险盘或掘凿保护岩柱前，必须清理井底水窝的积水、淤泥、碎煤等，加固延深井筒所用的封口盘；拆除时，停止上部生产水平的生产提升工作，在生产水平以下搭设临时保护盘，防止生产水平以上坠物；在辅助水平井口处设置封口盘，加固保护岩柱的护顶盘；清扫井口及各水平马头门，车场入口处设置栅栏，井口设专人守护；拆除人工保护盘应自上向下进行，逐层拆除，边拆边运，并修补井壁，最后拆除封口盘与工作盘，接通上、下水平的罐道。

拆除保险盘或掘凿保护岩柱时，必须在井筒装备安装完毕、井筒与井底车场连接处的开凿和支护完成后进行。此外，保证信号清晰，撤离井底人员，作业人员佩戴保险带。

拆除保护岩柱时，可采用先掘小断面，反井后刷砌的方法拆除保护岩柱。自下向上掘反井与井窝贯通前，要施工探眼，准确掌握剩余厚度。刷大时自上向下进行短段刷砌成井，刷砌矸石要严格控制块度，防止堵塞反井，刷大时反井上口设防坠箅子，严禁站在箅子上作业，防止发生坠入事故。

第五十五条 向井下输送混凝土时，必须制定安全技术措施。混凝土强度等级大于C40或者输送深度大于400 m时，严禁采用溜灰管输送。

➤ **现场执行**

（1）向井下输送混凝土一般采用溜灰管和底卸式料桶。其中，溜灰管工序简单，安全系数高，输送速度快，占井筒空间少，有利于实现掘砌平行作业，但混凝土强度等级大于C40或输送深度大于400 m时，会出现溜灰管下灰速度慢，混凝土离析，易发生堵管现象，导致溜灰管坠落，造成井筒内机械设备、装备和人员的伤害事故。基于此，必须从混凝土标号、溜灰管选型、连接方式、管卡定位及其他安全方面进行分析论证，制定安全技术措施。

（2）采用溜灰管向井下输送混凝土浇筑井壁时，管路悬吊应当垂直，末端设置缓冲装置，碎石粒径不得大于40 mm，混凝土坍落度不应小于150 mm，混凝土强度等级小于或等于C40的混凝土可采用溜灰管下料，并采取防止混凝土离析的措施；混凝土强度等级大于C40时，严禁采用溜灰管输送，可采用吊桶等方法下料。

采用溜灰管送料前，应先输送少量水泥砂浆，再进行混凝土输送。溜灰管送料时，应加强井上、下的信号联系。输料结束后，冲洗输料管。用溜灰管送料，发现溜灰管下灰速度慢或堵管时，立即停止送料，及时处理。

第五十六条 斜井（巷）施工时，应当遵守下列规定：

（一）明槽开挖必须制定防治水和边坡防护专项措施。

（二）由明槽进入暗硐或者由表土进入基岩采用钻爆法施工时，必须制定专项措施。

（三）施工15°以上斜井（巷）时，应当制定防止设备、轨道、管路等下滑的专项措施。

（四）由下向上施工25°以上的斜巷时，必须将溜矸（煤）道与人行道分开。人行道应当设扶手、梯子和信号装置。斜巷与上部巷道贯通时，必须有专项措施。

➤ 现场执行

（1）明槽开挖是指在平坦地区进行斜井井口施工时，一般将斜井井颈段开挖成槽坑状，待井颈段浇筑混凝土完毕并做好防水处理后，再夯实回填明槽。

（2）明槽开挖应当避开雨季。开挖前，根据明槽地形情况，沿明槽边沿设挡水墙或截水沟，开挖施工遇水时，应采取排水、降水措施，将水引到场外。开挖时，挖掘机司机要边挖边修整边坡，清理浮土活石，严格按设计轮廓线开挖。施工过程中应安排专人巡视边坡，防止塌方、溜坡、掩埋等事故发生，发现问题及时汇报处理。明槽放坡后，四周必须及时构筑临时安全防护围栏，设置护坡网。有涌水、流砂和稳定性较差的地层作业时，必须落实边坡防护安全技术措施，严禁强行冒险施工。

由明槽进入暗硐或由表土进入基岩段应当与明槽部分的永久支护同时施工，且应设超前临时支护。临时支护宜采用“管棚法”“金属支架背板法”等支护形式，严禁空顶和超控顶距作业，只有当上一循环完全支护完毕后，方可进行下一循环作业。爆破作业时，爆破图表必须齐全，爆破参数应选择合理，严格执行爆破相关制度。

（3）斜井（巷）施工时，应采用固定架、防护戗柱、卡轨器、牵引装置等防滑装置进行设备固定，防止因施工震动导致下滑。

当采用装岩机施工时，除用卡轨器固定外，用绳扣固定在轨枕上或在巷道底板楔入圆钢，用钢丝绳与装岩机连接，用U型卡将装岩机车轮与轨道卡在一起等其他方法固定。

施工前，必须对防滑装置进行检查，发现固定装置松动、脱落等问题必须及时处理。轨道敷设应采用固定轨枕，以《煤矿安全生产标准化管理体系基本要求及评分方法（试行）》为标准，消灭杂拌道、非标准道岔，轨道线路的轨距、水平、接头平整度，道岔的尖轨、心轨和护轨工作边间距，扣件、轨枕间距等必须符合规定标准，固定钢轨预埋构件应按照措施规定施工，构件必须可靠有效，防滑效果好。吊装管路时，要选择好可靠的吊点，所采用的吊具、索具、绳头等必须符合措施规定的安全系数。

（4）由下向上施工25°以上的斜井（巷）时，梯子、扶手、预埋件等在支护的同时安装好或预留孔洞。

既溜矸（煤）又行人时，人员通行必须在人行道侧，通行过程中若发现紧急情况可通过信号装置进行联络。斜巷与上部巷道贯通时要进行贯通闭合测量，在邻近贯通时，确切掌握贯通距离。

根据围岩情况，选择合理的贯通方法，掘进时严格按中、腰线施工；查明上部巷道的支护、通风、瓦斯及水等情况，发现问题，及时处理；贯通时，应对巷道贯通点的支架进行加固等，严格遵守巷道贯通相关规定及施工安全措施进行施工；贯通后，按照贯通前做好的通风系统调整方案和各项准备工作开展调风工作。

第五十七条　采用反井钻机掘凿暗立井、煤仓及溜煤眼时，应当遵守下列规定：

（一）扩孔作业时，严禁人员在下方停留、通行、观察或者出渣。出渣时，反井钻机应当停止扩孔作业。更换破岩滚刀时，必须采取保护措施。

（二）严禁干钻扩孔。

（三）及时清理溜矸孔内的矸石，防止堵孔。必须制定处理堵孔的专项措施。严禁站在溜矸孔的矸石上作业。

（四）扩孔完毕，必须在上、下孔口外围设置栅栏，防止人员进入。

➢ 现场执行

（1）反井钻机扩孔是我国掘凿暗立井、煤仓及溜煤眼普遍使用的一种方法，施工工艺如图3－1－5、图3－1－6所示。

反井钻机扩孔自下而上进行，破碎的煤岩体、冲洗液自由落入孔底。扩孔时，无法进行临时支护，易发生片帮、塌孔、钻杆断裂、坠物等情况，孔底作业危险性大。

（2）扩孔作业前，在孔口下方位置前后打好栅栏，设置专人警戒，并悬挂“钻孔施工，禁止通行”标志牌，任何人不得进入警戒区通行或停留；必须通过时，应通知扩孔作业人员，停止扩孔，通过后，再通知进行扩孔。

（3）扩孔作业时，必须先开水、后开钻；先停钻、后停水，预防钻头在钻孔内摩擦起火。连接好高压水管及冷却器的进、出水管，通过冷却器的水质必须清洁无异物，冷却水应和钻机钻孔使用的除尘或排渣水分开，不能使用一根水管。钻进过程中时刻观察冷却水的供给情况，发现塌孔、返水较小、不返水、供水压力低于规定值、水源中断时，必须停止钻进，查找原因，进行处理，防止损伤滚刀。

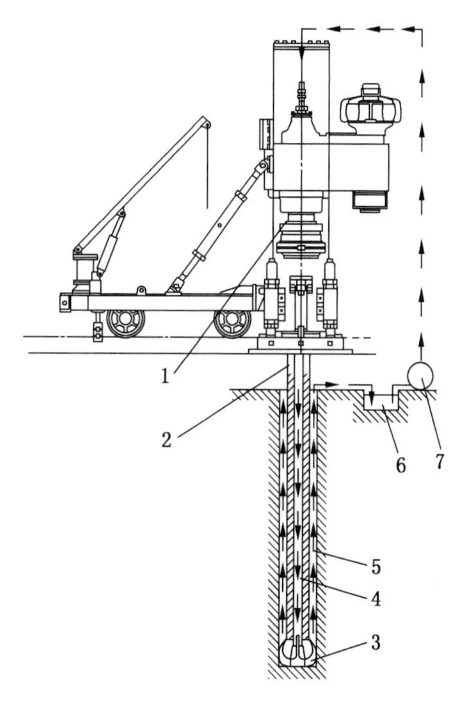

1—动力水龙头；2—钻杆；3—导孔钻头；4—从泥浆泵压入的泥浆；5—从环形空间返回的岩渣泥浆；6—泥浆循环池；7—泥浆泵

图3－1－5　反井钻机导孔工艺图

钻机钻进导孔或扩孔排渣不畅、钻头激烈晃动、压力不稳和钻进困难时，应当将刀具下放一定距离，高速旋转，将渣石甩掉；若无效果时，将钻具下放至下部巷道底板，进行检查处理或更换滚刀。更换破岩滚刀时，钻机司机要听从下口工作人员的指挥，在收到停机指令后，停止钻机，切断电源，做好安全措施。更换滚刀时，必须严格按照操作规程作业。

扩孔作业时，应当及时清理溜矸孔内的矸石，防止堵孔。发生堵孔时，必须严格按照《煤矿安全规程》第一百三十四条、第三百六十条的规定，制定专项安全技术措施进行施工、处理。

（4）扩孔完毕后，必须在上、下孔口外围设置牢固的栅栏，并安装警示标志，防止人员进入。

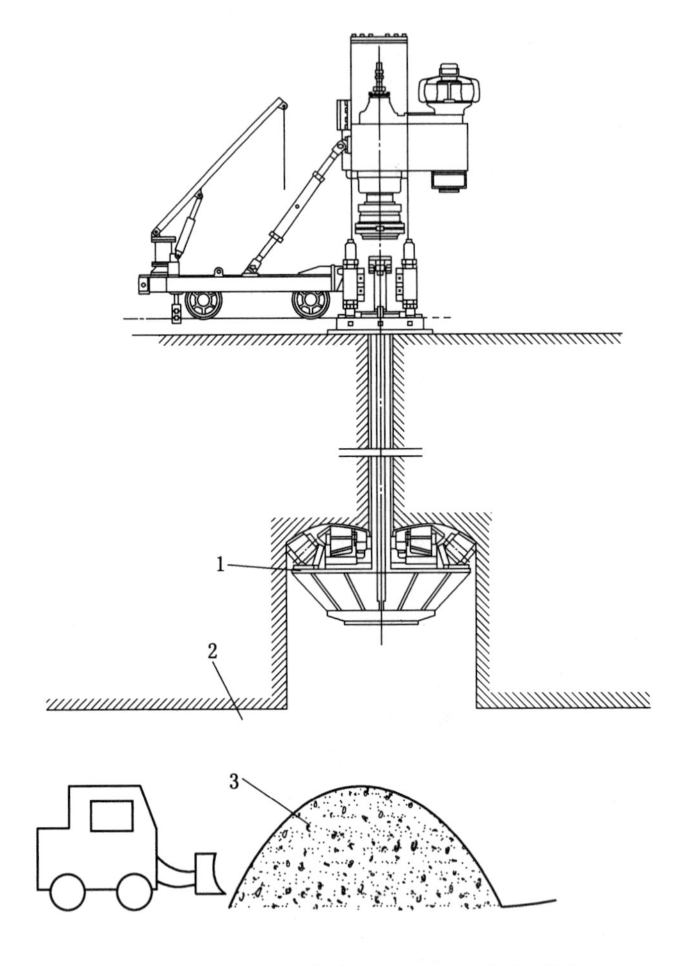

1—扩孔钻头；2—下水平巷道；3—扩孔自由落体下的岩渣

图3-1-6 反井钻机扩孔工艺图

第五十八条 施工岩（煤）平巷（硐）时，应当遵守下列规定：

（一）掘进工作面严禁空顶作业。临时和永久支护距掘进工作面的距离，必须根据地质、水文地质条件和施工工艺在作业规程中明确，并制定防止冒顶、片帮的安全措施。

（二）距掘进工作面10 m内的架棚支护，在爆破前必须加固。对爆破崩倒、崩坏的支架必须先行修复，之后方可进入工作面作业。修复支架时必须先检查顶、帮，并由外向里逐架进行。

（三）在松软的煤（岩）层、流砂性地层或者破碎带中掘进巷道时，必须采取超前支护或者其他措施。

➢ 现场执行

（1）空顶作业是指临时和永久支护距掘进工作面的距离超过作业规程规定而进行作业的情况。

巷道掘进施工过程中，必须严格按照作业规程规定的控顶距作业，在架设永久支护前，必须有超前或临时支护，严禁空顶作业。采用前探梁作临时支护时，强度必须达到设计要求，卡子必须卡紧棚梁，不得下滑，严禁使用柔性材料吊挂，必须接顶背实。安装在支护锚杆上时，螺母必须拧过锚杆尾部螺纹并拧紧。巷道打顶柱作为临时支护时，必须戴帽、顶实。

（2）爆破时，易发生崩倒、崩坏支架。因此，爆破工艺必须严格执行现场施工图纸参数，采用小循环掘进。

爆破前，必须将靠近工作面 10 m 内的支护重新加固、联锁，对空帮、空顶部位要刹实背牢，相邻支架要用撑木拉杆固定连接。

（3）修复因爆破崩倒、崩坏的支架时，首先对顶板完整、支架稳定状况进行检查，严禁在支护失效区段停留，并严格执行由外向里逐架处理，确保后路畅通，预防人员被堵。

（4）在松软的煤（岩）层或流砂性地层中及地质破碎带掘进巷道时，掘进前，应在巷道前方采用前探梁、超前锚杆、超前管棚、超前注浆帷幕等超前支护措施加固顶板；施工过程中，前探支护要超前施工，严格按施工顺序及施工要求作业，加强顶板控制、严禁空顶作业。

（5）掘进机司机开机前首先需要了解工作面地质条件情况及上一班工作、检修和相关设备运转情况，发现问题及时向班长汇报，妥善处理。其次需要全面检查工作面煤壁、采高和顶底板变化以及工作面支护等情况，做到心中有数。最后检查机身 20 m 范围内的瓦斯浓度。

（6）掘进机司机必须按规定程序启动掘进机，掘进工作面的风筒、瓦斯检测仪不得超过《煤矿安全规程》规定，按正规循环组织生产，按截割顺序进刀截割，严格按照最大控顶距截割，顶板破碎或者揭露断层时，缩小循环进尺，煤层松软破碎状态下要窄割宽刷，巷道贯通时要缩小循环进度，贯通后要等风流稳定后方可继续截割，在截割的过程中不得破坏巷道原来的支护，遇到巷道底板松软时，要提前将掘进机行走部的下方用道木或者其他材料垫实。

➢ **相关案例**

（1）吴忠市高闸煤矿有限公司“1·10”顶板事故。

（2）师宗恒进商贸有限公司罗平县树根田煤矿“2·29”顶板事故。

第五十九条 使用伞钻时，应当遵守下列规定：

（一）井口伞钻悬吊装置、导轨梁等设施的强度及布置，必须在施工组织设计中验算和明确。

（二）伞钻摘挂钩必须由专人负责。

（三）伞钻在井筒中运输时必须收拢绑扎，通过各施工盘口时必须减速并由专人监视。

（四）伞钻支撑完成前不得脱开悬吊钢丝绳，使用期间必须设置保险绳。

➢ **现场执行**

（1）伞钻在非使用期间在井架二层平台钢梁下方的导轨梁上悬吊放置，伞钻入井时通过导轨梁上的小跑车移动到合适的位置。

（2）使用伞钻时，需要安全检查、倒钩、挂摘钩、稳机等多项工序，工序较复杂，环节多，对操作人员的要求高。

伞钻摘挂钩操作工必须经过专门培训，考核合格，持证上岗，并严格执行本岗位操作规程和安全技术措施。井上、下摘挂钩前，详细检查吊环是否可靠、伞钻是否收拢捆扎牢固、零部件是否松动脱落、钢丝绳套是否完好等情况，确认无误后，方可通知信号工打点开车。井上、下摘挂钩时，应有专人监护，精力集中，确保钩头挂牢，在伞钻座上摘挂钩时必须佩戴保险带。

（3）井筒中上、下伞钻前，伞钻要将调高油缸和各支撑臂、动臂收拢至零位，用绳将整机管路捆绑牢靠，确保伞钻平稳起钩。在伞钻通过封口盘、固定盘和吊盘时，要有专人监视，可停止下放，检查风水管路、油管、支撑臂等部件捆扎是否牢靠，是否符合下放要求。通过各盘时，绞车必须减速慢行，监视人员要目送伞钻安全通过各盘，防止在伞钻管路或支撑臂等部件挂到钢梁，一旦发现凸出部分有碰撞吊盘喇叭口的可能时，必须立即打点停车，处理好后，确认无误方可打点开车。

（4）伞钻下放到井底时，不得立即脱开悬吊钢丝绳。待伞钻稳车绳将伞钻吊正，接通风管和水管，升起支撑臂，伸出支撑爪撑住井壁，整体伞钻固定找平安稳后，方能稍微放松一点悬吊钩头，防止凿岩时钢丝绳收缩，将伞钻上升，造成支撑臂变形等。打眼时，伞钻应始终吊挂在钩头和吊盘上，防止支撑臂失灵，使钻架倾倒。

第六十条　使用抓岩机时，应当遵守下列规定：

（一）抓岩机应当与吊盘可靠连接，并设置专用保险绳。

（二）抓岩机连接件及钢丝绳，在使用期间必须由专人每班检查 1 次。

（三）抓矸完毕必须将抓斗收拢并锁挂于机身。

➤ 现场执行

（1）抓岩机多用于立井施工。抓岩机回转机构、提升机构及其余部件连接应与吊盘可靠固定，呈悬吊状态，工作时，应有专用保险绳连接，保险绳应处于拉紧状态，起到悬吊抓岩机的作用，防止作业时由于固定、连接装置失效等造成抓岩机坠落伤人事故发生。

（2）抓岩机安装时，严格按照规定的安装顺序安装抓岩机所有部件，将抓岩机机架牢固固定在吊盘固定口处的模板上，抓岩机在安装时，机架上不得带抓斗，安装完机架后，方可连接抓斗。为减轻抓岩机抓矸时吊盘钢丝绳所承载的重量，抓岩机抓矸时需用抓岩机钢丝绳同抓岩机回转机构的耳盘连在一起。

（3）抓岩机抓岩时，每班应由专人对抓岩机机架、提升抓斗钢丝绳、保险绳、臂杆、抓头、吊耳、绳轮、连接螺栓等至少检查一次。检查过程中发现连接件连接螺栓松动、机件变形、焊缝开裂、钢丝绳破断丝、松股、压痕和磨损等现象，必须立即停止运转，立即更换处理，方可装岩。

（4）抓岩机工作结束后，清除抓岩机上的浮矸和杂物，锁定并关闭抓岩机的进气阀门，收拢抓斗，将抓斗提至规定的安全高度，并锁在固定位置，避开吊桶运行位置。

第六十一条　使用耙装机时，应当遵守下列规定：

（一）耙装机作业时必须有照明。

（二）耙装机绞车的刹车装置必须完好、可靠。

（三）耙装机必须装有封闭式金属挡绳栏和防耙斗出槽的护栏。在巷道拐弯段装岩（煤）时，必须使用可靠的双向辅助导向轮，清理好机道，并有专人指挥和信号联系。

（四）固定钢丝绳滑轮的锚桩及其孔深和牢固程度，必须根据岩性条件在作业规程中明确。

（五）耙装机在装岩（煤）前，必须将机身和尾轮固定牢靠。耙装机运行时，严禁在耙斗运行范围内进行其他工作和行人。在倾斜井巷移动耙装机时，下方不得有人。上山施工倾角大于20°时，在司机前方必须设护身柱或者挡板，并在耙装机前方增设固定装置。倾斜井巷使用耙装机时，必须有防止机身下滑的措施。

（六）耙装机作业时，其与掘进工作面的最大和最小允许距离必须在作业规程中明确。

（七）高瓦斯、煤与瓦斯突出和有煤尘爆炸危险矿井的煤巷、半煤岩巷掘进工作面和石门揭煤工作面，严禁使用钢丝绳牵引的耙装机。

➢ **现场执行**

（1）耙装机作业工作面在作业地点必须安装防爆照明灯，光照度要满足作业地点需要。照明灯应随机安装或悬挂在巷道一侧，并随迎头推移不断前移，确保司机能够看清耙装作业区域，以免影响司机视线。

（2）耙装机作业前，操作司机必须检查各部件连接情况；绞车、卷筒是否完好；制动闸是否完整齐全，灵活可靠；台车固定是否牢固等；钢丝绳磨损情况；安全防护装置是否有效等。

耙装机在装岩（煤）前，作业人员必须按照规定使用和固定尾轮，不得将尾轮挂在已施工柱腿、棚梁、锚杆（锚索）等支护物上，并用卡轨器、地锚、机身斜撑等装置固定好机身。

（3）耙装机作业时，严禁其他作业人员进入或在耙斗运行区域进行其他工作或停留。在倾斜井巷移动耙装机时要慢速度牵引，在耙装机下方及两侧不准有人，防止机身突然移动或下滑伤人。在倾角大于20°倾斜井巷上山装煤（岩）作业时，司机前方必须安设牢固的护身柱或挡板。在倾斜井巷中使用耙装机，为防止机身下滑，可采用卡轨器将台车固定在轨道上、机身后部增加斜撑和使用阻车器等方法防止机身下滑。不得强行牵引耙斗、猛拉主绳、同时操作两个操作手柄，防止钢丝绳和耙斗因摆动较大撞击挡绳栏和护栏，出现耙斗出槽、钢丝绳弹跳伤人。

耙装机在巷道拐弯段装煤（岩）时，要在拐弯处安装双向辅助导向轮，并清理好机道。在钢丝绳运行外侧设专人指挥和信号联系，严禁指挥人员进入内侧。

固定耙装机尾轮的锚桩（固定楔）位置视工作面情况而定，通常埋设在巷道煤（岩）堆以上800～1000 mm，左右移动悬挂位置，以耙清巷道两侧煤（岩）为宜，楔眼最好与工作面有5°～7°偏角，固定楔严格按照使用要求安装。

耙装机距工作面的距离以6～25 m为宜。

（4）耙装机作业时，钢丝绳与机架、绳轮摩擦、碰撞，很容易产生火花，在高瓦斯、煤与瓦斯突出和有煤尘爆炸危险矿井的煤巷、半煤岩巷掘进工作面和石门揭煤工作面，严禁使用钢丝绳牵引耙装机装煤（岩）。

耙装机司机必须熟练掌握耙装机的操作规程，严格按章操作，杜绝“三违”。

➤ **相关案例**

云南滇东雨汪能源有限公司雨汪煤矿一井“10·13”机电事故。

第六十二条 使用挖掘机时，应当遵守下列规定：

（一）严禁在作业范围内进行其他工作和行人。

（二）2台以上挖掘机同时作业或者与抓岩机同时作业时应当明确各自的作业范围，并设专人指挥。

（三）下坡运行时必须使用低速挡，严禁脱挡滑行，跨越轨道时必须有防滑措施。

（四）作业范围内必须有充足的照明。

➤ **现场执行**

（1）挖掘机司机必须经过专业培训合格，持证上岗。开机前，首先启动警铃，检查环境安全情况，清理道路上的障碍物，无关人员离开挖掘机，然后提升铲斗。挖掘机倒车时，要有专人指挥，留意挖掘机后面盲区。挖掘机工作时，在挖掘机回转半径内，严禁进行其他工作，禁止人员随意走动及其他障碍物。

（2）挖掘机司机作业时，当班施工人员要指定专人或班长统一指挥、协调，防止发生抓斗、吊桶与挖掘机相撞，井下把钩工、吊盘信号工要增强责任心，切实做好吊桶、挖掘机安全配合操作工作，吊桶下落时，要提醒挖掘机避让。

挖掘机司机作业时，必须集中精力，看清工作面人员及吊桶位置，动作要平稳，严禁忽快忽慢、挖斗摆动过大，防止铲斗、油缸等碰撞模板。

装载时，将吊桶与机器保持一个合适距离，防止与吊桶及井壁产生磕碰。挖够段高后，挖掘机应停靠在靠近井帮位置，避开中心位置。

下坡运行时，要慢速行驶，严禁脱挡滑行，行走坡度不得超过允许最大坡度。停车后，把铲斗轻轻地插入底板，并在履带下铺设挡车装置，防止停车后向前滑移。跨越轨道时，应采用防滑材质铺垫，平整底板。

（3）工作面作业地点必须安装有照明装置，确保作业地点有足够灯光照度，吊盘不少于2盏，工作面不少于4盏，其他人员应佩戴矿灯。采用挖掘机作业时，挖掘照明设施必须保持完好并开启。

挖掘机司机入井前必须按时参加班前会，进入工作地点后，必须先敲帮问顶，认真检查作业范围内的顶板、支护情况，排除隐患后方可作业。

第六十三条 使用凿岩台车、模板台车时，必须制定专项安全技术措施。

➤ **现场执行**

（1）凿岩台车、模板台车机身质量大，机体较长，在井下行走、移动钻臂和钻孔作业时，易发生事故。

专项措施内容包括台车的组装、移动、行走、定位、防滑、操作使用及维护、拆除等，同时需要根据台车性能和工程特征提出相关使用要求。

（2）使用液压凿岩台车时，应遵守下列规定：

① 液压凿岩台车必须配有专用电气控制开关，并配专用工具开、闭，专用工具必须由专职司机保管。司机离开操作台时，必须断开液压凿岩台车专用电控开关；液压凿岩台

车必须装有前照明灯和尾灯，通电后必须能正常照明。

② 液压凿岩台车启动前必须检查各操作手柄位置，确认无误后，方可通电，并设专人警戒，确保液压凿岩台车四周无人。

③ 液压凿岩台车行走前必须将钻臂收拢并尽可能降低重心，抬起前支腿至水平位置，并设专人负责拖拉动力电缆。

④ 液压凿岩台车行走过程中必须有3人负责监视，台车前方两侧各1人，台车尾部1人，用哨音联络。行走过程中，台车车体两侧严禁站人。

⑤ 液压凿岩台车停止工作或检修时，必须将钻臂和支腿落地，并断开专用电控开关。

⑥ 液压凿岩台车检修时必须断开专用电控开关，并悬挂警戒牌；需要在钻臂下检修机器时，必须垫枕木支撑钻臂。

第三节　井塔、井架及井筒装备

第六十四条　井塔施工时，井塔出入口必须搭设双层防护安全通道，非出入口和通道两侧必须密闭，并设置醒目的行走路线标识。采用冻结法施工的井筒，严禁在未完全融化的人工冻土地基中施工井塔桩基。

➤ **现场执行**

（1）井塔施工时，常利用井塔一层门洞作为井塔上部主体施工的出入口。根据《建筑施工安全检查标准》（JGJ 59）、《建筑施工高处作业安全技术规范》（JGJ 80）及其条文说明要求，防护通道搭设宽度应大于通道口宽度，长度应超过坠落半径，顶部采用50 mm厚木脚手板或两层竹笆纵横铺设，两侧封闭密目式安全网，以提高防晒能力。

（2）采用冻土作为井塔地基，在冻融土完全融化进行桩基施工时，应重点做好如下工作：①冻融土完全融化后进行地质勘查；②进行桩基设计和施工质量控制；③井塔施工及投入使用后进行沉降、垂直度观测。

班组作业人员必须熟悉入井标识的路线牌，不得随意走动，管理人员必须告知作业人员存在的危险因素、防范措施和事故应急措施。

第六十五条　井架安装必须编制施工组织设计。遇恶劣气候时，不得进行吊装作业。采用扒杆起立井架时，应当遵守下列规定：

（一）扒杆选型必须经过验算，其强度、稳定性、基础承载能力必须符合设计。

（二）铰链及预埋件必须按设计要求制作和安装，销轴使用前应当进行无损探伤检测。

（三）吊耳必须进行强度校核，且不得横向使用。

（四）扒杆起立时应当有缆风绳控制偏摆，并使缆风绳始终保持一定张力。

➤ **现场执行**

（1）恶劣气候一般是指大雨、大雾、大风（五级以上）、大雪、雷电、高温、冰冻等气候。

（2）扒杆（又称为抱杆、桅杆）起重装置由扒杆、抗风缆绳锁或滑车组、起重牵引绳索或滑车组、地锚稳固装置及牵引装备组成。井架起吊常用金属格构式扒杆。金属格构式扒杆由四片型钢（或角钢）制成的桁架组合而成，界面呈正方形，最大提升长度在60 m以上，最大起重在100 t以上。

起立井架用扒杆一般作为细长构件，在选型前应按井架起立过程中扒杆的最大受力，对扒杆的强度、稳定性进行验算校核。

铰链及预埋件通常按其最大受理条件进行设计和校核。加工制作时，要严格按照设计要求进行加工。

一般井架起立采用两副铰链，间隔15～30 m。

（3）设置在物件上专供系挂吊装索具用的部件称为吊耳，一般有顶部板式、侧壁板式和轴式吊耳3类。

井架起立中的吊耳应按照最大受力进行设计，吊耳的危险断面强度和焊缝强度应满足设计要求。吊耳焊接要严格按照焊接工艺进行，严禁漏焊。

（4）起立扒杆时，应当在扒杆头部布置缆风绳，利用缆风绳控制扒杆起立过程的偏摆，使扒杆始终沿垂直方向起立。缆风绳与地面之间的夹角通常为30°～45°，张紧力一般为扒杆吊装力的15%～20%。

作业班组必须安排专人观察现场吊车的运行情况，各个起吊部件是否捆绑牢固，作业人员捆绑结束后，班组的管理人员要再次检查进行安全确认，起吊前要有专人在现场统一指挥，起吊前人员撤至安全地点，吊起的重物下方5 m范围内不准有人。

第六十九条 井下安装应当遵守下列规定：

（一）作业现场必须有充足的照明。

（二）大型设备、构件下井前必须校验提升设备的能力，并制定专项措施。

（三）巷道内固定吊点必须符合吊装要求。吊装时应当有专人观察吊点附近顶板情况，严禁超载吊装。

（四）在倾斜井巷提升运输时不得进行安装作业。

➢ 现场执行

（1）井下安装作业现场照明满足《建筑照明设计标准》（GB 50034）和《煤炭工业矿井设计规范》（GB 50215）规定。

（2）大型设备、构件超重、超宽和超高时，必须制定安全措施。

（3）井下安装巷道内的固定吊点分为永久吊点和临时吊点。

永久吊点作业时，吊装重量应当在吊点承重范围内。当永久吊点设置时间超过规定时，应进行重载试吊，判断吊点是否有效。

临时吊点应设置在巷道壁和巷道顶部，并根据吊点受力情况进行计算。

（4）倾斜井巷提升运输时进行安装作业，违反了“行车不行人、行人不行车”的规定，在倾斜井巷提升运输时不得进行安装作业。

班组作业人员在井下安装作业前首先要掌握施工安全技术措施。其次要调查清楚作业现场情况，参与调查人员要做好记录，对可能出现的问题要有预见性，并提前采取相应的措施。最后要掌握安装设备的型号、尺寸、质量等数据。

第四节 建井期间生产及辅助系统

第七十条 建井期间应当尽早形成永久的供电、提升运输、供排水、通风等系统。未形成上述永久系统前，必须建设临时系统。

矿井进入主要大巷施工前，必须安装安全监控、人员位置监测、通信联络系统。

➢ **现场执行**

（1）一期工程是指从施工井筒（平硐）开始到井底车场施工前的全部井下工程。

二期工程是指从施工井底车场开始到进入采（盘）区车场施工前的工程，包括井底车场、石门、主要运输大巷、回风大巷、中央变电所、水泵房、水仓、井底煤仓、炸药库等。

三期工程是指从施工采（盘）区车场开始到整个采（盘）区布置的工程，包括采（盘）区车场、采区上下山（盘区大巷）、采（盘）区变电所、采煤工作面、工作面回风巷、工作面运输巷、开切眼、运煤通道等。

井工煤矿建设各工期示意如图 3－1－7 所示。

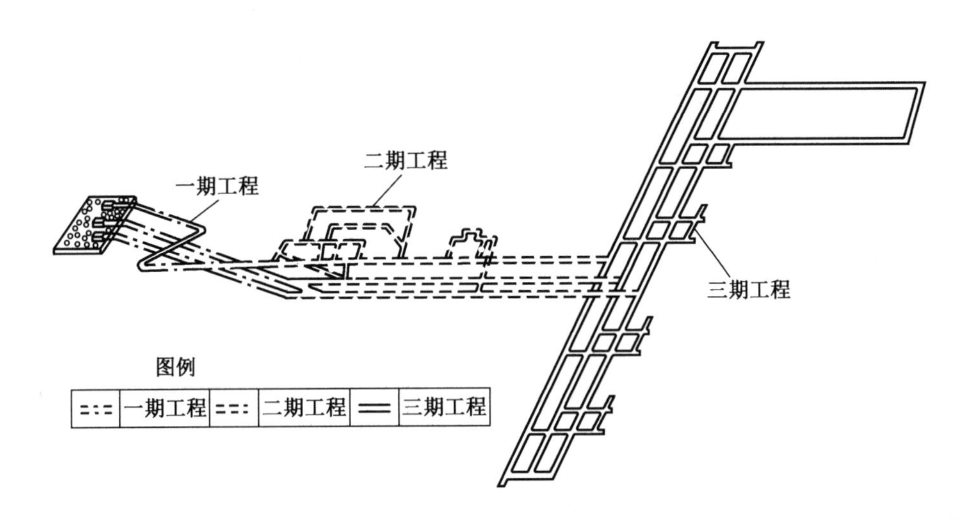

图 3－1－7　井工煤矿建设各工期示意图

（2）煤矿建设项目要按照施工组织设计有序推进工程进度，完善有关安全设施。项目进入二期工程前，必须安装矿井安全监测监控系统；高瓦斯、煤（岩）与瓦斯（二氧化碳）突出、有突水危险或水文地质条件类型复杂及以上的矿井进入二期工程前，其他矿井进入三期工程前，必须按设计建成双回路供电；高瓦斯、煤（岩）与瓦斯（二氧化碳）突出矿井进入二期工程前，必须形成由地面主要通风机供风的全风压通风系统；煤（岩）与瓦斯（二氧化碳）突出矿井揭露突出煤层前，必须建成瓦斯抽采系统并投入运行，同时严格落实两个“四位一体”（突出危险性预测、防治突出措施、防治突出措施的效果检验和安全防护措施）综合防突措施；高瓦斯矿井进入三期工程前，必须形成瓦斯抽采系统；有突水危险或水文地质条件类型复杂及以上的矿井，进入三期工程前，必须形成永久排水系统。

建设单位不得随意压减工期，不得盲目赶超进度，一期、二期、三期工程结束时间比施工组织设计原计划时间提前超过 3 个月的，应作为建设期间重大事项，及时向政府有关部门报告。

（3）开凿井筒前，应形成可靠的矿井双回路供电，地面变配电设备可采用临时过渡设备；井筒落底后，地面永久变电所应投入使用；井筒短路贯通后，可以设置井下临时变电所，实现双电源供电，形成可靠的单母线分段运行方式，以利于井下二、三期工程的开展。进入二期工程，优先施工井底车场中央变电所、泵房。

高瓦斯、煤（岩）与瓦斯（二氧化碳）突出矿井、水文地质条件类型复杂及以上矿井应当合理选择掘进工作面数量和施工区域，在进入采区巷道施工前，井下永久变电所应当投入使用；其他矿井进入采区巷道施工前，井下永久变电所应投入使用。

（4）井筒到底后，应当优先进行短路贯通，选择一条井筒进行永久装备（一般为副井），尽可能早地形成永久提升系统。

（5）井筒或开拓新水平的暗立（斜）井到底转平后，或独立施工的区域，应尽快施工临时水仓和排水泵房，安装临时供电和排水系统。

（6）二期工程初期、井筒贯通后，高瓦斯、煤（岩）与瓦斯（二氧化碳）突出矿井应形成由地面临时主要通风机供风的全风压通风系统；进入采区巷道前，应当形成由地面永久主要通风机供风的全风压通风系统。

第七十二条 悬挂吊盘、模板、抓岩机、管路、电缆和安全梯的凿井绞车，必须装设制动装置和防逆转装置，并设有电气闭锁。

➢ 现场执行

立井开凿期间，吊盘、模板、抓岩机、管路、电缆和安全梯等设备设施均由凿井绞车悬吊。

为避免发生吊盘翻盘、悬吊设备坠落等事故，必须装设制动装置和防逆转装置，并设有电气闭锁，同时满足《煤矿用凿井绞车安全检验规范》（AQ 1031）规定。

第七十五条 立井凿井期间采用吊桶升降人员时，应当遵守下列规定：

（一）乘坐人员必须挂牢安全绳，严禁身体任何部位超出吊桶边缘。

（二）不得人、物混装。运送爆炸物品时应当执行本规程第三百三十九条的规定。

（三）严禁用自动翻转式、底卸式吊桶升降人员。

（四）吊桶提升到地面时，人员必须从井口平台进出吊桶，并只准在吊桶停稳和井盖门关闭后进出吊桶。

（五）吊桶内人均有效面积不应小于0.2 m^2，严禁超员。

➢ 现场执行

（1）立井凿井期间采用吊桶升降人员时，吊桶重心不稳发生旋转摆动，碰撞井壁、管路、吊盘等造成吊桶挂翻脱钩；身体超出吊桶边缘，出现挂、蹭等情况，严重时，会发生坠井事故。

（2）采用吊桶升降人员时，必须对吊桶连接装置进行检查，坐吊桶人员必须排队按顺序上下，不得拥挤和打闹，所有乘坐吊桶人员要听从把钩工指挥，没有把钩工的许可不准进出吊桶，严禁超员。

进入吊桶后，乘坐人员必须按照规定佩戴好安全绳，并将安全绳固定在牢固的构件上。当吊桶开动后，要站稳，乘坐人员严禁将身体任何部位及携带的工具超出吊桶边缘，且吊桶边缘上不得坐人，严禁向吊桶外抛掷任何物品。

班组作业人员在吊桶内不许扔甩常用工具（如扳手等），常用工具必须用小绳拴好，拆卸下来或准备安装的零件要妥善保管，以免坠下伤人。班组作业人员进入吊桶作业前必须首先熟悉《煤矿安全规程》中有关钢丝绳、吊桶、天轮、井架及导向装置的规定，并在现场遵照执行，并熟悉、鉴别提升信号。

吊桶内装有物料时，不准人员搭乘。采用吊桶运送爆炸物品时，严格按照《煤矿安全规程》第三百三十九条的规定执行。严禁采用自动翻转式、底卸式吊桶升降人员。吊桶提升到地面时，必须在吊桶停稳、关闭井盖后从井口平台有秩序地上、下吊桶，不准拥挤，争抢上、下吊桶。

第八十条　开凿或者延深斜井、下山时，必须在斜井、下山的上口设置防止跑车装置，在掘进工作面的上方设置跑车防护装置，跑车防护装置与掘进工作面的距离必须在施工组织设计或者作业规程中明确。

斜井（巷）施工期间兼作人行道时，必须每隔 40 m 设置躲避硐。设有躲避硐的一侧必须有畅通的人行道。上下人员必须走人行道。人行道必须设红灯和语音提示装置。

斜巷采用多级提升或者上山掘进提升时，在绞车上山方向必须设置挡车栏。

➢ 现场执行

（1）开凿或延深斜井（巷）时，必须做到“一坡三挡”，即在其上口平坡处设置阻车器，上口变坡点下方 20 m 处设置挡车器或挡车栏，掘进工作面上方或耙岩机后 20 m 处必须设置坚固防跑车装置。

（2）由下向上掘进 25°以上的倾斜巷道时，必须将溜煤（矸）道同人行道隔开，防止煤（矸）滑落伤人。人行道应设扶手、梯子。

（3）倾斜井巷内使用串车提升时必须遵守下列规定：

① 斜井井口处必须安设安全挡车门。

② 在倾斜井巷内安设能够将运行中断绳、脱钩的车辆阻止住的跑车防护装置。

③ 在各车场安设能够防止带绳车辆误入非运行车场或区段的阻车器。

④ 在上部平车场入口安设能够控制车辆进入摘挂钩地点的阻车器。

⑤ 在上部平车场接近变坡点处，安设能够阻止未连挂的车辆滑入斜巷的阻车器。

⑥ 在变坡点下方略大于 1 列车长度的地点，设置能够防止未连挂的车辆继续往下跑车的挡车栏。

⑦ 在各车场安设用车时能发出警号的信号装置。

运输班组作业人员在运输前必须首先对挡车装置、防跑车装置和声光信号装置的完好性进行安全确认，必须按照规定装车，严禁出现超高、超宽、超长、超重、偏重等现象。

斜巷上下车场及中间通道口、风门处必须使用声光行车报警装置或语音信号装置，班组作业人员不准使用矿灯、喊话、敲打管子等方式代替开、停车信号。

所有轨道运输斜巷必须安装坚持使用气、液压或电动挡（阻）车装置，不得使用手动挡车杠，斜巷按约 200 m/道加装防跑车装置，班组人员在提、放车过程中不得随意停车，停车后必须有专人对所停车辆放置临时阻车器，斜巷绞车每个钩头必须配有符合要求的保险绳，绳径与主绳用不少于 3 副卡子固定，保险绳的长度要和挂车数相适应，不得过长。

上述挡车装置必须经常关闭，放车时方准打开。兼作行驶人车的倾斜井巷，在提升人员时，倾斜井巷中的挡车装置和跑车防护装置必须是常开状态，并可靠地锁住，但斜井施工期间，下部挡车装置必须处于关闭状态。

第八十一条 在吊盘上或者在 2 m 以上高处作业时，工作人员必须佩带保险带。保险带必须拴在牢固的构件上，高挂低用。保险带应当定期按有关规定试验。每次使用前必须检查，发现损坏必须立即更换。

➢ **现场执行**

（1）立井开凿过程中，在井架上、井筒内的悬吊设备上（内）和井圈上作业及拆除保险盘作业距工作面距离 15 m 左右，均属高处作业。

（2）高处作业应符合下述要求：①高处作业必须佩戴保险带；②保险带必须拴挂在牢固的构件上，或者专为挂保险带而设的钢丝绳上，严禁把保险带系挂在移动、带尖锐棱角或不牢固的构件上；③保险带的拴挂，要高挂低用。保险带应拴在人的垂直上方，尽量避免采区低于腰部水平的拴挂方法；④安全带使用超过 2 年时，按批量购入情况，抽验一次。静负荷试验时，以 2206N 拉力拉伸 5 mm，如无破断则可继续使用；冲击试验时，以 80 kg 质量做坠落试验，若无破断，该批安全带继续使用。对抽样试验过的样带，必须更换安全绳后方可继续使用。

在原有作业地点出现行动不方便时，必须及时换位，重新系挂保险带。换位时，必须在新的站位地点站稳，并确认周围环境安全后，方可从原地点摘掉保险带，系挂在新地点。多人同时作业时，保险带不准交叉系挂。

班组施工作业人员应正确使用合格的安全带，安全带要高挂低用，作业前应检查做好现场的安全确认，确认作业平台是否稳固，作业水平以上是否有容易坠落的物体，并从上至下予以清除。如果班组作业人员较多时，作业人员的站位要选择合理的位置，严禁出现错摘他人安全带的情况出现。

第二章　开　　采

第一节　一　般　规　定

第八十六条 新建非突出大中型矿井开采深度（第一水平）不应超过 1000 m，改扩建大中型矿井开采深度不应超过 1200 m，新建、改扩建小型矿井开采深度不应超过 600 m。

矿井同时生产的水平不得超过 2 个。

➢ **现场执行**

（1）开采深度直接影响井下的安全生产和职业健康。不同类型矿井开采深度是根据国内外煤矿生产实践、科技成果和煤矿支护技术做出的规定。不同类型矿井开采深度见表 3－2－1。

表3-2-1　不同类型矿井开采深度

矿井类型	矿井井型	开采深度（第一水平）
新建、改扩建非突出矿井	0.3 Mt/a 及以下	600 m
新建非突出矿井	0.45 Mt/a 及以上	1000 m
改扩建非突出矿井	0.45 Mt/a 及以上	1200 m
新建突出矿井	0.9 t/a 及以上	800 m
生产突出矿井	—	1200 m

（2）水平是“开采水平”的简称，是指井下布置井底车场、运输大巷的标高。

同时生产水平超过2个，增加采掘工作面矿山压力控制的难度，严重时可导致顶板和冲击地压事故，基于此，矿井同时生产的水平不得超过2个。

煤矿井下同时生产的水平超过2个的属于“超能力、超强度或者超定员组织生产”重大事故隐患。

➢ **相关案例**

中煤担水沟煤业有限公司“1·17”重大顶板事故。

第八十八条　井下每一个水平到上一个水平和各个采（盘）区都必须至少有2个便于行人的安全出口，并与通达地面的安全出口相连。未建成2个安全出口的水平或者采（盘）区严禁回采。

井巷交岔点，必须设置路标，标明所在地点，指明通往安全出口的方向。

通达地面的安全出口和2个水平之间的安全出口，倾角不大于45°时，必须设置人行道，并根据倾角大小和实际需要设置扶手、台阶或者梯道。倾角大于45°时，必须设置梯道间或者梯子间，斜井梯道间必须分段错开设置，每段斜长不得大于10 m；立井梯子间中的梯子角度不得大于80°，相邻2个平台的垂直距离不得大于8 m。

安全出口应当经常清理、维护，保持畅通。

第九十条　巷道净断面必须满足行人、运输、通风和安全设施及设备安装、检修、施工的需要，并符合下列要求：

（一）采用轨道机车运输的巷道净高，自轨面起不得低于2 m。架线电机车运输巷道的净高，在井底车场内、从井底到乘车场，不小于2.4 m；其他地点，行人的不小于2.2 m，不行人的不小于2.1 m。

（二）采（盘）区内的上山、下山和平巷的净高不得低于2 m，薄煤层内的不得低于1.8 m。

（三）运输巷（包括管、线、电缆）与运输设备最突出部分之间的最小间距，应当符合表3的要求。

表3　运输巷与运输设备最突出部分之间的最小间距

巷道类型	顶部/m	两侧/m	备　　注
轨道机车运输巷道		0.3	综合机械化采煤矿井为0.5 m
输送机运输巷道		0.5	输送机机头和机尾处与巷帮支护的距离应当满足设备检查和维修的需要，并不得小于0.7 m
卡轨车、齿轨车运输巷道	0.3	0.3	单轨运输巷道宽度应当大于2.8 m，双轨运输巷道宽度应当大于4.0 m
单轨吊车运输巷道	0.5	0.85	曲线巷道段应当在直线巷道允许安全间隙的基础上，内侧加宽不小于0.1 m，外侧加宽不小于0.2 m。巷道内外侧加宽要从曲线巷道段两侧直线段开始，加宽段的长度不小于5.0 m
无轨胶轮车运输巷道	0.5	0.5	曲线巷道段应当在直线巷道允许安全间隙的基础上，按无轨胶轮车内、外轮曲率半径计算需加大的巷道宽度。巷道内外侧加宽要从曲线巷道两侧直线段开始，加宽段的长度应当满足安全运输的要求
设置移动变电站或者平板车的巷道		0.3	移动变电站或者平板车上设备最突出部分与巷道侧的间距

巷道净断面的设计，必须按支护最大允许变形后的断面计算。

➤ 现场执行

（1）煤矿巷道断面和交岔点应根据围岩条件和矿压特点设计，满足行人、运输、通风和安全设施及设备安装、检修、施工的需要。

（2）人行道设置应满足如下要求：

① 有人员行走的巷道必须设置人行道。

② 人行道上不得由妨碍人员行走的任何设施和物件。

③ 人行道的净高不得小于1.8 m。

④ 在净高1.6 m范围内人行道的宽度，行驶无轨运输设备的巷道不得小于1.0 m；轨道运输巷道，综采矿井不得小于1.0 m，其他矿井不得小于0.8 m；单轨吊运输、架空乘人装置运人巷道不得小于1.0 m；人车停车地点上下人侧，不得小于1.0 m。

⑤ 当水沟设于人行道侧，且水沟净宽大于0.5 m时，有轨巷道人行道的宽度应根据轨道铺设的要求进行校核。

（3）采煤工作面进、回风巷实际断面不小于设计断面的2/3；其他全风压通风巷道实际断面不小于设计断面的4/5。

巷道净宽偏差符合以下要求：锚网（索）、锚喷、钢架喷射混凝土巷道有中线的0～100 mm，无中线的－50～200 mm；刚性支架、预制混凝土块、钢筋混凝土弧板、钢筋混凝土巷道有中线的0～50 mm，无中线的－30～80 mm；可缩性支架巷道有中线的0～100 mm，无中线的－50～100 mm。

巷道净高偏差符合以下要求：锚网背（索）、锚喷巷道有腰线的0～100 mm，无腰线的－50～200 mm；刚性支架巷道有腰线的－30～50 mm，无腰线的－30～50 mm；钢架喷射混凝土、可缩性支架巷道－30～100 mm；裸体巷道有腰线的0～150 mm，无腰线的－30～

200 mm；预制混凝土、钢筋混凝土弧板、钢筋混凝土有腰线的 0～50 mm，无腰线的 -30～80 mm。

➢ **相关案例**

（1）羊场煤矿得马矿井“3·9”运输事故。

（2）绥江县中坝煤矿有限公司中坝煤矿“7·2”运输事故。

（3）四川芙蓉集团实业有限责任公司叙永一矿煤业有限公司“4·21”运输事故。

（4）重庆能投渝新能源有限公司东林煤矿“1·12”机电事故。

第九十三条 掘进巷道在揭露老空区前，必须制定探查老空区的安全措施，包括接近老空区时必须预留的煤（岩）柱厚度和探明水、火、瓦斯等内容。必须根据探明的情况采取措施，进行处理。

在揭露老空区时，必须将人员撤至安全地点。只有经过检查，证明老空区内的水、瓦斯和其他有害气体等无危险后，方可恢复工作。

➢ **现场执行**

掘进巷道揭露老空区制定安全措施时，主要涉及探放水、支护、“一通三防”等班组。

（1）探放水安全措施。

① 地质测量人员必须及时到现场查看，弄清采空区的位置，并在相应图纸上进行标注。

② 采空区位置清楚时，根据具体情况进行专门探放水设计。采空区位置不清楚时，探水钻孔成组布设，并在巷道前方的水平面和竖直面内呈扇形，钻孔终孔位置满足水平面间距不得大于 3 m，厚煤层内各孔终孔的竖直面间距不得大于 1.5 m。

③ 建立钻机施工台账，在钻机施工过程中，准确记录钻孔的方位、倾角、机高、进尺、岩性及孔内气体情况，保证施工资料的准确性。原始记录应当按照要求在现场及时、准确地记录，不得随意涂改。

④ 探放老空水时，预计可能发生瓦斯或者其他有害气体涌出的，应当设有瓦斯检查员或者矿山救护队员在现场值班，随时检查空气成分。如果瓦斯或者其他有害气体浓度超过有关规定，应当立即停止钻进，切断电源，撤出人员，并报告矿井调度室，及时处理。揭露采空区未见积水的钻孔应当立即封堵。

（2）过采空区支护安全措施。

① 临时支护。揭露采空区后，由班组长、安全检查员、瓦斯检查员进入工作面检查有毒有害气体情况，敲帮问顶后在工作面设临时支护，严禁空顶作业。

② 永久支护。施工人员在临时支护下作业，首先要支护巷道顶板，根据采空区顶板情况制定具体支护方案，两帮支护应当根据掘进巷道设计宽度进行喷浆等作业。

（3）“一通三防”安全措施。

① 通防作业人员采用原有局部通风机压入式供风，双风机双电源，风筒用抗静电阻燃风筒，风筒口距工作面的距离不大于 10 m。

揭露采空区时，根据情况实时延伸风筒，确保有毒有害气体浓度不超过《煤矿安全规程》规定。

备用风机必须采用不同的电源不间断供电，正常情况主要通风机、局部通风机供风，备用局部通风机在主要通风机、局部通风机停风后能自动切换，保证供风的稳定性。

② 当采空区贯通后，出现风量增加时，必须立即撤出人员，在井口观测气体成分，满足《煤矿安全规程》规定后，方可入井恢复生产。

第一时间在贯通地点设置临时风障，使风流恢复正常，在此期间，必须增加瓦斯检查次数，发现异常立即撤人，采取相应的防范措施。

③ 当采空区贯通后，出现风量减少、停滞、反向时，必须连续监测掘进工作面风量，立即在贯通点打临时风障，减少漏风，维持作业地点正常风速，防止瓦斯、硫化氢等有毒有害气体超限。

（4）防治瓦斯、煤尘、自然发火安全措施。

① 过采空区期间，掘进巷道班组每班必须配置至少一名专职瓦斯检查员检查瓦斯、煤尘和自然发火情况。

② 按照规定配置光学瓦斯检查仪、多种气体监测仪、氧气浓度测定仪、一氧化碳测定仪、瓦斯断电仪和瓦斯传感器，保证所用设备正常使用和精准可靠。

➤ **相关案例**

新疆阿克苏地区库车县榆树泉煤矿“7·15”事故。

第二节　回采和顶板控制

第九十五条　一个矿井同时回采的采煤工作面个数不得超过3个，煤（半煤岩）巷掘进工作面个数不得超过9个。严禁以掘代采。

采（盘）区开采前必须按照生产布局和资源回收合理的要求编制采（盘）区设计，并严格按照采（盘）区设计组织施工，情况发生变化时及时修改设计。

一个采（盘）区内同一煤层的一翼最多只能布置1个采煤工作面和2个煤（半煤岩）巷掘进工作面同时作业。一个采（盘）区内同一煤层双翼开采或者多煤层开采的，该采（盘）区最多只能布置2个采煤工作面和4个煤（半煤岩）巷掘进工作面同时作业。

在采动影响范围内不得布置2个采煤工作面同时回采。

下山采区未形成完整的通风、排水等生产系统前，严禁掘进回采巷道。

严禁任意开采非垮落法管理顶板留设的支承采空区顶板和上覆岩层的煤柱，以及采空区安全隔离煤柱。

采掘过程中严禁任意扩大和缩小设计确定的煤柱。采空区内不得遗留未经设计确定的煤柱。

严禁任意变更设计确定的工业场地、矿界、防水和井巷等的安全煤柱。

严禁开采和毁坏高速铁路的安全煤柱。

➤ **现场执行**

（1）采煤工作面是进行采煤作业的场所，具有完整的采煤、通风、运输、供电等系统，包括工作面及工作面进、回风巷在内的区域。掘进工作面是指从掘进迎头至工作面回风流与全风压风流汇合处的区域。

矿井在统计采掘工作面个数时，备用采煤工作面不计为正常作业的采煤工作面，但不得与生产采煤工作面同时采煤（包括同一日内的错时生产）；采煤工作面的安装或回撤不属于正常采煤作业。掘进工作面个数不包含岩巷掘进工作面。

交替生产的采煤工作面不计为备用工作面。交替作业的双巷掘进工作面计为一个掘进工作面。“作业”是指采掘作业，不包含抽采瓦斯等灾害治理工程。

统计采掘工作面个数时，应符合《防范煤矿采掘接续紧张暂行办法》的规定。

（2）采（盘）区是井田阶段内再划分的方式之一，典型采区布置如图 3－2－1 所示。

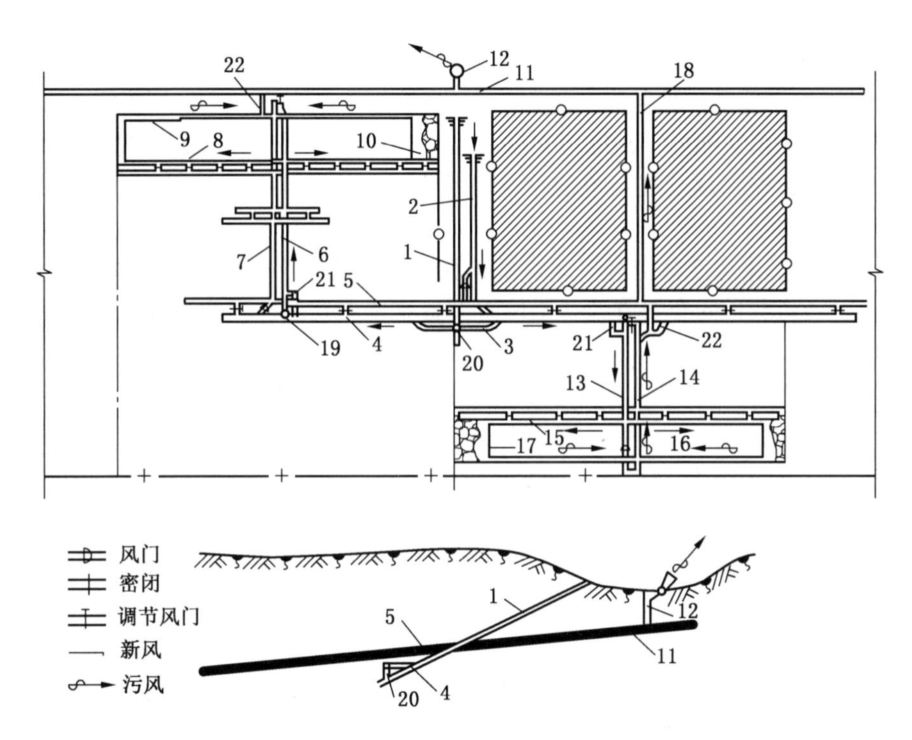

1—主井；2—副井；3—井底车场；4—阶段运输平巷；5—阶段辅巷；6—采区运输上山；7—采区轨道上山；8、15—区段运输平巷；9、16—区段回风平巷；10、17—采煤工作面；11—阶段回风平巷；12—回风井；13—采区运输下山；14—采区轨道下山；18—专用回风上山；19—采区煤仓；20—井底煤仓；21—行人进风斜巷；22—回风联络巷

图 3－2－1　采区布置示意图

采（盘）区设计直接决定准备巷道、回采巷道的布置方式，以及采煤破煤、装煤、运煤、支护和采空区处理等工序的合理性。采（盘）区设计必须依据“采区设计方案”编制，由矿总工程师组织技术力量编制；不具备设计条件的矿井，可以委托依法设立的为安全生产提供技术、管理服务的机构为其服务。

采掘队组必须严格按照采（盘）区设计组织施工，巷道布置方式、采煤工序、采掘工作面作业数量发生变化时，必须及时修改设计。

（3）断面中煤层面积占 4/5 或 4/5 以上的巷道，称为煤巷；断面中岩石面积（含夹矸层）大于 1/5 小于 4/5 的巷道，称为半煤岩巷。采掘队组必须严格按照一翼、双翼或者多煤层开采工作面数量组织生产作业。

➤ ***相关案例***

山西平遥峰岩煤焦集团二亩沟煤业有限公司“11·18”瓦斯爆炸事故。

第九十六条 采煤工作面回采前必须编制作业规程。情况发生变化时，必须及时修改作业规程或者补充安全措施。

➤ **现场执行**

（1）采煤工作面作业规程必须按采区、采煤工作面设计的要求编制，其内容应包括：

① 采煤工作面范围内外及其上下的采掘情况及其影响。

② 采煤工作面地质、煤层赋存情况：煤层的结构、厚度、倾角、硬度、品种、生产能力，地质构造及水文地质，顶底板岩层的性质、结构、层理、节理、强度及顶板分类，煤层瓦斯、二氧化碳含量及突出危险性，自然发火倾向性，煤尘爆炸性，冲击地压危险性等。

③ 采煤方法及采煤工艺流程：采高的确定，落煤方式、装煤及运煤方式、支护形式的选择，进、回风巷道的布置方式，工作面设备布置示意图，采煤工作面备用材料型号、规格、数量等。

④ 顶板控制方法：工作面支护与顶板控制图（包括采煤工作面支架、特殊支架的结构、规格和支护间距，放顶步距，最小控顶距和最大控顶距，上、下缺口，上、下出口的支护结构、规格），初次放顶措施，初次来压、周期来压和末采阶段特殊支护措施；分层开采时人工假顶或再生顶板控制，回柱方法、工艺及支护材料复用的规定，工作面运输巷、工作面回风巷支架的回撤以及距工作面滞后距离的规定等。

⑤ 采煤工作面的通风方式、风量、风速、通风设施、通风监测仪表的布置等通风系统图。

⑥ 煤炭、材料运输的设备型号及其系统（包括分阶段煤仓或采区煤仓的容量）。

⑦ 供电设施、电缆设备负荷及供电系统图。

⑧ 洒水、注水、灌浆、充填、压风等管路系统图。

⑨ 安全监测监控、通信与人员位置监测、照明设施及其布置图。

⑩ 安全技术措施（包括职业病危害防治措施）等。

⑪ 劳动组织及正规循环图表。

⑫ 采煤工作面主要技术经济指标表。

⑬ 避灾路线。

（2）采煤作业规程内容和附图应符合《煤矿安全规程》第九十九条、第一百一十二条、第一百一十三条、第一百一十四条、第一百一十五条、第二百二十八条、第二百三十一条、第三百四十八条、第三百六十七条等规定。

作业规程附图应符合《煤炭矿井制图标准》（GB/T 50593）、《煤矿采矿技术文件用图形符号》（GB/T 38110）标准，内容和标注齐全，比例恰当。

（3）采煤作业规程编制、审批、复审、贯彻、实施制度应按照《关于进一步加强煤矿企业安全技术管理工作的指导意见》（安监总煤装〔2011〕51 号）等要求制定，并结合煤矿实际，对编制、审批、复审、贯彻时间做出具体要求。其中，矿总工程师至少每 2 个月组织对作业规程及贯彻实施情况进行复审，且有复审意见。

（4）支护强度应按照《煤炭工业矿井采掘设备配备标准》(GB/T 51169）第4.2.1条第5款的规定，支护强度应与工作面矿压相适应，支架的初撑力和工作阻力应满足直接顶和基本岩层移动产生的压力。

（5）当设计、工艺、支护参数、地质及水文地质条件等发生较大变化时，及时修改完善作业规程或补充安全措施并组织实施。

➤ **相关案例**

华坪县永兴金达矿业有限公司大凹煤矿“8·5”顶板事故。

第九十七条　采煤工作面必须保持至少2个畅通的安全出口，一个通到进风巷道，另一个通到回风巷道。

采煤工作面所有安全出口与巷道连接处超前压力影响范围内必须加强支护，且加强支护的巷道长度不得小于20 m；综合机械化采煤工作面，此范围内的巷道高度不得低于1.8 m，其他采煤工作面，此范围内的巷道高度不得低于1.6 m。安全出口和与之相连接的巷道必须设专人维护，发生支架断梁折柱、巷道底鼓变形时，必须及时更换、清挖。

采煤工作面必须正规开采，严禁采用国家明令禁止的采煤方法。

高瓦斯、突出、有容易自燃或者自燃煤层的矿井，不得采用前进式采煤方法。

➤ **现场执行**

（1）采煤工作面安全出口数量、进回风巷道布置方式、超前支护必须按照“采煤工作面作业规程”要求执行。

（2）采煤工作面所有安全出口与巷道连接处超前压力影响范围如图3－2－2所示。

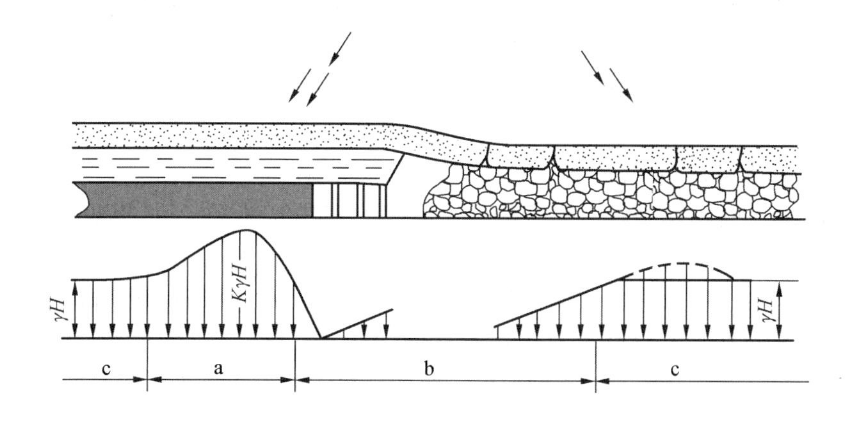

a—应力增高区；b—应力降低区；c—应力不变区

图3－2－2　采煤工作面前后方支承压力分布

采煤区队应当设专人维护安全出口和与之相连接的巷道，加强日常维护，发生支架断梁折柱、巷道底鼓变形时，及时组织相关人员更换、清挖，保证有足够的巷道断面。

（3）正规开采是指按照批复的设计规定的采煤方法进行开采。国家明令禁止的采煤方法详见《禁止井工煤矿使用的设备及工艺目录（第一批)》(安监总规划〔2006〕146号)、《禁止井工煤矿使用的设备及工艺目录（第二批)》（安监总煤装〔2008〕49号）

等规定。

（4）前进式开采是指自井筒或主平硐附近向井田边界方向依次开采各采区的开采顺序；采煤工作面背向采区运煤上山（运煤大巷）方向推进的开采顺序。

前进时开采进风巷道密闭性差，风流可通过采空区，造成采空区积聚瓦斯和有毒有害气体逸出。对于自燃煤层，会给采空区煤层提供供氧风道，发生自然发火。

（5）高瓦斯矿井、煤与瓦斯突出矿井、开采容易自燃和自燃煤层（薄煤层除外）矿井，采煤工作面采用前进式采煤方法的，属于“使用明令禁止使用或者淘汰的设备、工艺”重大事故隐患。

（6）“采煤工作面只布置一个安全出口的，或者虽有2个安全出口，但行人无法通过的；或者虽有2个安全出口，但未做到一个通到进风巷道，另一个通到回风巷道的”，属于“采煤工作面不能保证2个畅通的安全出口的”重大事故隐患。

➢ *相关案例*

旺苍磨岩发达煤业有限责任公司“5·16”顶板事故。

第九十八条 采煤工作面不得任意留顶煤和底煤，伞檐不得超过作业规程的规定。采煤工作面的浮煤应当清理干净。

➢ **现场执行**

（1）伞檐是指煤壁与顶煤结合处的悬煤。工作面伞檐长度大于1 m时，最大突出部分薄煤层不超过150 mm，中厚以上煤层不超过200 mm；伞檐长度在1 m及以下时，最突出部分薄煤层不超过200 mm，中厚煤层不超过250 mm。

（2）采煤工作面回采前后，有关部门应当依据采煤工作面工程质量标准检查施工情况。回采过程中，及时清理浮煤，确保安全生产。

留顶煤开采时，必须制定安全措施。

➢ *相关案例*

（1）阳泉市上社煤炭有限责任公司“10·16”顶板事故。

（2）盐边县红坭永生炭业有限责任公司马草湾煤矿“3·7”其他事故。

第九十九条 台阶采煤工作面必须设置安全脚手板、护身板和溜煤板。倒台阶采煤工作面，还必须在台阶的底脚加设保护台板。

阶檐的宽度、台阶面长度和下部超前小眼的个数，必须在作业规程中规定。

➢ **现场执行**

（1）技术部门应根据《煤矿安全规程》的要求，制定急倾斜煤层安全脚手板、护身板和溜煤板的设置方案。

对于倒台阶采煤工作面还必须制定在台阶的底脚加设保护台板的方案；根据工作面具体情况及其他因素，在台阶采煤工作面详细规定阶檐宽度、台阶面长度和下部超前小眼的个数。

（2）班组应按照设置方案组织安全脚手板、护身板、溜煤板和保护台板的施工，在施工前必须制定安全措施，报矿总工程师审批。施工前，组织班组有关人员进行贯彻学习。

第一百条 采煤工作面必须存有一定数量的备用支护材料。严禁使用折损的坑木、损坏的金属顶梁、失效的单体液压支柱。

在同一采煤工作面中，不得使用不同类型和不同性能的支柱。在地质条件复杂的采煤工作面中使用不同类型的支柱时，必须制定安全措施。

单体液压支柱入井前必须逐根进行压力试验。

对金属顶梁和单体液压支柱，在采煤工作面回采结束后或者使用时间超过8个月后，必须进行检修。检修好的支柱，还必须进行压力试验，合格后方可使用。

采煤工作面严禁使用木支柱（极薄煤层除外）和金属摩擦支柱支护。

➢ 现场执行

（1）采煤工作面支护材料主要是指液压支架、超前支架、端头支架、柔性液压支架、单体液压支柱、金属顶梁、坑木等。备用支护材料主要是指液压支架、超前支架、端头支架的易损零件。

（2）现场按照作业规程要求的型号、规格、数量配足备用支护材料和备件。

（3）单体液压支柱应符合《煤矿矿井机电设备完好标准》的要求：

① 柱体：零件齐全完整，手把体无开裂；缸体划痕深度不大于1 mm，且不影响活柱升降；所有焊缝无裂纹；无严重变形，顶盖不缺爪。

② 活柱：伸缩灵活，无漏液现象；表面锈蚀斑点总面积不超过5 cm^2；每50 cm^2内镀层脱落点不超过5个，总面积不超过1 cm^2，最大的点不超过0.5 cm^2；伤痕面积不超过20 mm^2，深度不超过0.5 mm。

➢ 相关案例

（1）山西灵石天聚鑫辉源煤业有限公司“10·28”顶板事故。

（2）云南弥勒吉田矿业有限公司吉田煤矿“2·17”顶板事故。

第一百零一条 采煤工作面必须及时支护，严禁空顶作业。所有支架必须架设牢固，并有防倒措施。严禁在浮煤或者浮矸上架设支架。单体液压支柱的初撑力，柱径为100 mm的不得小于90 kN，柱径为80 mm的不得小于60 kN。对于软岩条件下初撑力确实达不到要求的，在制定措施、满足安全的条件下，必须经矿总工程师审批。严禁在控顶区域内提前摘柱。碰倒或者损坏、失效的支柱，必须立即恢复或者更换。移动输送机机头、机尾需要拆除附近的支架时，必须先架好临时支架。

采煤工作面遇顶底板松软或者破碎、过断层、过老空区、过煤柱或者冒顶区，以及托伪顶开采时，必须制定安全措施。

➢ 现场执行

（1）及时支护是指在工作面回采后上覆岩层失去煤的支撑下，在作业规程规定的时间内用支护设备对顶板进行支撑。

空顶作业是指支护设备未在作业规程规定的时间内用支护设备对顶板进行支撑的情况而进行的生产作业。采煤工作面必须及时支护，严禁空顶作业。

（2）移设输送机机头、机尾或绞车需要拆除附近的支架时，必须先架设好临时支架，待移设过后，正式架设支架。否则，将破坏支护系统的力学平衡条件，使顶板的下沉量增加，逐步形成裂隙、顶板离层下沉甚至冒落。

（3）采煤工作面遇顶底板松软或破碎、过断层、过老空、过煤柱或冒顶区以及托伪顶开采时，必须制定相应的安全技术措施，报矿总工程师审批。施工前，组织班组有关人员进行贯彻学习。

➢ 相关案例

（1）中煤担水沟煤业有限公司“1·17”重大顶板事故。

（2）云南省兴云煤矿“8·19”顶板事故。

（3）曲靖市沾益县大海煤矿“5·11”顶板事故。

（4）宜宾市蜀丰建材有限责任公司繁荣煤矿“4·30”顶板事故。

（5）荥经县凤凰煤业有限公司“1·12”顶板事故。

第一百零二条 采用锚杆、锚索、锚喷、锚网喷等支护形式时，应当遵守下列规定：

（一）锚杆（索）的形式、规格、安设角度，混凝土强度等级、喷体厚度，挂网规格、搭接方式，以及围岩涌水的处理等，必须在施工组织设计或者作业规程中明确。

（二）采用钻爆法掘进的岩石巷道，应当采用光面爆破。打锚杆眼前，必须采取敲帮问顶等措施。

（三）锚杆拉拔力、锚索预紧力必须符合设计。煤巷、半煤岩巷支护必须进行顶板离层监测，并将监测结果记录在牌板上。对喷体必须做厚度和强度检查并形成检查记录。在井下做锚固力试验时，必须有安全措施。

（四）遇顶板破碎、淋水，过断层、老空区、高应力区等情况时，应加强支护。

➢ 现场执行

（1）锚杆（索）的形式、规格、安设角度应当符合《煤矿巷道锚杆支护技术规范》（GB/T 35056）规定。

（2）锚杆（索）的间、排距偏差 -100 ~ 100 mm，锚杆露出螺母长度 10 ~ 50 mm（全螺纹锚杆 10 ~ 100 mm），锚索露出锁具长度 150 ~ 250 mm，锚杆与井巷轮廓线切线或与层理面、节理面、裂隙面垂直，最小不小于 75°。

预应力、拉拔力不小于设计值的 90% 。

锚喷巷道喷层厚度不低于设计值的 90%（现场每 25 m 打一组观测孔，一组观测孔至少 3 个且均匀布置），喷射混凝土的强度符合设计要求，基础深度不小于设计值的 90% 。

（3）眼痕率是指光面爆破后，可见眼痕的炮眼个数与不包括底板的周边眼总数之比；大于炮眼长度的 70% 的炮眼眼痕长度算作一个可见的炮眼眼痕。

光面爆破眼痕率符合以下要求：硬岩不小于 80% 、中硬岩不小于 50% 、软岩周边成型符合设计轮廓；煤巷、半煤岩巷超（欠）挖不超过 3 处（直径大于 500 mm，深度：顶大于 250 mm、帮大于 200 mm）。

（4）顶板离层监测应符合《煤矿巷道矿山压力显现观测方法》（MT/T 878）第 4 条、第 5 条及《煤矿巷道锚杆支护技术规范》（GB/T 35056）第 6 条的要求。监测人员应如实记录测点监测数据，煤巷、半煤岩巷支护必须进行顶板离层监测，并将监测结果记录在牌板上。

离层监测数据超出“作业规程”和《煤矿巷道锚杆支护技术规范》（GB/T 35056）

6.9条等的要求时，监测人员应立即向矿主管部门汇报，并分析出现异常的原因及其危害，提出处理办法并及时组织落实。

➢ 相关案例

神华亿利能源有限责任公司黄玉川煤矿“9·16”顶板事故。

第一百零三条　巷道架棚时，支架腿应当落在实底上；支架与顶、帮之间的空隙必须塞紧、背实。支架间应当设牢固的撑杆或者拉杆，可缩性金属支架应当采用金属支拉杆，并用机械或者力矩扳手拧紧卡缆。倾斜井巷支架应当设迎山角。可缩性金属支架可待受压变形稳定后喷射混凝土覆盖。巷道砌碹时，碹体与顶帮之间必须用不燃物充满填实；巷道冒顶空顶部分，可用支护材料接顶，但在碹拱上部必须充填不燃物垫层，其厚度不得小于0.5 m。

➢ **现场执行**

（1）巷道架棚时，支架柱窝深度应挖到实底，底梁应铺设在实底上，其深度不得小于设计值30 mm。背板排列位置和数量符合设计要求，且应由80%以上的背板背紧、背牢。撑（或拉）杆和垫板的位置和数量，在一个检查点不符合设计要求的不超过2处。

（2）刚性支架、可缩性支架间距不大于50 mm、梁水平度不大于40 mm/m、支架梁扭矩不大于50 mm、立柱斜度不大于1°，水平巷道支架前倾后仰不大于1°，柱窝深度不小于设计值。

（3）棚腿（单体液压支柱）中心线与顶底板法线之间的夹角，称为迎山角（β），支架（柱）迎山角是为了克服下推力，防止支架向下倾倒的措施之一，迎山角如图3－2－3所示。

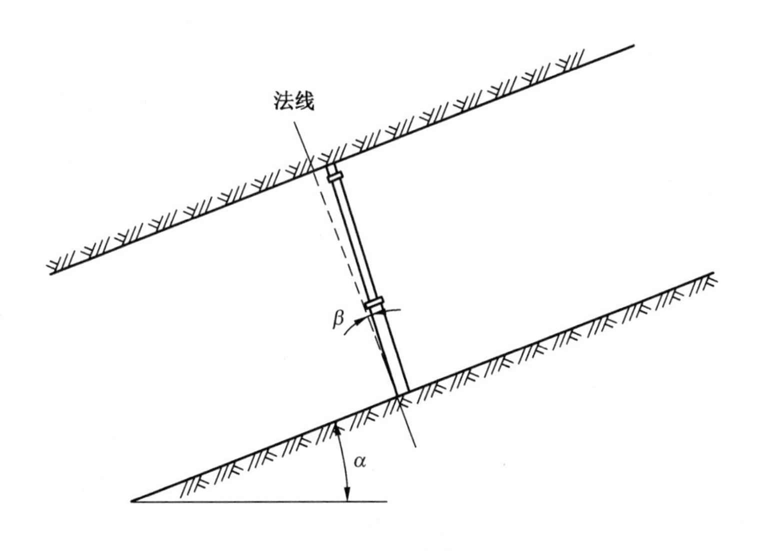

图3－2－3　迎山角

倾斜巷道每增加5°～8°，支架迎山角增加1°。

（4）巷道砌碹时，应当随砌随将壁后用水泥砂浆、粉煤灰、碎石等其他不燃材料充填。巷道空顶处可用支护材料刹背接顶，但在碹拱上部必须充填厚度不小于0.5 m的不燃物垫层。壁后充填应饱满、充实，无空顶、空帮现象，严禁不充填或半充填。

施工过程中应严格工程质量管理及验收，详细填写施工及质量自检记录表。

➤ 相关案例

（1）山西保利金庄煤业有限公司“8・3”顶板事故。

（2）云南东源镇雄煤业有限公司朱家湾煤矿“8・20”顶板事故。

（3）郑宏康辉（新密）煤业有限公司“5・30”较大顶板事故。

第一百零四条 严格执行敲帮问顶及围岩观测制度。

开工前，班组长必须对工作面安全情况进行全面检查，确认无危险后，方准人员进入工作面。

➤ **现场执行**

（1）敲帮问顶是利用长柄工具敲击工作面顶板、两帮暴露的煤体或岩石，通过发出的回音来探明周围煤体或岩石是否松动、断裂或离层，以此判断工作面安全性的方法。

敲帮问顶工作应由班组长或有经验的人员观察顶板，观察顶板的人员不得站在作业人员正后方，以免影响作业人员撤退。

敲帮问顶时，非作业人员严禁入内。敲帮问顶应当由外向里，先顶后帮；发现活矸时，及时解决，顶板出现离层、断裂不能处理时，必须立即进行支护或采取临时支护措施。

敲帮问顶发现裂隙逐渐扩大、压力增大时，必须立即撤离受冒落区威胁的人员；确认安全后，其他施工人员方可进入。

（2）围岩观测重点是观测围岩表面位移。按照《煤矿巷道矿山压力显现观测方法》（MT/T 878）第3.1条的规定，围岩表面位移应包含巷道的顶底板移近量和两帮移近量，顶板下沉、底鼓、上帮或下帮位移。

观测方法可采用十字布点法观测巷道顶板下沉量、底鼓量及两帮位移量；顶板离层仪观测巷道围岩运动状况；钢拱支架采用应力盒、测力计等监测支架受力及围岩状况。

（3）开工前，班组长带领岗位人员通过持表或手指口述的形式，对设备设施、作业环境等进行风险辨识，并对技术措施进行安全确认。

检查内容主要有：工作面支护及临时超前支护是否到位，有无失效支护；工作面顶板、煤壁是否有冒顶、片帮预兆；通风系统是否可靠，风量是否满足《煤矿安全规程》要求，有无漏风现象；工作面瓦斯浓度是否符合《煤矿安全规程》要求；综合防尘装置是否可靠；监测监控、信号、通信装置是否灵敏、可靠；消防设施、设备是否完好；机电设备保护是否有效，设备运行是否正常；风、水管路是否连接可靠，有无漏风、漏水现象；巷道内物料及配件码放是否整齐，是否影响通风、行人，工作面是否有透水、煤与瓦斯突出征兆等影响安全生产的其他安全隐患等。

➤ 相关案例

（1）国家能源集团宁夏煤业有限责任公司清水营煤矿“8・17”顶板事故。

（2）犍为县新店儿煤业有限公司“3・18”顶板事故。

第一百零五条 采煤工作面用垮落法管理顶板时，必须及时放顶。顶板不垮落、悬顶距离超过作业规程规定的，必须停止采煤，采取人工强制放顶或者其他措施进行处理。

放顶的方法和安全措施，放顶与爆破、机械落煤等工序平行作业的安全距离，放顶区内支架、支柱等的回收方法，必须在作业规程中明确规定。

放顶人员必须站在支架完整，无崩绳、崩柱、甩钩、断绳抽人等危险的安全地点工作。

回柱放顶前，必须对放顶的安全工作进行全面检查，清理好退路。回柱放顶时，必须指定有经验的人员观察顶板。

采煤工作面初次放顶及收尾时，必须制定安全措施。

➢ **现场执行**

（1）采取人工强制放顶或者其他措施的“其他措施”中，采用充填法控制顶板时，应按照《煤矿安全规程》第一百零八条和第一百零九条、《煤矿安全规程 执行说明》第12条的规定充填。

（2）回柱放顶的安全措施包括：

① 正常情况下平行作业时，回柱与支柱距离应不小于15 m；分段回柱距离应大于15 m，端头处应打上隔离柱；回柱地点以上5 m、以下8 m处与回柱无关人员禁止停留；放顶人员必须站在支架完整，无崩绳、崩柱、甩钩、断绳抽人等危险的安全地点工作。

② 回柱放顶前，必须对放顶的安全工作进行全面检查，清理好退路。

③ 回柱放顶时，必须指定有经验的人员观察顶板。

（3）初次放顶的安全措施包括：

① 进行矿压观测，掌握矿压活动规律。

② 按工作面部位确定支护形式；加强支护，提高支护质量，使支架具有整体性、稳定性、坚固性。

③ 采取小进度多循环作业方式，加快工作面推进速度，以保持煤壁的完整性，使之具有良好的支撑作用。

（4）现场作业人员应支护好放顶附近控顶区内的支架，以保证在放顶时不被压坏、推倒而造成冒顶。

回柱时要注意退路，把退路的障碍物清理干净，根据不同的顶板采用不同的回柱方法，同时要注意破碎顶板，以避免发生回柱后矸石冒落，造成埋人事故。

当坚硬顶板出现采空区大面积悬顶时，必须采取措施，以避免大面积悬顶突然冒落造成事故。

➢ **相关案例**

（1）澜沧县竜浪煤矿“8·15”顶板事故。

（2）楚雄彝族自治州张武庄煤矿“7·29”顶板事故。

（3）叙永县新房子矿业有限公司“7·13”顶板事故。

第一百零六条 采煤工作面采用密集支柱切顶时，两段密集支柱之间必须留有宽0.5 m以上的出口，出口间的距离和新密集支柱超前的距离必须在作业规程中明确规定。采煤工作面无密集支柱切顶时，必须有防止工作面冒顶和矸石窜入工作面的措施。

➤ **现场执行**

（1）密集支柱切顶是普采工作面控制采空区顶板，防止工作面冒顶和矸石窜入的措施。

操作前，操作人员应进行敲帮问顶，检查切顶支柱支护状态，发现隐患及时处理。然后，检查切顶支柱完好状态、管路系统和操作阀，发现不完好的应及时更换。

操作时，操作人员应当按照操作规程规定进行升柱、降柱和移柱。

① 升柱时，切顶支柱在工作面布置组装完毕，前移一个循环完成后，立即升柱；上片阀顺时针推至极限位置，升至柱帽接触顶板后持续供液一段时间，使支柱达到初撑力，然后把操作手把放置“零”位。升柱过程中，要根据采高及时调整高度，严禁超高使用；切顶支柱架设尽量避免顶板破碎和不平整的位置。

② 降柱和移柱时，要清理支柱前方顶板浮煤、浮矸，发现顶板大面积下沉或支柱严重变形等异常情况时，要立即停止作业，进行处理。操作阀逆时针推移至极限位置进行降柱，下片阀手柄顺时针推移至极限位置进行移柱。上述两个动作完成后，将手把放置“零”位。

（2）采用无密集支柱切顶时，必须制定支柱支设、穿鞋戴帽、初撑力和迎山等防止工作面冒顶和矸石窜入工作面的措施，报矿总工程师审批，施工前组织班组有关人员进行贯彻学习。

（3）当初次来压和周期来压强烈时，应在密集支柱的里侧再架设一排木垛，保证工作面安全。

➤ ***相关案例***

云南省田坝煤矿二号井“7·27”顶板事故。

第一百零七条 *采用人工假顶分层垮落法开采的采煤工作面，人工假顶必须铺设完好并搭接严密。*

采用分层垮落法开采时，必须向采空区注浆或者注水。注浆或者注水的具体要求，应当在作业规程中明确规定。

➤ **现场执行**

（1）分层垮落法是厚煤层开采的一种常用方法。对于顶板不易形成再生顶板的上覆岩层，采上一分层时，需要在顶板上铺设某些材料（如竹笆、金属网等）形成人工假顶。铺设假顶时，应按照作业规程规定进行压茬搭接作业。

采用单体支架支护的工作面铺底网时，应在落煤后先设临时支柱，待煤装净后再撤掉临时支柱，铺底网，然后支设永久支柱。

（2）施工前，应组织班组有关人员进行贯彻学习采空区注水或注浆安全措施。

① 注水（浆）前，操作人员应与制浆人员进行联系，制浆人员听从操作人员的指挥。确认注浆地点准备好后，按照操作规程规定，先试注水一段时间，确认管路畅通后，进行注浆。

② 注水（浆）时，要先注位置低的管路，再注位置高的管路。当管路出口出现出浆异常时，应停止注浆，进行注水；当管路或孔发生故障，压力表超过作业规程规定时，应立即停止注浆，但不能关闭闸阀。当发现和采空区相通的巷道泄浆时，应立即通知制浆人

员停泵。此外，制浆人员应时刻注意设备运转情况，发现异常，停止作业，进行检查和处理。

③ 注水（浆）完成后，停泵后要立即停止制浆，用水管冲洗管路和注浆孔；拆卸管路时，平接的先松动下方螺丝，采用编织袋或风筒布等盖住法兰盘，再松动大螺丝，严禁使用手指触摸两法兰盘间隙和螺丝孔。

第一百零八条 采煤工作面用充填法控制顶板时，必须及时充填。控顶距离超过作业规程规定时禁止采煤，严禁人员在充填区空顶作业；且应当根据地表保护级别，编制专项设计并制定安全技术措施。

采用综合机械化充填采煤时，待充填区域的风速应当满足工作面最低风速要求；有人进行充填作业时，严禁操作作业区域的液压支架。

➤ **现场执行**

（1）充填法是厚煤层上行分层开采，承压水下开采，建筑物、水体、铁路等压煤开采的采煤方法，主要包括水砂充填法、带状充填法和综合机械化充填法。

（2）充填采煤设计要求。充填法采煤要依据建（构）筑物、铁路、水体等保护对象和保护级别，进行开采沉降变形预计，分析可能产生的破坏，编制充填采煤方案，确定充填工作面充填材料类型、充满率以及充填体沉缩率等技术指标，设计合理充填步距。

（3）安全技术措施。

① 减少顶板下沉措施。要严格按照充填采煤方案，实现较高充满率，控制较小充填体沉缩率。在采煤工作面推进到设计充填步距后及时充填。当充填速度小于采煤推进速度时，应当以充定采，以减少顶板下沉，控制地表移动和变形。

② 保证通风安全措施。综合机械化充填是指在采煤工作面推进若干采煤循环后，按照正规循环进行充填。采煤工作面推进到不同阶段，其横断面也在变化，加上充填体支撑作业，顶板一般不会垮落，在刚达到充填步距即将开始充填时的横断面空间最大，风速最小，此时，需要满足最低风速要求。

（4）充填作业要求。

① 必须根据充填开采工艺，编制充填作业规程，细化安全技术措施。

② 在综采工作面推进达到充填步距时，在充填作业前，应检查工作面液压支架完好情况、充填系统完好情况。

③ 综合机械化刮板输送机固体充填，后输送机开机前，机头正前方、里侧严禁有人；操作捣实装置时，本支架正前方及两侧严禁站人；人员到架后检修后输送机时，必须有专人进行观察，同时将后输送机开关停电闭锁，任何人不得操作本架及上下 5 架支架；需要操作液压系统调节后输送机作业时，人员必须躲到支架前、后柱之间进行，避开设备正下方及摆动方向。

④ 充填过程中必须设专人观察充填情况，发现异常，应当立即向当班班长、跟班区长汇报并进行处理。在整个充填过程中，对可能进入充填范围内的所有通道上设岗，严禁无关人员进入。

第一百零九条 用水砂充填法控制顶板时，采空区和三角点必须充填满。充填地点的下方，严禁人员通行或者停留。注砂井和充填地点之间，应当保持电话联络，联络中断时，必须立即停止注砂。

清理因跑砂堵塞的倾斜井巷前，必须制定安全措施。

➢ **现场执行**

（1）水砂充填法是厚煤层分层开采利用位差由上方向下方充填管理顶板的一种方法，充填地点的下方是水流汇聚区域。充填材料（如顶板油母页岩）就地取材，经破碎、加工后，通过充填管路将水砂输送至井下充填区域。

水砂充填时，应全面充实采空区和三角点，加强顶板控制，防治发生冒顶事故和自然发火事故。

充填工作是井上下互动的工作，管线长距离输送水砂，堵水漏管及意外事故极易发生，需要加强电话联系。联系中断时，必须停止充填作业，防止事故发生。

（2）当充填倍线（充填注砂井至出水口的距离与高差之比）大时，水流压力很大且有一定冲击力，在充填地点下方通行或停留易造成淹溺事故。在水流经区域的巷道倾角较大时，易发生冲倒支架引起冒顶事故。清理因跑砂堵塞的倾斜井巷前，必须执行防止冲倒支架引起冒顶事故的安全措施。施工前，组织班组有关人员进行贯彻学习。

第一百一十条 近距离煤层群开采下一煤层时，必须制定控制顶板的安全措施。

➢ **现场执行**

（1）近距离煤层是指煤层群层间距离较小，开采时相互有较大影响的煤层，一般采用下行式开采顺序。

（2）近距离煤层上层煤回采后，围岩和煤柱内所产生的支撑压力有可能传递到下煤层而产生应力增高区，因此，上煤层开采时应尽量不留煤柱或少留煤柱，或使下煤层的巷道布置在上煤层煤柱之外，避开应力增高区。上下煤层的同采工作面错距不宜过小，防止下煤层回采顶板岩石移动波及上煤层的回采工作面。

（3）制定安全措施时，应重点考虑煤层开采顺序、支护形式、控顶距离和顶板完整性等方面。施工前，组织班组有关人员进行贯彻学习。

第一百一十一条 采用分层垮落法回采时，下一分层的采煤工作面必须在上一分层顶板垮落的稳定区域内进行回采。

➢ **现场执行**

（1）分层垮落法是厚煤层开采的一种采煤方法，包括分层分采和分层同采。分层分采开采上分层时，需要铺设人工假顶或为形成再生顶板创造必要条件。下分层开采时，必须制定工作面顶板控制措施，注意顶板的及时维护和控制，确保下分层采煤工作面安全开采。

（2）施工前，煤矿应组织班组有关人员进行贯彻学习煤层赋存、矿压显现规律、上下分层的错距等安全措施；制定下分层矿压观测制度，对下分层顶板实时监测，及时整理相关数据。

第一百一十二条 采用柔性掩护支架开采急倾斜煤层时，地沟的尺寸，工作面循环进度，支架的角度、结构，支架垫层数和厚度，以及点柱的支设角度、排列方式和密度，钢丝绳的规格和数量，必须在作业规程中规定。

生产中遇断梁、支架悬空、窜矸等情况时，必须及时处理。支架沿走向弯曲、歪斜及角度超过作业规程规定时，必须在下一次放架过程中进行调整。应当经常检查支架上的螺栓和附件，如有松动，必须及时拧紧。

正倾斜柔性掩护支架的每个回采带的两端，必须设置人行眼，并用木板与溜煤眼相隔。对伪倾斜柔性掩护支架工作面上下2个出口的要求和工作面的伪倾角，超前溜煤眼的规格、间距和施工方式，必须在作业规程中规定。

掩护支架接近平巷时，应当缩短每次下放支架的距离，并减少同时爆破的炮眼数目和装药量。掩护支架过平巷时，应当加强溜煤眼与平巷连接处的支护或者架设木垛。

➢ 现场执行

（1）柔性掩护支架是急倾斜煤层开采的一种采煤方法。由于掩护支架开采的特殊性，支架的角度、结构，支架垫层数和厚度以及点柱支设角度应适应煤层条件和地质条件变化，这些因素在开采前应做深入调查，以便在作业规程编制时，明确规定地沟的尺寸，工作面循环进度，支架的角度、结构，支架垫层数和厚度，以及点柱的支设角度、排列方式和密度，钢丝绳的规格和数量。

（2）作业规程经矿总工程师审批发布后，必须组织班组有关人员贯彻学习。

第一百一十四条　采用综合机械化采煤时，必须遵守下列规定：

（一）必须根据矿井各个生产环节、煤层地质条件、厚度、倾角、瓦斯涌出量、自然发火倾向和矿山压力等因素，编制工作面设计。

（二）运送、安装和拆除综采设备时，必须有安全措施，明确规定运送方式、安装质量、拆装工艺和控制顶板的措施。

（三）工作面煤壁、刮板输送机和支架都必须保持直线。支架间的煤、矸必须清理干净。倾角大于15°时，液压支架必须采取防倒、防滑措施；倾角大于25°时，必须有防止煤（矸）窜出刮板输送机伤人的措施。

（四）液压支架必须接顶。顶板破碎时必须超前支护。在处理液压支架上方冒顶时，必须制定安全措施。

（五）采煤机采煤时必须及时移架。移架滞后采煤机的距离，应当根据顶板的具体情况在作业规程中明确规定；超过规定距离或者发生冒顶、片帮时，必须停止采煤。

（六）严格控制采高，严禁采高大于支架的最大有效支护高度。当煤层变薄时，采高不得小于支架的最小有效支护高度。

（七）当采高超过3 m或者煤壁片帮严重时，液压支架必须设护帮板。当采高超过4.5 m时，必须采取防片帮伤人措施。

（八）工作面两端必须使用端头支架或者增设其他形式的支护。

（九）工作面转载机配有破碎机时，必须有安全防护装置。

（十）处理倒架、歪架、压架，更换支架，以及拆修顶梁、支柱、座箱等大型部件时，必须有安全措施。

（十一）在工作面内进行爆破作业时，必须有保护液压支架和其他设备的安全措施。

（十二）乳化液的配制、水质、配比等，必须符合有关要求。泵箱应当设自动给液装置，防止吸空。

（十三）采煤工作面必须进行矿压监测。

➢ 现场执行

（1）运送、安装和拆除综采设备时，必须有起吊、设备运输、装卸、升井运输、供电、支架安装、顶板控制、通道打木垛、绞车使用、高压管使用和回撤、单体液压支柱使用和回撤等安全措施，明确规定运输设备名称、规格型号、数量和使用地点等运送方式；明确规定工作面设备回撤顺序和回撤工艺。

① 运送综采设备安全措施。严格执行“行车不行人”规定。运输过程中，严禁碰撞井下巷道中的供水、排水、压风、瓦斯抽放管路等各种设施，严禁其他人员乘坐作业车辆。

运送车拐弯时，应鸣笛减速通过，行驶中的铲运车前后 10 m 及两侧不准人员穿行、停留、作业。运送车司机应当熟悉车辆行驶巷道路线的断面、坡度、长度、名称、巷帮设施、弯道、错车点、交岔点等情况。车辆通过巷道的安全距离，距巷帮吊挂物突出部分不得小于 0. 6 m，距顶板吊挂物突出部分不得小于 0. 3 m。车辆行驶的巷道或工作面，瓦斯浓度不得大于 0. 8% ，当瓦斯浓度超过 1. 2% 时，应立即熄火，停止运行。车辆在行近至巷道口、硐室口、弯道、坡度较大或噪声大的路段，以及前有车辆、障碍物，视线有障碍或巷道比较狭窄且巷壁悬挂有电缆及管路时，都必须降低至最低速度并鸣笛。运送车应配备完善的通信工具和瓦检仪及消防器材。行驶中遇有行人或途经有人员的地点时，必须鸣笛、减速、停车，确定人员已撤至安全区域，否则不得通过车辆行驶至风门口时，司机要停止车辆运行，待综放队看管人员开启风门后，看管人员要避让到距铲运车 5 m 以外安全距离进行监督。运送车启动前要鸣笛，确认安全后方可运行，待运送车行驶过第一道风门后，看管人员确认安全后，关闭风门，严禁同时打开两道风门。

② 安装综采设备安全措施。安装过程中，作业人员必须正确站位，避开设备可能倾倒、坠落波及的范围，并在作业过程中，必须相互配合，防止意外事故发生。作业过程中必须集中精力。接拆刮板输送机、转载机链时必须使用紧链器、分链器，按设备的操作规程作业。

安装期间，时刻观察顶板、煤帮，防止顶板破碎、煤壁松软片帮伤人，必要时打设贴帮柱进行支护。设备加注油脂，必须由检修班三机组长进行，严格按设备说明书要求进行。

③ 拆除设备列车时，必须严格遵守停送电制度。移变拆除时，必须办理停电工作票。现场由机电管理人员监督，先将采区变电所向移变供电的高压开关停电，并悬挂停电牌；拆除移变高压头电缆时必须严格遵守停电、验电、放电操作程序，在确认无电后，方可拆除电缆；将移变的高低压电缆拆掉后，依次拆除组合开关、馈电电源，电缆拆除后必须及时用金属挡板将喇叭嘴进行封堵。拆卸的电缆应将电缆头包扎好，分类盘好装车外运；起吊移变时必须选择顶板完好区域，打设专用起吊锚杆，使用吊链吊起，将移变放置到铲运车上捆绑、外运。

④ 安装质量要求。支架排列整齐，支架中心距符合要求与工作面输送机全部连接，不堵管，不漏液，不缺管。转载机、输送机刮板链松紧适当，刮板排列整齐，整体平、

直、稳；连接牢固，锯齿环销子穿牢，刮板齐全不落道，方向一致朝向运煤方向。所有设备零部件齐全，紧固到位，严禁紧固螺栓短缺或紧不到位。移变、开关的按钮、操作手把必须灵敏可靠，严禁用铁丝捆绑，内部接线严禁甩掉任何控制线，"三大保护"齐全，严格按接线标准接线，且按设计整定保护，不得更改。各设备减速器、联轴器、油箱都按规定的油号进行注油，保证润滑良好，不跑、冒、滴、漏，同时液压油、齿轮油必须分开装运，并保持其纯净度，不得混装，注入设备前须擦拭干净注油口周围，以防止杂物进入。各种管路、缆线安放悬挂整齐、完整无缺。按综放工作面安全生产标准化要求的内容进行管理，保持巷道整洁，无杂物，漏矸及时清理，使设备安装符合设计要求，并达到完好标准。每班交班前都要仔细检查绞车牢固性、信号灵敏性、钢丝绳情况及钩头完好情况。安装刮板输送机时必须要有安全检查员与班长在场。班长现场指挥统一协调，负责本班的安全、质量，并做好记录。

（2）液压支架操作的具体要求：①排成一条直线，偏差不超过50 mm；②液压支架接顶应当严实，相邻支架顶梁平整，无明显错茬（不超过顶梁侧护板高的2/3），支架不挤不咬；③支架前梁（伸缩梁）梁端至煤壁顶板垮落高度不大于300 mm；④支架顶梁与顶板平行，最大仰俯角不大于7°（遇断层、构造带、应力集中区，在保证支护强度条件下，应满足作业规程或专项安全措施要求）。

➢ **相关案例**

（1）崇信县周寨煤业有限责任公司"1·15"顶板事故。

（2）云南东源镇雄煤业有限公司朱家湾煤矿"3·27"顶板事故。

第一百一十五条　采用放顶煤开采时，必须遵守下列规定：

（一）矿井第一次采用放顶煤开采，或者在煤层（瓦斯）赋存条件变化较大的区域采用放顶煤开采时，必须根据顶板、煤层、瓦斯、自然发火、水文地质、煤尘爆炸性、冲击地压等地质特征和灾害危险性进行可行性论证和设计，并由煤矿企业组织行业专家论证。

（二）针对煤层开采技术条件和放顶煤开采工艺特点，必须制定防瓦斯、防火、防尘、防水、采放煤工艺、顶板支护、初采和工作面收尾等安全技术措施。

（三）放顶煤工作面初采期间应当根据需要采取强制放顶措施，使顶煤和直接顶充分垮落。

（四）采用预裂爆破处理坚硬顶板或者坚硬顶煤时，应当在工作面未采动区进行，并制定专门的安全技术措施。严禁在工作面内采用炸药爆破方法处理未冒落顶煤、顶板及大块煤（矸）。

（五）高瓦斯、突出矿井的容易自燃煤层，应当采取以预抽方式为主的综合抽采瓦斯措施，保证本煤层瓦斯含量不大于6 m^3/t，并采取综合防灭火措施。

（六）严禁单体支柱放顶煤开采。

有下列情形之一的，严禁采用放顶煤开采：

（一）缓倾斜、倾斜厚煤层的采放比大于1∶3，且未经行业专家论证的；急倾斜水平分段放顶煤采放比大于1∶8的。

（二）采区或者工作面采出率达不到矿井设计规范规定的。

（三）坚硬顶板、坚硬顶煤不易冒落，且采取措施后冒放性仍然较差，顶板垮落充填采空区的高度不大于采放煤高度的。

（四）放顶煤开采后有可能与地表水、老窑积水和强含水层导通的。

（五）放顶煤开采后有可能沟通火区的。

➢ 现场执行

（1）放顶煤开采是厚煤层开采的一种采煤方法。开采前必须根据地质特征和灾害危险性进行可行性论证和设计。

放顶煤开采可行性论证主要包括顶煤的冒放性、放顶煤工艺、设备选型配套、安全保障（水、火、瓦斯、煤尘、顶板、冲击地压等的防治）等方面内容，论证由煤矿企业组织行业专家进行。当缓倾斜、倾斜厚煤层放顶煤工作面采放比大于1∶3时，必须进一步论证工作面采放高度对采空区瓦斯积聚、上覆水体导通及沟通火区的可能性，放顶煤支架支护强度，顶煤回收率，工作面推进度以及采空区防火等方面的影响，在确保安全开采的条件下方可加大采放比。

（2）根据矿井初次放顶煤开采论证或放顶煤开采实践，初采期间顶煤冒落困难（顶煤初次垮落步距大于10 m）时，应当在开切眼位置预先采取爆破、水力压裂或其他方法强制弱化顶煤、顶板。

（3）预裂爆破处理坚硬顶板或顶煤是指在放顶煤工作面煤壁前方未受采动影响区进行的顶煤、顶板弱化爆破作业，在工作面超前支承压力影响区范围之外进行，制定顶板控制、装药、爆破等安全技术措施。

（4）“高瓦斯矿井采用放顶煤采煤法不能有效防治煤层自然发火”重大事故隐患是指存在下列情形之一的：①高瓦斯矿井的容易自燃煤层，采取综合抽采瓦斯措施和综合防灭火措施后，本煤层瓦斯含量大于6 m^3/t，或者不能有效防范煤层自然发火的；②放顶煤开采后有可能沟通火区的。

第一百一十六条　采用连续采煤机开采，必须根据工作面地质条件、瓦斯涌出量、自然发火倾向、回采速度、矿山压力，以及煤层顶底板岩性、厚度、倾角等因素，编制开采设计和回采作业规程，并符合下列要求：

（一）工作面必须形成全风压通风后方可回采。

（二）严禁采煤机司机等人员在空顶区作业。

（三）运输巷与短壁工作面或者回采支巷连接处（出口），必须加强支护。

（四）回收煤柱时，连续采煤机的最大进刀深度应当根据顶板状况、设备配套、采煤工艺等因素合理确定。

（五）采用垮落法控制顶板，对于特殊地质条件下顶板不能及时冒落时，必须采取强制放顶或者其他处理措施。

（六）采用煤柱支承采空区顶板及上覆岩层的部分回采方式时，应当有防止采空区顶板大面积垮塌的措施。

（七）应当及时安设和调整风帘（窗）等控风设施。

（八）容易自燃煤层应当分块段回采，且每个采煤块段必须在自然发火期内回采结束并封闭。

有下列情形之一的，严禁采用连续采煤机开采：

（一）突出矿井或者掘进工作面瓦斯涌出量超过 3 m^3/min 的高瓦斯矿井。

（二）倾角大于 8°的煤层。

（三）直接顶不稳定的煤层。

➢ **现场执行**

（1）连续采煤机开采是矿井局部块段、边角煤和难以采用正规工作面开采的区域实现机械开采的一种方法。

（2）连续采煤机采煤多属于房柱式开采，加强和完善通风是开采管理的重点。

（3）回收煤柱时，采硐的最大进尺深度应根据顶板状况、设备配套、采煤工艺等因素确定。最大进刀深度以不穿透留设部分煤柱为宜，同时保证司机始终处于稳定的支护空间作业。

（4）采用煤柱支承采空区顶板及上覆岩层的部分回采方式时，防止采空区顶板大面积垮落的措施应在作业规程中明确，留设的控顶煤柱尺寸应根据上覆岩体的压力经计算确定。

第三节　采　掘　机　械

第一百一十七条　使用滚筒式采煤机采煤时，必须遵守下列规定：

（一）采煤机上装有能停止工作面刮板输送机运行的闭锁装置。启动采煤机前，必须先巡视采煤机四周，发出预警信号，确认人员无危险后，方可接通电源。采煤机因故暂停时，必须打开隔离开关和离合器。采煤机停止工作或者检修时，必须切断采煤机前级供电开关电源并断开其隔离开关，断开采煤机隔离开关，打开截割部离合器。

（二）工作面遇有坚硬夹矸或者黄铁矿结核时，应当采取松动爆破处理措施，严禁用采煤机强行截割。

（三）工作面倾角在 15°以上时，必须有可靠的防滑装置。

（四）使用有链牵引采煤机时，在开机和改变牵引方向前，必须发出信号。只有在收到返向信号后，才能开机或者改变牵引方向，防止牵引链跳动或者断链伤人。必须经常检查牵引链及其两端的固定连接件，发现问题，及时处理。采煤机运行时，所有人员必须避开牵引链。

（五）更换截齿和滚筒时，采煤机上下 3 m 范围内，必须护帮护顶，禁止操作液压支架。必须切断采煤机前级供电开关电源并断开其隔离开关，断开采煤机隔离开关，打开截割部离合器，并对工作面输送机施行闭锁。

（六）采煤机用刮板输送机作轨道时，必须经常检查刮板输送机的溜槽、挡煤板导向管的连接情况，防止采煤机牵引链因过载而断链；采煤机为无链牵引时，齿（销、链）轨的安设必须紧固、完好，并经常检查。

➢ **现场执行**

（1）工作面采、运、支是联动的生产主体。采煤机作业时，输送机必须及时全部将切割的煤体运出，以确保采煤机工作的正常运行。采煤机司机既要控制采煤机运转，也要在发现采煤机故障时立即停止输送机运行。在采煤机上装有控制输送机运行的闭锁装置，可以实现互为联保，保障采运设备的安全运行。

（2）坚硬结核强行截割：一是会损坏采煤机，二是在强制切割时会产生火花，导致事故发生。

（3）工作面倾角在15°以上时，采煤机沿倾斜上行切割运行时易打滑，影响工作面正常生产，因此规定必须设有可靠的防滑装置。

（4）加强采煤机换向切割时的管理，以防牵引链跳动或断链伤人。采煤机运行时，所有人员必须避开牵引链，以确保安全。

（5）采煤机上下3 m范围内，必须护帮护顶，禁止操作液压支架，目的是确保工作空间处于无任何干扰的状态，以防互相干扰导致事故发生。必须切断采煤机前级供电开关电源并断开其隔离开关，防止采煤机带电状态下工人误操作导致事故发生。

➢ **相关案例**

古蔺煤矿（西段）有限责任公司“11·25”运输事故。

第一百一十八条　使用刨煤机采煤时，必须遵守下列规定：

（一）工作面至少每隔30 m装设能随时停止刨头和刮板输送机的装置，或者装设向刨煤机司机发送信号的装置。

（二）刨煤机应当有刨头位置指示器；必须在刮板输送机两端设置明显标志，防止刨头与刮板输送机机头撞击。

（三）工作面倾角在12°以上时，配套的刮板输送机必须装设防滑、锚固装置。

➢ **现场执行**

（1）刨煤机组由刨煤机、可弯曲输送机、液压推进装置及金属支架组成，一般用于薄煤层开采。因工作面较长和刨煤机紧贴煤壁工作，作业时视线受阻，行走困难，对顶板、支护设备状况以及其他影响安全生产的情况难以远距离掌控，因此，工作面至少每隔30 m装设能随时停止刨头和刮板输送机的装置，或者装设向刨煤机司机发送信号的装置。

刨煤机工作时，由于自身特性及操作不当易与输送机相撞，因此，刨煤机应当有刨头位置指示器。

（2）刨煤机经检查各部声音正常，仪表指示准确，牵引链松紧合适，方可正式刨煤。

（3）为避免上漂或下扎，要随时调整刨刀角度，采高上限要小于支架高度0.1 m，不准割碰顶梁。

（4）刨头被卡住时必须停机，查找原因，不准来回开动刨头进行冲击。不准用刨煤机刨坚硬夹石，必须经过处理后，才准开机刨煤机。发现刨刀不锋利，应立即更换，更换时要将开关打在停电位置并闭锁刮板输送机，通知其他司机后，方可工作。

（5）发现刨煤机有下列情况之一时，应立即停止刨煤，妥善处理后，方可继续刨煤。

① 运转部件发出异常声音、强烈震动或温度超限时。

② 各种指示灯、仪表指示异常时。

③ 无直接操作刨煤机和刮板输送机随时启动或停止的安全装置或该装置失灵时。

④ 刨头被卡住闷车时。

⑤ 有危及人员安全情况时。

⑥ 工作面、运输巷输送机停机时。

第一百一十九条　使用掘进机、掘锚一体机、连续采煤机掘进时，必须遵守下列规定：

（一）开机前，在确认铲板前方和截割臂附近无人时，方可启动。采用遥控操作时，司机必须位于安全位置。开机、退机、调机前，必须发出报警信号。

（二）作业时，应当使用内、外喷雾装置，内喷雾装置的工作压力不得小于2 MPa，外喷雾装置的工作压力不得小于4 MPa。在内、外喷雾装置工作稳定性得不到保证的情况下，应当使用与掘进机、掘锚一体机或者连续采煤机联动联控的除降尘装置。

（三）截割部运行时，严禁人员在截割臂下停留和穿越，机身与煤（岩）壁之间严禁站人。

（四）在设备非操作侧，必须装有紧急停转按钮（连续采煤机除外）。

（五）必须装有前照明灯和尾灯。

（六）司机离开操作台时，必须切断电源。

（七）停止工作和交班时，必须将切割头落地，并切断电源。

➢ 现场执行

（1）掘进机、掘锚一体机、连续采煤机司机，必须经过培训合格，取得操作资格证书方可操作。开机前，必须打开前后照明灯，并对机械设备进行全面检查，确认完好后，方可启动。启动前，首先要发出预警信号，观察工作面顶板、支护、机身周围情况，发现机身前方、铲板前方、截割臂附近、机身两侧、转载机构下方等危险部位有作业人员作业、停留、通过时，不得启动掘进机械。司机采用遥控操作时，必须位于安全位置，无论开机、退机、调机都必须按照操作规程规定操作，及时发出声光报警信号。

（2）开动掘进机械时，必须执行"开机先开水，无水不开机"制度。开机前必须对冷却喷雾系统进行检查，喷雾装置完好，各种喷雾管路不准有挤、压、跑、冒、滴、漏现象；发现喷雾无水或堵塞时必须立即处理；在内外喷雾装置工作稳定性得不到保证的情况下，应当使用与掘进机、掘锚一体机或者连续采煤机联动联控的除降尘装置。

掘进期间，作业人员严禁在下列区域内停留、穿越和站立：截割臂前方、下方、两侧；机身两侧；装载机构两侧；刮板输送机机尾转载两侧及后方。

（3）掘进机工作过程中出现下列情况时，可利用非操作侧急停按钮停机：遇到威胁人身和设备安全；突发机械故障；工作面出现冒顶预兆、倒架、支护失效、大块煤岩被卡、瓦斯浓度突然增大、突水预兆、煤与瓦斯突出预兆等其他紧急情况。

（4）在司机离开操作台、交接班或故障检修停止掘进机时，必须将切割头落地，后退距迎头不少于5 m，并将操作手柄置于"零"位，断开隔离开关，切断电源，闭锁电控箱和磁力起动器隔离开关。

第一百二十条　使用运煤车、铲车、梭车、履带式行走支架、锚杆钻车、给料破碎机、连续运输系统或者桥式转载机等掘进机后配套设备时，必须遵守下列规定：

（一）所有安装机载照明的后配套设备启动前必须开启照明，发出开机信号，确认人员离开，再开机运行。设备停机、检修或者处理故障时，必须停电闭锁。

（二）带电移动的设备电缆应当有防拔脱装置。电缆必须连接牢固、可靠，电缆收放装置必须完好。操作电缆卷筒时，人员不得骑跨或者踩踏电缆。

（三）运煤车、铲车、梭车制动装置必须齐全、可靠。作业时，行驶区间严禁人员进入；检修时，铰接处必须使用限位装置。

（四）给料破碎机与输送机之间应当设联锁装置。给料破碎机行走时两侧严禁站人。

（五）连续运输系统或者桥式转载机运行时，严禁在非行人侧行走或者作业。

（六）锚杆钻车作业时必须有防护操作台，支护作业时必须将临时支护顶棚升至顶板。非操作人员严禁在锚杆钻车周围停留或者作业。

（七）履带行走式支架应当具有预警延时启动装置、系统压力实时显示装置，以及自救、逃逸功能。

第一百二十一条 使用刮板输送机运输时，必须遵守下列规定：

（一）采煤工作面刮板输送机必须安设能发出停止、启动信号和通信的装置，发出信号点的间距不得超过 15 m。

（二）刮板输送机使用的液力偶合器，必须按所传递的功率大小，注入规定量的难燃液，并经常检查有无漏失。易熔合金塞必须符合标准，并设专人检查、清除塞内污物；严禁使用不符合标准的物品代替。

（三）刮板输送机严禁乘人。

（四）用刮板输送机运送物料时，必须有防止顶人和顶倒支架的安全措施。

（五）移动刮板输送机时，必须有防止冒顶、顶伤人员和损坏设备的安全措施。

➢ 现场执行

（1）受刮板输送机自身距离的限制，当工作面其他部位出现异常情况时，不能立即通知相关人员做出反应，很容易造成事故，因此，刮板输送机必须安设能发出停止、启动信号和通信的装置，发出信号点的间距不得超过 15 m。

液力偶合器是刮板输送机的连接和保护装置，具有过载保护、均载和减缓冲击的作用。必须按所传递的功率大小，注入规定量的难燃液，并经常检查有无漏失。

（2）人工给刮板输送机上煤时，严禁站在煤壁和刮板之间清煤，如要进入必须先打临时支护。

（3）刮板输送机启动前，按照操作规程检查刮板输送机是否正常，如有故障，必须排除后再运行。如故障不能排除，必须报调度室安排专人进行维修。

启动时，安排人员和刮板输送机上的单体支柱保持 8 m 以上的间距跟随（观察单体支柱的运输情况），发现异常及时发出信号，司机立即停止刮板输送机，确保无安全隐患后才能再次开动刮板输送机。

正常运行时，人员必须时刻注意其运行情况，严禁东张西望。

第四节 建（构）筑物下、水体下、铁路下及主要井巷煤柱开采

第一百二十三条 建（构）筑物下、水体下、铁路下，以及主要井巷煤柱开采，必须经过试采。试采前，必须按其重要程度以及可能受到的影响，采取相应技术措施并编制开采设计。

➢ **现场执行**

（1）建筑物下压煤试采条件。符合下列条件之一的，建筑物下压煤允许进行试采：

① 预计地表变形值虽然超过建筑物允许地表变形值，但在技术上可行、经济上合理的条件下，通过对建筑物采取加固保护措施或者有效的开采措施后，能满足安全使用要求。

② 预计的地表变形值虽然超过允许地表变形值，但国内外已有类似的建筑物和地质、开采技术条件下的成功开采经验。

③ 开采的技术难度虽然较大，但试验研究成功后对于煤矿企业或者当地的工农业生产建设有较大的现实意义和指导意义。

（2）构筑物下压煤试采条件。构筑物下压煤符合与建筑物下压煤开采的相应要求时，允许进行试采，同时还需要满足以下特别条件。

① 高速公路下试采，还应当满足下列条件：路面采后不积水，不形成非连续变形，预计地表变形值符合《公路工程技术标准》有关规定；高速公路隧道、桥梁与涵洞的预计地表变形值小于允许变形值；或者预计的地表变形值大于允许变形值，但经过维修加固能够实现高速公路安全使用要求。

② 高压输电线路下试采，还应当满足下列条件：塔基不出现非连续移动变形；高压输电线的采后弧垂高度、张力、对地距离达到高压线运行安全要求的，或者采取措施能够实现安全使用要求的；塔基、杆塔的预计地表变形值小于允许变形值，或者预计的地表变形值大于允许变形值，但经过维修加固能够实现安全使用要求的。

③ 水工构筑物下试采，还应当满足下列条件：水工构筑物满足防洪工程安全的有关规定和要求；水工构筑物的预计地表变形值小于允许变形值，或者预计的地表变形值大于允许变形值，但经过维修加固能够实现安全使用要求的。

④ 长输管线下试采，还应当满足下列条件：长输管线满足安全运行的有关规定和要求；长输管线的预计地表变形值小于允许变形值，或者预计的地表变形值大于允许变形值，但经采前开挖、采后维修加固能够实现安全使用要求的。

（3）水体下压煤试采条件。符合下列条件之一的，允许进行试采：

① 水体与设计开采界限之间的最小距离不符合各水体采动等级要求留设的相应类型安全煤（岩）柱尺寸，但水体与煤层之间有良好隔水层，或者通过对岩性、地层组合结构及顶板垮落带、导水裂缝带高度或者底板采动导水破坏带深度、承压水导升带厚度等分析，经技术论证确认无溃水、溃砂或者突水可能的。

② 水体与设计开采界限之间的最小距离略小于各水体采动等级要求的相应类型安全煤（岩）柱尺寸，且本矿区无此类近水体采煤经验和数据的。

③ 水体与设计开采界限之间无足够厚度的良好隔水层，但采取开采技术措施后可使顶板导水裂缝带高度或者底板采动导水破坏带深度达不到水体的。

④ 水体与设计开采界限之间的最小距离虽然符合要求留设的相应类型安全煤（岩）柱尺寸，但水体压煤地区地质构造比较发育的。

（4）铁路（指有缝线路）下压煤试采条件。符合下列条件之一的，允许采用全部垮落法进行试采。

① 国家一级铁路：薄及中厚煤层的采深与单层采厚比大于或等于150；厚煤层及煤层

群的采深与分层采厚比大于或等于200。

② 国家二级铁路：薄及中厚煤层的采深与单层采厚比大于或等于100；厚煤层及煤层群的采深与分层采厚比大于或等于150。

③ 三级铁路：薄及中厚煤层的采深与单层采厚比大于或等于40，小于60；厚煤层及煤层群的采深与分层采厚比大于或等于60，小于80。

④ 四级铁路：薄及中厚煤层的采深与单层采厚比大于或等于20，小于40；厚煤层及煤层群的采深与分层采厚比大于或等于40，小于60。

⑤ 本矿井在铁路下采煤有一定经验和数据的。铁路压煤试采，除自营线路外，应当事先征得铁路管理部门同意。

第一百二十四条 试采前，必须完成建（构）筑物、水体、铁路，主要井巷工程及其地质、水文地质调查，观测点设置以及加固和保护等准备工作；试采时，必须及时观测，对受到开采影响的受护体，必须及时维修。试采结束后，必须由原试采方案设计单位提出试采总结报告。

➢ 现场执行

（1）建（构）筑物、水体、铁路工程的技术情况，主要是指其结构，由于开采活动所引起的地表沉降、变形，将直接影响建（构）筑物、铁路、水体工程结构的稳定，从而使建（构）筑物、铁路、水体工程遭到破坏，造成重大经济损失，因此，“三下”开采试采前必须对建（构）筑物、铁路、水体工程的技术安全等级进行调查，以便为采取加固措施做好准备。在完成上述工作的同时，还应收集地质、水文地质资料。

（2）加固建（构）筑物、水体、铁路工程的措施一般包括提高其刚度和整体性，以增加抵抗变形的能力，如设置钢拉杆、钢筋混凝土圈梁等，即刚性保护；提高建筑物适应变形的能力，以减少地表变形引起建筑产生的附加应力，如设置变形缝等，即柔性保护。这两种办法联合使用效果更好。

为更准确地掌握试采中的地表移动规律，检验加固防护措施，必须及时观测，并对未开采的建（构）筑物、水体、铁路工程及时维护。

试采结束后，应按试采过程、试采效果，向原试采方案设计单位提出试采总结报告。

（3）试采前必须对建（构）筑物、水体、铁路工程的技术情况进行深入调查，做好主要井巷工程及其地质、水文地质调查，观测点设置以及加固和保护工作。

试采时加强观测，并采取相应的加固技术措施对受开采影响的受护体进行维修。

试采结束后，生产班组配合相关主管部门及时整理相关试采资料。

第五节 井巷维修和报废

第一百二十五条 矿井必须制定井巷维修制度，加强井巷维修，保证通风、运输畅通和行人安全。

➢ 现场执行

（1）井巷破坏和失稳状态下，巷道围岩存在冒顶、片帮和底鼓等情况，危及从业人员人身及财产安全，基于此，矿井必须制定井巷维修制度。

（2）必须进行维修的情况包括：

① 巷道净断面小于原设计和《煤矿安全规程》有关规定。

② 主要运输和回风巷道的净高低于 1.9 m 或小于原设计 150 ~ 200 mm。

③ 巷道支架发生弯曲、倾斜、腐朽、折断和破裂。

④ 砌碹巷道变形，锚喷巷道脱层冒落。

⑤ 水沟堵塞和巷道积水，淤泥深达 50 mm 以上。

➤ **相关案例**

（1）祥云县鹏辉煤业有限责任公司万全煤矿“6・15”顶板事故。

（2）楚雄市吕合镇石鼓煤业开发有限责任公司石鼓煤矿“3・16”其他（坠落）事故。

第一百二十六条　井筒大修时必须编制施工组织设计。

维修井巷支护时，必须有安全措施。严防顶板冒落伤人、堵人和支架歪倒。

扩大和维修井巷时，必须有冒顶堵塞井巷时保证人员撤退的出口。在独头巷道维修支架时，必须保证通风安全并由外向里逐架进行，严禁人员进入维修地点以里。

撤掉支架前，应当先加固作业地点的支架。架设和拆除支架时，在一架未完工之前，不得中止作业。撤换支架的工作应当连续进行，不连续施工时，每次工作结束前，必须接顶封帮。

维修锚网井巷时，施工地点必须有临时支护和防止失修范围扩大的措施。

维修倾斜井巷时，应当停止行车；需要通车作业时，必须制定行车安全措施。严禁上、下段同时作业。

更换巷道支护时，在拆除原有支护前，应当先加固邻近支护，拆除原有支护后，必须及时除掉顶帮活矸和架设永久支护，必要时还应当采取临时支护措施。在倾斜巷道中，必须有防止矸石、物料滚落和支架歪倒的安全措施。

➤ **现场执行**

（1）井筒大修是大中型维修工程，涉及生产、技术等诸多环节，必须编制施工组织设计，细化各流程环节。

（2）维修井巷前，必须对施工地点支架破坏程度、顶板岩石性质、顶板冒落情况等巷道状况进行全面了解。

维修作业时，作业人员要严格按照安全措施要求施工，加强顶板控制和支架支护质量管理，防止顶板冒落和支架歪倒事故发生。

（3）扩大和维修井巷需要连续撤换支架时，加强通风管理，清理好退路，保证在发生冒顶时人员撤退出口畅通。作业前要检查后路和安全出口支护是否完好可靠，若遇有支架折损、断裂、失稳、巷道掉顶、片帮危及安全时，必须修复后再进行作业。独头巷道维修时，必须由外向里逐架进行，严禁两段或多段作业，并严禁人员进入维修地点以里。

（4）在拆除破坏段巷道原有支护前，必须加固作业地点邻近支护，检查作业地点的帮顶情况，严格执行敲帮问顶及专人观山制度，及时清除松动或离层的危岩悬矸。及时采取临时支护，严禁空顶作业。撤换支架的工作应连续进行，在一架未完工之前，不得拆除另一架或中止工作。不连续施工时，每次工作结束前，必须及时将支架顶帮刹背牢固，确保工作地点的安全。

（5）锚网井巷维修时，应检查巷道支护失修情况，根据施工地点支护、顶板情况，采取临时支护或前探支架，加固顶板。维修段打锚杆时，要做到锚杆间排距符合设计及质量标准规定。

（6）倾斜巷道维修时，应在拆除巷道支护段下方设置挡板、护栏防止矸石、物料滚落。为防止支架失稳歪倒，架设支架时必须及时连锁支架，支架应迎山有力，严禁退山，支架的岔脚和迎山角必须符合工程质量标准要求及作业规程规定。巷道维修作业期间，应停止斜巷内行车运输，并挂上停止行车牌，以保证维修工的安全。必须提升行车时，维修地段要有可靠的信号联系，并有行车运输安全技术措施。

（7）专用回风巷维修时，必须制定专项措施，经矿总工程师审批。

（8）“掘进工作面后部巷道或者独头巷道维修（着火点、高温点处理）时，维修（处理）点以里继续掘进或者有人员进入”的，属于重大事故隐患。

➤ **相关案例**

（1）石屏县金林矿业有限公司普古模煤矿“4·23”顶板事故（瞒报）。

（2）沧源恒源矿业（集团）有限责任公司芒回煤矿“6·7”顶板事故。

（3）耒阳市兴田煤业有限公司皂塘煤矿“8·13”顶板事故（瞒报）。

（4）湖南资江煤业集团有限公司施茶亭井“1·19”顶板事故。

（5）攸县来炭里矿业有限公司柏树屋煤矿“1·26”顶板事故。

（6）芦溪县升华煤矿“3·16”顶板事故。

第一百二十七条 修复旧井巷时，必须首先检查瓦斯。当瓦斯积聚时，必须按规定排放，只有在回风流中甲烷浓度不超过1.0%、二氧化碳浓度不超过1.5%、空气成分符合本规程第一百三十五条的要求时，才能作业。

➤ **现场执行**

（1）报废或停用的旧井巷，长期处于无风或微风的情况，井巷内可能积聚大量的瓦斯、二氧化碳及其他有毒有害气体，作业人员一旦误入，可能因缺氧而窒息死亡，或在修复作业过程中产生火花，而引起瓦斯爆炸。因此，修复旧井巷时，必须首先检查瓦斯等有毒有害气体。

（2）修复旧井巷前，应首先由瓦斯检查员检查井巷通风情况和维修地点及其周围甲烷等有害气体浓度情况，在未进行安全确认以前，严禁任何作业人员进入井巷内修复作业。

独头巷道维修前，必须先恢复通风，当井巷风流中甲烷浓度超过1.0%或二氧化碳浓度超过1.5%，最高甲烷浓度和二氧化碳浓度不超过3.0%时，必须按照措施规定控制风流排放瓦斯；若甲烷浓度或二氧化碳浓度超过3.0%时，必须按照排放瓦斯措施进行排放。

只有当旧井巷风流中甲烷浓度不超过1.0%、二氧化碳浓度不超过1.5%、空气成分符合《煤矿安全规程》第一百三十五条的要求时，才能进入井巷内维修作业。

➢ *相关案例*

山西晋城无烟煤矿业集团有限责任公司王台铺矿“8·26”窒息事故。

第一百二十八条　从报废的井巷内回收支架和装备时，必须制定安全措施。

➢ **现场执行**

（1）回收前，应有瓦斯检查员对报废井巷的瓦斯、二氧化碳和通风等情况进行详细检查；班长要对工作面支护、顶板、瓦斯、通风等情况进行详细检查。

对作业地点巷道支护进行修复，修复支护时应由外向里进行。

（2）回收时，应由里向外逐段进行回收。

（3）回收运输，严格按照措施规定执行。

第一百二十九条　报废的巷道必须封闭。报废的暗井和倾斜巷道下口的密闭墙必须留泄水孔。

➢ **现场执行**

报废的暗井和倾斜巷道下口的密闭防水闸墙必须留泄水孔，作业人员每月定期进行观测记录，雨季加密观测，发现异常及时处理。

➢ *相关案例*

新疆阿克苏地区库车县榆树泉煤矿“7·15”事故。

第六节　防　止　坠　落

第一百三十三条　倾角在25°以上的小眼、煤仓、溜煤（矸）眼、人行道、上山和下山的上口，必须设防止人员、物料坠落的设施。

➢ **现场执行**

（1）煤仓、溜煤（矸）眼是用来储存、中转煤岩的硐室；小眼一般是连接两条巷道之间的联络巷；上山和下山是用来运送煤岩、材料、设备等的倾斜巷道。

（2）在倾角25°以上的煤仓、溜煤（矸）眼处除应在上口四周安设牢固、可靠的防护栏外，还必须安装灯光信号、照明装置。

作业人员在上口或附近作业时，要严格遵守安全措施规定，不得在无安全措施情况下随意跨越或进入护栏内清理浮煤（岩）、杂物及进行疏通。

在小眼、人行道或上、下山必须设置保险绳等防坠装置，运送物料时，严禁巷道内、下部有人通行、停留或从事其他作业。

➢ *相关案例*

（1）云南能投威信煤炭有限公司观音山煤矿二井“2·16”其他事故。

（2）河南神火集团有限公司薛湖煤矿“4·12”坠落事故。

第一百三十四条　煤仓、溜煤（矸）眼必须有防止煤（矸）堵塞的设施。检查煤仓、溜煤（矸）眼和处理堵塞时，必须制定安全措施。处理堵塞时应当遵守本规程第三百六十条的规定，严禁人员从下方进入。

严禁煤仓、溜煤（矸）眼兼作流水道。煤仓与溜煤（矸）眼内有淋水时，必须采取封堵疏干措施；没有得到妥善处理不得使用。

➢ **现场执行**

（1）煤仓、溜煤（矸）眼是矿井重要的临时储存煤炭的硐室，断面相对偏小，煤（矸）堆积时或含泥水、火灾、冬季冻结的情况下，易发生堵眼事故。

在处理堵塞过程中，由于采取措施不当，有可能引发大量的煤和水突然涌出，若人员在煤仓、溜煤（矸）眼下停留或从煤仓、溜煤（矸）眼下方进入，就会导致人员伤亡、巷道被堵、设备被埋等事故。

（2）防止煤仓、溜煤（矸）眼的堵塞，采用下列措施：

① 煤仓漏斗的角度设计为60°，并在其斜面上铺铸石板；在漏斗的斜面上自上而下地在四周安装两层空气（风）炮装置；有条件的可布置2个及以上放煤孔。

② 溜煤（矸）眼应当采用钢筋混凝土碹或拱形金属支架等整体性支护。

③ 煤仓或溜煤（矸）眼应当选择在非含水层内，否则应采取封堵措施；煤仓或溜煤（矸）眼上口应防止水流入其内。

④ 煤仓或溜煤（矸）眼的上部入口，应当安设钢轨或钢料做成的筛箅。

⑤ 溜煤（矸）眼、煤仓的一侧用隔墙留出处理间。

⑥ 对煤仓、溜煤（矸）眼，必须指定专业人员定期检查，发现问题，及时处理。

（3）检查煤仓、溜煤（矸）眼时，必须制定以下安全措施：

① 停止上下口所有运转设备，严格执行停电挂牌制度，严禁人员从下口进入观察处理，严禁采用水冲法从上口处理煤仓堵塞。

② 清理上仓口，查明情况，制定安全措施，进入煤仓时必须有一名现场指挥人员。

③ 必须查明有无有害气体，氧气浓度符合规定。

（4）处理煤仓、溜煤（矸）眼堵塞，采用下列措施：

① 必须制订安全技术措施，报矿总工程师审批。

② 必须确认在不危及操作人员以及周围人员的安全后，方可进行处理。

③ 必须有监视或警戒人员在场，严禁1人作业。

④ 严禁用明炮或糊炮处理堵塞，严禁人员进入煤仓、溜煤（矸）眼处理堵塞物。

➢ **相关案例**

（1）甘肃华信煤业有限责任公司“10·10”伤亡事故。

（2）泸州锦运煤业有限公司“10·22”其他事故。

（3）重庆市南川区水江煤业（集团）有限责任公司水江煤矿“1·11”其他事故。

第三章 通风、瓦斯和煤尘爆炸防治

第一节 通 风

第一百三十五条 井下空气成分必须符合下列要求：

（一）采掘工作面的进风流中，氧气浓度不低于20%，二氧化碳浓度不超过0.5%。

（二）有害气体的浓度不超过表4规定。

表4　矿井有害气体最高允许浓度

名　　称	最高允许浓度/%
一氧化碳 CO	0.0024
氧化氮（换算成 NO_2）	0.00025
二氧化硫 SO_2	0.0005
硫化氢 H_2S	0.00066
氨 NH_3	0.004

甲烷、二氧化碳和氢气的允许浓度按本规程的有关规定执行。

矿井中所有气体的浓度均按体积百分比计算。

➢ 现场执行

地面空气进入矿井以后称为矿井空气，其成分和性质会发生一系列变化，如氧浓度降低，二氧化碳浓度增加，混入各种有毒、有害气体和矿尘，空气的状态参数（温度、湿度、压力等）发生改变等。

井巷中经过用风地点以前、受污染程度较轻的进风巷道内的空气称为新鲜空气（新风）；经过用风地点以后、受污染程度较重的回风巷道内的空气称为污浊空气（乏风）。

矿井通防部门应当根据规定，制定矿井空气成分的测定周期，安排人员定期测定井下空气氧气、二氧化碳及有害气体，建立测定台账并告知现场班组长和作业人员，保证井下空气氧气、二氧化碳及有害气体符合《煤矿安全规程》要求。

➢ 相关案例

（1）大同煤矿集团永定庄煤业有限责任公司“7·7”一氧化碳中毒事故。

（2）大同煤矿集团同生同基煤业有限公司“10·26”窒息事故。

（3）广西环江雅京煤矿1号井“6·15”瓦斯事故。

（4）贵州众一金彩黔矿业有限公司大方县星宿乡瑞丰煤矿“1·19”中毒事故。

（5）郑新中原乾通（新密）煤业有限公司“5·26”窒息事故。

第一百三十六条　井巷中的风流速度应当符合表5要求。

表5　井巷中的允许风流速度

井　巷　名　称	允许风速/($m \cdot s^{-1}$)	
	最低	最高
无提升设备的风井和风硐		15
专为升降物料的井筒		12
风桥		10
升降人员和物料的井筒		8
主要进、回风巷		8
架线电机车巷道	1.0	8
输送机巷，采区进、回风巷	0.25	6

表5（续）

井巷名称	允许风速/($m \cdot s^{-1}$)	
	最低	最高
采煤工作面、掘进中的煤巷和半煤岩巷	0.25	4
掘进中的岩巷	0.15	4
其他通风人行巷道	0.15	

设有梯子间的井筒或者修理中的井筒，风速不得超过 8 m/s；梯子间四周经封闭后，井筒中的最高允许风速可以按表 5 规定执行。

无瓦斯涌出的架线电机车巷道中的最低风速可低于表 5 的规定值，但不得低于 0.5 m/s。

综合机械化采煤工作面，在采取煤层注水和采煤机喷雾降尘等措施后，其最大风速可高于表 5 的规定值，但不得超过 5 m/s。

➢ **现场执行**

（1）风流速度是影响矿井、有毒有害气体浓度、氧气浓度和风量的重要因素之一。煤矿应当依据《煤矿矿井风量计算方法》(MT/T 634）规定，计算矿井总需风量、有效风量、有效风量率和外部漏风率；计算采区、井下采掘工作面、硐室和其他通风行人巷道的需风量。

（2）通防监测班组负责设置采掘工作面回风巷、采区回风巷、总回风巷等测风站内的风速传感器，定期进行调校。通防测风班组每 10 天至少进行一次全面测风，确保各用风地点风速符合规定。

第一百三十七条 进风井口以下的空气温度（干球温度，下同）必须在 2 ℃以上。

➢ **现场执行**

干球温度是指从暴露于空气中又不受太阳直接照射的干球温度表上所读取的数值。它是温度计在普通空气中测出的温度，即一般天气预报里常说的气温。

地面温度低于 0 ℃时，空气进入井筒遇到淋水和潮湿空气，易在井壁、罐道梁等处结冰，堵塞井筒断面，对提升设备和人员造成威胁，甚至发生罐道梁上冰凌突然坠落并穿透罐顶的事故。

煤矿井下机电设备、煤矿用温度传感器等设备设施在井下温度过低时，也会影响相关使用性能。因此，进风井口（或与加热口交岔处）以下的空气温度必须在 2 ℃以上。

第一百三十八条 矿井需要的风量应当按下列要求分别计算，并选取其中的最大值：

（一）按井下同时工作的最多人数计算，每人每分钟供给风量不得少于 4 m^3。

（二）按采掘工作面、硐室及其他地点实际需要风量的总和进行计算。各地点的实际需要风量，必须使该地点的风流中的甲烷、二氧化碳和其他有害气体的浓度，风速、温度及每人供风量符合本规程的有关规定。

使用煤矿用防爆型柴油动力装置机车运输的矿井，行驶车辆巷道的供风量还应当按同时运行的最多车辆数增加巷道配风量，配风量不小于 4 m^3/(min·kW)。

按实际需要计算风量时，应当避免备用风量过大或者过小。煤矿企业应当根据具体条件制定风量计算方法，至少每 5 年修订 1 次。

➢ **现场执行**

（1）煤矿应根据《煤矿安全规程》《煤矿矿井风量计算方法》和《煤矿生产能力核定标准》规定，计算矿井需要风量。

矿井总风量不足或者采掘工作面等主要用风地点风量不足的，属于“通风系统不完善、不可靠”重大事故隐患。

（2）采掘工作面作业规程必须根据工作面的具体参数进行风量计算和验算，确保风量满足要求，同时技术人员组织相关班组施工人员对作业规程、通风作业计划进行贯彻学习。

（3）每月由矿通防部门根据矿井生产接续计划编制通风作业计划，测风班组每 10 天至少对井下所有用风地点进行一次全面测风，并按要求将需风量、现场实际风量填写在测风站内测风记录牌板上。

（4）测风班组测风员现场发现巷道贯通和通风网络发生变化时，应立即责令现场人员停止作业，切断电源撤出人员，及时进行风量调节；对工作面回撤等特殊地点应随时进行测风，并将测定结果告知现场作业人员，并及时汇报通风工区值班人员，发现问题要及时处理；配合通风系统调整、反风演习、瓦斯等级鉴定（瓦斯涌出量测定）、风机性能测定及阻力测定等工作，及时测定有关数据；测风数据应当准确，并按规定及时报送矿领导及有关单位。发现用风地点风量不足，及时汇报有关部门，责令现场作业人员停止作业，采取措施进行处理。

（5）测风班组必须按时编制通风旬报表、月报表、季报表，并报送有关部门。

➢ ***相关案例***

湖南宝电群力煤矿有限公司“5·9”瓦斯爆炸事故。

第一百三十九条　*矿井每年安排采掘作业计划时必须核定矿井生产和通风能力，必须按实际供风量核定矿井产量，严禁超通风能力生产。*

➢ **现场执行**

（1）矿井生产区域和生产强度是一个动态变化过程，瓦斯、硫化氢等有毒有害气体涌出量随之变化，为实现“以风定产”，制定采掘计划时，必须考虑通风能力，避免发生“超能力、超强度或者超定员组织生产”重大事故隐患情形中的“煤矿全年原煤产量超过核定（设计）生产能力幅度在 10% 以上，或者月原煤产量大于核定（设计）生产能力的 10% 的”或“瓦斯抽采不达标组织生产的”情况。

（2）依据《煤矿生产能力核定标准》规定，核定矿井通风能力（含通风系统、瓦斯抽出达标等）。

第一百四十条　*矿井必须建立测风制度，每 10 天至少进行 1 次全面测风。对采掘工作面和其他用风地点，应当根据实际需要随时测风，每次测风结果应当记录并写在测风地点的记录牌上。*

应当根据测风结果采取措施，进行风量调节。

➢ 现场执行

风量调节包括局部风量调节和全矿井风量调节。局部风量调节分为增加风阻调节法、降低风阻调节法和增加风压调节法。

当采用局部风量调节不能满足矿井生产需要时，必须对矿井总风量进行调节。矿井总风量调节主要依据《煤矿用主要通风机现场性能参数测定方法》，调整主要通风机的工况点，改变主要通风机的特性曲线或工作风阻。

第一百四十一条 矿井必须有足够数量的通风安全检测仪表。仪表必须由具备相应资质的检验单位进行检验。

➢ 现场执行

（1）煤矿通风安全检测仪表配比数量依据《矿井通风安全装备标准》(GB/T 50518)进行配备。每种通风安全检测仪表备用量不得少于配备数量的20%。

（2）需要由相应资质的检验单位进行检验的通风安全仪表主要包括：风表、光干涉甲烷测定器、催化式甲烷检测报警仪及传感器、直读式粉尘浓度测定仪、井下粉尘采样器等。其他仪器仪表可由煤矿企业自行检验或委托第三方检验。

第一百四十二条 矿井必须有完整的独立通风系统。改变全矿井通风系统时，必须编制通风设计及安全措施，由企业技术负责人审批。

➢ 现场执行

（1）通风系统由通风方法、通风方式和通风网络3部分组成。

（2）独立通风系统是指矿井必须设有符合要求的主要通风机装置，并有自己独立的进风井和独立的回风井，井下没有与邻近矿井相沟通的巷道。

高瓦斯、煤与瓦斯突出矿井的任一采（盘）区，开采容易自燃煤层、低瓦斯矿井开采煤层群和分层开采采用联合布置的采（盘）区，未设置专用回风巷，或者突出煤层工作面没有独立的回风系统的，属于“通风系统不完善、不可靠”重大事故隐患。

（3）改变全矿井通风系统是指更换主要通风机、改变主要通风机工作方法、改变矿井通风方式、改变矿井一翼及以上通风系统、变更进回风巷及数量等情况。

煤矿企业必须建立通风系统调整管理制度，明确程序、分级审批、专人指挥，改变全矿井通风系统时，必须编制通风设计及安全措施，由企业技术负责人审批。

（4）班组执行改变矿井通风系统工作时，涉及区域的班组必须组织全员贯彻学习通风设计和安全措施，然后按措施施工。

➢ *相关案例*

辽宁省阜新矿业（集团）有限责任公司孙家湾煤矿海州立井“2·14”特别重大瓦斯爆炸事故。

第一百四十三条 贯通巷道必须遵守下列规定：

（一）巷道贯通前应当制定贯通专项措施。综合机械化掘进巷道在相距50 m前、其他巷道在相距20 m前，必须停止一个工作面作业，做好调整通风系统的准备工作。

停掘的工作面必须保持正常通风，设置栅栏及警标，每班必须检查风筒的完好状况和工作面及其回风流中的瓦斯浓度，瓦斯浓度超限时，必须立即处理。

掘进的工作面每次爆破前，必须派专人和瓦斯检查工共同到停掘的工作面检查工作面及其回风流中的瓦斯浓度，瓦斯浓度超限时，必须先停止在掘工作面的工作，然后处理瓦斯，只有在2个工作面及其回风流中的甲烷浓度都在1.0%以下时，掘进的工作面方可爆破。每次爆破前，2个工作面入口必须有专人警戒。

（二）贯通时，必须由专人在现场统一指挥。

（三）贯通后，必须停止采区内的一切工作，立即调整通风系统，风流稳定后，方可恢复工作。

间距小于20 m的平行巷道的联络巷贯通，必须遵守以上规定。

➢ 现场执行

（1）巷道贯通是矿井通风管理工作的重点，涉及顶板、爆破和“一通三防”等诸多问题。贯通前，应当制定贯通专项措施，经矿总工程师审批。

（2）工作面（单向贯通岩巷20～30 m，煤巷30～40 m，快速掘进50～100 m，过巷等安全距离通知单提前20 m；两头相向贯通：岩巷相距大于40 m，煤巷单向综掘之间相距大于70 m，开采冲击地压煤层矿井综掘相距大于50 m；煤与瓦斯突出矿井煤巷掘进60～80 m）贯通通知单应提前送达施工单位通风部门、其他相关单位和人员。

通防部门接到“巷道预贯通通知单”后，及时编制巷道贯通通防安全措施，并做好调整通风系统的准备工作。

准备工作应包括：绘制贯通巷道两端附近的通风系统图，图上标明风流方向、风量和瓦斯浓度，并预计贯通后的风流方向、风量、瓦斯变化情况；明确贯通时通风设施构筑位置、通风系统调整顺序、现场负责人和爆破警戒人员等安全措施。

（3）掘进巷道贯通前，只准从一个掘进工作面向前贯通，另一个掘进工作面必须停止作业，保持正常通风，设置栅栏及警标，经常检查风筒的完好状态、工作面及其回风流中的瓦斯浓度。

掘进工作面每次爆破前，班组长必须指派专人和瓦斯检查员共同到停掘的巷道检查工作面及其回风流中的瓦斯浓度，只有2个工作面及其回风流中的瓦斯浓度都在1%以下时，班组长方可派专人设置警戒，并下达爆破命令。

（4）掘进工作面预透盲巷、旧巷时，通防部门必须按安全措施要求提前对被贯通巷道进行探查，当被贯通巷道内瓦斯浓度不超过1%和二氧化碳浓度不超过1.5%时，方可贯通。

（5）巷道贯通时，必须由总工程师安排人员现场指挥，贯通后首先停止影响区域内的一切工作，测风员进行现场测风，防止因贯通造成通风系统紊乱或某些地点出现风量不足造成瓦斯积聚事故。

➢ 相关案例

贵州新西南矿业股份有限公司毕节市七星关区亮岩镇大树煤矿“7·31”瓦斯爆炸事故。

第一百四十四条　进、回风井之间和主要进、回风巷之间的每条联络巷中，必须砌筑永久性风墙；需要使用的联络巷，必须安设2道联锁的正向风门和2道反向风门。

➢ **现场执行**

（1）矿井和采区主要进、回风巷中的主要风门应设置风门传感器。当两道风门同时打开时，发出声光报警信号。其间距不小于5 m［通车风门间距不小于1列（辆）车长度］；通车风门设有发出声光信号的装置，且声光信号在风门两侧都能接收。

风门门框包边沿口有衬垫，四周接触严密，门扇平整不漏风；风窗有可调控装置，调节可靠。

风门、风窗水沟处设有反水池或者挡风帘，轨道巷通车风门设有底槛，电缆、管路孔堵严，风筒穿过风门（风窗）墙体时，在墙上安装与胶质风筒直径匹配的硬质风筒。

（2）进、回风井之间和主要进、回风巷之间联络巷中的风墙、风门不符合《煤矿安全规程》规定，造成风流短路的，属于“通风系统不完善、不可靠”重大事故隐患。

第一百四十五条 箕斗提升井或者装有带式输送机的井筒兼作风井使用时，必须遵守下列规定：

（一）生产矿井现有箕斗提升井兼作回风井时，井上下装、卸载装置和井塔（架）必须有防尘和封闭措施，其漏风率不得超过15%。装有带式输送机的井筒兼作回风井时，井筒中的风速不得超过6 m/s，且必须装设甲烷断电仪。

（二）箕斗提升井或者装有带式输送机的井筒兼作进风井时，箕斗提升井筒中的风速不得超过6 m/s、装有带式输送机的井筒中的风速不得超过4 m/s，并有防尘措施。装有带式输送机的井筒中必须装设自动报警灭火装置、敷设消防管路。

➢ **现场执行**

生产矿井现有箕斗提升井和装有带式输送机的井筒兼作回风井时，必须按本条款采取措施；新建、扩建矿井回风井必须专用，严禁兼作提升和行人通道，紧急情况下可作安全出口。

第一百四十六条 进风井口必须布置在粉尘、有害和高温气体不能侵入的地方。已布置在粉尘、有害和高温气体能侵入的地点的，应当制定安全措施。

➢ **现场执行**

进风井口粉尘、有害和高温气体必须符合《煤矿安全规程》第一百三十五条、第六百五十五条规定。未达到上述规定的，应当制定安全措施。

第一百四十七条 新建高瓦斯矿井、突出矿井、煤层容易自燃矿井及有热害的矿井应当采用分区式通风或者对角式通风；初期采用中央并列式通风的只能布置一个采区生产。

➢ **现场执行**

新建高瓦斯矿井、突出矿井、煤层容易自燃矿井及有热害的矿井初期采用中央并列式通风的只能布置一个采（盘）区生产，后期增加生产采（盘）区必须增加回风井并配套增设主要通风机系统，实现分区式通风或者对角式通风。

第一百四十八条 矿井开拓新水平和准备新采区的回风，必须引入总回风巷或者主要回风巷中。在未构成通风系统前，可将此回风引入生产水平的进风中；但在有瓦斯喷出或者有突出危险的矿井中，开拓新水平和准备新采区时，必须先在无瓦斯喷出或者无突出危险的煤（岩）层中掘进巷道并构成通风系统，为构成通风系统的掘进巷道的回风，可以引入生产水平的进风中。上述2种回风流中的甲烷和二氧化碳浓度都不得超过0.5%，其他有害气体浓度必须符合本规程第一百三十五条的规定，并制定安全措施，报企业技术负责人审批。

➢ 现场执行

企业技术负责人是指煤矿上级公司总工程师；无上级公司的，应由矿总工程师负责。

第一百四十九条 生产水平和采（盘）区必须实行分区通风。

准备采区，必须在采区构成通风系统后，方可开掘其他巷道；采用倾斜长壁布置的，大巷必须至少超前2个区段，并构成通风系统后，方可开掘其他巷道。采煤工作面必须在采（盘）区构成完整的通风、排水系统后，方可回采。

高瓦斯、突出矿井的每个采（盘）区和开采容易自燃煤层的采（盘）区，必须设置至少1条专用回风巷；低瓦斯矿井开采煤层群和分层开采采用联合布置的采（盘）区，必须设置1条专用回风巷。

采区进、回风巷必须贯穿整个采区，严禁一段为进风巷、一段为回风巷。

➢ 现场执行

（1）准备采区采用倾斜长壁布置的，大巷必须至少超前采煤工作面2个区段，并形成全风压通风系统后，方可开掘其他巷道，如图3－3－1所示。

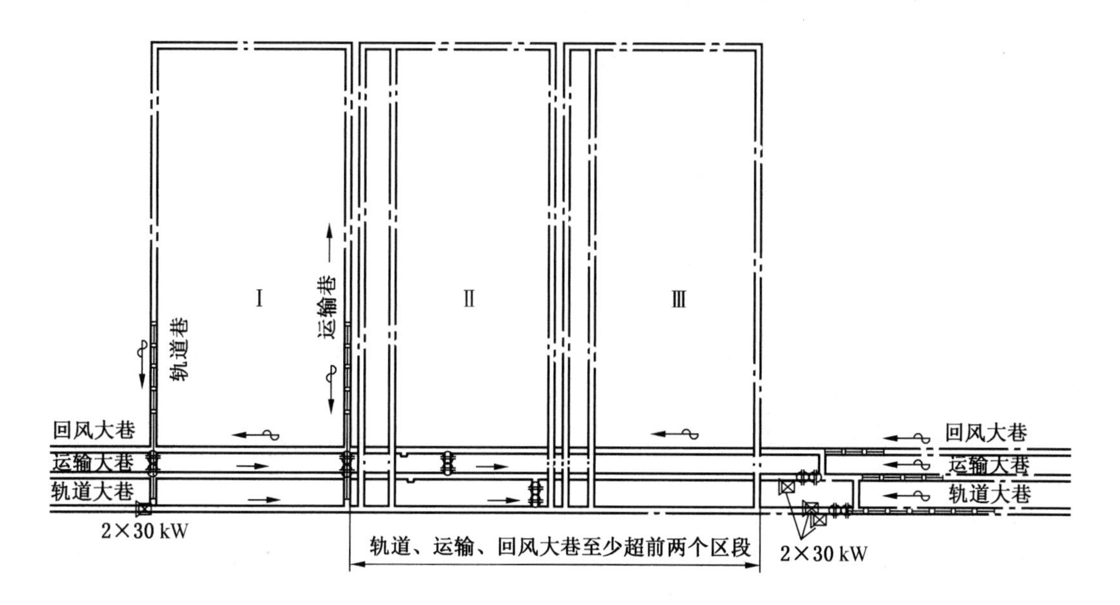

图3－3－1 倾斜长壁工作面超前区段布置示意图

（2）未按照设计形成通风系统，或者生产水平和采（盘）区未实现分区通风的，采区进、回风巷未贯穿整个采区，或者虽贯穿整个采区但一段进风、一段回风，或者采用倾斜长壁布置，大巷未超前至少2个区段构成通风系统即开掘其他巷道的，属于“通风系统不完善、不可靠”重大事故隐患。

其中，“未按照设计形成通风系统”是指矿井或采区设计的通风系统还未形成，就违规进行巷道掘进或者采煤等采掘作业的，或者未经批准对设计做出重大变更的。

（3）“一段进风、一段回风”是指同一条采区上（下）山或倾斜长壁式开采的同一条盘区大巷，用风门或者挡风墙隔成两段，一段为采掘工作面的进风，另一段为采掘工作面的回风的情形，如图3－3－2所示。

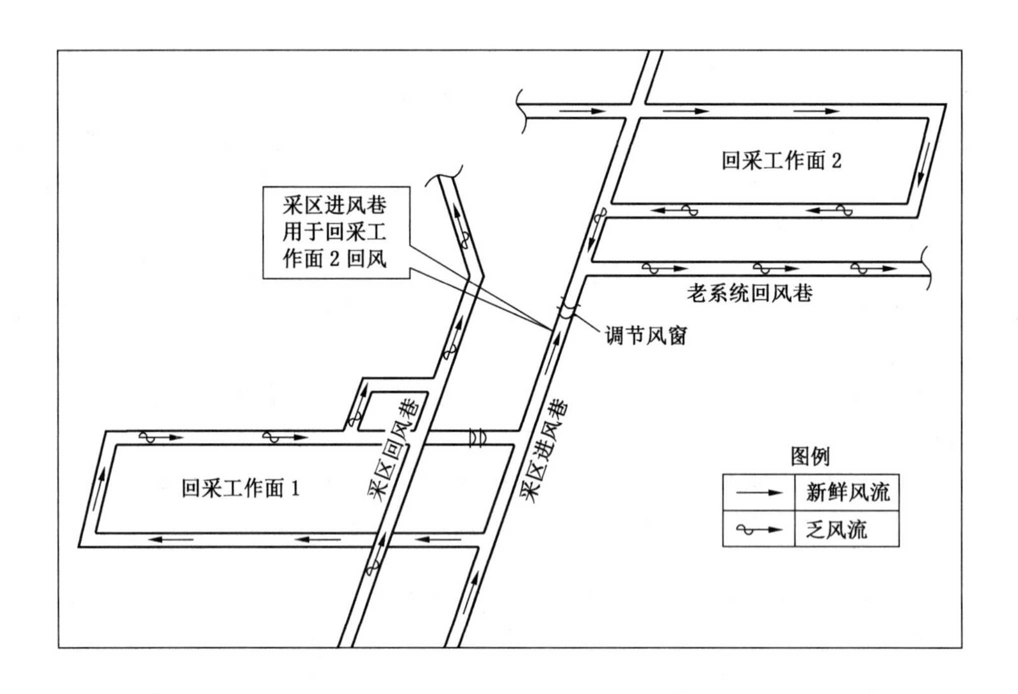

图3－3－2　某矿采区通风系统图

（4）“采区进、回风巷贯穿整个采区”是指采区进、回风上（下）山必须贯穿整个采区，并构成通风系统后，方可开掘其他巷道（采区进风上山布置到与采区最上一个区段工作面的进风巷和采区回风上山连接，可以不到采区上部边界）。下山采区未形成完整的通风、排水等生产系统前，严禁掘进回采巷道。

（5）常见的采区分区通风情形如图3－3－3所示。常见的未实现采区分区通风情形如图3－3－4所示。

当重新确定采（盘）区名称后，可确认为分区通风的，不判定为重大事故隐患。例如，双翼开采采区，当上下分为两个采区时，一采区和二采区未实现分区通风，但当两个采区合成一个采区时（采掘工作面个数符合《煤矿安全规程》规定），则不再有未实现分区通风的问题。

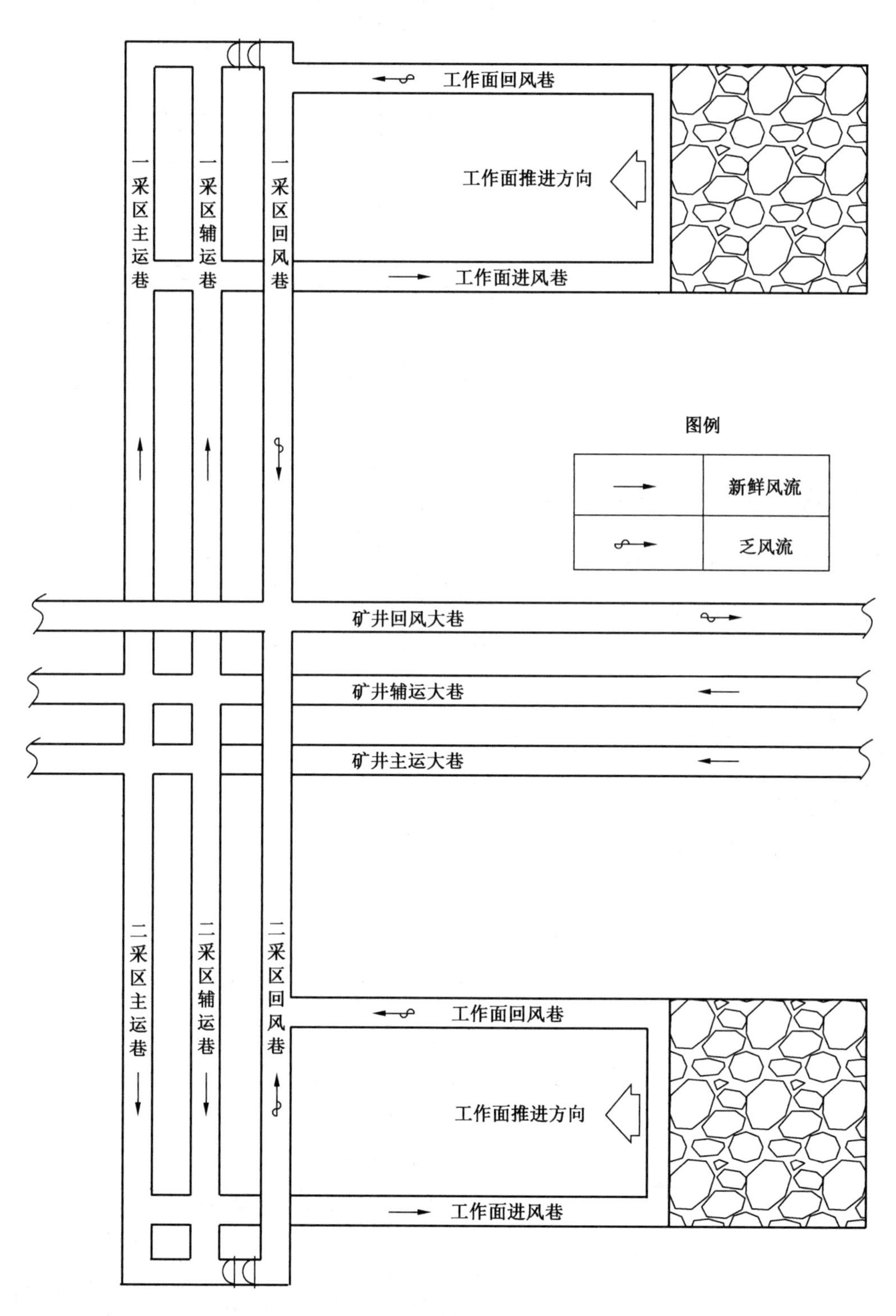
工作面回风巷
一采区主运巷
一采区辅运巷
一采区回风巷
工作面推进方向
工作面进风巷
图例
新鲜风流
乏风流
矿井回风大巷
矿井辅运大巷
矿井主运大巷
二采区主运巷
二采区辅运巷
二采区回风巷
工作面回风巷
工作面推进方向
工作面进风巷

(a)

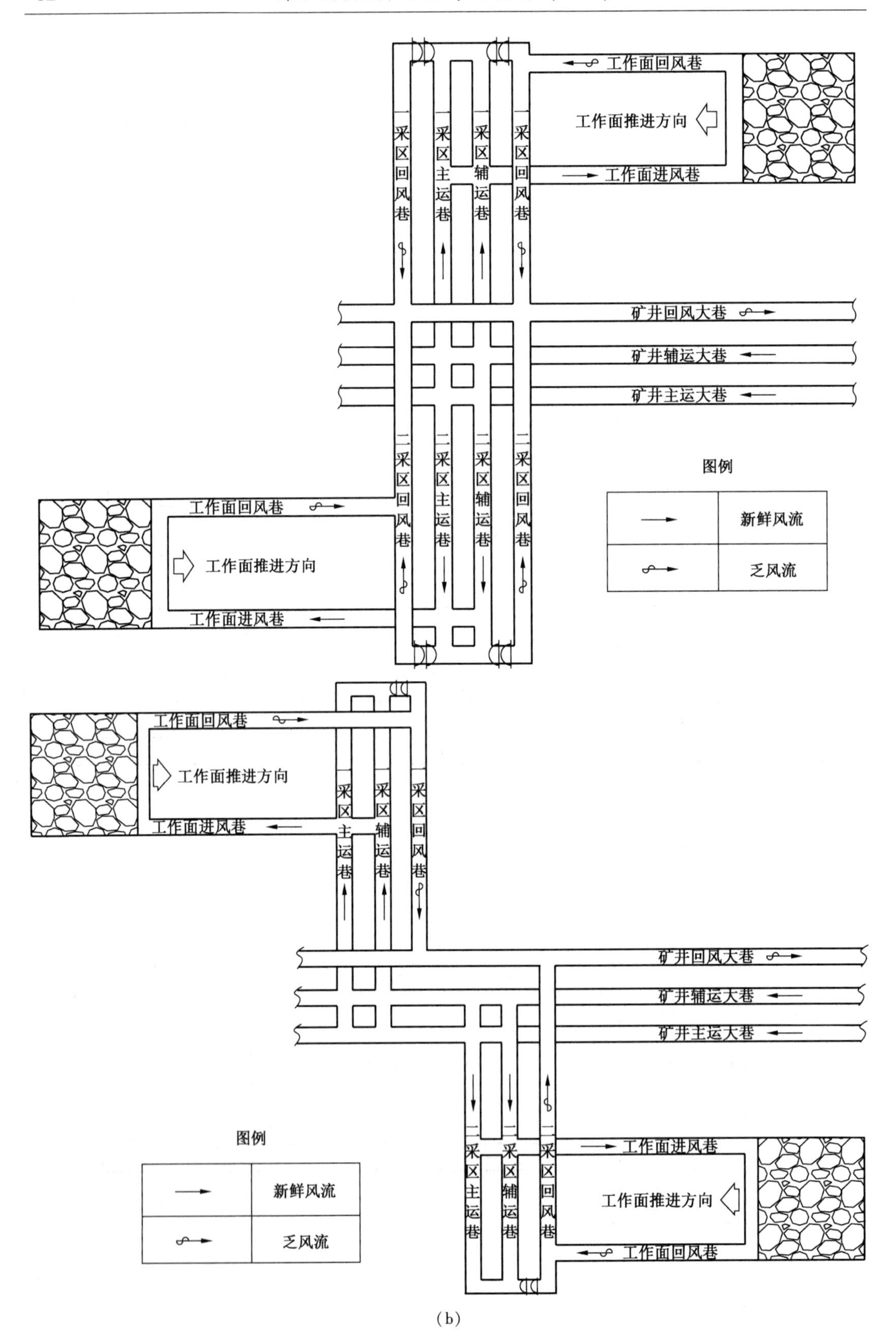
工作面回风巷
工作面推进方向
工作面进风巷
一采区回风巷
一采区主运巷
一采区辅运巷
一采区回风巷
矿井回风大巷
矿井辅运大巷
矿井主运大巷
二采区回风巷
二采区主运巷
二采区辅运巷
二采区回风巷
工作面回风巷
工作面推进方向
工作面进风巷
图例
新鲜风流
乏风流
工作面回风巷
工作面推进方向
工作面进风巷
采区主运巷
采区辅运巷
采区回风巷
矿井回风大巷
矿井辅运大巷
矿井主运大巷
二采区主运巷
二采区辅运巷
二采区回风巷
工作面进风巷
工作面推进方向
工作面回风巷
图例
新鲜风流
乏风流

(b)

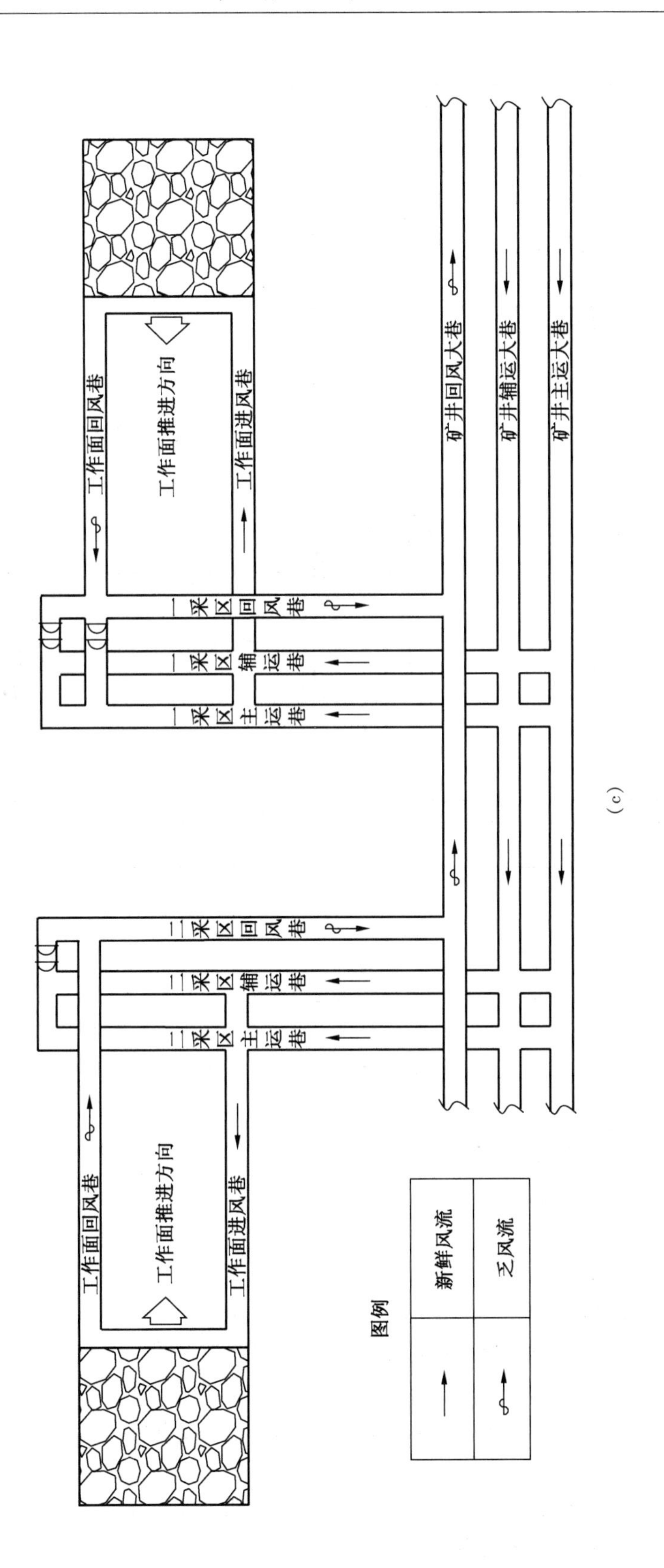

工作面回风巷
工作面推进方向
工作面进风巷
一采区回风巷
一采区辅运巷
一采区主运巷
矿井回风大巷
矿井辅运大巷
矿井主运大巷
二采区回风巷
二采区辅运巷
二采区主运巷
工作面回风巷
工作面推进方向
工作面进风巷
图例
新鲜风流
乏风流

(c)

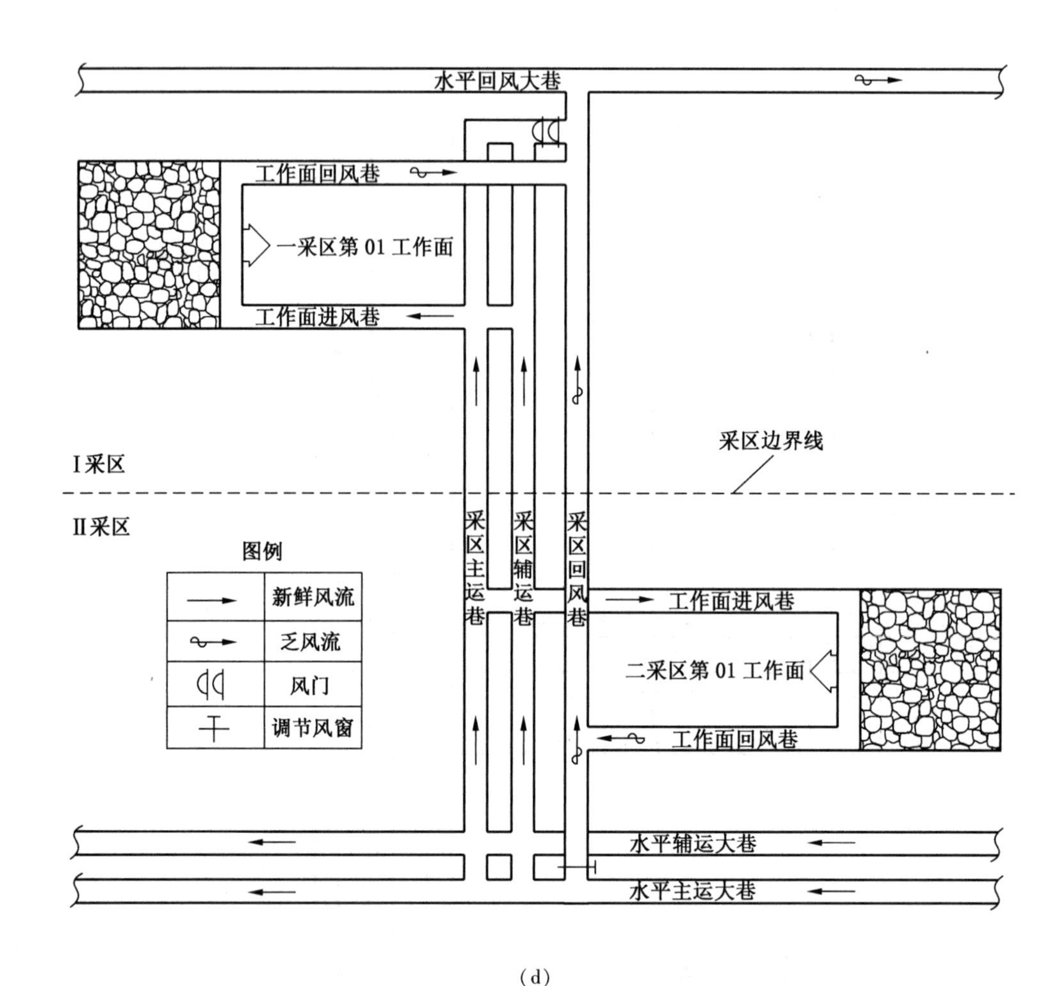

(d)

图3-3-3 常见的采区分区通风情形

第一百五十条 采、掘工作面应当实行独立通风，严禁2个采煤工作面之间串联通风。

同一采区内1个采煤工作面与其相连接的1个掘进工作面、相邻的2个掘进工作面，布置独立通风有困难时，在制定措施后，可采用串联通风，但串联通风的次数不得超过1次。

采区内为构成新区段通风系统的掘进巷道或者采煤工作面遇地质构造而重新掘进的巷道，布置独立通风有困难时，其回风可以串入采煤工作面，但必须制定安全措施，且串联通风的次数不得超过1次；构成独立通风系统后，必须立即改为独立通风。

对于本条规定的串联通风，必须在进入被串联工作面的巷道中装设甲烷传感器，且甲烷和二氧化碳浓度都不得超过0.5%，其他有害气体浓度都应当符合本规程第一百三十五条的要求。

开采有瓦斯喷出、有突出危险的煤层或者在距离突出煤层垂距小于10 m的区域掘进施工时，严禁任何2个工作面之间串联通风。

➢ **现场执行**

(1) 违反本条规定采用串联通风的，属于“通风系统不完善、不可靠”重大事故隐患。

(2) 必须布置串联通风时，必须编制通防安全措施报矿总工程师审批。

(3) 掘进工作面局部通风机必须安设双风机双电源，风机功率不低于 11 kW，配 600 mm 风筒供风，确保迎头风量、风速符合作业规程规定，严格执行局部通风机和风筒管理规定，风筒出口距迎头距离不超过 10 m，局部通风机正常运转、严禁无计划停风，如因停电等原因停风需恢复通风时，应制定恢复通风安全措施，按规定恢复通风。

(4) 串联通风采掘工作面按规定安设瓦斯传感器，随时监测瓦斯变化情况，瓦斯浓

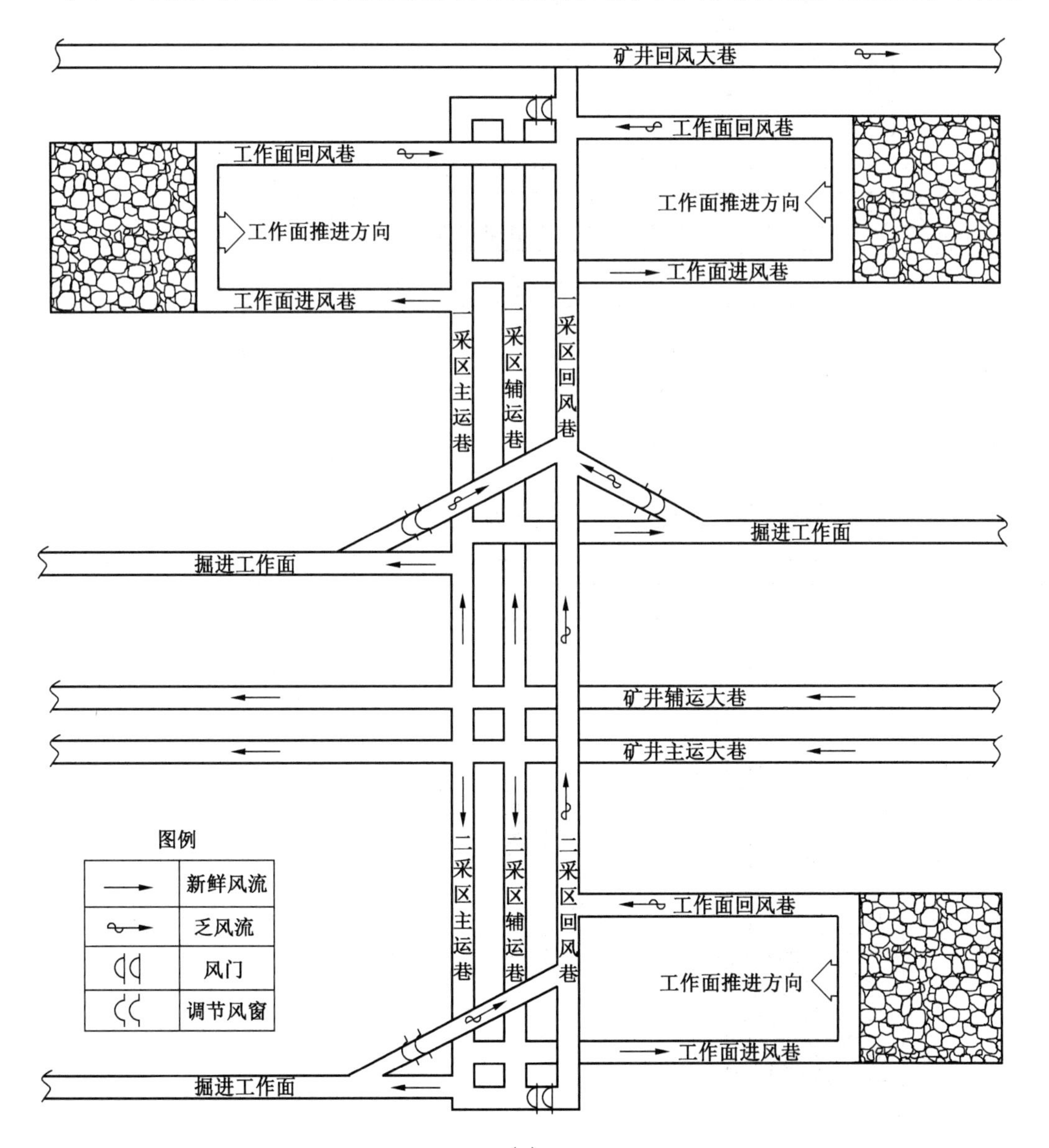

(a)

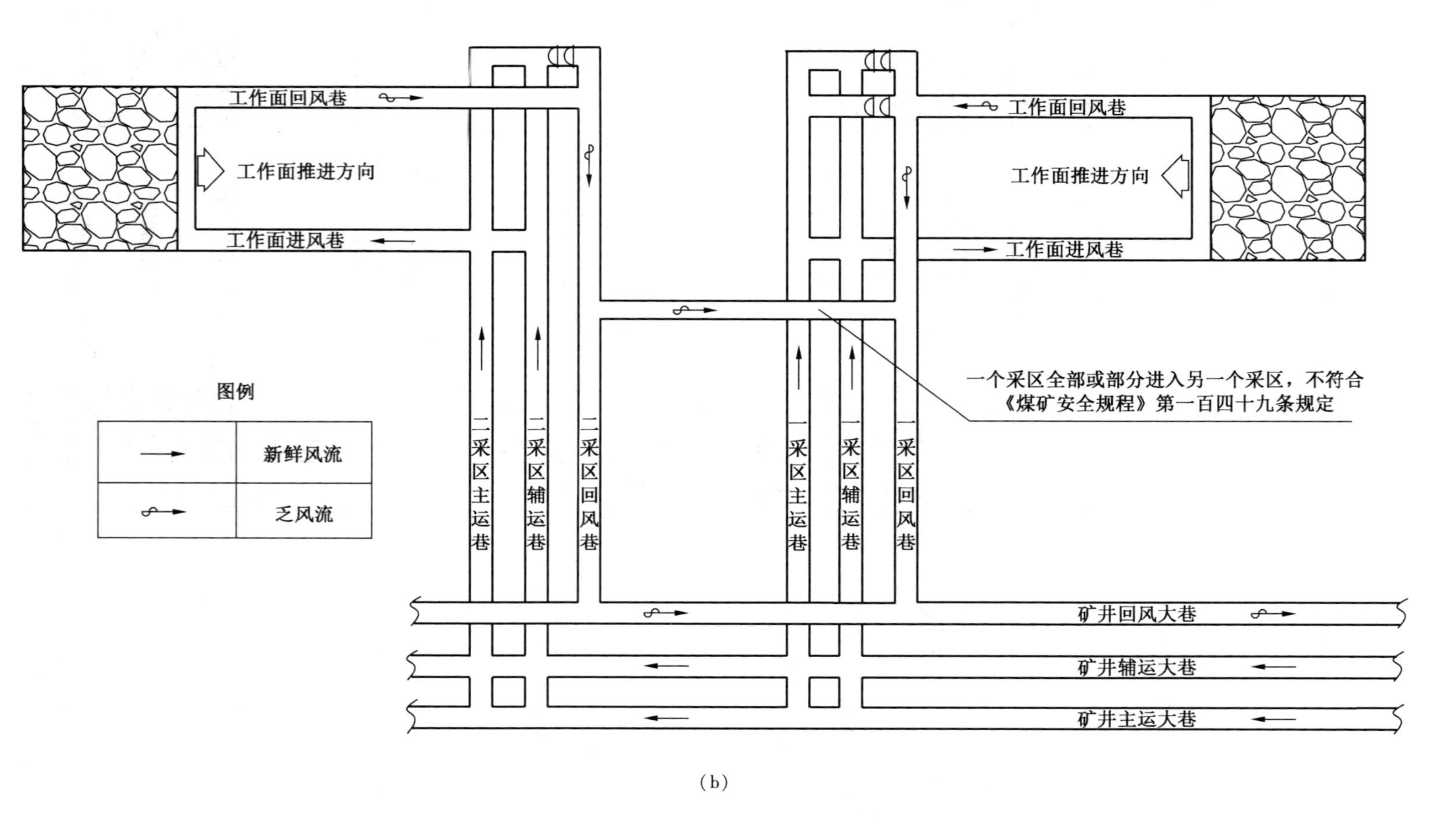

(b)

图3-3-4 常见的未实现采区分区通风情形

度达到1%时报警并断电，断电范围为本工作面全部非本质安全型电气设备。在被串采掘工作面及其进风流3～5 m范围内安设甲烷传感器，瓦斯浓度达到0.5%时报警并断电，断电范围为被串采掘工作面全部非本质安全型电气设备。

（5）煤矿应保证瓦斯传感器灵敏可靠、使用正常，按规定标校，探头位置悬挂检测牌板，标校数据填写清楚。

按规定增设被串采掘工作面进风流瓦斯检查点，原瓦斯检查点按规定进行检查，所有瓦斯检查点每班不少于2次检查，被串采掘工作面进风流瓦斯浓度不得超过0.5%，其他有害气体浓度达到《煤矿安全规程》规定上限时，必须停止工作，查找原因并汇报调度室。

在串联通风采掘工作面按“一通三防”管理规定安设各类防尘设施，保证灵敏可靠并正常使用；按规定时间对巷道进行洒水灭尘，以防粉尘积聚。

（6）串联通风采掘工作面的队（区）长、技术员、班组、爆破工、流动电钳工、瓦斯检查员均要佩戴便携式甲烷报警仪并使其处于常开状态，随时检测工作面瓦斯变化情况，发现瓦斯浓度达到1%时立即汇报处理。

串联通风采掘工作面生产班组严格爆破管理，按规定使用水炮泥，炮眼封满封实；严格执行“一炮三检”、爆破“三保险”“三人连锁爆破”制度，发现爆破地点20 m范围内瓦斯浓度达到1%或瓦斯涌出异常现象，严禁装药爆破，并停止其他任何作业，及时向矿调度室汇报并采取措施处理。

➤ ***相关案例***

山西平遥峰岩煤焦集团二亩沟煤业有限公司“11·18”瓦斯爆炸事故。

第一百五十一条 井下所有煤仓和溜煤眼都应当保持一定的存煤，不得放空；有涌水的煤仓和溜煤眼，可以放空，但放空后放煤口闸板必须关闭，并设置引水管。

溜煤眼不得兼作风眼使用。

➤ **现场执行**

煤矿应当在溜煤眼放煤口、卸载点等地点敷设防尘供水管路，设置洒水喷雾装置，并安设支管和阀门，开启阀门的手轮必须齐全，防尘用水均应进行过滤。

通防监测班组应当保证瓦斯传感器灵敏可靠、使用正常，按规定标校，探头位置悬挂检测牌板，标校数据填写清楚。

生产班组应当加强煤仓和溜煤眼放煤口上下的安全管理，防止煤仓和溜煤眼放空；同时在煤仓和溜煤眼上口加设盖板，防止煤仓和溜煤眼放空造成的风流短路；当煤仓和溜煤眼维护时，必须打开煤仓和溜煤眼盖板，确保煤仓和溜煤眼内部风流畅通，不发生瓦斯积聚。

第一百五十二条 煤层倾角大于12°的采煤工作面采用下行通风时，应当报矿总工程师批准，并遵守下列规定：

（一）采煤工作面风速不得低于1 m/s。

（二）在进、回风巷中必须设置消防供水管路。

（三）有突出危险的采煤工作面严禁采用下行通风。

> **现场执行**

（1）矿井通防部门在采煤工作面通风设计中，应根据现场实际，确定采煤工作面的通风方式，并报矿总工程师审批。

（2）测风员测风数据要准确，确保采煤工作面风速不得低于1 m/s。现场发现用风地点风量不足，及时汇报有关部门，责令现场作业人员停止作业，采取措施进行处理。

（3）通防监测班组负责回风流甲烷传感器的安装工作，保证断电范围符合要求，每15天至少用3种标准气样（空气样、2.0%、20.0%）对瓦斯传感器标校一次，并保证报警点、断电点、复电点符合规定，发现问题及时调整处理，做好标校记录。

（4）通防班组安排专职瓦检员负责现场瓦斯的检查工作，发现回风流中的瓦斯浓度超过1.0%时，立即向矿调度室汇报处理。

（5）生产班组加强采煤工作面综合防尘管理。按“一通三防”管理规定安设各类防尘设施，保证灵敏可靠并正常使用；按规定时间对巷道进行洒水灭尘，以防粉尘积聚。

第一百五十三条 *采煤工作面必须采用矿井全风压通风，禁止采用局部通风机稀释瓦斯。*

采掘工作面的进风和回风不得经过采空区或者冒顶区。

无煤柱开采沿空送巷和沿空留巷时，应当采取防止从巷道的两帮和顶部向采空区漏风的措施。

矿井在同一煤层、同翼、同一采区相邻正在开采的采煤工作面沿空送巷时，采掘工作面严禁同时作业。

水采和连续采煤机开采的采煤工作面由采空区回风时，工作面必须有足够的新鲜风流，工作面及其回风巷的风流中的甲烷和二氧化碳浓度必须符合本规程第一百七十二条、第一百七十三条和第一百七十四条的规定。

> **现场执行**

（1）禁止采用局部通风机向采煤工作面、工作面上隅角、Y型通风回风巷等地点直接供风稀释瓦斯。

（2）通防班组每10天对该采煤工作面进行一次全面测风，测风结果应做好记录并填写在测风地点的记录牌板上，确保采煤工作面风量满足要求。

（3）采煤工作面按规定安设甲烷传感器，随时监测瓦斯变化情况。通防监测班组确保瓦斯传感器灵敏可靠、使用正常，按规定标校，探头位置悬挂检测牌板，标校数据填写清楚。通防瓦检班组专职瓦斯检查员按规定进行检查，采煤工作面进风流瓦斯浓度不得超过0.5%，其他有害气体浓度达到《煤矿安全规程》规定时，必须停止工作、查找原因、汇报通防工区和调度室。

（4）禁止采用局部通风机向采煤工作面、工作面上隅角、Y型通风回风巷等地点直接供风稀释瓦斯。

> **相关案例**

（1）山西平遥县兴盛佛殿沟煤业有限公司“6·7”有害气体窒息事故。

（2）威信县沟头矿业有限公司沟头煤矿“9·22”瓦斯爆炸事故。

（3）黑龙江省七台河市景有煤矿“11·29”瓦斯爆炸事故。

第一百五十四条 采空区必须及时封闭。必须随采煤工作面的推进逐个封闭通至采空区的连通巷道。采区开采结束后45天内，必须在所有与已采区相连通的巷道中设置密闭墙，全部封闭采区。

➤ **现场执行**

（1）采煤工作面回撤前，矿井必须编制工作面回撤通防安全措施，根据煤层发火周期制定工作面撤除周期，在规定时间内安全撤除。

（2）矿井按照《矿井密闭防灭火技术规范》（AQ 1044）制定密闭措施和密闭观测制度。通风部门按安全措施、生产标准化要求，及时封闭与采空区相连通的所有巷道；开展水、温度、瓦斯和各种有害气体的观测工作，掌握采空区内情况。

（3）采空区密闭前应设置栅栏、警示标识、检查箱和管理牌板，配齐观察孔、措施管等辅助设施，自燃煤层采空区密闭还应加设束管监测系统，定期监测采空区气体成分。

密闭实行建档管理，密闭台账包括密闭材料和厚度、施工时间、施工负责人、封闭长度、封闭区基本情况等。

与采空区连接的泄水孔实行建档、挂牌管理，及时封堵；所有密闭施工必须做到“一工程、一措施”，需要注浆的地点必须制定完善的防溃浆措施。

（4）采区开采结束是指采区内最后一个采煤工作面采空区封闭或采区煤柱回收完成。

➤ **相关案例**

山西平定古州东升阳胜煤业有限公司“3·15”瓦斯燃烧事故、“6·3”瓦斯爆炸事故。

第一百五十五条 控制风流的风门、风桥、风墙、风窗等设施必须可靠。

不应在倾斜运输巷中设置风门；如果必须设置风门，应当安设自动风门或者设专人管理，并有防止矿车或者风门碰撞人员以及矿车碰坏风门的安全措施。

开采突出煤层时，工作面回风侧不得设置调节风量的设施。

➤ **现场执行**

（1）通防班组应按照施工设计和技术措施要求的通风设施设置地点、种类等进行施工。

（2）通风设施的安装、维修、拆除等工作由通防工区通风工程班组负责。通风工程班组应建立健全通风设施施工台账、通风设施巡查台账、通风设施维护台账、风门闭锁检修台账，确保通风设施完好，风门闭锁灵敏可靠。

（3）通风设施施工质量必须符合《煤矿安全生产标准化管理体系基本要求及评分方法（试行）执行说明》要求。

① 风门能自动关闭并连锁，使2道风门不能同时打开；门框包边沿口有衬垫，四周接触严密，门扇平整不漏风；风窗有可调控装置，调节可靠；风门、风窗水沟处设有反水池或者挡风帘，轨道巷通车风门设有底槛，电缆、管路孔堵严，风筒穿过风门（风窗）墙体时，在墙上安装与胶质风筒直径匹配的硬质风筒。

② 风桥两端接口严密，四周为实帮、实底，用混凝土浇灌填实；桥面规整不漏风；

风桥通风断面不小于原巷道断面的4/5，呈流线型，坡度小于30°；风桥上下不安设风门、调节风窗等。新构筑的人工风桥混凝土浇灌厚度不得小于0.5 m。

通风设施施工、安装完毕后，要有通防、劳资等相关部门进行验收，所有通风设施应挂牌管理，标明设施的种类、编号、管理人等。

（4）依据《矿井密闭防灭火技术规范》(AQ 1044）的规定，封闭采空区等防灭火密闭墙体周边掏槽深度：在煤体帮槽见实体煤后0.5 m，顶槽见实体煤后0.3 m，底槽见实体煤后0.2 m，槽宽大于墙厚0.3 m；岩体可以不掏槽，但应将松动岩体刨除，见硬岩体。

➢ **相关案例**

（1）山西潞安集团左权阜生煤业“10·20”瓦斯爆炸事故。

（2）福建省环闽能源有限公司新罗美山煤矿“7·21”火灾涉险事故。

第一百五十六条 新井投产前必须进行1次矿井通风阻力测定，以后每3年至少测定1次。生产矿井转入新水平生产、改变一翼或者全矿井通风系统后，必须重新进行矿井通风阻力测定。

➢ **现场执行**

（1）全矿井、一翼或者一个水平通风系统改变时，编制通风设计及安全措施，经企业技术负责人审批，其中，“企业技术负责人”是指煤矿上级公司总工程师；无上级公司的，应由矿总工程师负责。

（2）矿井通风阻力测定参照《矿井通风阻力测定方法》(MT/T 440)。矿井通风阻力必须符合《煤矿井工开采通风技术条件》(AQ 1028）规定，否则必须采取降阻措施。

（3）煤矿应当提前制定矿井通风阻力测定方案，通防测风班组参与通风阻力测定，测定人员随身携带风表、干湿温度计等对矿井各用风地点的风量、风速、风压及温度进行现场测定，为通风阻力测定提供数据。

（4）通风阻力测定前，矿井应在近期的通风系统图上标注通风路线，对该矿井通风系统进行全面细致地调查，并结合矿井目前生产实际进行测点选择，选点原则如下：

① 气压计法布置相邻两点的压差应不小于20 Pa，不大于测压仪器的量程。

② 测点应尽可能避免靠近井筒和风门，以减少井筒内提升和风门开关造成的影响。

③ 测点应在分风点或汇风点前（后）处选定，选在前方不得小于巷道宽度的3倍，选在后方不得小于巷道宽度的8倍。

④ 需要在巷道拐弯处、断面变化的地方选点时，选在前方不得小于巷道宽度的3倍，选在后方不得小于巷道宽度的8倍。

⑤ 测定点前、后3 m巷道应支护良好，巷道内无堆积物。

（5）矿井每年安排采掘作业计划时，应摸清矿井巷道的支护形式及光滑程度、断面大小及变化情况、周边长度及巷道长度，以及矿井通风网络的布置、风量分配等情况，了解矿井通风阻力的大小及分布状况。根据通风阻力变化情况合理调整采掘部署，防止因采掘布置不合理造成的局部和区域风阻超限。

第一百五十七条 矿井通风系统图必须标明风流方向、风量和通风设施的安装地点。必须按季绘制通风系统图，并按月补充修改。多煤层同时开采的矿井，必须绘制分层通风系统图。

应当绘制矿井通风系统立体示意图和矿井通风网络图。

➢ **现场执行**

（1）矿井通风系统图是在矿井采掘工程平面图的基础上绘制的。矿井通风系统图是煤矿生产管理中的必备图纸之一，是矿井通风安全管理的主要依据和基础资料，也是预防与处理矿井灾害事故时的必备参考依据。

（2）绘制矿井通风系统图，必须符合绘制内容要求和现场实际等要求。

① 矿井通风系统图上必须标明主要通风机的安装位置及其规格性能、进回风井巷和采掘工作面的位置与名称、风流方向、风量大小、通风设施（包括风门、风桥、风墙、密闭等）与设备（局部通风机等）的安装地点等。

② 真实地反映井下通风现状，为分析矿井通风存在的问题和改善通风条件提供依据。

③ 按季度绘制并按月补充修改通风系统图，以便及时反映矿井开拓、开采和矿井通风系统及通风参数的变化与现状。

第一百五十八条　矿井必须采用机械通风。

主要通风机的安装和使用应当符合下列要求：

（一）主要通风机必须安装在地面；装有通风机的井口必须封闭严密，其外部漏风率在无提升设备时不得超过5%，有提升设备时不得超过15%。

（二）必须保证主要通风机连续运转。

（三）必须安装2套同等能力的主要通风机装置，其中1套作备用，备用通风机必须能在10 min内开动。

（四）严禁采用局部通风机或者风机群作为主要通风机使用。

（五）装有主要通风机的出风井口应当安装防爆门，防爆门每6个月检查维修1次。

（六）至少每月检查1次主要通风机。改变主要通风机转数、叶片角度或者对旋式主要通风机运转级数时，必须经矿总工程师批准。

（七）新安装的主要通风机投入使用前，必须进行试运转和通风机性能测定，以后每5年至少进行1次性能测定。

（八）主要通风机技术改造及更换叶片后必须进行性能测试。

（九）井下严禁安设辅助通风机。

➢ **现场执行**

（1）矿井通风包括自然通风和机械通风两种方法。

自然通风是依据进、回风井口海拔标高的差距，使进、回风侧空气温度不同所产生的自然风压，对矿井进行通风的一种方法。

机械通风时利用安装在地面的主要通风机连续运转所产生风压，对矿井实施通风的一种方法。

（2）矿井有效风量率不低于85%；矿井外部漏风率每年至少测定1次，外部漏风率在无提升设备时不得超过5%，有提升设备时不得超过15%。

（3）没有备用主要通风机或者两台主要通风机不具有同等能力的，属于“通风系统不完善、不可靠”重大事故隐患。

（4）按照《煤矿在用主通风机系统安全检测检验规范》（AQ 1011）进行主要通风机的性能测定。

➢ ***相关案例***

云南省曲靖市富源县后所镇红土田煤矿“4·21”瓦斯爆炸事故。

第一百五十九条　生产矿井主要通风机必须装有反风设施，并能在 10 min 内改变巷道中的风流方向；当风流方向改变后，主要通风机的供给风量不应小于正常供风量的 40%。

每季度应当至少检查 1 次反风设施，每年应当进行 1 次反风演习；矿井通风系统有较大变化时，应当进行 1 次反风演习。

➢ **现场执行**

（1）煤矿应当提前制定年度反风演习工作安排及安全措施。成立反风演习指挥部，矿长任总指挥，下设参数记录组、主要通风机组、参数采集组、电气组、通风设施组、后勤组、医务组、汽车组、救护组等小组。

（2）矿井通风系统有较大变化，是指改变全矿井通风方式、增减风井、改变主要通风机类型等情况。

（3）实施反风前，原进风侧人员必须安全撤离。

第一百六十一条　矿井必须制定主要通风机停止运转的应急预案。因检修、停电或者其他原因停止主要通风机运转时，必须制定停风措施。

变电所或者电厂在停电前，必须将预计停电时间通知矿调度室。

主要通风机停止运转时，必须立即停止工作、切断电源，工作人员先撤到进风巷道中，由值班矿领导组织全矿井工作人员全部撤出。

主要通风机停止运转期间，必须打开井口防爆门和有关风门，利用自然风压通风；对由多台主要通风机联合通风的矿井，必须正确控制风流，防止风流紊乱。

➢ **现场执行**

（1）矿井必须制定无计划停风应急预案和有计划停风应急预案，并制定相应安全措施。

（2）受停风影响的地点，必须立即停止工作、切断电源，现场班组长组织作业人员先撤到进风大巷新鲜风流中，由值班矿领导迅速决定全矿井是否停止生产、工作人员是否全部撤出。

（3）通防测风班组负责监测井下各地点风速、风量、有害气体含量，并及时向调度室汇报。

（4）瓦检班组瓦斯检查员要分片负责，明确人员及恢复通风地点，做好恢复通风前瓦斯检查工作，并有分片检查人员记录。

① 主要通风机恢复通风 30 min 后，专职瓦斯检查员按规定，对采煤工作面及其他全风压通风地点进行瓦斯检查，并对可能积聚瓦斯的地点及电气设备附近 10 m 范围内的 CH_4 及 CO_2 浓度进行检查，只有 CH_4 及 CO_2 浓度都不超过 0.5% 时方可供电。

② 局部通风机供风地点恢复通风前，专职瓦斯检查员联系安全监测中心站，若瓦斯

传感器探头显示工作面 CH_4 浓度不超过1%，方准由专职瓦斯检查员及局部通风机专职司机陪同携带氧气检查仪到工作面探查瓦斯，只有掘进工作面 CH_4 浓度不超过1%且掘进工作面局部通风机及其开关10 m范围内瓦斯浓度不超过0.5%时，检查无问题后，方准由局部通风机专职司机恢复通风。瓦斯探头无数据或超限报警及停风时间超规定，必须制定安全措施报矿总工程师审批后由救护队进行巷道探查或排放瓦斯工作。

第一百六十二条　矿井开拓或者准备采区时，在设计中必须根据该处全风压供风量和瓦斯涌出量编制通风设计。掘进巷道的通风方式、局部通风机和风筒的安装和使用等应当在作业规程中明确规定。

➤ **现场执行**

（1）矿井开拓或者准备采区掘进巷道处于全风压通风巷道施工，局部通风设计内容包括但不限于下列内容。

① 掘进工作面的地点、名称、煤岩层别、最大送风距离。

② 施工队组名称、作业方式和施工组织情况。

③ 巷道设计断面、支护形式和净断面。

④ 通风系统方法、局部通风方式、通风机安装位置和系统图。

⑤ 掘进煤层瓦斯参数、依据。

⑥ 掘进工作面及局部通风机所需风量和通风阻力计算，局部通风机及风筒规格型号。

⑦ 瓦斯监测装置的安装、吊挂、报警、断电浓度、断电范围、复电浓度等。

⑧ 局部通风机和动力设备“三专两闭锁”接线原理图、设备布置图和风电瓦斯电闭锁试验安全措施等。

（2）掘进巷道通风方式包括压入式、抽出式、混合式。

➤ **相关案例**

吉林省延边州和龙市庆兴煤业有限责任公司庆兴煤矿“4·20”重大瓦斯爆炸事故。

第一百六十三条　掘进巷道必须采用矿井全风压通风或者局部通风机通风。

煤巷、半煤岩巷和有瓦斯涌出的岩巷掘进采用局部通风机通风时，应当采用压入式，不得采用抽出式（压气、水力引射器不受此限）；如果采用混合式，必须制定安全措施。

瓦斯喷出区域和突出煤层采用局部通风机通风时，必须采用压入式。

➤ **现场执行**

煤巷、半煤岩巷和有瓦斯涌出的岩巷掘进采用局部通风机混合式通风时，应当采用“长压短抽”的方式，如图3－3－5所示。

两趟风筒末端与掘进工作面距离在风流的有效射（吸）程范围内，抽出式通风的风筒末端距掘进工作面的距离不得大于5 m。

第一百六十四条　安装和使用局部通风机和风筒时，必须遵守下列规定：

（一）局部通风机由指定人员负责管理。

（二）压入式局部通风机和启动装置安装在进风巷道中，距掘进巷道回风口不得小于

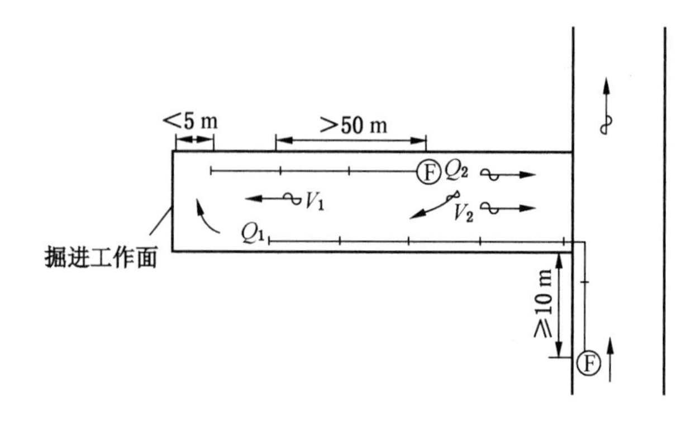

图3-3-5 “长压短抽”局部通风系统图

10 m；全风压供给该处的风量必须大于局部通风机的吸入风量，局部通风机安装地点到回风口间的巷道中的最低风速必须符合本规程第一百三十六条的要求。

（三）高瓦斯、突出矿井的煤巷、半煤岩巷和有瓦斯涌出的岩巷掘进工作面正常工作的局部通风机必须配备安装同等能力的备用局部通风机，并能自动切换。正常工作的局部通风机必须采用三专（专用开关、专用电缆、专用变压器）供电，专用变压器最多可向4个不同掘进工作面的局部通风机供电；备用局部通风机电源必须取自同时带电的另一电源，当正常工作的局部通风机故障时，备用局部通风机能自动启动，保持掘进工作面正常通风。

（四）其他掘进工作面和通风地点正常工作的局部通风机可不配备备用局部通风机，但正常工作的局部通风机必须采用三专供电；或者正常工作的局部通风机配备安装一台同等能力的备用局部通风机，并能自动切换。正常工作的局部通风机和备用局部通风机的电源必须取自同时带电的不同母线段的相互独立的电源，保证正常工作的局部通风机故障时，备用局部通风机能投入正常工作。

（五）采用抗静电、阻燃风筒。风筒口到掘进工作面的距离、正常工作的局部通风机和备用局部通风机自动切换的交叉风筒接头的规格和安设标准，应当在作业规程中明确规定。

（六）正常工作和备用局部通风机均失电停止运转后，当电源恢复时，正常工作的局部通风机和备用局部通风机均不得自行启动，必须人工开启局部通风机。

（七）使用局部通风机供风的地点必须实行风电闭锁和甲烷电闭锁，保证当正常工作的局部通风机停止运转或者停风后能切断停风区内全部非本质安全型电气设备的电源。正常工作的局部通风机故障，切换到备用局部通风机工作时，该局部通风机通风范围内应当停止工作，排除故障；待故障被排除，恢复到正常工作的局部通风后方可恢复工作。使用2台局部通风机同时供风的，2台局部通风机都必须同时实现风电闭锁和甲烷电闭锁。

（八）每15天至少进行一次风电闭锁和甲烷电闭锁试验，每天应当进行一次正常工作的局部通风机与备用局部通风机自动切换试验，试验期间不得影响局部通风，试验记录要存档备查。

（九）严禁使用3台及以上局部通风机同时向1个掘进工作面供风。不得使用1台局部通风机同时向 2 个及以上作业的掘进工作面供风。

➢ 现场执行

(1) 局部通风机。

① 局部通风机的安装、使用实行挂牌管理，由负责局部通风机管理的人员上岗签字并进行切换试验，有记录。

② 局部通风机应当有消音装置，进气口有完整防护网和集流器，高压部位有衬垫，各部件连接完好，不漏风。局部通风机及其启动装置安设在进风巷道中，地点距回风口大于 10 m，且 10 m 范围内指架棚支护无腿梁弯曲、折断，背帮顶材料齐全完整，锚喷支护无断锚杆，托盘完整紧固，喷浆体无开裂，无巷道片帮、漏顶等；巷道无堆积超过 0.1 m^3 的积水、淤泥、杂物。

③ 正常工作的局部通风机必须采用“三专”（专用开关、专用电缆、专用变压器）供电，如图 3－3－6 所示。

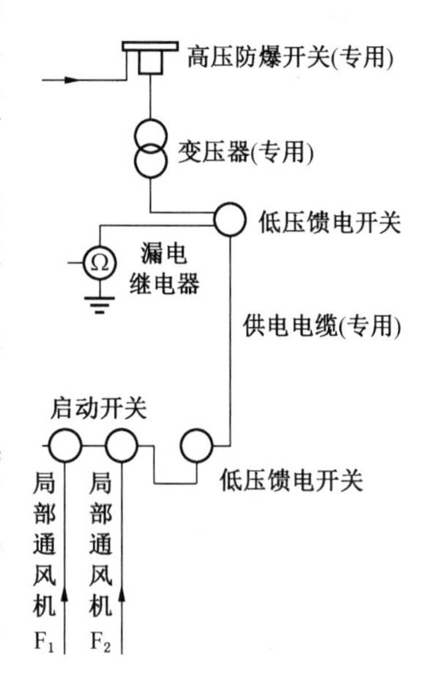

图 3－3－6 “三专”供电系统示意图

专用变压器最多可向 4 个不同掘进工作面的局部通风机供电，是指专用变压器最多可向 4 个（最多 8 台）不同掘进工作面的局部通风机供电。备用局部通风机电源不必采用“三专”供电，但必须取自同时带电的另一电源，即与正常工作的局部通风机供电来自两个不同母线段的电源。

(2) 风筒。

① 自动切换的交叉风筒与使用的风筒筒径一致，交叉风筒不安设在巷道拐弯处且与 2 台局部通风机方位相一致，不漏风。

② 风筒实行编号管理。风筒接头严密，无破口（末端 20 m 除外），无反接头；软质风筒接头反压边，无丝绳或者卡箍捆扎；硬质风筒接头加垫、螺钉紧固。

③ 风筒吊挂平、直、稳，软质风筒逢环必挂，硬质风筒每节至少吊挂 2 处；风筒不被摩擦、挤压。

④ 风筒拐弯处用弯头或者骨架风筒缓慢拐弯，不拐死弯；异径风筒接头采用过渡节，无花接。

(3) “局部通风机未实行风电闭锁和甲烷电闭锁，停风后不能切断电源的，或者使用 2 台局部通风机同时供风，未同时实现风电闭锁和甲烷电闭锁的”，属于“通风系统不完善、不可靠”重大事故隐患。

➢ 相关案例

甘肃新周煤业有限责任公司“10 · 19”瓦斯（窒息）事故。

第一百六十五条　使用局部通风机通风的掘进工作面，不得停风；因检修、停电、故障等原因停风时，必须将人员全部撤至全风压进风流处，切断电源，设置栅栏、警示标志，禁止人员入内。

➢ **现场执行**

（1）局部通风机有计划停风前，必须制定专项通风安全技术措施，包括停电停风时间、原因、停风前的准备工作、停风期间的安全保障、恢复通风的步骤等内容，并明确责任人，确保安全措施的落实。

临时停工地点不得停风，施工单位留专人看管风机，严禁随意停开。如需停止局部通风机运转，必须填写“有计划停风报告单”，报矿总工程师、通防部门及有关单位审批。

因检修、试验等原因需要停风时，必须停止工作、切断电源、撤出人员，施工地点不得留有余炮。施工单位必须留专人看管风机，严禁随意停开。在全风压巷道口设置栅栏，严禁人员进入停风区。

临时停风的巷道恢复通风时必须制定措施，由救护队进行探查、排放瓦斯。

局部通风机双路电源有一路无计划停电时，另一路不得同时进行停电检修工作。

（2）局部通风机无计划停风措施。

① 凡未经批准的情况下局部通风机停止运转，如由于高低压供电系统停电，风机电气、机械故障等原因造成局部通风机停风，不论时间长短都属于无计划停风，必须有记录可查。

② 使用局部通风机的施工单位必须制定局部通风机无计划停风应急预案，并纳入施工作业规程，在发生无计划停风时，能及时落实安全措施。

③ 局部通风机发生无计划停风时，现场班组必须立即命令停止工作，撤出人员，切断电源，并及时向矿调度室汇报。如 10 min 之内无法恢复通风时，班组长和瓦斯检查员组织人员在全风压巷道口打好栅栏，切断风筒，安排专人看管风机，禁止随意启动风机，禁止人员进入停风区。

④ 矿调度室必须及时向有关领导汇报并安排人员查明局部通风机停风原因，进行处理，为尽快恢复通风做好准备。

⑤ 局部通风机无计划停风，总工程师必须组织有关领导和部门负责人及时进行分析处理，总结经验教训，并有记录可查。

第二节 瓦 斯 防 治

第一百六十九条 一个矿井中只要有一个煤（岩）层发现瓦斯，该矿井即为瓦斯矿井。瓦斯矿井必须依照矿井瓦斯等级进行管理。

根据矿井相对瓦斯涌出量、矿井绝对瓦斯涌出量、工作面绝对瓦斯涌出量和瓦斯涌出形式，矿井瓦斯等级划分为：

（一）低瓦斯矿井。同时满足下列条件的为低瓦斯矿井：

1. 矿井相对瓦斯涌出量不大于 10 m^3/t；

2. 矿井绝对瓦斯涌出量不大于 40 m^3/min；

3. 矿井任一掘进工作面绝对瓦斯涌出量不大于 3 m^3/min；

4. 矿井任一采煤工作面绝对瓦斯涌出量不大于 5 m^3/min。

（二）高瓦斯矿井。具备下列条件之一的为高瓦斯矿井：

1. 矿井相对瓦斯涌出量大于 10 m^3/t；

2. 矿井绝对瓦斯涌出量大于 40 m^3/min；

3. 矿井任一掘进工作面绝对瓦斯涌出量大于 3 m³/min；

4. 矿井任一采煤工作面绝对瓦斯涌出量大于 5 m³/min。

（三）突出矿井。

➢ 现场执行

（1）矿井总回风巷或一翼回风巷风流中的甲烷或二氧化碳浓度测定时，均应在测风站内进行，并连测 3 次取其平均值作为测定结果和处理依据。

（2）测定巷道风流甲烷浓度时，要在巷道风流的上部距顶板不大于 300 mm 处进行；测定二氧化碳浓度时，应在巷道风流的下部距底板不大于 200 mm 处进行。

（3）当矿井总回风巷或一翼回风巷中甲烷或二氧化碳浓度超过 0.75% 时，不需要断电，也不需要撤人，但必须立即组织人员，查明超限地点、原因，采取措施，进行处理。

（4）“低瓦斯矿井未按规定每两年进行瓦斯等级鉴定的”“高瓦斯、煤与瓦斯突出矿井未按规定每年测定和计算矿井、采区、工作面瓦斯涌出量的”属于“未按照国家规定进行瓦斯等级鉴定，或者瓦斯等级鉴定弄虚作假的”重大事故隐患。

➢ 相关案例

贵州省黔西南州安龙县广隆煤矿“12·16”重大煤与瓦斯突出事故。

第一百七十条　每 2 年必须对低瓦斯矿井进行瓦斯等级和二氧化碳涌出量的鉴定工作，鉴定结果报省级煤炭行业管理部门和省级煤矿安全监察机构。上报时应当包括开采煤层最短发火期和自燃倾向性、煤尘爆炸性的鉴定结果。高瓦斯、突出矿井不再进行周期性瓦斯等级鉴定工作，但应当每年测定和计算矿井、采区、工作面瓦斯和二氧化碳涌出量，并报省级煤炭行业管理部门和煤矿安全监察机构。

新建矿井设计文件中，应当有各煤层的瓦斯含量资料。

高瓦斯矿井应当测定可采煤层的瓦斯含量、瓦斯压力和抽采半径等参数。

➢ 现场执行

（1）低瓦斯矿井每 2 年进行瓦斯等级鉴定，其间经突出鉴定为非突出矿井的，应当立即进行高瓦斯矿井等级鉴定。低瓦斯矿井生产过程中实际瓦斯涌出量达到高瓦斯矿井条件的，煤矿企业应当立即认定该矿井为高瓦斯矿井。

非突出煤层应按照《煤矿安全规程》第一百八十九条的规定，进行煤层突出危险性鉴（认）定。

（2）“高瓦斯矿井未测定可采煤层瓦斯含量、瓦斯压力和抽采半径等参数的”属于“未按照国家规定进行瓦斯等级鉴定，或者瓦斯等级鉴定弄虚作假的”重大事故隐患。

➢ 相关案例

贵州省六盘水市盘州市梓木戛煤矿“8·6”重大煤与瓦斯突出事故。

第一百七十一条　矿井总回风巷或者一翼回风巷中甲烷或者二氧化碳浓度超过 0.75% 时，必须立即查明原因，进行处理。

➢ 现场执行

井下瓦斯超限后继续作业或者未按照国家规定处置继续进行作业的，属于“瓦斯超限作业”重大事故隐患。

第一百七十二条 采区回风巷、采掘工作面回风巷风流中甲烷浓度超过1.0%或者二氧化碳浓度超过1.5%时，必须停止工作，撤出人员，采取措施，进行处理。

➢ **现场执行**

（1）采区回风巷道风流中的甲烷和二氧化碳浓度测定时，应在该采区全部回风流汇合后的风流中进行，并连测3次取其平均值作为测定结果和处理标准。

（2）采煤工作面回风巷风流中甲烷和二氧化碳浓度的测定，应在距采煤工作面煤壁10 m以外的回风巷内且无其他风流汇合的风流中进行，并连测3次取其最大值作为测定结果和处理依据。

（3）掘进工作面采用压入式通风时，测定工作面回风流中甲烷和二氧化碳的浓度应在距风筒出口10 m以外且无其他风流汇合的风流中进行，并连测3次取其取最大值作为测定结果和处理标准。

（4）采区回风巷、采掘工作面回风巷风流中甲烷浓度超过1.0%或者二氧化碳浓度超过1.5%时，未停止工作，撤出人员，采取措施，进行处理的，属于“瓦斯超限作业”重大事故隐患。

➢ ***相关案例***

内蒙古赤峰宝马煤矿“12·3”特大瓦斯爆炸事故。

第一百七十三条 采掘工作面及其他作业地点风流中甲烷浓度达到1.0%时，必须停止用电钻打眼；爆破地点附近20 m以内风流中甲烷浓度达到1.0%时，严禁爆破。

采掘工作面及其他作业地点风流中、电动机或者其开关安设地点附近20 m以内风流中的甲烷浓度达到1.5%时，必须停止工作，切断电源，撤出人员，进行处理。

采掘工作面及其他巷道内，体积大于0.5 m^3的空间内积聚的甲烷浓度达到2.0%时，附近20 m内必须停止工作，撤出人员，切断电源，进行处理。

对因甲烷浓度超过规定被切断电源的电气设备，必须在甲烷浓度降到1.0%以下时，方可通电开动。

➢ **现场执行**

（1）对采煤工作面爆破地点附近20 m内风流（爆破地点沿工作面煤壁方向的两端各20 m范围内的采煤工作面风流）连测3次取甲烷最大值作为测定结果和处理依据。

（2）在采空区侧爆破放顶时，必须测定采空区内瓦斯浓度，测定范围应根据采高、顶板冒落程度、采空区内通风条件和瓦斯积聚情况而定，并经矿总工程师审批。

（3）对掘进工作面爆破地点附近20 m内风流（爆破的掘进工作面向外20 m范围内的巷道风流，包括这一范围内盲巷的局部瓦斯积聚）连测3次取其最大值作为测定结果和处理依据。

（4）对电动机及其开关附近20 m风流（电动机及其开关地点的上风流和下风流两端各20 m范围内的巷道风流）连测3次取其最大值作为测定结果和处理依据。

（5）采掘工作面的局部瓦斯积聚，是指采掘工作面风流范围以外地点的局部瓦斯积聚。但采掘工作面的刮板输送机底槽内的甲烷浓度达到2%、其体积超过0.5 m^3时，也按局部瓦斯积聚处理。对局部瓦斯积聚，可根据现场实际条件，采取加大风量，提高风速，吹散冲淡；充填或封堵；抽采瓦斯等措施进行处理。

（6）采煤工作面甲烷传感器设置在距煤壁不大于10 m的回风巷中，采煤工作面回风流甲烷传感器设置在回风巷距外出口10～15 m处；掘进工作面甲烷传感器应设置在距工作面5 m以内，掘进工作面回风流甲烷传感器应设置在回风巷距外出口10～15 m处。

（7）采掘工作面及其他作业地点风流中甲烷浓度达到1.0%时，仍使用电钻打眼的；或者爆破地点附近20 m以内风流中甲烷浓度达到1.0%时，仍实施爆破的，属于“瓦斯超限作业”重大事故隐患。

采掘工作面及其他作业地点风流中、电动机及其开关安设地点附近20 m以内风流中的甲烷浓度达到1.5%时，未停止工作，切断电源，撤出人员，进行处理的，属于“瓦斯超限作业”重大事故隐患。

（8）采掘工作面及其他巷道内，体积大于0.5 m^3的空间内积聚的甲烷浓度达到2.0%时，附近20 m内未停止工作，撤出人员，切断电源，进行处理的，属于“瓦斯超限作业”重大事故隐患。

➤ **相关案例**

郴州市嘉禾县永昌煤业有限公司渣林煤矿“8·2”瓦斯燃烧事故。

第一百七十四条　采掘工作面风流中二氧化碳浓度达到1.5%时，必须停止工作，撤出人员，查明原因，制定措施，进行处理。

➤ **现场执行**

（1）二氧化碳是一种无色、略带酸味、窒息性气体。它对人的眼、鼻、口等器官有刺激作用。当空气中二氧化碳浓度达到1.0%时，人的呼吸次数和深度略有增加；达到3.0%时，会刺激人体的中枢神经，引起呼吸加快而增大吸氧量。为保护井下作业人员健康，规定采掘工作面风流中二氧化碳浓度达到1.5%时，必须停止工作，撤出人员，查明原因，制定措施，进行处理。

（2）采掘工作面风流中二氧化碳浓度达到1.5%时，未停止工作，撤出人员，查明原因，制定措施，进行处理的，属于“瓦斯超限作业”重大事故隐患。

第一百七十五条　矿井必须从设计和采掘生产管理上采取措施，防止瓦斯积聚；当发生瓦斯积聚时，必须及时处理。当瓦斯超限达到断电浓度时，班组长、瓦斯检查工、矿调度员有权责令现场作业人员停止作业，停电撤人。

矿井必须有因停电和检修主要通风机停止运转或者通风系统遭到破坏以后恢复通风、排除瓦斯和送电的安全措施。恢复正常通风后，所有受到停风影响的地点，都必须经过通风、瓦斯检查人员检查，证实无危险后，方可恢复工作。所有安装电动机及其开关的地点附近20 m的巷道内，都必须检查瓦斯，只有甲烷浓度符合本规程规定时，方可开启。

临时停工的地点，不得停风；否则必须切断电源，设置栅栏、警标，禁止人员进入，并向矿调度室报告。停工区内甲烷或者二氧化碳浓度达到3.0%或者其他有害气体浓度超过本规程第一百三十五条的规定不能立即处理时，必须在24 h内封闭完毕。

恢复已封闭的停工区或者采掘工作接近这些地点时，必须事先排除其中积聚的瓦斯。排除瓦斯工作必须制定安全技术措施。

严禁在停风或者瓦斯超限的区域内作业。

> **现场执行**

井下瓦斯超限后继续作业或者未按照国家规定处置继续进行作业的，属于“瓦斯超限作业”重大事故隐患。

> **相关案例**

济南李福煤矿有限公司“12·15”瓦斯爆炸事故。

第一百七十六条 局部通风机因故停止运转，在恢复通风前，必须首先检查瓦斯，只有停风区中最高甲烷浓度不超过1.0%和最高二氧化碳浓度不超过1.5%，且局部通风机及其开关附近10 m以内风流中的甲烷浓度都不超过0.5%时，方可人工开启局部通风机，恢复正常通风。

停风区中甲烷浓度超过1.0%或者二氧化碳浓度超过1.5%，最高甲烷浓度和二氧化碳浓度不超过3.0%时，必须采取安全措施，控制风流排放瓦斯。

停风区中甲烷浓度或者二氧化碳浓度超过3.0%时，必须制定安全排放瓦斯措施，报矿总工程师批准。

在排放瓦斯过程中，排出的瓦斯与全风压风流混合处的甲烷和二氧化碳浓度均不得超过1.5%，且混合风流经过的所有巷道内必须停电撤人，其他地点的停电撤人范围应当在措施中明确规定。只有恢复通风的巷道风流中甲烷浓度不超过1.0%和二氧化碳浓度不超过1.5%时，方可人工恢复局部通风机供风巷道内电气设备的供电和采区回风系统内的供电。

> **现场执行**

存在下列情形之一的，属于“瓦斯超限作业”中“井下排放积聚瓦斯未按照国家规定制定并实施安全技术措施进行作业的”重大事故隐患。

（1）对甲烷浓度或者二氧化碳浓度超过3.0%的停风区恢复通风时，未制定安全排放瓦斯措施并报矿总工程师批准的。

（2）对甲烷浓度和二氧化碳浓度未超过3.0%，但甲烷浓度超过1.0%或者二氧化碳浓度超过1.5%的停风区恢复通风时，未采取安全措施，控制风流排放瓦斯的。

（3）在排放瓦斯过程中，排出的瓦斯与全风压风流混合处的甲烷或者二氧化碳浓度超过1.5%的，或者混合风流经过的巷道内未停电撤人的。

第一百七十七条 井筒施工以及开拓新水平的井巷第一次接近各开采煤层时，必须按掘进工作面距煤层的准确位置，在距煤层垂距10 m以外开始打探煤钻孔，钻孔超前工作面的距离不得小于5 m，并有专职瓦斯检查工经常检查瓦斯。岩巷掘进遇到煤线或者接近地质破坏带时，必须有专职瓦斯检查工经常检查瓦斯，发现瓦斯大量增加或者其他异常时，必须停止掘进，撤出人员，进行处理。

> **现场执行**

井巷施工首次揭煤时，必须严格按照《煤矿井巷工程施工规范》（GB 50511）规定。

➢ 相关案例

山西汾西矿业集团贺西煤矿中嵋芝进风井“11·17”瓦斯爆炸事故。

第一百七十八条 有瓦斯或者二氧化碳喷出的煤（岩）层，开采前必须采取下列措施：

（一）打前探钻孔或者抽排钻孔。

（二）加大喷出危险区域的风量。

（三）将喷出的瓦斯或者二氧化碳直接引入回风巷或者抽采瓦斯管路。

➢ **现场执行**

在有瓦斯或二氧化碳喷出危险的煤（岩）层中掘进巷道时，必须按下列方法施工前探钻孔，并报矿总工程师审批。

（1）掘凿岩石井巷前方的煤层有瓦斯或二氧化碳喷出危险时，应向煤层施工前探钻孔，并始终保持钻孔超前工作面沿井巷中心线方向的投影距离不得小于5 m，前探钻孔数量不得少于3个。

（2）在有岩石裂隙、溶洞或破坏带并具有瓦斯或二氧化碳喷出危险的岩层中掘进巷道时，应至少施工2个直径不应小于75 mm的前探钻孔，并始终保持钻孔超前工作面的投影距离不小于5 m。

在岩层中掘进巷道时，其上、下邻近煤层有瓦斯或二氧化碳喷出危险，应向邻近煤层施工前探钻孔，掌握煤（岩）层间距和构造、瓦斯和二氧化碳等情况。

（3）在有瓦斯与二氧化碳喷出危险的煤层中掘进时，应向掘进工作面前方施工前探钻孔，并始终保持钻孔超前工作面沿掘进方向的投影距离不得小于5 m，前探钻孔数量不得少于3个。

（4）施工前探钻孔后，发现瓦斯或二氧化碳喷出量较大时，应增加排放瓦斯和二氧化碳钻孔，并将排放的瓦斯和二氧化碳直接引入回风巷或者抽采瓦斯管路。

第一百八十条 矿井必须建立甲烷、二氧化碳和其他有害气体检查制度，并遵守下列规定：

（一）矿长、矿总工程师、爆破工、采掘区队长、通风区队长、工程技术人员、班长、流动电钳工等下井时，必须携带便携式甲烷检测报警仪。瓦斯检查工必须携带便携式光学甲烷检测仪和便携式甲烷检测报警仪。安全监测工必须携带便携式甲烷检测报警仪。

（二）所有采掘工作面、硐室、使用中的机电设备的设置地点、有人员作业的地点都应当纳入检查范围。

（三）采掘工作面的甲烷浓度检查次数如下：

1. 低瓦斯矿井，每班至少2次；

2. 高瓦斯矿井，每班至少3次；

3. 突出煤层、有瓦斯喷出危险或者瓦斯涌出较大、变化异常的采掘工作面，必须有专人经常检查。

（四）采掘工作面二氧化碳浓度应当每班至少检查2次；有煤（岩）与二氧化碳突出危险或者二氧化碳涌出量较大、变化异常的采掘工作面，必须有专人经常检查二氧化碳浓度。对于未进行作业的采掘工作面，可能涌出或者积聚甲烷、二氧化碳的硐室和巷道，应当每班至少检查1次甲烷、二氧化碳浓度。

（五）瓦斯检查工必须执行瓦斯巡回检查制度和请示报告制度，并认真填写瓦斯检查班报。每次检查结果必须记入瓦斯检查班报手册和检查地点的记录牌上，并通知现场工作人员。甲烷浓度超过本规程规定时，瓦斯检查工有权责令现场人员停止工作，并撤到安全地点。

（六）在有自然发火危险的矿井，必须定期检查一氧化碳浓度、气体温度等变化情况。

（七）井下停风地点栅栏外风流中的甲烷浓度每天至少检查1次，密闭外的甲烷浓度每周至少检查1次。

（八）通风值班人员必须审阅瓦斯班报，掌握瓦斯变化情况，发现问题，及时处理，并向矿调度室汇报。

通风瓦斯日报必须送矿长、矿总工程师审阅，一矿多井的矿必须同时送井长、井技术负责人审阅。对重大的通风、瓦斯问题，应当制定措施，进行处理。

➢ 现场执行

（1）目前，煤矿企业正在推行“四六”工作制，逐步取消夜班生产，这种工作制会造成每个班次时间长度不一致。而瓦斯检查员普遍执行“三八”工作制（每班瓦斯检查次数也根据“三八”制制定），如果按照生产班次调整检查周期，可能会造成每个班次瓦斯检查时间不平均，也不便于瓦斯管理。因此，矿井在制定瓦斯检查制度时，应结合矿井实际，在保证井下采掘工作面瓦斯检查的情况下，合理制定瓦斯检查的班次、具体地点及周期，并在井下指定地点交接班、有记录。但采掘工作面每班的甲烷浓度检查次数必须符合规定。

（2）瓦斯检查工随身携带的瓦斯检查手册、井下检查地点的记录牌板和瓦斯检查班报（或地面调度台账）必须做到“三对照”。“三对照”内容包括：检查地点、瓦斯浓度、空气温度、二氧化碳浓度、检查时间和检查人等。三者所填写的检查内容、数值必须齐全、一致，不准出现不符或矛盾。必须做到检查一次填写一次，并及时向通风部门或调度室汇报，严禁假检、漏检。另外，发现瓦斯涌出异常，应查明原因，立即汇报，及时采取措施，进行处理，并将处理情况向通风部门或调度室汇报。在有自然发火危险的矿井，必须定期检查一氧化碳浓度和气体温度等的变化情况。

（3）瓦斯检查存在漏检、假检情况且进行作业的，属于“瓦斯超限作业”重大事故隐患。

①“漏检”，是指违反《煤矿安全规程》第一百七十五条、第一百八十条有关规定，应检查而未检查瓦斯，存在下列情形之一的：

（a）低瓦斯矿井，瓦斯检查工检查采掘工作面内及回风巷甲烷浓度每班次数少于2次。

（b）高瓦斯矿井，瓦斯检查工检查采掘工作面内及回风巷甲烷浓度每班次数少于3次。

（c）有煤（岩）与瓦斯（二氧化碳）突出危险或者瓦斯（二氧化碳）涌出量较大、变化异常的采掘工作面，对瓦斯或二氧化碳浓度，每班专人检查少于3次。

（d）井下回风流中使用的机电设备设置地点及其开关附近20 m范围内未每班检查甲烷浓度。

（e）可能涌出或者积聚甲烷、二氧化碳的硐室和巷道，停工（停风）地点恢复施工、钻孔施工、巷道贯通、爆破作业、井下电气焊割等作业未按规定检查甲烷、二氧化碳浓度。

②“假检”，是指未实地检查瓦斯就填写记录、汇报情况的，或者填报、记录的数据与实际检测数据不符的。

➢ **相关案例**

重庆市永川区金山沟煤业有限责任公司“10·31”特别重大瓦斯爆炸事故。

第一百八十一条　突出矿井必须建立地面永久抽采瓦斯系统。

有下列情况之一的矿井，必须建立地面永久抽采瓦斯系统或者井下临时抽采瓦斯系统：

（一）任一采煤工作面的瓦斯涌出量大于5 m^3/min或者任一掘进工作面瓦斯涌出量大于3 m^3/min，用通风方法解决瓦斯问题不合理的。

（二）矿井绝对瓦斯涌出量达到下列条件的：

1. 大于或者等于40 m^3/min；
2. 年产量1.0～1.5 Mt的矿井，大于30 m^3/min；
3. 年产量0.6～1.0 Mt的矿井，大于25 m^3/min；
4. 年产量0.4～0.6 Mt的矿井，大于20 m^3/min；
5. 年产量小于或者等于0.4 Mt的矿井，大于15 m^3/min。

➢ **现场执行**

（1）未建立地面永久瓦斯抽采系统或者系统不能正常运行的，属于“煤与瓦斯突出矿井，未依照规定实施防突出措施”重大事故隐患。

（2）瓦斯抽采不达标组织生产的，属于“超能力、超强度或者超定员组织生产”重大事故隐患。具体情况如下：

① 瓦斯涌出量主要来自于开采层的采煤工作面，评价范围内煤的可解吸瓦斯量不能满足表3－3－1规定，仍然组织生产的。

表3－3－1　采煤工作面回采前煤的可解吸瓦斯量应达到的指标

工作面日产量/t	可解吸瓦斯量 W_j/($m^3 \cdot t^{-1}$)	工作面日产量/t	可解吸瓦斯量 W_j/($m^3 \cdot t^{-1}$)
≤1000	≤8	6001～8000	≤5
1001～2500	≤7	8001～10000	≤4.5
2501～4000	≤6	>10000	≤4
4001～6000	≤5.5		

② 对瓦斯涌出量主要来自于邻近层或围岩的采煤工作面，计算的瓦斯抽采率不能满

足表 3－3－2 规定，仍然组织生产的。

表 3－3－2 采煤工作面瓦斯抽采率应达到的指标

工作面绝对瓦斯涌出量 Q/（$m^3 \cdot min^{-1}$）	工作面瓦斯抽采率/%	工作面绝对瓦斯涌出量 Q/（$m^3 \cdot min^{-1}$）	工作面瓦斯抽采率/%
$5 \leqslant Q < 10$	≥20	$40 \leqslant Q < 70$	≥50
$10 \leqslant Q < 20$	≥30	$70 \leqslant Q < 100$	≥60
$20 \leqslant Q < 40$	≥40	$100 \leqslant Q$	≥70

③ 采掘工作面在满足风速不超过 4 m/s 的条件下，回风流中瓦斯浓度超过 1%，仍然组织生产的。

④ 矿井瓦斯抽采率不能满足表 3－3－3 规定，仍然组织生产的。

表 3－3－3 矿井瓦斯抽采率应达到的指标

矿井绝对瓦斯涌出量 Q/（$m^3 \cdot min^{-1}$）	矿井瓦斯抽采率/%	矿井绝对瓦斯涌出量 Q/（$m^3 \cdot min^{-1}$）	矿井瓦斯抽采率/%
$Q < 20$	≥25	$80 \leqslant Q < 160$	≥45
$20 \leqslant Q < 40$	≥35	$160 \leqslant Q < 300$	≥50
$40 \leqslant Q < 80$	≥40	$300 \leqslant Q < 500$	≥55

⑤ 对突出煤层实施预抽煤层瓦斯区域防突措施的，煤层残余瓦斯压力 $P \geqslant 0.74$ MPa 或残余瓦斯含量 $W \geqslant 8\ m^3/t$（构造带 $W \geqslant 6\ m^3/t$）时，仍然组织生产的。

（3）瓦斯抽采必须坚持“多措并举、应抽尽抽、抽采平衡、效果达标”，确保安全达标。瓦斯抽采指标应符合《煤矿瓦斯抽采基本指标》（AQ 1026）要求。

第一百八十二条 抽采瓦斯设施应当符合下列要求：

（一）地面泵房必须用不燃性材料建筑，并必须有防雷电装置，其距进风井口和主要建筑物不得小于 50 m，并用栅栏或者围墙保护。

（二）地面泵房和泵房周围 20 m 范围内，禁止堆积易燃物和有明火。

（三）抽采瓦斯泵及其附属设备，至少应当有 1 套备用，备用泵能力不得小于运行泵中最大一台单泵的能力。

（四）地面泵房内电气设备、照明和其他电气仪表都应当采用矿用防爆型；否则必须采取安全措施。

（五）泵房必须有直通矿调度室的电话和检测管道瓦斯浓度、流量、压力等参数的仪表或者自动监测系统。

（六）干式抽采瓦斯泵吸气侧管路系统中，必须装设有防回火、防回流和防爆炸作用的安全装置，并定期检查。抽采瓦斯泵站放空管的高度应当超过泵房房顶 3 m。

泵房必须有专人值班，经常检测各参数，做好记录。当抽采瓦斯泵停止运转时，必须立即向矿调度室报告。如果利用瓦斯，在瓦斯泵停止运转后和恢复运转前，必须通知使用瓦斯的单位，取得同意后，方可供应瓦斯。

➤ **现场执行**

（1）地面抽采瓦斯设施是指地面抽采瓦斯站内所有与抽采有关的设备设施。包括地面瓦斯泵房等建筑设施、防雷电装置、抽采瓦斯泵及其附属设备、抽出管理及其安全装置、放空管、监测管道参数的仪表或自动监测系统等。

（2）新建泵房应设在回风井广场内，主管路从回风井入井，泵房和排空管应符合《建筑物防雷设计规范》(GB 50057）规定；通往井下的抽查管路应符合《煤矿瓦斯抽采工程设计规范》(GB 50471）规定。

第一百八十四条　抽采瓦斯必须遵守下列规定：

（一）抽采容易自燃和自燃煤层的采空区瓦斯时，抽采管路应当安设一氧化碳、甲烷、温度传感器，实现实时监测监控。发现有自然发火征兆时，应当立即采取措施。

（二）井上下敷设的瓦斯管路，不得与带电物体接触并应当有防止砸坏管路的措施。

（三）采用干式抽采瓦斯设备时，抽采瓦斯浓度不得低于25%。

（四）利用瓦斯时，在利用瓦斯的系统中必须装设有防回火、防回流和防爆炸作用的安全装置。

（五）抽采的瓦斯浓度低于30%时，不得作为燃气直接燃烧。进行管道输送、瓦斯利用或者排空时，必须按有关标准的规定执行，并制定安全技术措施。

➤ **现场执行**

“抽采的瓦斯浓度低于30%时，不得作为燃气直接燃烧”是指不得以直接燃烧的形式用作民用燃气、工业用燃气、燃煤锅炉的助燃燃气、燃气轮机的燃气等，但不包含浓度低于1.5%的乏风瓦斯用于乏风助燃、氧化燃烧等。

➤ **相关案例**

（1）师宗星林矿业有限公司长青煤矿“7·24”其他事故。

（2）丰城曲江煤炭开发有限责任公司“9·30”煤与瓦斯突出事故。

第三节　瓦斯和煤尘爆炸防治

第一百八十五条　新建矿井或者生产矿井每延深一个新水平，应当进行1次煤尘爆炸性鉴定工作，鉴定结果必须报省级煤炭行业管理部门和煤矿安全监察机构。

煤矿企业应当根据鉴定结果采取相应的安全措施。

➤ **现场执行**

煤尘爆炸是指悬浮在空气中的煤尘，在一定条件下遇到高温热源而发生的剧烈氧化反应，并伴有高温和压力增大的现象。

第一百八十六条　开采有煤尘爆炸危险煤层的矿井，必须有预防和隔绝煤尘爆炸的措施。矿井的两翼、相邻的采区、相邻的煤层、相邻的采煤工作面间，掘进煤巷同与其相连的巷道间，煤仓同与其相连的巷道间，采用独立通风并有煤尘爆炸危险的其他地点同与其相连的巷道间，必须用水棚或者岩粉棚隔开。

必须及时清除巷道中的浮煤，清扫、冲洗沉积煤尘或者定期撒布岩粉；应当定期对主要大巷刷浆。

➢ **现场执行**

开采有煤尘爆炸危险煤层的矿井，应在相关地点安设隔绝煤尘爆炸的设施。布置的隔爆设施主要是指隔爆水幕、隔爆水棚或岩粉棚、自动式隔爆棚等设施，不含巷道撒布岩粉、洒水、清洗积尘等隔爆措施。

➢ **相关案例**

山东能源肥城矿业集团梁宝寺能源有限责任公司“8·20”煤尘爆炸事故。

第一百八十七条　矿井应当每年制定综合防尘措施、预防和隔绝煤尘爆炸措施及管理制度，并组织实施。

矿井应当每周至少检查1次隔爆设施的安装地点、数量、水量或者岩粉量及安装质量是否符合要求。

➢ **现场执行**

（1）各矿井必须建立健全综合防尘管理制度。每年还应根据矿井采掘布置和生产实际情况，制定综合防尘和预防煤尘燃爆的具体实施措施，包括采掘工作面及其进、回风巷的减少煤尘发生量和降低浮游煤尘浓度的综合防尘措施；矿井主要运输巷、主要回风巷和其他巷道的风流净化、清扫或冲洗积尘、刷浆、撒布岩粉、隔爆等设施，以及各项措施的组织落实办法等。

（2）为保证隔爆效果，对隔爆水棚安设的位置、长度、水量及安设方式等都有严格的要求。如果出现水棚损坏、水量不足、质量不符合要求等问题，就会影响隔爆效果或起不到阻止爆炸传播的作用。因此，每周至少进行1次隔爆设施检查，发现问题及时处理，保证隔爆设施处于完好、有效状态。

➢ **相关案例**

陕西省榆林市神木市百吉矿业有限责任公司“1·12”重大煤尘爆炸事故。

第一百八十八条　高瓦斯矿井、突出矿井和有煤尘爆炸危险的矿井，煤巷和半煤岩巷掘进工作面应当安设隔爆设施。

➢ **现场执行**

（1）隔爆水槽和隔爆水袋应按照《煤矿用隔爆水槽和隔爆水袋通用技术条件》（MT 157）规定施工。

煤矿应建立隔爆设施管理制度，定期开展隔爆设施检查工作，发现问题，及时处理。

（2）井下采用水棚集中布置方式时，应按照《煤矿井下粉尘综合防治技术规范》（AQ 1020）的要求，井下应当安装隔爆水槽棚，采掘工作面也可装水袋棚且至少装设2组，其他地点至少装设1组。首组棚距工作面或者煤仓上口等爆源点的距离保持60～200 m，采掘工作面每处2组的间距保持不大于200 m。

第四章　煤（岩）与瓦斯（二氧化碳）突出防治

第一节　一　般　规　定

第一百八十九条　在矿井井田范围内发生过煤（岩）与瓦斯（二氧化碳）突出的煤（岩）层或者经鉴定、认定为有突出危险的煤（岩）层为突出煤（岩）层。在矿井的开拓、生产范围内有突出煤（岩）层的矿井为突出矿井。

煤矿发生生产安全事故，经事故调查认定为突出事故的，发生事故的煤层直接认定为突出煤层，该矿井为突出矿井。

有下列情况之一的煤层，应当立即进行煤层突出危险性鉴定，否则直接认定为突出煤层；鉴定未完成前，应当按照突出煤层管理：

（一）有瓦斯动力现象的。

（二）瓦斯压力达到或者超过0.74 MPa的。

（三）相邻矿井开采的同一煤层发生突出事故或者被鉴定、认定为突出煤层的。

煤矿企业应当将突出矿井及突出煤层的鉴定结果报省级煤炭行业管理部门和煤矿安全监察机构。

新建矿井应当对井田范围内采掘工程可能揭露的所有平均厚度在0.3 m以上的煤层进行突出危险性评估，评估结论作为矿井初步设计和建井期间井巷揭煤作业的依据。评估为有突出危险时，建井期间应当对开采煤层及其他可能对采掘活动造成威胁的煤层进行突出危险性鉴定或者认定。

➢ 现场执行

（1）矿井井田范围是指由国土资源部门批准的矿井范围；矿井的开拓、生产范围是指该矿井在其矿井井田范围内已经开拓、生产的范围，包括开拓、生产的采掘工程直接进入的煤（岩）层，以及可能威胁到采掘作业安全的煤（岩）层。

经鉴定、认定突出危险的煤（岩）层是指符合以下条件之一的情况：

① 发生过煤（岩）与瓦斯（二氧化碳）突出的煤（岩）层。

② 发生煤（岩）瓦斯动力事故并经事故调查组认定为突出事故的煤（岩）层。

③ 突出危险性鉴定结论为有突出危险的煤（岩）层。

④ 按照突出煤层管理但在半年内未完成突出危险性鉴定的煤（岩）层。

⑤ 煤矿企业认定为有突出危险的煤（岩）层。

（2）突出煤层和突出矿井的鉴定工作应当由具备煤与瓦斯突出鉴定资质的机构承担。

除停产停建矿井和新建矿井外，矿井内按突出煤层管理的，应当在确定按突出煤层管理之日起6个月内完成该煤层的突出危险性鉴定；否则，直接认定为突出煤层。鉴定机构应当在接受委托之日起4个月内完成鉴定工作，并对鉴定结果负责。

按照突出煤层管理的煤层，必须采取区域或者局部综合防突措施。

煤矿企业应当将突出矿井及突出煤层的鉴定或者认定结果、按照突出煤层管理的情况，及时报省级煤炭行业管理部门和煤矿安全监察机构。

（3）突出煤层鉴定应当首先根据实际发生的瓦斯动力现象进行，瓦斯动力现象特征基本符合煤与瓦斯突出特征或者抛出煤的吨煤瓦斯涌出量大于或等于 30 m^3（或者为本区域煤层瓦斯含量 2 倍以上）的，应当确定为煤与瓦斯突出，该煤层为突出煤层。

当根据瓦斯动力现象特征不能确定为突出，或者没有发生瓦斯动力现象时，应当根据实际测定的原始煤层瓦斯压力（相对压力）P、煤的坚固性系数 f、煤的破坏类型、煤的瓦斯放散初速度 Δp 等突出危险性指标进行鉴定，煤层突出危险性鉴定指标见表 3－4－1。

表 3－4－1　煤层突出危险性鉴定指标

判定指标	原始煤层瓦斯压力（相对）P/MPa	煤的坚固性系数 f	煤的破坏类型	煤的瓦斯放散初速度 Δp
有突出危险的临界值及范围	≥0.74	≤0.5	Ⅲ、Ⅳ、Ⅴ	≥10

确定为非突出煤层时，应当在鉴定报告中明确划定鉴定范围。当采掘工程超出鉴定范围的，应当测定瓦斯压力、瓦斯含量及其他与突出危险性相关的参数，掌握煤层瓦斯赋存变化情况。但若是根据《防治煤与瓦斯突出细则》要求进行的突出煤层鉴定确定为非突出煤层的，在开拓新水平、新采区或者采深增加超过 50 m，或者进入新的地质单元时，应当重新进行突出煤层危险性鉴定。

（4）按《防治煤与瓦斯突出细则》要求进行鉴定，结果为非突出煤层但 $P\geqslant$ 0.74 MPa 的或者 $P\geqslant$0.50 MPa、$f\leqslant$0.5（或煤层埋深大于 500 m）的，应当在采掘作业时考察煤层的突出危险性，包括观察突出预兆、分析瓦斯涌出变化情况等，并在井巷揭煤、煤巷掘进及采煤工作面采用《防治煤与瓦斯突出细则》的方法测定突出危险性指标，其中采掘工作面每推进 100 m（地质构造带 50 m）应当进行不少于 2 次的测定。

当突出危险性指标达到或者超过临界值时，则自工作面位置半径 100 m 范围内的煤层应当采取局部综合防突措施。

后续采掘作业或者钻孔施工中出现瓦斯动力现象的，应当再次进行煤层突出危险性鉴定，或者直接认定为突出煤层。

（5）出现瓦斯动力现象，或者相邻矿井开采的同一煤层发生了突出事故，或者被鉴定、认定为突出煤层的，以及煤层瓦斯压力达到或者超过 0.74 MPa 的非突出矿井，未立即按照突出煤层管理并在国家规定期限内进行突出危险性鉴定的（直接认定为突出矿井的除外），属于重大事故隐患。

➤ **相关案例**

陕西省铜川乔子梁煤业有限公司“11·4”煤与瓦斯突出事故。

第一百九十条　*新建突出矿井设计生产能力不得低于 0.9 Mt/a，第一生产水平开采深度不得超过 800 m。中型及以上的突出生产矿井延深水平开采深度不得超过 1200 m，小型的突出生产矿井开采深度不得超过 600 m。*

➢ **现场执行**

（1）开采深度直接影响井下的安全生产和职业健康。实践表明：突出矿井的设计生产能力低，表明相应矿井防突装备的安全保障水平、专业防突技术与专业防突管理水平都低，发生突出事故概率高，抗御突出灾害能力差，特别是区域综合防突能力及安全投入等相应降低，缺乏防治突出灾害的基础与保障，所以新建突出矿井设计生产能力不得低于0.9 Mt/a，且不得高于5.0 Mt/a。

（2）鉴于突出灾害是煤矿安全生产中最为严重的灾害之一，在开采深度方面留有更大的安全系数，根据目前的防突技术水平与现有的突出矿井开采深度的实践，大中型突出矿井开采深度超过800 m后在防突技术水平方面既无安全可靠的把握，在经济方面也不合理。同理，考虑当前煤炭产能过剩的结构性调整需求，所以新建突出矿井第一生产水平开采深度不得超过800 m，生产的突出矿井延深水平开采深度不得超过1200 m。

第一百九十一条 突出矿井的防突工作必须坚持区域综合防突措施先行、局部综合防突措施补充的原则。

区域综合防突措施包括区域突出危险性预测、区域防突措施、区域防突措施效果检验和区域验证等内容。

局部综合防突措施包括工作面突出危险性预测、工作面防突措施、工作面防突措施效果检验和安全防护措施等内容。

突出矿井的新采区和新水平进行开拓设计前，应当对开拓采区或者开拓水平内平均厚度在0.3 m以上的煤层进行突出危险性评估，评估结论作为开拓采区或者开拓水平设计的依据。对评估为无突出危险的煤层，所有井巷揭煤作业还必须采取区域或者局部综合防突措施；对评估为有突出危险的煤层，按突出煤层进行设计。

突出煤层突出危险区必须采取区域防突措施，严禁在区域防突措施效果未达到要求的区域进行采掘作业。

施工中发现有突出预兆或者发生突出的区域，必须采取区域综合防突措施。

经区域验证有突出危险，则该区域必须采取区域或者局部综合防突措施。

按突出煤层管理的煤层，必须采取区域或者局部综合防突措施。

在突出煤层进行采掘作业期间必须采取安全防护措施。

➢ **现场执行**

（1）突出生产矿井防治突出程序按图3-4-1执行。

（2）突出矿井应当加强区域和局部（以下简称两个“四位一体”）综合防突措施实施过程的安全管理和质量管控，确保质量可靠、过程可溯。

（3）防突工作必须坚持“区域综合防突措施先行、局部综合防突措施补充”的原则，按照“一矿一策、一面一策”的要求，实现“先抽后建、先抽后掘、先抽后采、预抽达标”。突出煤层必须采取两个“四位一体”综合防突措施，做到多措并举、可保必保、应抽尽抽、效果达标，否则严禁采掘活动。

在采掘生产和综合防突措施实施过程中，发现有喷孔、顶钻等明显突出预兆或者发生突出的区域，必须采取或者继续执行区域防突措施。

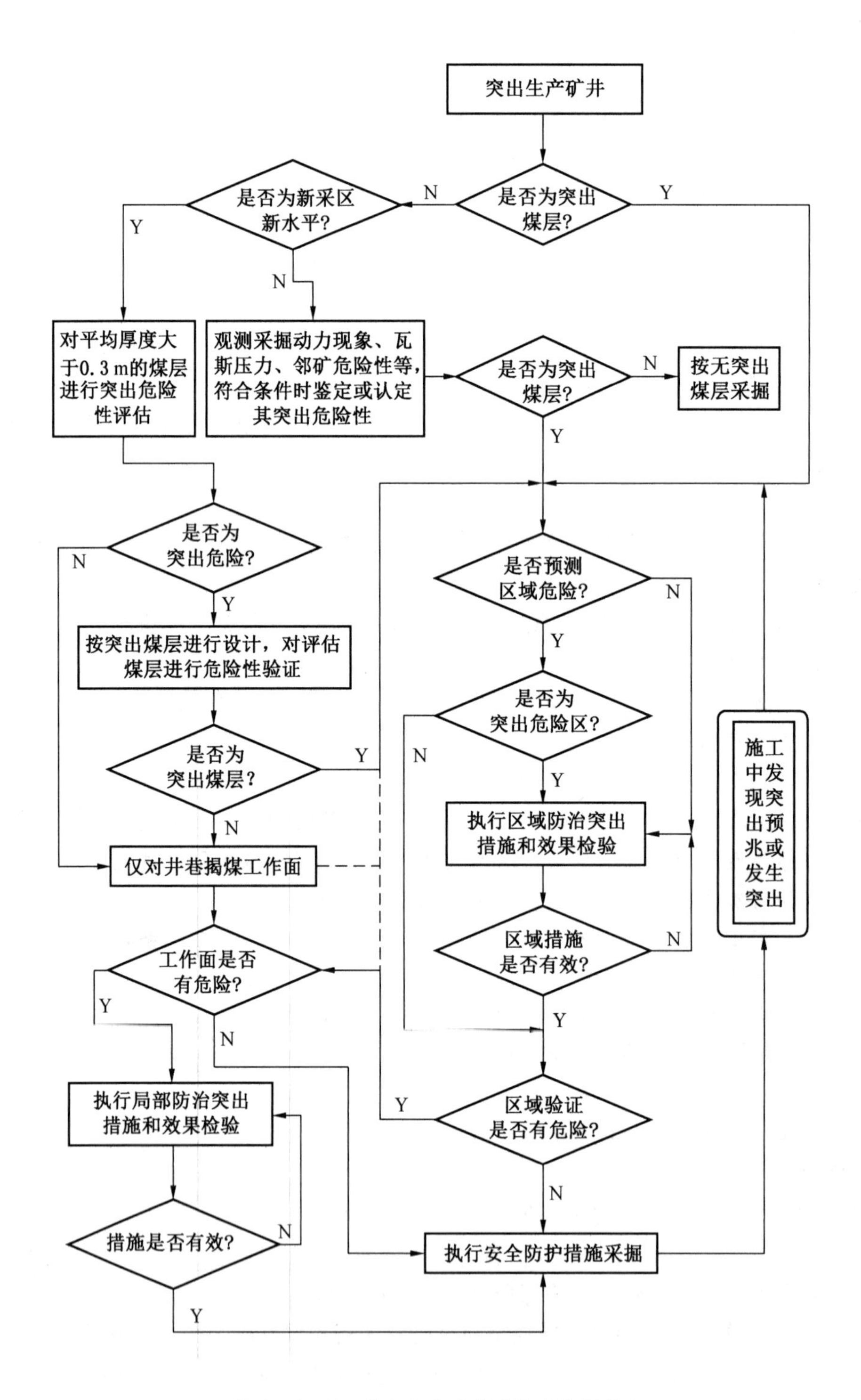

图3-4-1　突出生产矿井防治突出程序

（4）“未按照国家规定进行区域突出危险性预测”属于重大事故隐患，是指违反《煤矿安全规程》第一百九十一条和《防治煤与瓦斯突出细则》第五十一条、第五十二条有关规定，存在下列情形之一的：

① 未依据煤层瓦斯的井下实测资料，并结合地质勘查资料、上水平及邻近区域的实测和生产资料等对开采的突出煤层进行区域突出危险性预测的。

② 区域突出危险性预测的范围未根据突出矿井的开拓方式、巷道布置、地质构造分布、测试点布置等情况划定；或者1个区段预测为突出危险区，在该区段内划分无突出危险区的。

③ 预测采用的方法违反《防治煤与瓦斯突出细则》规定的。

④ 预测过程中数据不真实、存在错误，导致预测结果发生较大偏差的。

➤ ***相关案例***

贵州万峰矿业有限公司织金县三甲乡三甲煤矿“11·25”煤与瓦斯突出事故。

第一百九十三条 有突出危险煤层的新建矿井及突出矿井的新水平、新采区的设计，必须有防突设计篇章。

非突出矿井升级为突出矿井时，必须编制防突专项设计。

➤ **现场执行**

矿井防突设计是防止瓦斯灾害事故发生的首要前提与依据，是矿井进行煤与瓦斯突出防治工作的纲领。新建突出矿井及突出矿井的新水平、新采区或者非突出矿井升级为突出矿井时必须编制防突专项设计。

设计应当包括开拓方式、煤层开采顺序、采区巷道布置、采煤方法、通风系统、防突设施（设备）、两个“四位一体”综合防突措施等内容。

第一百九十四条 突出矿井的防突工作应当遵守下列规定：

（一）配置满足防突工作需要的防突机构、专业防突队伍、检测分析仪器仪表和设备。

（二）建立防突管理制度和各级岗位责任制，健全防突技术管理和培训制度。突出矿井的管理人员和井下作业人员必须接受防突知识培训，经培训合格后方可上岗作业。

（三）加强两个“四位一体”综合防突措施实施过程的安全管理和质量管控，实现质量可靠、过程可溯、数据可查。区域预测、区域预抽、区域效果检验等的钻孔施工应当采用视频监视等可追溯的措施，并建立核查分析制度。

（四）不具备按照要求实施区域防突措施条件，或者实施区域防突措施时不能满足安全生产要求的突出煤层、突出危险区，不得进行采掘活动，并划定禁采区。

（五）煤层瓦斯压力达到或者超过3 MPa的区域，必须采用地面钻井预抽煤层瓦斯，或者开采保护层的区域防突措施，或者采用井下顶（底）板巷道远程操控方式施工区域防突措施钻孔，并编制专项设计。

（六）井巷揭穿突出煤层必须编制防突专项设计，并报企业技术负责人审批。

（七）突出煤层采掘工作面必须编制防突专项设计。

（八）矿井必须对防突措施的技术参数和效果进行实际考察确定。

➤ **现场执行**

（1）施工防突措施的区（队）在施工前，负责向本区（队）班组职工贯彻并严格组织实施防突措施。

（2）采掘作业时，应当严格执行两个“四位一体”综合防突措施，并有综合防突措施详细准确的记录。

第一百九十五条　突出矿井的采掘布置应当遵守下列规定：

（一）主要巷道应当布置在岩层或者无突出危险煤层内。突出煤层的巷道优先布置在被保护区域或者其他无突出危险区域内。

（二）应当减少井巷揭开（穿）突出煤层的次数，揭开（穿）突出煤层的地点应当合理避开地质构造带。

（三）在同一突出煤层的集中应力影响范围内，不得布置2个工作面相向回采或者掘进。

➢ **现场执行**

（1）斜井和平硐，运输和轨道大巷、主要进（回）风巷等主要巷道应当布置在岩层或者无突出危险煤层中。采区上下山布置在突出煤层中时，必须布置在评估为无突出危险区或者采用区域防突措施（顺层钻孔预抽煤巷条带煤层瓦斯除外）有效的区域。

（2）减少井巷揭开（穿）突出煤层次数，揭开（穿）突出煤层的地点应当合理避开地质构造带。

第一百九十六条　突出煤层的采掘工作应当遵守下列规定：

（一）严禁采用水力采煤法、倒台阶采煤法或者其他非正规采煤法。

（二）在急倾斜煤层中掘进上山时，应当采用双上山、伪倾斜上山等掘进方式，并加强支护。

（三）上山掘进工作面采用爆破作业时，应当采用深度不大于1.0 m的炮眼远距离全断面一次爆破。

（四）预测或者认定为突出危险区的采掘工作面严禁使用风镐作业。

（五）在过突出孔洞及其附近30 m范围内进行采掘作业时，必须加强支护。

（六）在突出煤层的煤巷中安装、更换、维修或者回收支架时，必须采取预防煤体冒落引起突出的措施。

➢ **现场执行**

突出煤层的采掘作业应当遵守下列规定：

（1）容易自燃的突出煤层在无突出危险区或者采取区域防突措施有效的区域进行放顶煤开采时，煤层瓦斯含量不得大于6 m^3/t。

（2）采用上山掘进时，上山坡度在25°～45°的，应当制定包括加强支护、减小巷道空顶距等内容的专项措施，并经煤矿总工程师审批；当上山坡度大于45°时，应当采用双上山掘进方式，并加强支护，减少空顶距和空顶时间。

（3）坡度大于25°的上山掘进工作面采用爆破作业时，应当采用深度不大于1.0 m的炮眼远距离全断面一次爆破。

（4）掘进工作面与煤层巷道交叉贯通前，被贯通的煤层巷道必须超过贯通位置，其超前距不得小于5 m，并且贯通点周围10 m内的巷道应当加强支护。

在掘进工作面与被贯通巷道距离小于50 m的作业期间，被贯通巷道内不得安排作业，保持正常通风，并且在掘进工作面爆破时不得有人；在贯通相距50 m以前实施钻孔一次打透，只允许向一个方向掘进。

（5）突出矿井的所有采掘工作面使用安全等级不低于三级的煤矿许用含水炸药。

第一百九十七条　有突出危险煤层的新建矿井或者突出矿井，开拓新水平的井巷第一次揭穿（开）厚度为0.3 m及以上煤层时，必须超前探测煤层厚度及地质构造、测定煤层瓦斯压力及瓦斯含量等与突出危险性相关的参数。

➢ 现场执行

新建的突出矿井或突出矿井开拓新水平的井巷第一次揭穿（开）各煤层时，虽然在未开拓前做过一些推测，但可能与实际状况有出入，所以要对厚度为0.3 m及以上煤层的瓦斯实际情况进行了解，以便对未开拓前的结论进行修正，并采取相应的防治措施，避免发生煤与瓦斯突出事故。同时，必须超前探测煤层厚度及地质构造，测量煤层中的瓦斯压力、瓦斯含量，并测定其他与煤与瓦斯突出有关的相关参数，以便确定煤层实际的突出危险性和采取的防突措施，确保井巷揭（开）煤工作面的生产安全。

第一百九十八条　在突出煤层顶、底板掘进岩巷时，必须超前探测煤层及地质构造情况，分析勘测验证地质资料，编制巷道剖面图，及时掌握施工动态和围岩变化情况，防止误穿突出煤层。

➢ 现场执行

（1）在突出煤层顶、底板掘进岩巷时，地质测量部门必须提前进行地质预测，编制巷道剖面图，及时掌握施工动态和围岩变化情况，验证提供的地质资料，并定期通报给煤矿防突机构和采掘区（队）；遇有较大变化时，随时通报。

（2）当巷道距离突出煤层的最小法向距离小于10 m时（地质构造破坏带小于20 m时），必须先探后掘。

（3）在距突出煤层突出危险区法向距离小于5 m的邻近煤岩层内进行采掘作业前，必须对突出煤层相应区域采取区域防突措施并经区域效果检验有效。

第一百九十九条　有突出矿井的煤矿企业应当填写突出卡片、分析突出资料、掌握突出规律、制定防突措施；在每年第一季度内，将上年度的突出资料报省级煤炭行业管理部门。

➢ 现场执行

（1）每次发生突出后，煤矿企业指定专人进行现场调查，认真填写突出记录卡片，提交专题调查报告，分析突出发生的原因，总结经验教训，制定对策措施。

（2）每年第一季度将上年度发生煤与瓦斯突出矿井的基本情况调查表（表3－4－2）、煤与瓦斯突出记录卡片（表3－4－3）、矿井煤与瓦斯突出汇总表（表3－4－4）连同总结资料报省级煤炭行业管理部门。

（3）所有有关防突工作的资料均存档。

表3-4-2 煤与瓦斯突出矿井基本情况调查表

______省______市（县） 企业名称________矿________井 填表日期______年____月____日

矿井设计能力/t		首次突出	时 间	
矿井实际生产能力/t			地点及标高/m	
开拓方式			距地表垂深/m	

矿井可采煤层层数		突出次数	总计	各类坑道中突出次数					
矿井可采煤层储量/t				石门	平巷	上山	下山	回采	其他
突出煤层可采储量/t									

突出煤层及围岩特征	名称		突出最大强度	煤（岩）量/t			
	厚度/m			突出瓦斯量/m^3			
	倾角/(°)		千吨以上突出次数			采取何种防突措施及其效果	
	煤质		其中	石门			
	软煤的坚固性系数f			平巷			
	顶板岩性			上山			
	底板岩性			下山			
保护层	类型			回采			
	煤层名称			其他			
	厚度/m		目前正在进行的防治突出的研究课题	主攻方向			
	距危险层最大距离/m						
瓦斯压力	最高压力/MPa			进展情况			
	测压地点距地表垂深/m			人员及参加单位			

煤层瓦斯含量/($m^3 \cdot t^{-1}$)		备 注	
矿井瓦斯涌出量/($m^3 \cdot min^{-1}$)			
有无抽采系统及抽采方式			

煤矿企业负责人： 煤矿企业技术负责人： 防突机构负责人： 填表人：

表3-4-3　煤与瓦斯突出记录卡片

编号＿＿＿＿　＿＿＿＿省（区、市）　企业名称＿＿＿＿＿＿矿＿＿＿＿井

突出日期			年　月　日　时			地点		发生动力现象后的主要特征	孔洞形状轴线与水平面之夹角	
标高		巷道类型		突出类型		距地表垂深/m			喷出煤量和岩石量	
突出地点通风系统示意图（注距离尺寸）				突出处煤层剖面图（注比例尺）煤层顶底板岩层柱状图					煤喷出距离和堆积坡度	
煤层特征	名称		倾角/(°)		邻近层开采情况	上部			喷出煤的粒度和分选情况	
	厚度/m		硬度			下部				
地质构造的叙述（断层、褶曲、厚度、倾角及其变化）									突出地点附近围岩和煤层破碎情况	
									动力效应	
支护形式		棚间距离/m							突出前瓦斯压力和突出后瓦斯涌出情况	
控顶距离/m		有效风量/$(m^3 \cdot min^{-1})$								
正常瓦斯浓度/%		绝对瓦斯量/$(m^3 \cdot min^{-1})$							其他	
突出前作业和使用工具								突出孔洞及煤堆积情况（注比例尺）		
突出前所采取的措施								现场见证人（姓名、职务）		
								伤亡情况		
突出预兆								主要经验教训		
突出前及突出当时发生过程的描述							填表人	矿防突机构负责人	矿技术负责人	矿长

表 3-4-4　矿井煤与瓦斯突出汇总表

__________煤矿　　　　填表日期______年______月______日

编号	时间	地点	巷道类型	标高/m	煤层			地质构造	邻近层开采情况		预兆										突出情况				
					层别	厚度/m	角度/(°)		未采	已采但遗留煤柱	突出前作业及工具	预防措施	煤体内声响	煤体硬度变化	煤光泽变化	煤层层理变化	掉渣及煤面外移	支架压力增加	瓦斯忽大忽小	打钻夹钻喷煤	抛出煤量/t	抛出距离/m	堆积坡度/(°)	有无分选	突出瓦斯量/m^3

煤矿企业负责人：　　煤矿企业技术负责人：　　防突机构负责人：　　填表人：

（4）煤矿企业每年对全年的防突技术资料进行系统分析总结，掌握突出规律，完善防突措施。

第二百条　突出矿井必须编制并及时更新矿井瓦斯地质图，更新周期不得超过 1 年，图中应当标明采掘进度、被保护范围、煤层赋存条件、地质构造、突出点的位置、突出强度、瓦斯基本参数等，作为突出危险性区域预测和制定防突措施的依据。

➢ 现场执行

地质测量部门与防突机构、通风部门共同编制矿井瓦斯地质图。图中应当标明采掘进度、被保护范围、煤层赋存条件、地质构造、突出点的位置、突出强度、瓦斯基本参数及绝对瓦斯涌出量和相对瓦斯涌出量等资料，作为区域突出危险性预测和制定防突措施的依据。矿井瓦斯地质图更新周期不得超过 1 年、工作面瓦斯地质图更新周期不得超过 3 个月。

第二百零一条　突出煤层工作面的作业人员、瓦斯检查工、班组长应当掌握突出预兆。发现突出预兆时，必须立即停止作业，按避灾路线撤出，并报告矿调度室。

班组长、瓦斯检查工、矿调度员有权责令相关现场作业人员停止作业，停电撤人。

➢ 现场执行

典型的瓦斯突出预兆分为有声预兆和无声预兆。有声预兆主要包括：响煤炮声（机枪声、闷雷声、劈裂声），支柱折断声，夹钻顶钻，打钻喷煤、喷瓦斯等。无声预兆主要包括：煤层结构变化，层理紊乱，煤变软、光泽变暗，煤层由薄变厚，倾角由小变大，工作面煤体和支架压力增大，煤壁外鼓、掉渣等，瓦斯涌出量增大或忽大忽小，煤尘增大，空气气味异常、闷人，煤壁温度降低、挂汗等。

突出煤层采掘工作面每班必须有专人经常检查瓦斯。

突出煤层采掘工作面爆破工作必须由固定的专职爆破工担任。

➤ **相关案例**

兴文县石海镇环远煤业有限责任公司“10·18”煤与瓦斯突出事故。

第二节　区域综合防突措施

第二百零三条　突出矿井应当对突出煤层进行区域突出危险性预测（以下简称区域预测）。经区域预测后，突出煤层划分为无突出危险区和突出危险区。未进行区域预测的区域视为突出危险区。

➤ **现场执行**

矿井应当对所有突出煤层进行区域预测，这是因为客观上突出煤层各个区域的突出危险程度是有差别的，存在无突出危险区和突出危险区两种。在进行区域预测时，突出矿井应当主要依据煤层瓦斯的井下实测资料，并结合地质勘查资料、上水平及邻近区域的实测和生产资料等对开采的突出煤层进行区域突出危险性预测（以下简称区域预测）。经区域预测后，突出煤层划分为无突出危险区和突出危险区，使技术、管理人员明白不同区域具有不同的突出危险性，以便在安排和从事采掘工作时做到心中有数，以指导采煤工作面设计和采掘生产作业。

未进行区域预测的区域，因未查明该区域内突出危险性，为安全起见该区域按突出危险区进行管理。

➤ **相关案例**

泸西县三金煤业有限公司三金煤矿“4·25”煤与瓦斯突出事故。

第二百零四条　具备开采保护层条件的突出危险区，必须开采保护层。选择保护层应当遵循下列原则：

（一）优先选择无突出危险的煤层作为保护层。矿井中所有煤层都有突出危险时，应当选择突出危险程度较小的煤层作保护层。

（二）应当优先选择上保护层；选择下保护层开采时，不得破坏被保护层的开采条件。

开采保护层后，在有效保护范围内的被保护层区域为无突出危险区，超出有效保护范围的区域仍然为突出危险区。

➤ **现场执行**

当煤层群中有几个煤层都可作为保护层时，优先开采保护效果最好的煤层。

开采煤层群时，在有效保护垂距内存在厚度0.5 m及以上的无突出危险煤层的，除因与突出煤层距离太近威胁保护层工作面安全或者可能破坏突出煤层开采条件的情况外，应当作为保护层首先开采。

第二百零五条　有效保护范围的划定及有关参数应当实际考察确定。正在开采的保护层采煤工作面，必须超前于被保护层的掘进工作面，其超前距离不得小于保护层与被保护层之间法向距离的3倍，并不得小于100 m。

➤ **现场执行**

开采保护层的有效保护范围及有关参数应当根据试验考察确定，并报煤矿企业技术负责人审批后执行。

首次开采保护层时，可参照《防治煤与瓦斯突出细则》确定沿倾斜方向的保护范围、沿走向（始采线、终采线）的保护范围、保护层与被保护层之间的最大保护垂距、开采下保护层时不破坏上部被保护层的最小层间距等参数。

第二百零七条 开采保护层时，应当不留设煤（岩）柱。特殊情况需留煤（岩）柱时，必须将煤（岩）柱的位置和尺寸准确标注在采掘工程平面图和瓦斯地质图上，在瓦斯地质图上还应当标出煤（岩）柱的影响范围。在煤（岩）柱及其影响范围内采掘作业前，必须采取区域预抽煤层瓦斯防突措施。

➤ **现场执行**

开采保护层时，采空区内不得留设煤（岩）柱。当保护层留有不规则煤柱时，按照其最外缘的轮廓划出平直轮廓线，并根据保护层与被保护层之间的层间距变化，确定煤柱影响范围；在被保护层进行采掘作业期间，还应当根据采掘工作面瓦斯涌出情况及时修改煤柱影响范围。

保护层留煤柱时，留煤柱的区域将会产生应力集中，使应力比原来高，更不利于降低突出危险。所以，应严格煤柱管理，对于确实需要留煤柱的，应履行审批程序，并做好记录。鉴于煤柱影响区没有有效的保护作用，所以还应该采取其他的区域防突措施。

第二百零八条 开采保护层时，应当同时抽采被保护层和邻近层的瓦斯。开采近距离保护层时，必须采取防止误穿突出煤层和被保护层卸压瓦斯突然涌入保护层工作面的措施。

➤ **现场执行**

（1）开采保护层时，应当做到连续和规模开采，同时抽采被保护层和邻近层的瓦斯。开采保护层必须同时抽采被保护层瓦斯，这是因为当开采远距离保护层时，如果不同时抽采被保护层瓦斯，将可能不足以消除突出危险性；而当开采近距离保护层时，尽管不存在不足以消除突出危险的问题，但若不抽采大量瓦斯则会涌入保护层工作面，威胁生产安全。开采保护层时，被保护层在卸压后瓦斯大量解吸，透气性急剧增加，此时抽采效率最高。所以，开采保护层时必须同时抽采被保护层瓦斯。

（2）开采近距离保护层时，必须采取防止误穿突出煤层和被保护层卸压瓦斯突然涌入保护层工作面的措施。

（3）开采近距离保护层时，由于层间岩层厚度本来就小，尽管正常情况下层间岩层能够阻挡突出煤层瓦斯突然涌入保护层工作面，但当遇到岩层厚度变薄时，岩层强度就可能难以阻挡突出煤层的作用了。而且，如果遇到落差较大的断层等构造时，也将减小岩层厚度，削弱层间岩层强度。当然，由于在工作面的初次放顶期间顶底板活动最剧烈，且目前实际出现的事故也大多集中在初采期。所以开采近距离保护层工作面时，要采取有效措施防止被保护层初期卸压瓦斯突然涌入保护层采掘工作面或误揭突出煤层等。

第二百零九条　采取预抽煤层瓦斯区域防突措施时，应当遵守下列规定：

（一）预抽区段煤层瓦斯区域防突措施的钻孔应当控制区段内整个回采区域、两侧回采巷道及其外侧如下范围内的煤层：倾斜、急倾斜煤层巷道上帮轮廓线外至少 20 m，下帮至少 10 m；其他煤层为巷道两侧轮廓线外至少各 15 m。以上所述的钻孔控制范围均为沿煤层层面方向（以下同）。

（二）顺层钻孔或者穿层钻孔预抽回采区域煤层瓦斯区域防突措施的钻孔，应当控制整个回采区域的煤层。

（三）穿层钻孔预抽煤巷条带煤层瓦斯区域防突措施的钻孔，应当控制整条煤层巷道及其两侧一定范围内的煤层，该范围要求与本条（一）的规定相同。

（四）穿层钻孔预抽井巷（含石门、立井、斜井、平硐）揭煤区域煤层瓦斯区域防突措施的钻孔，应当在揭煤工作面距煤层最小法向距离 7 m 以前实施，并控制井巷及其外侧至少以下范围的煤层：揭煤处巷道轮廓线外 12 m（急倾斜煤层底部或者下帮 6 m），且应当保证控制范围的外边缘到巷道轮廓线（包括预计前方揭煤段巷道的轮廓线）的最小距离不小于 5 m。当区域防突措施难以一次施工完成时可分段实施，但每一段都应当能够保证揭煤工作面到巷道前方至少 20 m 之间的煤层内，区域防突措施控制范围符合上述要求。

（五）顺层钻孔预抽煤巷条带煤层瓦斯区域防突措施的钻孔，应当控制的煤巷条带前方长度不小于 60 m，煤巷两侧控制范围要求与本条（一）的规定相同。钻孔预抽煤层瓦斯的有效抽采时间不得少于 20 天，如果在钻孔施工过程中发现有喷孔、顶钻或者卡钻等动力现象的，有效抽采时间不得少于 60 天。

（六）定向长钻孔预抽煤巷条带煤层瓦斯区域防突措施的钻孔，应当采用定向钻进工艺施工，控制煤巷条带煤层前方长度不小于 300 m 和煤巷两侧轮廓线外一定范围，该范围要求与本条（一）的规定相同。

（七）厚煤层分层开采时，预抽钻孔应当控制开采分层及其上部法向距离至少 20 m、下部 10 m 范围内的煤层。

（八）应当采取保证预抽瓦斯钻孔能够按设计参数控制整个预抽区域的措施。

（九）当煤巷掘进和采煤工作面在预抽防突效果有效的区域内作业时，工作面距前方未预抽或者预抽防突效果无效范围的边界不得小于 20 m。

➤ 现场执行

（1）“预抽区段煤层瓦斯的钻孔”是指“穿层钻孔或者顺层钻孔”。

（2）“回采巷道及其外侧如下范围内的煤层”，是指如图 3－4－2 所示的巷道尺寸为 c 及其外（两）侧尺寸为 a 和 b 的范围。对于倾斜、急倾斜煤层 $a\geqslant 20$ m、$b\geqslant 10$ m，近水平、缓倾斜煤层 $a\geqslant 15$ m、$b\geqslant 15$ m。沿煤层层面方向包括巷道在内的宽度为 $a+b+c$ 的煤层条带，也称为煤巷条带。

（3）定向长钻孔预抽煤巷条带煤层瓦斯区域防突措施的钻孔应当采用定向钻进工艺施工预抽钻孔，且钻孔应当控制煤巷条带煤层前方长度不小于 300 m 和煤巷两侧轮廓线外一定范围，倾斜、急倾斜煤层巷道上帮轮廓线外至少 20 m，下帮至少 10 m；其他煤层为巷道两侧轮廓线外至少各 15 m。

（4）对距本煤层法向距离小于 5 m 的平均厚度大于 0.3 m 的邻近突出煤层，预抽钻孔控制范围与本煤层相同。

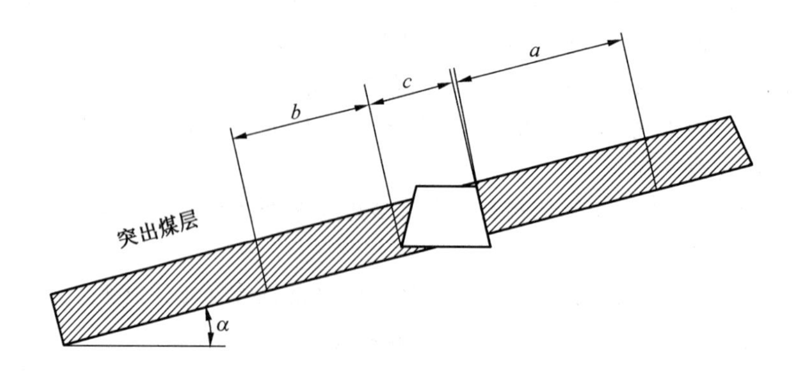

图3-4-2　煤巷条带范围示意图

（5）煤层瓦斯压力达到3 MPa的区域应当采用地面近距离预抽煤层瓦斯，或者开采保护层，或者采用远程操控钻机施工钻孔预抽煤层瓦斯。

（6）不具备按要求实施区域防突措施条件，或者实施区域防突措施时不能满足安全生产要求的突出煤层或者突出危险区，不得进行开采活动，并划定禁采区和限采区。

➢ **相关案例**

云南省曲靖市师宗县私庄煤矿“11·10”煤与瓦斯突出事故。

第二百一十条　有下列条件之一的突出煤层，不得将在本巷道施工顺煤层钻孔预抽煤巷条带瓦斯作为区域防突措施：

（一）新建矿井的突出煤层。

（二）历史上发生过突出强度大于500 t/次的。

（三）开采范围内煤层坚固性系数小于0.3的；或者煤层坚固性系数为0.3～0.5，且埋深大于500 m的；或者煤层坚固性系数为0.5～0.8，且埋深大于600 m的；或者煤层埋深大于700 m的；或者煤巷条带位于开采应力集中区的。

➢ **现场执行**

煤层坚固性系数是指煤巷条带范围内煤层的平均坚固性系数。

煤层埋深是指煤巷条带范围内地表到煤层底板垂直距离的最大值。

第二百一十一条　保护层的开采厚度不大于0.5 m、上保护层与突出煤层间距大于50 m或者下保护层与突出煤层间距大于80 m时，必须对每个被保护层工作面的保护效果进行检验。

采用预抽煤层瓦斯防突措施的区域，必须对区域防突措施效果进行检验。

检验无效时，仍为突出危险区。检验有效时，无突出危险区的采掘工作面每推进10～50 m至少进行2次区域验证，并保留完整的工程设计、施工和效果检验的原始资料。

➢ **现场执行**

（1）有下列情况之一的，必须对每个被保护层工作面的保护效果进行检验：①未实际考察保护效果及保护范围的；②最大膨胀变形量未超过3‰的；③保护层开采厚度小于

0.5 m 的；④上保护层与被保护突出煤层间距大于 50 m 或者下保护层与突出煤层间距大于 80 m 的。

保护效果和保护范围考察结果由煤矿企业技术负责人批准。

（2）每推进 10～50 m 至少进行 2 次区域验证。具体取值应根据构造复杂程度确定：构造极复杂的区域取 10～15 m，构造复杂区域取 15～25 m，构造较复杂区域取 25～40 m，构造简单区域取 40～50 m。

区域验证方法主要采用工作面突出危险性预测方法，执行一个工作面预测循环表示完成一次区域验证。至少应连续进行 2 次区域验证，任意一次区域验证为有突出危险，即表明该区域有突出危险；在构造复杂和极复杂区域应连续进行 3 次及以上的区域验证。

（3）区域防突措施效果检验按照《防治煤与瓦斯突出细则》第六十八条至七十二条要求开展。

（4）区域验证按照《防治煤与瓦斯突出细则》第七十三条至第七十四条要求开展。

第三节　局部综合防突措施

第二百一十二条　突出煤层采掘工作面经工作面预测后划分为突出危险工作面和无突出危险工作面。

未进行突出预测的采掘工作面视为突出危险工作面。

当预测为突出危险工作面时，必须实施工作面防突措施和工作面防突措施效果检验。只有经效果检验有效后，方可进行采掘作业。

➢ **现场执行**

无突出危险工作面必须在采取安全防护措施并保留足够的突出预测超前距或者防突措施超前距的条件下进行采掘作业。

煤巷掘进和采煤工作面应当保留的最小预测超前距均为 2 m。

工作面应当保留的最小防突措施超前距为：煤巷掘进工作面 5 m，采煤工作面 3 m；地质构造破坏严重地带煤巷掘进工作面不小于 7 m，采煤工作面不小于 5 m。

每次工作面防突措施施工完成后，应当绘制工作面防突措施竣工图，并标注每次工作面预测、效果检验的数据。

➢ **相关案例**

贵州浙商矿业集团有限公司修文县六广镇龙窝煤矿“7·29”煤与瓦斯突出事故。

第二百一十三条　井巷揭煤工作面的防突措施包括预抽煤层瓦斯、排放钻孔、金属骨架、煤体固化、水力冲孔或者其他经试验证明有效的措施。

➢ **现场执行**

（1）立井揭煤工作面可以选用除水力冲孔以外的各项措施。

（2）金属骨架、煤体固化措施，应当在采用了其他防突措施并检验有效后方可在揭开煤层前实施。

（3）对所实施的防突措施都必须进行实际考察，得出符合本矿井实际条件的有关参数。

（4）根据工作面岩层情况，实施工作面防突措施时，揭煤工作面与突出煤层间的最小法向距离：采取超前钻孔预抽瓦斯、超前钻孔排放瓦斯以及水力冲孔措施时均为 5 m；采取金属骨架、煤体固化措施时均为 2 m。当井巷断面较大、岩石破碎程度较高时，还应当适当加大距离。

➢ **相关案例**

云南能投威信煤炭有限公司观音山煤矿一井“10·19”煤与瓦斯突出事故。

第二百一十四条 井巷揭穿（开）突出煤层必须遵守下列规定：

（一）在工作面距煤层法向距离 10 m（地质构造复杂、岩石破碎的区域 20 m）之外，至少施工 2 个前探钻孔，掌握煤层赋存条件、地质构造、瓦斯情况等。

（二）从工作面距煤层法向距离大于 5 m 处开始，直至揭穿煤层全过程都应当采取局部综合防突措施。

（三）揭煤工作面距煤层法向距离 2 m 至进入顶（底）板 2 m 的范围，均应当采用远距离爆破掘进工艺。

（四）厚度小于 0.3 m 的突出煤层，在满足（一）的条件下可直接采用远距离爆破掘进工艺揭穿。

（五）禁止使用震动爆破揭穿突出煤层。

➢ **现场执行**

（1）“法向距离”是指“最小法向距离”。

（2）揭煤作业前应当编制井巷揭煤防突专项设计，并报煤矿企业技术负责人审批。

（3）揭煤作业应当按照下列程序进行。

① 探明揭煤工作面和煤层的相对位置；②在与煤层保持适当距离的位置进行工作面预测（或者区域验证）；③工作面预测（或者区域验证）有突出危险时，采取工作面防突措施；④实施工作面措施效果检验；⑤采用工作面预测方法进行揭煤验证；⑥采取安全防护措施并采用远距离爆破揭开或者穿过煤层。

第二百一十五条 煤巷掘进工作面应当选用超前钻孔预抽瓦斯、超前钻孔排放瓦斯的防突措施或者其他经试验证实有效的防突措施。

➢ **现场执行**

（1）煤巷掘进工作面采用超前钻孔作为工作面防突措施时，应当符合下列要求：

① 巷道两侧轮廓线外钻孔的最小控制范围：近水平、缓倾斜煤层两侧各 5 m，倾斜、急倾斜煤层上帮 7 m、下帮 3 m。当煤层厚度较大时，钻孔应当控制煤层全厚或者在巷道顶部煤层控制范围不小于 7 m，巷道底部煤层控制范围不小于 3 m；②钻孔在控制范围内应当均匀布置，在煤层的软分层中可适当增加钻孔数。钻孔数量、孔底间距等应当根据钻孔的有效抽放或者排放半径确定；③钻孔直径应当根据煤层赋存条件、地质构造和瓦斯情况确定，一般为 75～120 mm，地质条件变化剧烈地带应当采用直径 42～75 mm 的钻孔；④煤层赋存状态发生变化时，及时探明情况，重新确定超前钻孔的参数；⑤钻孔施工前，加强工作面支护，打好迎面支架，背好工作面煤壁。

（2）煤巷掘进工作面采用松动爆破防突措施时，应当符合下列要求：

① 松动爆破钻孔的孔径一般为 42 mm，孔深不得小于 8 m。松动爆破应当至少控制到

巷道轮廓线外3 m的范围。孔数根据松动爆破的有效影响半径确定。松动爆破的有效影响半径通过实测确定。②松动爆破孔的装药长度为孔长减去5.5~6 m。③松动爆破按远距离爆破的要求执行。④松动爆破应当配合瓦斯抽放钻孔一起使用。

（3）煤巷掘进工作面采用水力疏松措施时，应当符合下列要求：

① 向工作面前方按一定间距布置注水钻孔，然后利用封孔器封孔，向钻孔内注入高压水。注水参数应当根据煤层性质合理选择，如未实测确定，可参考如下参数：钻孔间距4.0 m、孔径42~50 mm、孔长6.0~10 m、封孔2~4 m，注水压力不超过10 MPa，注水时以煤壁出水或者注水压力下降30%后方可停止注水。②水力疏松后的允许推进度，一般不宜超过封孔深度，其孔间距不超过注水有效半径的2倍。③单孔注水时间不低于9 min。若提前漏水，则在邻近钻孔2.0 m左右处补充施工注水钻孔。

（4）前探支架可用于松软煤层的平巷掘进工作面。一般是向工作面前方施工钻孔，孔内插入钢管或者钢轨，其长度可按两次掘进循环的长度再加0.5 m，每掘进一次施工一排钻孔，形成两排钻孔交替前进，钻孔间距为0.2~0.3 m。

➢ **相关案例**

贵州省六盘水市盘州市梓木戛煤矿“8·6”煤与瓦斯突出事故。

第二百一十六条 采煤工作面可以选用超前钻孔预抽瓦斯、超前钻孔排放瓦斯、注水湿润煤体、松动爆破或者其他经试验证实有效的防突措施。

➢ **现场执行**

（1）采煤工作面采用超前钻孔作为工作面防突措施时，钻孔直径一般为75~120 mm，钻孔在控制范围内应当均匀布置，在煤层的软分层中可适当增加钻孔数；超前钻孔的孔数、孔底间距等应当根据钻孔的有效排放或者抽放半径确定。

（2）采煤工作面的松动爆破防突措施适用于煤质较硬、围岩稳定性较好的煤层。松动爆破孔间距根据实际情况确定，一般2~3 m，孔深不小于5 m，炮泥封孔长度不得小于1 m。适当控制装药量，以免孔口煤壁垮塌。松动爆破时，应当按远距离爆破的要求执行。

（3）采煤工作面浅孔注水湿润煤体措施可用于煤质较硬的突出煤层。注水孔间距和注水压力等根据实际情况考察确定，但孔深不小于4 m，注水压力不得高于10 MPa。当发现水由煤壁或者相邻注水钻孔中流出时，即可停止注水。

第二百一十七条 突出煤层的采掘工作面，应当根据煤层实际情况选用防突措施，并遵守下列规定：

（一）不得选用水力冲孔措施，倾角在8°以上的上山掘进工作面不得选用松动爆破、水力疏松措施。

（二）突出煤层煤巷掘进工作面前方遇到落差超过煤层厚度的断层，应当按井巷揭煤的措施执行。

（三）采煤工作面采用超前钻孔预抽瓦斯和超前钻孔排放瓦斯作为工作面防突措施时，超前钻孔的孔数、孔底间距等应当根据钻孔的有效抽排半径确定。

（四）松动爆破时，应当按远距离爆破的要求执行。

第二百一十八条 工作面执行防突措施后，必须对防突措施效果进行检验。如果工作面措施效果检验结果均小于指标临界值，且未发现其他异常情况，则措施有效；否则必须重新执行区域综合防突措施或者局部综合防突措施。

➢ 现场执行

（1）在实施钻孔检验防突措施效果时，分布在工作面各部位的检验钻孔应当布置于所在部位防突措施钻孔密度相对较小、孔间距相对较大的位置，并远离周围的各防突措施钻孔或者尽可能与周围各防突措施钻孔保持等距离。在地质构造复杂地带应当根据情况适当增加检验钻孔。

工作面防突措施效果检验必须包括检查所实施的工作面防突措施是否达到了设计要求和满足有关规章、标准等规定；并了解、收集工作面及实施措施的相关情况、突出预兆等（包括喷孔、顶钻等），作为措施效果检验报告的内容之一，用于综合分析、判断；各检验指标的测定情况及主要数据。

（2）对井巷揭煤工作面进行防突措施效果检验时，应当选择《防治煤与瓦斯突出细则》第八十七条所列的钻屑瓦斯解吸指标法，或者其他经试验证实有效的方法，但所有用钻孔方式检验的方法中检验孔数均不得少于5个，分别位于井巷的上部、中部、下部和两侧。

（3）煤巷掘进工作面执行防突措施后，应当选择《防治煤与瓦斯突出细则》第八十九条所列的方法进行措施效果检验。检验孔应当不少于3个，深度应当小于或等于防突措施钻孔。

当检验结果措施有效时，若检验孔与防突措施钻孔向巷道掘进方向的投影长度（以下简称投影孔深）相等，则可在留足防突措施超前距并采取安全防护措施的条件下掘进。当检验孔的投影孔深小于防突措施钻孔时，则应当在留足所需的防突措施超前距并同时保留有至少2 m检验孔投影孔深超前距的条件下，采取安全防护措施后实施掘进作业。

（4）对采煤工作面防突措施效果的检验应当参照采煤工作面突出危险性预测的方法和指标实施。但应当沿采煤工作面每隔10～15 m布置1个检验钻孔，深度应当小于或等于防突措施钻孔。

当检验结果为措施有效时，若检验孔与防突措施钻孔深度相等，则可在留足防突措施超前距并采取安全防护措施的条件下回采。当检验孔的深度小于防突措施钻孔时，则应当在留足所需的防突措施超前距并同时保留有2 m检验孔超前距的条件下，采取安全防护措施后实施回采作业。

第二百二十条 井巷揭穿突出煤层和在突出煤层中进行采掘作业时，必须采取避难硐室、反向风门、压风自救装置、隔离式自救器、远距离爆破等安全防护措施。

➢ 现场执行

突出煤层的掘进巷道长度及采煤工作面推进长度超过500 m时，应当在距离工作面500 m范围内建设临时避难硐室或者其他临时避险设施。临时避难硐室必须设置向外开启的密闭门或者隔离门（隔离门按反向风门设置标准安设），接入矿井压风管路，并安设压风自救装置，设置与矿调度室直通的电话，配备足量的饮用水及自救器。

第二百二十一条 突出煤层的石门揭煤、煤巷和半煤岩巷掘进工作面进风侧必须设置至少2道反向风门。爆破作业时，反向风门必须关闭。反向风门距工作面的距离，应当根据掘进工作面的通风系统和预计的突出强度确定。

➢ **现场执行**

2道牢固可靠的反向风门之间的距离不得小于4 m。

反向风门距工作面的距离和反向风门的组数，应当根据掘进工作面的通风系统和预计的突出强度确定，但反向风门距工作面回风巷不得小于10 m，与工作面的最近距离一般不得小于70 m，如小于70 m时应设置至少3道反向风门。

反向风门墙垛可用砖、料石或者混凝土砌筑，嵌入巷道周边岩石的深度可根据岩石的性质确定，但不得小于0.2 m；墙垛厚度不得小于0.8 m。在煤巷构筑反向风门时，风门墙体四周必须掏槽，掏槽深度见硬帮硬底后再进入实体煤不小于0.5 m。

通过反向风门墙垛的风筒、水沟、刮板输送机道等，必须设有逆向隔断装置。

班组长作为采掘工作面现场第一责任人，在工作面爆破或者人员全部撤离时，负责安排专人将反向风门关闭；在工作面无人作业时，瓦斯检查员负责反向风门的巡查，确保反向风门关闭。

第二百二十二条 井巷揭煤采用远距离爆破时，必须明确起爆地点、避灾路线、警戒范围，制定停电撤人等措施。

井筒起爆及撤人地点必须位于地面距井口边缘20 m以外，暗立（斜）井及石门揭煤起爆及撤人地点必须位于反向风门外500 m以上全风压通风的新鲜风流中或者300 m以外的避难硐室内。

煤巷掘进工作面采用远距离爆破时，起爆地点必须设在进风侧反向风门之外的全风压通风的新鲜风流中或者避险设施内，起爆地点距工作面的距离必须在措施中明确规定。

远距离爆破时，回风系统必须停电撤人。爆破后，进入工作面检查的时间应当在措施中明确规定，但不得小于30 min。

➢ **现场执行**

（1）在矿井尚未构成全风压通风的建井初期，在井巷揭穿有突出危险煤层的全部作业过程中，与此井巷有关的其他工作面必须停止工作。在实施揭穿突出煤层的远距离爆破时，井下全部人员必须撤至地面，井下必须全部断电，立井井口附近地面20 m范围内或者斜井井口前方50 m、两侧20 m范围内严禁有任何火源。

（2）煤巷掘进工作面采用远距离爆破时，起爆地点必须设在进风侧反向风门之外的全风压通风的新鲜风流中或者避难硐室内，起爆地点距工作面爆破地点的距离应当在措施中明确，由煤矿总工程师根据曾经发生的最大突出强度等具体情况确定，但不得小于300 m；采煤工作面起爆地点到工作面的距离由煤矿总工程师根据具体情况确定，但不得小于100 m，且位于工作面外的进风侧。

第二百二十三条 突出煤层采掘工作面附近、爆破撤离人员集中地点、起爆地点必须设有直通矿调度室的电话，并设置有供给压缩空气的避险设施或者压风自救装置。工作面回风系统中有人作业的地点，也应当设置压风自救装置。

➢ **现场执行**

班组成员应当明悉压风自救装置的位置和使用方法。

（1）压风自救装置安装在掘进工作面巷道和采煤工作面巷道内的压缩空气管道上。

（2）在以下每个地点都应当至少设置一组压风自救装置：距采掘工作面 25 ~ 40 m 的巷道内、起爆地点、撤离人员与警戒人员所在的位置以及回风巷有人作业处等地点。在长距离的掘进巷道中，应当每隔 200 m 至少安设一组压风自救装置，并在实施预抽煤层瓦斯区域防突措施的区域，根据实际情况增加压风自救装置的设置组数。

（3）每组压风自救装置应当可供 5 ~ 8 人使用，平均每人的压缩空气供给量不得少于 0.1 m^3/min。

突出煤层采掘工作面和回风系统中作业班组的班组长必须熟悉压风自救系统的位置，每次作业前检查压风自救装置的完好情况。

第二百二十四条 清理突出的煤（岩）时，必须制定防煤尘、片帮、冒顶、瓦斯超限、出现火源，以及防止再次发生突出事故的安全措施。

➢ **现场执行**

清理突出煤（岩）的作业人员，应当做好个人防护，密切关注周围环境情况，检查事故预兆。

第五章 冲击地压防治

第一节 一般规定

第二百二十七条 开采具有冲击倾向性的煤层，必须进行冲击危险性评价。

➢ **现场执行**

（1）冲击危险性是指煤岩体发生冲击地压的可能性与危险程度，受矿山地质因素与矿山开采条件综合影响。

（2）冲击危险性评价可采用综合指数法或其他经实践证实有效的方法。冲击危险性评价结果分为无危险、弱危险、中等危险与强危险 4 个等级。

（3）煤层（或者其顶底板岩层）具有强冲击倾向性且评价具有强冲击地压危险的，为严重冲击地压煤层。开采严重冲击地压煤层的矿井为严重冲击地压矿井。

（4）经冲击危险性评价后划分出冲击地压危险区域，不同的冲击地压危险区域可按冲击危险等级采取一种或多种的综合防治措施，实现分区管理。

（5）开采有冲击倾向性煤层未进行冲击危险性评价，或者开采冲击地压煤层，未进行采区、采掘工作面冲击危险性评价的，属于“有冲击地压危险，未采取有效措施”重大事故隐患。

第二百二十八条 矿井防治冲击地压（以下简称防冲）工作应当遵守下列规定：

（一）设专门的机构与人员。

（二）坚持“区域先行、局部跟进、分区管理、分类防治”的防冲原则。

（三）必须编制中长期防冲规划与年度防冲计划，采掘工作面作业规程中必须包括防冲专项措施。

（四）开采冲击地压煤层时，必须采取冲击危险性预测、监测预警、防范治理、效果检验、安全防护等综合性防治措施。

（五）必须建立防冲培训制度。

（六）必须建立冲击危险区人员准入制度，实行限员管理。

（七）必须建立生产矿长（总工程师）日分析制度和日生产进度通知单制度。

（八）必须建立防冲工程措施实施与验收记录台账，保证防冲过程可追溯。

➤ 现场执行

（1）冲击地压矿井必须明确分管冲击地压防治工作的负责人，设立专门的防冲机构，并配备专业防冲技术人员与施工队伍，防冲队伍人数必须满足矿井防冲工作的需要，建立防冲监测系统，配备防冲装备，完善安全设施和管理制度，加强现场管理。

（2）防冲原则中的“区域先行”是指从采掘布局、开采设计等方面避免或降低采掘区域应力集中，防止冲击地压发生。采掘作业前应当开展采掘区域危险性评价、危险区域划分、防冲设计、冲击危险性监测与治理方案制定、区域性监测预警等工作。“局部跟进”是在采掘作业过程中，根据监测信息、冲击地压防治效果和新揭露的地质条件等动态信息，优化调整冲击地压监测和防治技术体系。

（3）中长期防冲规划每 3 至 5 年编制一次，执行期内有较大变化时，应当在年度计划中补充说明。中长期防冲规划与年度防冲计划由煤矿组织编制，经煤矿企业审批后实施。中长期防冲规划主要包括防冲管理机构及队伍组成、规划期内的采掘接续、冲击地压危险区域划分、冲击地压监测与治理措施的指导性方案、冲击地压防治科研重点、安全费用、防冲原则及实施保障措施等。

年度防冲计划主要包括上年度冲击地压防治总结及本年度采掘工作面接续、冲击地压危险区域排查、冲击地压监测与治理措施的实施方案、科研项目、安全费用、防冲安全技术措施、年度培训计划等。

有冲击地压危险的采掘工作面作业规程中必须包括防冲专项措施，防冲专项措施应当依据防冲设计编制，应当包括采掘作业区域冲击危险性评价结论、冲击地压监测方法、防治方法、效果检验方法、安全防护方法以及避灾路线等主要内容。

（4）“防范治理”包括区域防范治理和局部解危措施。区域防范治理包括开采保护层、优化生产布局、合理调整开采顺序、确定合理开采方法、降低应力集中、提前采取卸压措施等。局部解危措施包括煤层注水、钻孔卸压、爆破卸压、水力压裂等。

“效果检验”是对冲击危险区域解危效果有效性的评价。效果检验方法有地应力、微震、电磁辐射、钻屑法等。

“安全防护”是指避免因冲击地压造成人员伤害和设备损坏所采取的措施，包括系统完善、人身防护、设备固定、加强支护等。

（5）冲击地压矿井必须依据冲击地压防治培训制度，定期对井下相关的作业人员、班组长、技术员、区队长、防冲专业人员与管理人员进行冲击地压防治的教育和培训，保证防冲相关人员具备必要的岗位防冲知识和技能。

（6）区队防冲技术人员应配合上级主管部门做好防冲规划及年度工作规划的编制工

作。矿压科（防冲队）、通风区做好危险区域解危措施（如卸压爆破、煤层注水等）的现场实施，做好各种数据及有关信息的收集工作。

区队防冲班组在日常施工中，严格执行防冲要求，强化工程质量管理。区队支护质量检查员必须收集支护质量、矿压显现、冲击地压等方面的信息，发现异常应及时报区队、矿压、总调度室、安检等部门。现场发现异常现象必须立即撤出，并服从防冲管理人员的指挥和安排。

（7）有冲击地压危险的矿井未设置专门、专职的防冲机构，未配备专业人员或者未编制专门设计的，属于“有冲击地压危险，未采取有效措施”重大事故隐患。

其中，“专门”的防冲机构，是指存在弱冲击地压危险的矿井、水平、煤层、采（盘）区设置的机构配有专职负责冲击地压的专业人员，该机构可为独立机构，也可同矿属其他机构、部门合署办公。“专职”的防冲机构，是指存在中冲击地压危险、强冲击地压危险的矿井、水平、煤层、采（盘）区设置的机构配有专职负责冲击地压的专业人员，该机构为独立机构，不可同矿属其他机构、部门合署办公。

（8）冲击地压矿井必须建立冲击地压记录卡和统计表，冲击地压发生后，现场作业人员及班组长配合技术人员详细记录，并进行上报。

（9）现场工作人员要切实利用好现有监测监控系统，积极配合相关监管人员，每班收集监测监控信息和现场动压显现信息。对于现场和监控信息出现新情况时，现场人员要及时汇报各级领导，由相关监管人员当班完成信息分析、报表更新和结果发布等工作。

第二百二十九条 新建矿井和冲击地压矿井的新水平、新采区、新煤层有冲击地压危险的，必须编制防冲设计。防冲设计应当包括开拓方式、保护层的选择、采区巷道布置、工作面开采顺序、采煤方法、生产能力、支护形式、冲击危险性预测方法、冲击地压监测预警方法、防冲措施及效果检验方法、安全防护措施等内容。

➢ 现场执行

（1）新建矿井防冲设计还应当包括：防冲必须具备的装备、防冲机构和管理制度、冲击地压防治培训制度和应急预案等。

（2）新水平防冲设计还应当包括：多水平之间相互影响、多水平开采顺序、水平内煤层群的开采顺序、保护层设计等。

（3）新采区防冲设计还应当包括：采区内工作面采掘顺序设计、冲击地压危险区域与等级划分、基于防冲的回采巷道布置、上下山巷道位置、终采线位置等。

（4）“新建矿井和冲击地压矿井的新水平、新采区、新煤层有冲击地压危险，未编制防冲设计的”，属于“有冲击地压危险，未采取有效措施”重大事故隐患。

第二百三十条 新建矿井在可行性研究阶段应当进行冲击地压评估工作，并在建设期间完成煤（岩）层冲击倾向性鉴定及冲击危险性评价工作。

经评估、鉴定或者评价煤层具有冲击危险性的新建矿井，应当严格按照相关规定进行设计，建成后生产能力不得超过 8 Mt/a，不得核增产能。

冲击地压生产矿井应当按照采掘工作面的防冲要求进行矿井生产能力核定。矿井改建和水平延深时，必须进行防冲安全性论证。

非冲击地压矿井升级为冲击地压矿井时，应当编制矿井防冲设计，并按照防冲要求进行矿井生产能力核定。

采取综合防冲措施后不能将冲击危险性指标降低至临界值以下的，不得进行采掘作业。

➢ **现场执行**

冲击地压矿井应当按照采掘工作面的防冲要求，依据《煤矿生产能力核定标准》规定进行矿井生产能力核定。

在冲击地压危险区域采掘作业时，应当按冲击地压危险性评价结果明确采掘工作面安全推进速度，确定采掘工作面的生产能力。提高矿井生产能力和新水平延深时，必须组织专家进行论证。

严格管控现场人员数量。

➢ **相关案例**

湖北省巴东县辛家煤矿有限责任公司“12·5”重大煤与瓦斯突出事故。

第二百三十一条　冲击地压矿井巷道布置与采掘作业应当遵守下列规定：

（一）开采冲击地压煤层时，在应力集中区内不得布置2个工作面同时进行采掘作业。2个掘进工作面之间的距离小于150 m时，采煤工作面与掘进工作面之间的距离小于350 m时，2个采煤工作面之间的距离小于500 m时，必须停止其中一个工作面。相邻矿井、相邻采区之间应当避免开采相互影响。

（二）开拓巷道不得布置在严重冲击地压煤层中，永久硐室不得布置在冲击地压煤层中。煤层巷道与硐室布置不应留底煤，如果留有底煤必须采取底板预卸压措施。

（三）严重冲击地压厚煤层中的巷道应当布置在应力集中区外。双巷掘进时2条平行巷道在时间、空间上应当避免相互影响。

（四）冲击地压煤层应当严格按顺序开采，不得留孤岛煤柱。在采空区内不得留有煤柱，如果必须在采空区内留煤柱时，应当进行论证，报企业技术负责人审批，并将煤柱的位置、尺寸以及影响范围标在采掘工程平面图上。开采孤岛煤柱的，应当进行防冲安全开采论证；严重冲击地压矿井不得开采孤岛煤柱。

（五）对冲击地压煤层，应当根据顶底板岩性适当加大掘进巷道宽度。应当优先选择无煤柱护巷工艺，采用大煤柱护巷时应当避开应力集中区，严禁留大煤柱影响邻近层开采。巷道严禁采用刚性支护。

（六）采用垮落法管理顶板时，支架（柱）应当有足够的支护强度，采空区中所有支柱必须回净。

（七）冲击地压煤层掘进工作面临近大型地质构造、采空区、其他应力集中区时，必须制定专项措施。

（八）应当在作业规程中明确规定初次来压、周期来压、采空区“见方”等期间的防冲措施。

（九）在无冲击地压煤层中的三面或者四面被采空区所包围的区域开采和回收煤柱时，必须制定专项防冲措施。

（十）采动影响区域内严禁巷道扩修与回采平行作业、严禁同一区域两点及以上同时扩修。

➢ **现场执行**

（1）在集中应力影响范围内，若布置2个工作面同时回采或掘进，会使2个工作面的支承压力呈叠加状态，其值成倍增长，极易诱发冲击地压。

同一巷道2个掘进工作面相向掘进之间的距离不得小于150 m（图3－5－1a），相邻巷道2个掘进工作面相向掘进之间的斜距不得小于150 m（图3－5－1b）。相邻掘进工作面与采煤工作面相向推进之间的距离不得小于350 m（图3－5－2a），邻近掘进工作面与采煤工作面相向推进之间的斜距不得小于350 m（图3－5－2b），邻近掘进工作面与采煤工作面同向推进之间的斜距不得小于350 m（图3－5－2c）。同一采（盘）区上下煤层工作面同向推进之间的距离不得小于500 m（图3－5－3a），两翼工作面相向推进之间的距离不得小于500 m（图3－5－3b）。

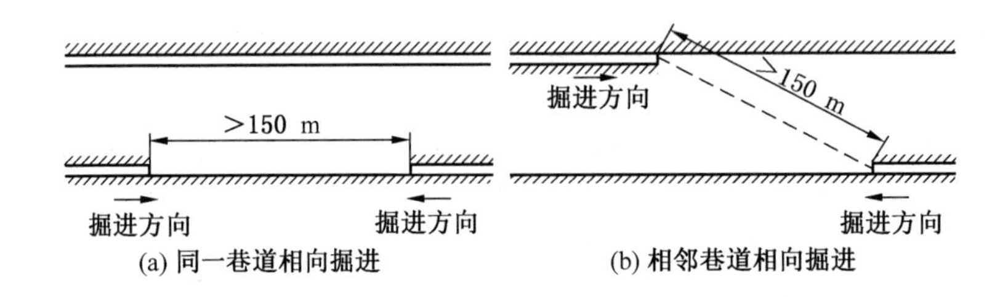

(a) 同一巷道相向掘进　　(b) 相邻巷道相向掘进

图3－5－1　冲击地压危险煤层掘进工作面相隔距离要求

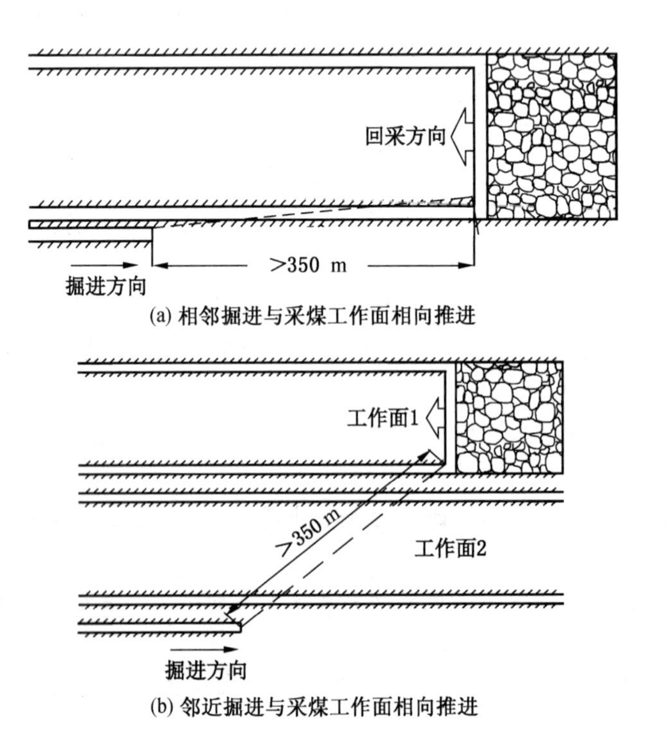

(a) 相邻掘进与采煤工作面相向推进

(b) 邻近掘进与采煤工作面相向推进

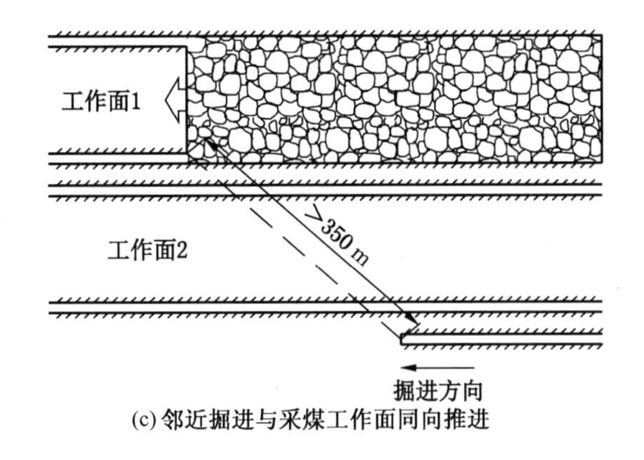

(c) 邻近掘进与采煤工作面同向推进

图 3-5-2 冲击地压危险煤层掘进与采煤工作面相隔距离要求

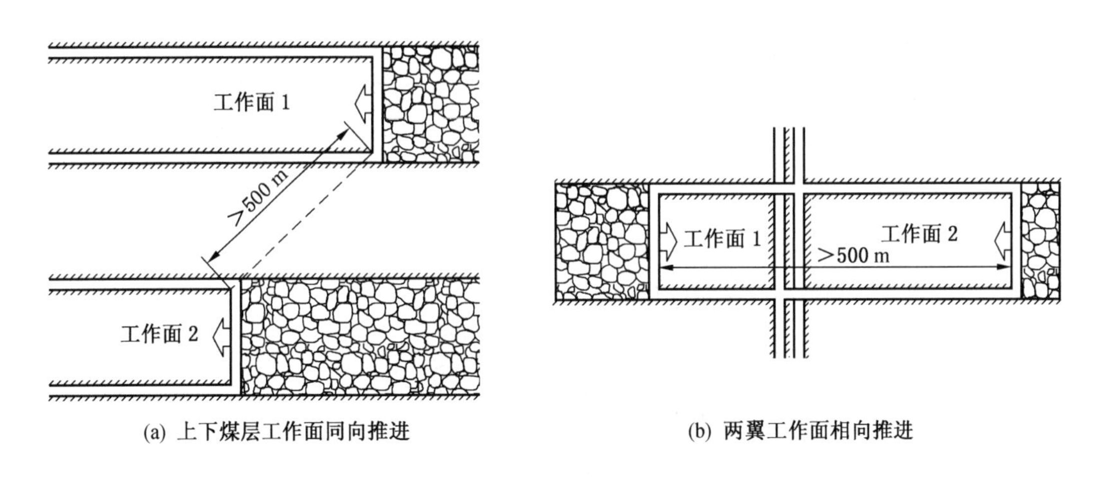

(a) 上下煤层工作面同向推进　(b) 两翼工作面相向推进

图 3-5-3 冲击地压危险煤层采煤工作面相隔距离要求

(2) 开拓巷道不得布置在严重冲击地压煤层中，永久硐室不得布置在冲击地压煤层中。开拓巷道、永久硐室布置达不到以上要求且不具备重新布置条件时，需进行安全性论证。在采取加强防冲综合措施，确认冲击危险监测指标小于临界值后方可继续使用，且必须加强监测。

双巷掘进时，为避免两条平行巷道在时间、空间上的相互干扰影响，双巷之间的前后错距应大于 150 m（图 3-5-4）。

工作面两侧及两侧以上边界为采空区，称为孤岛工作面。受多个方向支承压力叠加影响，孤岛工作面开采应力水平较高，顶板运动剧烈，冲击地压危险更高。孤岛工作面（煤柱）的布置方式如图 3-5-5 所示。

工作面回采后采空区走向长度与工作面倾斜长度近似相等（图 3-5-6a），即为采空区“见方”。采空区“见方”时上覆岩层呈正“O-X”破断（图 3-5-6b），应力集中程度高，矿压显现明显，是冲击地压的重点防治阶段。

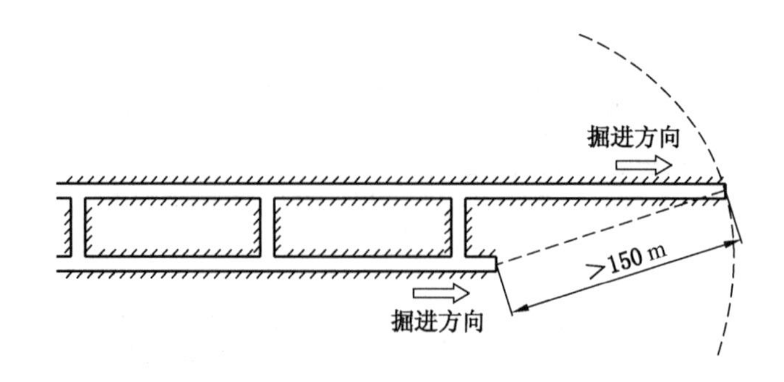

图 3-5-4　双巷掘进巷道错距示意图

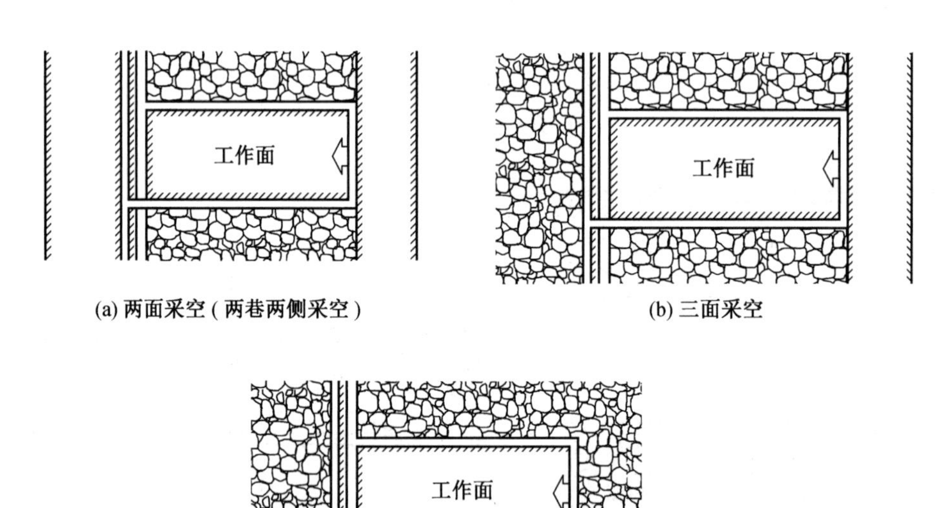

图 3-5-5　孤岛工作面（煤柱）布置示意图

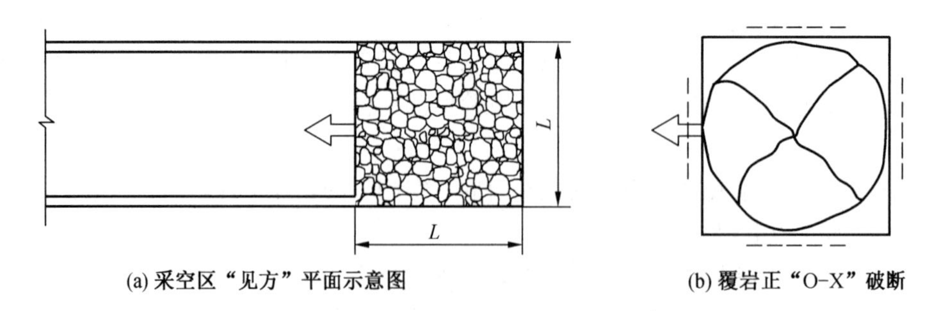

图 3-5-6　工作面采空区“见方”示意图

➤ **相关案例**

兖煤菏泽能化有限公司赵楼煤矿“7·29”冲击地压事故。

第二节　冲击危险性预测

第二百三十四条　冲击地压矿井必须进行区域危险性预测（以下简称区域预测）和局部危险性预测（以下简称局部预测）。区域与局部预测可根据地质与开采技术条件等，优先采用综合指数法确定冲击危险性。

➤ 现场执行

区域预测是指对矿井、水平、煤层、采（盘）区进行冲击危险性评价，划分冲击地压危险区域和确定危险等级；局部预测是指对采掘工作面和巷道、硐室进行冲击危险性评价，划分冲击地压危险区域和确定危险等级。

区域预测与局部预测可根据地质与开采技术条件等，优先采用综合指数法确定冲击危险性，还可采用其他经实践证明有效的方法。预测结果分为四类：无冲击地压危险区、弱冲击地压危险区、中等冲击地压危险区、强冲击地压危险区。根据不同的预测结果制定相应的防治措施。

“冲击地压矿井未进行区域危险性预测和局部危险性预测，即未对矿井、水平、煤层、采（盘）区进行冲击危险性评价，划分冲击地压危险区域和确定危险等级；未对采掘工作面和巷道进行冲击危险性评价，划分冲击地压危险区域和确定危险等级的”，属于“有冲击地压危险，未采取有效措施”重大事故隐患。

第二百三十五条　必须建立区域与局部相结合的冲击地压危险性监测制度。

应当根据现场实际考察资料和积累的数据确定冲击危险性预警临界指标。

➤ 现场执行

（1）冲击地压矿井必须建立区域与局部相结合的冲击危险性监测制度，区域监测应当覆盖矿井采掘区域，局部监测应当覆盖冲击地压危险区，区域监测可采用微震监测法等，局部监测可采用钻屑法、应力监测法、电磁辐射法等。

采用微震监测法进行区域监测时，微震监测系统的监测与布置应当覆盖矿井采掘区域，对微震信号进行远距离、实时、动态监测，并确定微震发生的时间、能量（震级）及三维空间坐标等参数。

采用钻屑法进行局部监测时，钻孔参数应当根据实际条件确定。记录每米钻进时的煤粉量，达到或超过临界指标时，判定为有冲击地压危险；记录钻进时的动力效应，如声响、卡钻、吸钻、钻孔冲击等现象，作为判断冲击地压危险的参考指标。

采用应力监测法进行局部监测时，应当根据冲击危险性评价结果，确定应力传感器埋设深度、测点间距、埋设时间、监测范围、冲击地压危险判别指标等参数，实现远距离、实时、动态监测。

可采用矿压监测法进行局部补充性监测，掘进工作面每掘进一定距离设置顶底板动态仪和顶板离层仪，对顶底板移近量和顶板离层情况进行定期观测；回采工作面通过对液压支架工作阻力进行监测，分析采场来压程度、来压步距、来压征兆等，对采场大面积来压进行预测预报。

（2）冲击地压矿井应当根据矿井的实际情况和冲击地压发生类型，选择区域和局部监测方法。可以用实验室试验或类比法先设定预警临界指标初值，再根据现场实际考察资料和积累的数据进一步修订初值，确定冲击危险性预警临界指标。

冲击地压矿井必须有技术人员 24 h 专门负责监测与预警工作；必须建立实时预警、处置调度和处理结果反馈制度。

第二百三十六条 冲击地压危险区域必须进行日常监测预警，预警有冲击地压危险时，应当立即停止作业，切断电源，撤出人员，并报告矿调度室。在实施解危措施、确认危险解除后方可恢复正常作业。

停产 3 天及以上冲击地压危险采掘工作面恢复生产前，应当评估冲击地压危险程度，并采取相应的安全措施。

➢ 现场执行

（1）冲击地压危险区域必须进行日常监测预警，防冲专业人员每天对冲击地压危险区域的监测数据、生产条件等进行跟踪分析，并编制监测日报，报经矿防冲负责人、总工程师签字，及时告知相关单位和人员。

监测预警有冲击地压危险时［如：监测区域或作业地点监测数据超过冲击地压危险预警临界指标，或采掘作业地点出现强烈震动、巨响、瞬间底（帮）鼓、煤岩弹射等动力现象］，现场作业人员必须立即停止作业，同时切断电源，并按照冲击地压避灾路线迅速撤出人员，并报告矿调度室。

（2）冲击地压危险区域实施解危措施时，必须撤出冲击地压危险区域所有与防冲施工无关的人员，停止运转一切与防冲施工无关的设备。实施解危措施后，必须由防冲专业人员对解危效果进行检验，检验结果小于临界值，经防冲负责人确认危险解除后方可恢复正常作业。

（3）停产 3 天及以上的冲击地压危险采掘工作面恢复生产前，防冲专业人员应当根据钻屑法、应力监测法或微震监测法等检测监测情况对工作面冲击地压危险程度进行评价，并采取相应的安全措施，主要是在实施合理卸压措施的基础上，对部分特殊或破碎区域进行补强支护并确认已有的各类支护有效以及相关监测预警设施完好等。

第三节 区域与局部防冲措施

第二百三十七条 冲击地压矿井应当选择合理的开拓方式、采掘部署、开采顺序、采煤工艺及开采保护层等区域防冲措施。

➢ 现场执行

冲击地压矿井必须采取区域和局部相结合的防冲措施。在矿井设计、采（盘）区设计阶段应当先行采取区域防冲措施；对已形成的采掘工作面应当在实施区域防冲措施的基础上及时跟进局部防冲措施。

（1）冲击地压矿井进行开拓方式选择时，应当参考地应力等因素合理确定开拓巷道层位与间距，尽可能地避免局部应力集中。

（2）冲击地压矿井进行采掘部署时，应当将巷道布置在低应力区，优先选择无煤柱护巷或小煤柱护巷，降低巷道的冲击危险性。

（3）冲击地压矿井同一煤层开采，应当优化确定采区间和采区内的开采顺序，避免出现孤岛工作面等高应力集中区域。

(4) 冲击地压矿井进行采区设计时，应当避免开切眼和终采线外错布置形成应力集中，否则应当制定防冲专项措施。

➢ **相关案例**

黑龙江龙煤鹤岗矿业有限责任公司峻德煤矿“9·25”顶板（冲击地压）事故。

第二百三十八条 保护层开采应当遵守下列规定：

（一）具备开采保护层条件的冲击地压煤层，应当开采保护层。

（二）应当根据矿井实际条件确定保护层的有效保护范围，保护层回采超前被保护层采掘工作面的距离应当符合本规程第二百三十一条的规定。

（三）开采保护层后，仍存在冲击地压危险的区域，必须采取防冲措施。

➢ **现场执行**

(1) 应当根据煤层层间距、煤层厚度、煤层及顶底板的冲击倾向性等情况综合考虑保护层开采的可行性，具备条件的，必须开采保护层。优先开采无冲击地压危险或弱冲击地压危险的煤层，有效减弱被保护煤层的冲击危险性。

(2) 保护层的有效保护范围应当根据保护层和被保护层的煤层赋存情况、保护层采煤方法和回采工艺等矿井实际条件确定；保护层回采超前被保护层采掘工作面的距离应当符合《防治煤矿冲击地压细则》的规定；保护层的卸压滞后时间和对被保护层卸压的有效时间应当根据理论分析、现场观测或工程类比综合确定。

第二百三十九条 冲击地压煤层的采煤方法与工艺确定应当遵守下列规定：

（一）采用长壁综合机械化开采方法。

（二）缓倾斜、倾斜厚及特厚煤层采用综采放顶煤工艺开采时，直接顶不能随采随冒的，应当预先对顶板进行弱化处理。

➢ **现场执行**

长壁综合机械化开采方法采用整体液压支架支护，支架工作阻力大，有利于降低工作面超前支承压力集中程度，同时具有较强的抵抗顶板冲击动载的能力，有利于防治冲击地压。

对于缓斜、倾斜厚煤层（厚度大于3.5 m）与特厚煤层（厚度大于12 m），采用综采放顶煤开采时，当采放比过大时，直接顶垮落后的充填高度小，在采空区出现空洞，不但造成悬顶，还会造成顶板冲击或飓风，且易积聚瓦斯，增大了冲击地压及其次生灾害发生的可能性和危险性。

➢ **相关案例**

吉煤集团辽源矿业公司龙家堡矿业有限责任公司“6·9”冲击地压事故。

第二百四十条 冲击地压煤层采用局部防冲措施应当遵守下列规定：

（一）采用钻孔卸压措施时，必须制定防止诱发冲击伤人的安全防护措施。

（二）采用煤层爆破措施时，应当根据实际情况选取超前松动爆破、卸压爆破等方法，确定合理的爆破参数，起爆点到爆破地点的距离不得小于300 m。

（三）采用煤层注水措施时，应当根据煤层条件，确定合理的注水参数，并检验注水效果。

（四）采用底板卸压、顶板预裂、水力压裂等措施时，应当根据煤岩层条件，确定合理的参数。

➢ 现场执行

（1）冲击地压矿井应当在采取区域措施基础上，选择煤层钻孔卸压、煤层爆破卸压、煤层注水、顶板爆破预裂、顶板水力致裂、底板钻孔或爆破卸压等至少一种有针对性、有效的局部防冲措施。

（2）采用煤层钻孔卸压防治冲击地压时，应当依据冲击危险性评价结果、煤岩物理力学性质、开采布置等具体条件综合确定钻孔参数。必须制定防止打钻诱发冲击伤人的安全防护措施。

（3）采用煤层爆破卸压防治冲击地压时，应当依据冲击危险性评价结果、煤岩物理力学性质、开采布置等具体条件确定合理的爆破参数，包括孔深、孔径、孔距、装药量、封孔长度、起爆间隔时间、起爆方法、一次爆破的孔数。

采用爆破卸压时，必须编制专项安全措施，包括详细说明躲炮时间、起爆点及警戒点到爆破地点的直线距离不得小于300 m，躲炮时间不得小于30 min。躲炮地点应位于巷道交岔点和冲击地压特别危险区以外的支架良好处。

必须加强巷道的临时支护，全岩锚喷巷道要采取初喷加前探梁或柱式支护，在不稳定岩层中，巷道爆破前必须采取打超前锚杆或其他超前加固措施作辅助临时支护，以保证临时支护的可靠性。

（4）采用煤层注水防治冲击地压时，应当根据煤层条件及煤的浸水试验结果等综合考虑确定注水孔布置、注水压力、注水量、注水时间等参数，并检验注水效果。

（5）采用顶板爆破预裂防治冲击地压时，应当根据邻近钻孔顶板岩层柱状图、顶板岩层物理力学性质和工作面来压情况等，确定岩层爆破层位，依据爆破岩层层位确定爆破钻孔方位、倾角、长度、装药量、封孔长度等爆破参数。

（6）采用顶板水力致裂防治冲击地压时，应当根据邻近钻孔顶板岩层柱状图、顶板岩层物理力学性质和工作面来压情况等，确定压裂孔布置（孔深、孔径、孔距）、高压泵压力、致裂时间等参数。

（7）采用底板钻孔卸压防治冲击地压时，应当依据冲击危险性评价结果、底板煤岩层物理力学性质、开采布置等实际具体条件综合确定卸压钻孔参数。

（8）采用底板爆破卸压防治冲击地压时，应当根据邻近钻孔柱状图和煤层及底板岩层物理力学性质等煤岩层条件等，确定煤岩层爆破深度、钻孔倾角与方位角、装药量、封孔长度等参数。

（9）实施治理措施现场应有记录，记录内容包括实施措施的时间、地点、人员、实施方法和具体参数等。

第二百四十一条 采掘工作面实施解危措施时，必须撤出与实施解危措施无关的人员。

冲击地压危险工作面实施解危措施后，必须进行效果检验，确认检验结果小于临界值后，方可进行采掘作业。

➤ **现场执行**

防冲效果检验可采用钻屑法、应力监测法或微震监测法等，防冲效果检验的指标参考监测预警的指标执行。

“冲击地压危险区域、冲击地压危险工作面实施解危措施后，未对解危效果进行检验，或者检验结果大于临界值，仍进行采掘作业的”，属于“有冲击地压危险，未采取有效措施”重大事故隐患。

➤ ***相关案例***

山东龙郓煤业有限公司“10·20”冲击地压事故。

第四节 冲击地压安全防护措施

第二百四十二条 进入严重冲击地压危险区域的人员必须采取特殊的个体防护措施。

➤ **现场执行**

人员进入冲击地压危险区域时必须严格执行“人员准入制度”。准入制度必须明确规定人员进入的时间、区域、人数及需采取的防护措施，井下现场设立管理站。

进入严重（强）冲击地压危险区域的人员必须采取穿戴防冲服等特殊的个体防护措施，对人体胸部、腹部、头部等主要部位加强保护。

对于特别严重（强）冲击地压危险区域，现场作业人员除按要求采取专业防护措施外，还需结合现场实际情况，配备专业救护队员。

第二百四十三条 有冲击地压危险的采掘工作面，供电、供液等设备应当放置在采动应力集中影响区外。对危险区域内的设备、管线、物品等应当采取固定措施，管路应当吊挂在巷道腰线以下。

➤ **现场执行**

有冲击地压危险的采掘工作面，供电、供液等设备应当放置在采动应力集中影响区外，且距离工作面不小于 200 m；不能满足上述条件时，应当放置在无冲击地压危险区域。

评价为强冲击地压危险的区域不得存放备用材料和设备；巷道内杂物应当清理干净，保持行走路线畅通；对冲击地压危险区域内的在用设备、管线、物品等应当采取固定措施，管路应当吊挂在巷道腰线以下，高于 1.2 m 的必须采取固定措施。

现场工作人员必须加强对供电、供液、管线等设备设施的日常检查、管理、维护，若发现牢固措施不到位、设备不完好、管线有破损等不符合措施要求的，要立即整改，确保设备、设施完好，各类措施执行到位。

第二百四十四条 冲击地压危险区域的巷道必须加强支护。

采煤工作面必须加大上下出口和巷道的超前支护范围与强度，弱冲击危险区域的工作面超前支护长度不得小于 70 m；厚煤层放顶煤工作面、中等及以上冲击危险区域的工作面超前支护长度不得小于 120 m，超前支护应当满足支护强度和支护整体稳定性要求。

严重（强）冲击地压危险区域，必须采取防底鼓措施。

➤ **现场执行**

（1）冲击地压危险区域的巷道必须采取加强支护措施，采煤工作面必须加大上下出口和巷道的超前支护范围与强度，并在作业规程或专项措施中规定。加强支护可采用单体液压支柱、门式支架、垛式支架、自移式支架等。采用单体液压支柱加强支护时，必须采取防倒、防坠、穿鞋戴帽等措施。同时超前支护必须确保初撑力达标，同时要保证支护设施完好，如单体柱严禁出现窜液、漏液问题，应第一时间更换自降、失效的单体柱。

（2）严重（强）冲击地压危险区域，必须采取防底鼓措施。防底鼓措施应当定期清理底鼓，并可根据巷道底板岩性采取底板卸压、底板加固等措施。底板卸压可采取底板爆破、底板钻孔卸压等；底板加固可采用U型钢底板封闭支架、带有底梁的液压支架、打设锚杆（锚索）、底板注浆等。

（3）冲击地压危险区域巷道扩修时，必须制定专门的防冲措施，严禁多点作业，采动影响区域内严禁巷道扩修与回采平行作业。

（4）冲击地压巷道严禁采用刚性支护，要根据冲击地压危险性进行支护设计，可采用抗冲击的锚杆（锚索）、可缩支架及高强度、抗冲击巷道液压支架等，提高巷道抗冲击能力。

第二百四十五条 有冲击地压危险的采掘工作面必须设置压风自救系统，明确发生冲击地压时的避灾路线。

➤ **现场执行**

冲击地压矿井必须制定采掘工作面冲击地压避灾路线，绘制井下避灾线路图。冲击地压危险区域的作业人员必须掌握作业地点发生冲击地压灾害的避灾路线以及被困时的自救常识。井下有危险情况时，班组长、调度员和防冲专业人员有权责令现场作业人员停止作业，停电撤人。

现场工作人员要做好压风自救系统的日常维护工作，确保压风自救系统安设位置合规，同时能够正常使用。

第六章 防 灭 火

第一节 一 般 规 定

第二百四十六条 煤矿必须制定井上、下防火措施。煤矿的所有地面建（构）筑物、煤堆、矸石山、木料场等处的防火措施和制度，必须遵守国家有关防火的规定。

➤ **现场执行**

矿井防灭火措施应当包括防止井口地面火灾危害井下安全措施、各种外因火灾的防灭火措施、自燃煤层开采时的防灭火措施、现有火区管理和灭火措施、在火区周围进行生产活动的安全措施、发生火灾时的通风应变措施、发生火灾时防止瓦斯（煤尘）爆炸和防止灾情扩大的措施、发生火灾时的矿工自救和救灾措施等。

国家有关防火的规定主要包括《建筑设计防火规范》（GB 50016）、《煤炭矿井设计防火规范》（GB 51078）、《煤矿矸石山灾害防治与治理工作指导意见》（安监总煤矿字

〔2005〕162号）等相关标准和规范中关于建（构）筑物的耐火极限、防火分区与防火分隔、建筑防火构造、防火间距、消防设施设置和矸石山安全管理等的规定。

第二百四十七条 木料场、矸石山等堆放场距离进风井口不得小于80 m。木料场距离矸石山不得小于50 m。

不得将矸石山设在进风井的主导风向上风侧、表土层10 m以浅有煤层的地面上和漏风采空区上方的塌陷范围内。

➢ **现场执行**

(1) 木料场、矸石山属可燃物质，遇外部火源或矸石中易燃物具备自燃条件发生火灾，且距离进风井口较近时，可燃物燃烧释放的热量及高温有毒烟气就有可能顺风流进入井下，形成矿井火灾。

(2) 木料场、矸石山等地面可燃物安全距离至少为20～40 m，同时考虑增加25%的有明火或能散发火花的防火间距，木料场距离矸石山不得小于50 m。

(3) 矸石山不得设置在表土层10 m以内有煤层的地面上和设在有漏风的采空区上方的塌陷范围内是避免矸石山燃烧后，引燃下部煤层，或烟气在地表有漏风通道的条件下进入井下。

第二百四十八条 新建矿井的永久井架和井口房、以井口为中心的联合建筑，必须用不燃性材料建筑。

对现有生产矿井用可燃性材料建筑的井架和井口房，必须制定防火措施。

第二百四十九条 矿井必须设地面消防水池和井下消防管路系统。井下消防管路系统应当敷设到采掘工作面，每隔100 m设置支管和阀门，但在带式输送机巷道中应当每隔50 m设置支管和阀门。地面的消防水池必须经常保持不少于200 m^3的水量。消防用水同生产、生活用水共用同一水池时，应当有确保消防用水的措施。

开采下部水平的矿井，除地面消防水池外，可以利用上部水平或者生产水平的水仓作为消防水池。

➢ **现场执行**

井下消防管路系统每隔100 m设置支管和阀门是为就近灭火提供条件。带式输送机输送带存在打滑、跑偏产生引燃的可能，是防火重点对象，应当每隔50 m设置支管和阀门。

消防用水同生产、生活用水共用同一水池时，为确保消防用水，可在生活用水泵吸水管上开一个虹吸孔、抬高生活水泵吸水管位置、使用水位控制器等措施。

第二百五十条 进风井口应当装设防火铁门，防火铁门必须严密并易于关闭，打开时不妨碍提升、运输和人员通行，并定期维修；如果不设防火铁门，必须有防止烟火进入矿井的安全措施。

罐笼提升立井井口还应当采取以下措施：

（一）井口操车系统基础下部的负层空间应当与井筒隔离，并设置消防设施。

（二）操车系统液压管路应当采用金属管或者阻燃高压非金属管，传动介质使用难燃液，液压站不得安装在封闭空间内。

（三）井筒及负层空间的动力电缆、信号电缆和控制电缆应当采用煤矿用阻燃电缆，并与操车系统液压管路分开布置。

（四）操车系统机坑及井口负层空间内应当及时清理漏油，每天检查清理情况，不得留存杂物和易燃物。

➢ **现场执行**

进风井口防火铁门的安装必须不得妨碍矿井的正常生产，并定期组织人员对防火铁门的密闭性进行检查，发现异常时，必须及时维护。由于条件限制无法安全防火铁门时，必须采取配备灭火器、消防砂箱等消防器材，井口严禁堆放可燃物，在井口方出口处设防火铁门等措施。

装有带式输送机的井筒兼作进风井时，井筒中必须装设自动报警与自动灭火装置，敷设消防管路。

第二百五十一条 井口房和通风机房附近 20 m 内，不得有烟火或者用火炉取暖。通风机房位于工业广场以外时，除开采有瓦斯喷出的矿井和突出矿井外，可用隔焰式火炉或者防爆式电热器取暖。

暖风道和压入式通风的风硐必须用不燃性材料砌筑，并至少装设 2 道防火门。

➢ **现场执行**

井口房和通风机房担负矿井通风的主要任务，一旦因为利用明火取暖等引发火灾事故，就可能烧毁配电系统、风机设备及附属装置，造成矿井停风，诱发井下事故发生，而且有毒有害及高温烟气易在通风压力的作用下侵入井下，恶化矿井空气质量，造成井下人员中毒、窒息，甚至造成重大人员伤亡。

在煤（岩）与瓦斯突出矿井，杜绝利用烟火或用火炉取暖，主要是因为当井下发生煤与瓦斯突出时，突出瞬间产生的冲击波会造成风流逆转，含有高浓度瓦斯和大量煤尘的高压气流可能进入通风机房，遇明火引燃瓦斯。

季节温度变化时，矿井进风温度低，需对风流加热，此类矿井的供暖风道施工时必须使用不燃性材料，避免火灾发生。压入式通风时新鲜风流是经风硐送入井下的，一旦风硐起火，会造成整个矿井受影响，因此，压入式通风的风硐必须最大限度地减少可燃物的使用。此外，在暖风道和采用压入式通风的风硐至少安设 2 道防火门，其主要目的和作用是防止地面火灾产生的烟雾和有害气体，通过暖风道和压入式通风的风硐直接进入井下，造成人员中毒窒息死亡；防止瓦斯喷出或煤与瓦斯突出瞬间产生的冲击波冲进暖风机房和通风机，而使灾情扩大。

第二百五十二条 井筒与各水平的连接处及井底车场，主要绞车道与主要运输巷、回风巷的连接处，井下机电设备硐室，主要巷道内带式输送机机头前后两端各 20 m 范围内，都必须用不燃性材料支护。

在井下和井口房，严禁采用可燃性材料搭设临时操作间、休息间。

➢ **现场执行**

不燃性材料支护的方式主要有锚喷、金属支架、铁椽子、双抗网、铁皮预制板支护及其组合使用。

(1) 锚喷支护。这种支护方式采用水泥、砂子、石子按照一定的配比通过压风喷射在巷壁上，所有的支护材料全部是不燃性材料。

(2) 金属支架、铁椽子、双抗网支护。这种支护方式采用钢管、圆钢或废旧的粗钢丝绳取代一般支护中的木椽子，在巷道施工时一次支护成型。由于金属支架、铁椽子是不燃的，双抗网是阻燃的，这样支护的巷道也达到不燃性支护效果。

(3) 金属支架、木椽子、双抗网、铁皮支护。在已经施工的巷道中临时安装带式输送机，可以在机头硐室段固定木龙骨，将铁皮钉在龙骨上从而达到阻燃的目的。

(4) 金属支架、铁皮预制板支护。提前采用水泥、砂子、石子制作预制板作为背板，施工带式输送机机头硐室时，将背板背在金属支架和围岩之间，背板起到支护和阻燃的双重作用。

锚喷、金属支架、铁椽子、铁皮、预制板等不燃性材料支护方式各有优缺点，可根据巷道服务年限、企业实际情况和现场条件做出选择。

(5) 井巷支护材料的选择应当符合下列规定：

① 进风井筒、回风井筒、井筒与各水平的连接处、井底车场、主要绞车道与主要运输巷及回风巷的连接处、井下机电设备硐室、主要巷道内带式输送机机头前后两端各 20 m 范围内，必须采用不燃性材料支护。

② 井下机电设备硐室、检修硐室、材料库、采区变电所等主要硐室的支护和风门、风窗必须采用不燃性材料。井下机电设备硐室出口必须装设向外开的防火铁门，防火铁门外 5 m 内的巷道，应当砌碹或者采用其他不燃性材料支护。

③ 井下爆炸物品库必须采用砌碹或者用非金属不燃性材料支护，风门、风窗必须采用不燃性材料。爆炸物品库出口两侧的巷道，必须采用砌碹或者用不燃性材料支护，支护长度不得小于 5 m。

第二百五十三条 井下严禁使用灯泡取暖和使用电炉。

➢ 现场执行

灯泡耗电量大，开灯瞬间电流大，局部温度过高易造成灯丝烧断，属于落后设备，不能做到本质安全，《国家安全监管总局关于印发淘汰落后安全技术工艺、设备目录（2016年）的通知》(安监总科技〔2016〕137 号）规定，井下严禁使用照明白炽灯。

电炉是靠炽热的炉丝发热的，温度很高，辐射大量的热能，成为点火源，可引燃可燃物引起火灾或爆炸事故。

除灯泡、电炉外，还严禁携带烟草和点火物品，严禁穿化纤衣服入井。井口和井下电气设备必须装设防雷击和防短路的保护装置。

第二百五十四条 井下和井口房内不得进行电焊、气焊和喷灯焊接等作业。如果必须在井下主要硐室、主要进风井巷和井口房内进行电焊、气焊和喷灯焊接等工作，每次必须制定安全措施，由矿长批准并遵守下列规定：

（一）指定专人在场检查和监督。

（二）电焊、气焊和喷灯焊接等工作地点的前后两端各 10 m 的井巷范围内，应当是不燃性材料支护，并有供水管路，有专人负责喷水，焊接前应当清理或者隔离焊碴飞溅区域内的可燃物。上述工作地点应当至少备有2个灭火器。

（三）在井口房、井筒和倾斜巷道内进行电焊、气焊和喷灯焊接等工作时，必须在工作地点的下方用不燃性材料设施接受火星。

（四）电焊、气焊和喷灯焊接等工作地点的风流中，甲烷浓度不得超过0.5%，只有在检查证明作业地点附近20 m范围内巷道顶部和支护背板后无瓦斯积存时，方可进行作业。

（五）电焊、气焊和喷灯焊接等作业完毕后，作业地点应当再次用水喷洒，并有专人在作业地点检查1 h，发现异常，立即处理。

（六）突出矿井井下进行电焊、气焊和喷灯焊接时，必须停止突出煤层的掘进、回采、钻孔、支护以及其他所有扰动突出煤层的作业。

煤层中未采用砌碹或者喷浆封闭的主要硐室和主要进风大巷中，不得进行电焊、气焊和喷灯焊接等工作。

➤ 现场执行

（1）在井下的回风巷道、采掘工作面、煤层中未采用砌碹或喷浆封闭的主要硐室和主要进风大巷中，不得进行施焊作业。

（2）每一次施焊都必须制定有针对性的安全措施，措施中需明确说明施焊地点、现场施工与监管人数、人员撤离通道、施焊前后注意事项及相关保障性措施，施焊安全措施必须有机电、通风、安监等部门审查，主管通风领导审签，再经矿长批准后方可实施。

（3）一个措施只能在一个地点使用一次，严禁使用通用措施或同一地点多次使用一个措施。

（4）井下所有回风巷道内均不准施焊，煤层巷道（包括工作面的进风巷）严禁施焊；直接进入有突出危险的采掘面的风流中严禁施焊作业；如因特殊情况不得不施焊时在突出危险区域内必须停止一切工作。

（5）电气焊作业前及作业过程中，瓦斯检查员必须全程监测作业场所有害气体浓度。当瓦斯浓度超过0.5%时，立即停止作业。安监员必须全程监督检查施焊地点周围的安全状况及安全技术措施的落实情况。

（6）井下施焊火种只能使用火柴，不准使用打火机或其他火种，火柴必须由瓦检员或专职监管人员携带和保管，入井和升井都必须向井口检查人员汇报火柴使用情况。

（7）电气焊作业地点必须配备消防器材，并有可靠的灭火水管，由喷洒水人员负责喷洒水。

（8）电气焊作业时，应在工作地点及其附近设置不燃性材料接收火星、焊渣等高温物品，并及时扑灭明火。

（9）电气焊工作完毕或暂停时，施焊人员必须及时切断电源、气源。工作完毕后，作业人员必须对施工现场进行彻底清理，喷洒水人员再次用水喷洒，并由焊后留守人员在工作地点检查1 h，确认无起火危险或其他异常后，方可离开作业现场。

➤ 相关案例

（1）宣威市皂卫矿业有限责任公司皂卫煤矿“4·3”瓦斯爆炸事故。

（2）黑龙江龙煤双鸭山矿业公司东荣二矿“3·9”运输事故。

第二百五十五条　井下使用的汽油、煤油必须装入盖严的铁桶内，由专人押运送至使用地点，剩余的汽油、煤油必须运回地面，严禁在井下存放。

井下使用的润滑油、棉纱、布头和纸等，必须存放在盖严的铁桶内。用过的棉纱、布头和纸，也必须放在盖严的铁桶内，并由专人定期送到地面处理，不得乱放乱扔。严禁将剩油、废油泼洒在井巷或者硐室内。

井下清洗风动工具时，必须在专用硐室进行，并必须使用不燃性和无毒性洗涤剂。

➢ 现场执行

汽油、煤油属于易挥发易燃液体，为避免出现油蒸汽，发生蒸汽爆炸，使用完毕后必须及时运回地面。除加油硐室外，井下其他地点不应存放柴油。

风动工具洗涤剂必须为不燃性和无毒性，防止发生火灾和危及人数安全。专用硐室必须满足阻燃和独立通风条件。

第二百五十六条　井上、下必须设置消防材料库，并符合下列要求：

（一）井上消防材料库应当设在井口附近，但不得设在井口房内。

（二）井下消防材料库应当设在每一个生产水平的井底车场或者主要运输大巷中，并装备消防车辆。

（三）消防材料库储存的消防材料和工具的品种和数量应当符合有关要求，并定期检查和更换；消防材料和工具不得挪作他用。

➢ 现场执行

井上、下消防材料库主要配备器材应符合表3－6－1、表3－6－2要求。

表3－6－1　井上消防材料库主要配备器材

序号	器材名称	规　格	单位＼井型	配置数量			备　注
				小型	中型	大型	
1	清水泵	流量≥10 m^3/h	台	1	1	1	或存放于设备库中
2	泥水泵	流量≥10 m^3/h	台	1	2	2	
3	消火水龙带	接口与井下消火阀门立柱出口匹配	m	600	700	800	—
4	多用消火水枪	接口与消火水龙带口径匹配	支	7	8	9	直流＋喷雾
5	高倍数泡沫发生装置	发泡量≥200 m^3/min	套	1	1	1	或存放于设备库中
6	消防泡沫喷枪	发泡量≥1.5 m^3/min	套	1	2	2	
7	高倍数泡沫剂	发泡倍数≥500	t	0.3	0.4	0.5	
8	消防泡沫剂	发泡倍数≥15	t	0.1	0.2	0.2	

表3-6-1（续）

序号	器材名称	规格	井型 单位	配置数量 小型	中型	大型	备注
9	分流管	与井下洒水管快速接头匹配	个	2	3	4	—
10	集流管	与井下洒水管快速接头匹配	个	1	2	2	—
11	消火三通	—	个	2	3	4	根据井下不同管径分别配备
12	阀门	—	个	2	3	4	
13	快速接头及帽盖垫圈	与井下洒水管快速接头匹配	套	70	80	90	—
14	管钳子	适用于井下各种消防管路	把	4	6	8	—
15	折叠式帆布水箱	≥15 L	个	2	2	2	—
16	救生绳	长 20 m	根	2	3	4	—
17	伸缩梯	高度 4 m	副	1	1	1	—
18	普通梯	绝缘	副	1	2	2	—
19	泡沫灭火器	9 L	个	15	20	25	—
20	CO_2 灭火器	7 kg	个	6	8	10	—
21	干粉灭火器	8 kg	个	10	12	14	—
22	喷雾喷嘴	与井下洒水管快速接头匹配	个	2	3	4	—
23	泡沫灭火器起泡药瓶	500 mL	个	15	20	25	硫酸铝溶液
		500 mL	个	15	20	25	碳酸氢钠溶液
24	灭火岩粉	粒度<0. 3 mm	kg	300	400	500	—
25	石棉毯	≥1 m×1 m	块	3	4	5	—
26	风筒布	矿用阻燃	m	300	400	500	—
27	水泥	强度等级≥42. 5	t	3	4	5	—
28	水玻璃	工业级	t	1	1	1	—
29	石灰	普通石灰	t	2	3	4	—
30	速接钢管	根据井下不同管径分别配备	节	100	120	150	每节 10 m
31	胶管	—	m	1000	1200	1500	根据井下不同管径分别配备
32	局部通风机	28 kW	台	2	3	3	—
		11 kW	台	2	3	3	—

表 3-6-1（续）

序号	器材名称	规　格	配置数量				备　注
			井型 单位	小型	中型	大型	
33	接管工具	KJ-20-46	套	2	3	4	—
34	单相变压器	容量≥10 kV · A	台	2	3	3	—
35	电力开关	QBZ	台	2	3	3	—
36	电缆	矿用阻燃	m	300	400	500	—
37	玻璃棉	—	kg	500	800	1000	—
38	风镐	—	台	1	2	2	—
39	安全带	承载 500 kg	条	3	4	5	—
40	镀锌钢丝绳	ϕ12 mm	m	100	150	200	—
41	潜水泵	—	台	1	2	2	或存放于设备库中

表 3-6-2　井下消防材料库主要配备器材

序号	器材名称	规　格	配置数量				备　注
			井型 单位	小型	中型	大型	
1	消火阀门立柱	接口与井下洒水管快速接头匹配	个	2	3	4	—
2	消火水龙带	接口与消火阀门立柱出口匹配	m	600	700	800	—
3	多用消火水枪	接口与消火水龙带口径匹配	支	4	4	4	直流+喷雾
4	变径管节	—	个	10	12	14	根据井下不同管径逐级配备
5	喷嘴	与井下洒水管快速接头匹配	个	28	28	28	—
6	分流管	与井下洒水管快速接头匹配	个	3	3	3	—
7	集流管	与井下洒水管快速接头匹配	个	2	2	2	—
8	垫圈	—	套	50	60	70	根据井下不同管径分别配备
9	钢管	—	m	600	700	800	
10	胶管	—	m	600	700	800	
11	管钳子	适用于井下各种消防管路	把	2	4	6	管件维修安装
12	接管工具	KJ-20-46	套	2	2	2	—

表3-6-2（续）

序号	器材名称	规格	单位＼井型	配置数量			备注
				小型	中型	大型	
13	救生绳	长 20 m	根	2	3	4	—
14	伸缩梯	高度≥4 m	副	1	1	1	—
15	泡沫灭火器	9 L	个	15	20	25	—
16	CO_2 灭火器	7 kg	个	6	8	10	—
17	干粉灭火器	8 kg	个	6	8	10	—
18	喷雾喷嘴	与井下洒水管快速接头匹配	个	2	3	4	—
19	泡沫灭火器起泡药瓶	500 mL	个	15	20	25	硫酸铝溶液
		500 mL	个	15	20	25	碳酸氢钠溶液
20	灭火岩粉	粒度<0.3 mm	kg	300	400	500	—
21	石棉毯	≥1 m×1 m	块	2	3	4	—
22	风筒布	矿用阻燃	m	300	400	500	—
23	水泥	强度等级≥42.5	t	1.0	1.5	2	—
24	石灰	普通石灰	t	1.0	1.5	2	—
25	安全带	承载 500 kg	条	3	4	5	—
26	绳梯	负载 100 kg	副	2	2	2	—
27	镀锌钢丝绳	ϕ12 mm	m	100	150	200	—
28	麻袋或塑料纺织袋	107 cm×74 cm	条	300	400	500	—
29	砖	240 mm×115 mm×53 mm	块	2000	3000	4500	—
30	砂子	细砂	m^3	2	2	3	—
31	圆木	长 3 m，ϕ10 cm	m^3	1.5	1.5	2	—
32	木板	厚 15～30 mm	m^3	3	4	5	—
33	铁钉	2″、3″、4″	kg	15	15	20	—
34	斧头	防爆铜斧	把	2	2	2	—
35	平板锹	铜质	把	3	4	5	—
36	手动水泵	流量≥10 m^3/h	台	1	1	1	—
37	水桶	50 L	个	3	4	5	—
38	矿车	1 t 或 1.5 t 标准矿车	辆	8	8	8	采用轨道运输的矿井配备。综采配 1.5 t，普采及炮采配 1 t

第二百五十七条 井下爆炸物品库、机电设备硐室、检修硐室、材料库、井底车场、使用带式输送机或者液力偶合器的巷道以及采掘工作面附近的巷道中，必须备有灭火器

材，其数量、规格和存放地点，应当在灾害预防和处理计划中确定。

井下工作人员必须熟悉灭火器材的使用方法，并熟悉本职工作区域内灭火器材的存放地点。

井下爆炸物品库、机电设备硐室、检修硐室、材料库的支护和风门、风窗必须采用不燃性材料。

➤ 现场执行

井下爆炸物品库、机电设备硐室、检修硐室、材料库等硐室选择灭火器时，对于可能发生固体物质火灾的硐室，应选择水型灭火器、磷酸铵盐干粉灭火器或泡沫灭火器；可能发生液体火灾或可熔化固体物质火灾的硐室，应选择泡沫灭火器、碳酸氢钠干粉灭火器、磷酸铵盐干粉灭火器或二氧化碳灭火器；可能发生气体火灾的硐室，应选择磷酸铵盐干粉灭火器、碳酸氢钠干粉灭火器或二氧化碳灭火器；可能发生物体带电燃烧的硐室应选择磷酸铵盐干粉灭火器、碳酸氢钠干粉灭火器或二氧化碳灭火器，不得选用装有金属喇叭喷筒的二氧化碳灭火器。

硐室灭火器规格见表 3－6－3。

表 3－6－3　硐室灭火器规格

灭火器类型		水型		干粉型		泡沫型		二氧化碳	
		手提式	推车式	手提式	推车式	手提式	推车式	手提式	推车式
灭火剂充装量	容量/L	6、9	45、60	—	—	6、9	45、60	—	—
	重量/kg	—	—	6、8、10	50、100		—	5、7	20、30

井下爆炸物品库、机电设备硐室、检修硐室、材料库等硐室配备灭火器材时，每个硐室应配备 2～6 台灭火器，可能发生液体火灾的硐室应设置体积不小于 0.5 m^3 的砂箱。

对于设置液压装置、储存油类的硐室和爆炸物品库，应设置不少于 1 具推车式灭火器。同一硐室选用两种以上类型灭火器时，应选用灭火剂相容的灭火器。硐室内灭火器应设置明显和便于取用的地点，且不得影响安全疏散。

除灭火器和砂箱灭火器材外，上述地点还需根据实际需要配备消防水桶、消防铲、消防沙袋等。其数量、规格和存放地点，应当在灾害预防和处理计划中确定。

第二节　井下火灾防治

第二百六十条　煤的自燃倾向性分为容易自燃、自燃、不易自燃 3 类。

新设计矿井应当将所有煤层的自燃倾向性鉴定结果报省级煤炭行业管理部门及省级煤矿安全监察机构。

生产矿井延深新水平时，必须对所有煤层的自燃倾向性进行鉴定。

开采容易自燃和自燃煤层的矿井，必须编制矿井防灭火专项设计，采取综合预防煤层自然发火的措施。

➢ **现场执行**

（1）煤的自燃倾向性是表示煤氧化能力大小的内在属性，也是评价煤层自然发火危险程度的重要指标。

煤的最小自然发火期不仅要考虑自燃倾向性，还需要考虑开采工艺、现场环境条件等外因因素。此外，煤属于有机可燃物，煤的氧化是其固有属性，不易自燃煤层也应开展自燃防治。

（2）矿井防灭火专项设计应当包括如下内容：

① 矿井概况（重点说明地质构造、煤层赋存、煤质、瓦斯、煤尘、煤的自燃倾向性、自然发火期、地温、开拓开采情况、矿井通风、历史发火情况、火区、矿井周边煤矿等）。

② 矿井火灾危险性分析。

③ 煤层自然发火预测预报指标体系。

④ 井下自燃火灾监测系统。

⑤ 煤矿防灭火系统。

⑥ 工作面重点区域防灭火技术方案（重点说明工作面安装期间防灭火技术方案，工作面采空区、进回风巷道防灭火技术方案，工作面回撤期间防灭火技术方案）。

⑦ 外因火灾防治措施及装备。

⑧ 井下消防洒水系统。

⑨ 防火构筑物及井上、下消防材料库。

⑩ 火区管理。

⑪ 防灭火管理制度。

⑫ 火灾应急救援预案。

（3）综合防灭火措施是指采取灌浆、注氮、喷洒阻化剂等两种以上防灭火措施。

（4）开采容易自燃煤层的矿井或者采用放顶煤开采自燃煤层的矿井，建立以灌浆为主的两种及以上综合防灭火系统；未采用放顶煤开采自燃煤层的矿井，应当建立灌浆、注氮或者喷施阻化剂防灭火系统。

（5）开采容易自燃和自燃煤层的矿井，未编制防灭火专项设计或者未采取综合防灭火措施的，属于“自然发火严重，未采取有效措施”重大事故隐患。

第二百六十一条 开采容易自燃和自燃煤层时，必须开展自然发火监测工作，建立自然发火监测系统，确定煤层自然发火标志气体及临界值，健全自然发火预测预报及管理制度。

➢ **现场执行**

自然发火监测工作是指以连续自动或人工采样方式监测取自采空区、密闭区、巷道高冒区等危险区域内的气体浓度或温度，定期为矿井提供相关地点自然发火过程的动态信息。

自然发火监测系统是指能够监测采空区气体成分变化的系统，如束管监测系统、人工取样分析系统等。该系统主要监测甲烷、一氧化碳、二氧化碳、氧气、乙炔、乙烯等气体成分变化，宜根据实际条件增加温度监测。

标志气体是指由于自然发火而产生或因自然发火而变化的，能够在一定程度上表征自然发火状态和发展趋势的火灾气体，主要包括一氧化碳、烷烃气体、烯烃气体和炔烃气体等。

自然发火标志气体一氧化碳的指标临界值应当根据煤层自燃具体情况，通过试验研究、现场测试和统计分析进行确定；《煤矿安全规程》第一百三十五条规定的风流中一氧化碳浓度限值不超过0.0024%是职业健康指标，不是自然发火临界值。

开采容易自燃和自燃煤层的矿井，应当建立健全自然发火预测预报及管理制度，并符合下列规定：

（1）采煤工作面作业规程中应当明确自然发火监测地点和监测方法。监测地点应当实行挂牌制度。

（2）采用便携式仪器仪表或者气体测定管，定点每班监测采煤工作面回风隅角、回风流、煤巷高冒处等地点的一氧化碳气体浓度。

（3）采用自然发火监测系统，每天监测采煤工作面采空区、瓦斯抽采管路的气体浓度。

（4）采煤工作面回采结束后的封闭采空区及其他密闭区，应当每周1次抽取气样进行分析，并监测温度及压差；发现有自然发火预兆的，应当每天抽取气样进行分析。

（5）煤矿安全监控系统出现一氧化碳报警时，必须立即查明原因，根据实际情况采取措施进行处理。

（6）建立监测结果台账，安排专人及时分析防火数据，发现异常变化应当立即汇报，由煤矿总工程师或者安全矿长或者通风副总工程师组织人员进行分析，并加大监测频次，采取相应措施。

第二百六十三条　开采容易自燃和自燃煤层时，采煤工作面必须采用后退式开采，并根据采取防火措施后的煤层自然发火期确定采（盘）区开采期限。在地质构造复杂、断层带、残留煤柱等区域开采时，应当根据矿井地质和开采技术条件，在作业规程中另行确定采（盘）区开采方式和开采期限。回采过程中不得任意留设设计外煤柱和顶煤。采煤工作面采到终采线时，必须采取措施使顶板冒落严实。

➢ **现场执行**

采煤工作面开采方式包括前进式和后退式。前进式开采是指自井筒或主平硐附近向井田边界方向依次开采各采区的开采顺序。后退式开采是指自井田边界或井筒或主平硐方向一次开采各采区的开采顺序。

采用后退式时，进回风巷多处于未受扰动的实体煤内，采空区一侧不存在通风巷道，采空区漏风的范围是由工作面上、下两端之间的风压差所形成的漏风区域。采用前进式，在采空区侧有通风巷道，漏风更加严重，采空区浮煤更易自燃，因此，开采容易自燃和自燃煤层时，采煤工作面必须采用后退式开采。此外，采煤工作面采用Y形通风或Z形通风时，即使采用后退式开采，在采空区侧的巷道也极易漏风及引发煤自燃，必须加强采空区的发火监测工作。

采煤工作面在回采过程中，留设设计外的煤柱和顶煤，在受矿压和采掘应力作用后，会被压垮、破碎，从而失去煤柱和护顶煤作用，在采空区形成碎煤堆积，为采空区自然发火提供条件。

➢ ***相关案例***

吉林省吉煤集团通化矿业集团公司八宝煤业公司“3·29”瓦斯爆炸事故。

第二百六十五条　开采容易自燃和自燃煤层时，必须制定防治采空区（特别是工作面始采线、终采线、上下煤柱线和三角点）、巷道高冒区、煤柱破坏区自然发火的技术措施。

当井下发现自然发火征兆时，必须停止作业，立即采取有效措施处理。在发火征兆不能得到有效控制时，必须撤出人员，封闭危险区域。进行封闭施工作业时，其他区域所有人员必须全部撤出。

➢ **现场执行**

采空区、巷道高冒区、煤柱破坏区等地点都有碎煤堆积，都有漏风通道，而且没有主风流通过，风速不大不小，又很少受外界影响，因此具有煤炭氧化升温和热量积蓄的环境。上述地点具备煤炭自然发火的三个条件，极易出现发火隐患引发火灾。

（1）煤炭自然发火的条件：

① 具有自燃倾向性的煤呈破碎堆积状态（即在常温下有较高的氧化活性）。

② 有连续的通风供氧条件，维持煤炭氧化过程的发展。

③ 积聚氧化生成热量，使煤的温度升高。

④ 除以上三个条件外，还要大于煤的自然发火期。

煤炭自然发火是一渐变过程，要经过潜伏期、自热期和燃烧期三个阶段，因此，具有自燃倾向性的煤层被揭露后，要经过一定的时间才会自然发火。这一时间间隔叫作煤层的自然发火期，是煤层自燃危险在时间上的量度。自然发火期愈短的煤层，其自燃危险性愈大。从理论上讲，煤层的自然发火期定义为：从发火地点的煤层被揭露（或与空气接触）之日起到发火所经历的时间。煤层最短自然发火期是指在最有利于煤自热发展的条件下，煤炭自燃需要经过的时间。

（2）煤炭自燃的预兆：

① 巷道中出现雾气或巷道壁及支架上出现水珠，表明煤炭已开始自热。因为这些现象是煤在自热时生成蒸汽并通过煤壁外渗使空气湿度增加而造成的。

② 如果在巷道中（包括采掘工作面）闻到煤油味、汽油味、松节油味或煤焦油味，表明自燃已发展到自热阶段的后期。这些气味是煤炭低温干馏产物（如芳香烃）释放出来的。其后不久，就会出现烟雾和明火。

③ 从煤炭自热或自燃地点流出来的水或空气的温度都较通常高，可为人体直接感觉。

④ 当人接近火源附近时，有头痛、闷热、精神疲乏、裸露皮肤微痛等不舒适的感觉。这是由于煤在自燃过程中使空气中的氧含量减少、二氧化碳增多并放出一定量的有害气体等原因所造成的。

如果能在煤自燃发展的初期准确地发现它，对于阻止其继续发展、避免酿成火灾十分重要。

（3）“有自然发火征兆没有采取相应的安全防范措施继续生产建设的”，属于“自然发火严重，未采取有效措施”重大事故隐患。

➢ **相关案例**

沧源佤族自治县莲花塘煤炭有限责任公司莲花塘煤矿“12·14”火灾事故。

第二百六十六条 采用灌浆防灭火时，应当遵守下列规定：

（一）采（盘）区设计应当明确规定巷道布置方式、隔离煤柱尺寸、灌浆系统、疏水系统、预筑防火墙的位置以及采掘顺序。

（二）安排生产计划时，应当同时安排防火灌浆计划，落实灌浆地点、时间、进度、灌浆浓度和灌浆量。

（三）对采（盘）区始采线、终采线、上下煤柱线内的采空区，应当加强防火灌浆。

（四）应当有灌浆前疏水和灌浆后防止溃浆、透水的措施。

➢ **现场执行**

（1）对发火隐患或发火地点实施灌注泥、砂、灰浆等防灭火材料是一种有效的常规性防灭火措施。灌浆浆液流入采空区之后，固体物沉淀，充填于浮煤缝隙之间，形成断绝漏风的隔离带，有的还可能包裹浮煤，隔绝它与空气的接触，防止氧化。而浆水所到之处，增加煤的外在水分，抑制自热氧化过程的发展；同时，对已经自热的煤炭有冷却散热的作用。

（2）采用灌浆法扑灭矿井火灾时，如疏水系统不畅、预筑的防火墙质量低劣、设置位置不合理，以及采区布局不当、煤柱尺寸不符合要求和采掘顺序不适宜，在灌浆防灭火期间或以后在其下面（或相邻处）进行采掘作业时，一旦受外界条件的作用和影响，积存在采空区、旧巷、巷道冒落孔洞中的泥浆就会冲破隔离煤柱、预筑的临时防火墙等屏障，瞬间在压力作用下喷泻而出，轻者掩埋巷道、设备，中断生产，重者可能造成溃浆人员伤亡事故的发生。

（3）在实施过程中，如果没有事先安排好防火灌浆计划，措施不力，实施不当，不仅不能达到预期目的，而且还会发生损失设备、设施乃至人员伤亡的严重事故。

（4）采（盘）区的始采线、终采线和上下煤柱线内的采空区，不仅是煤矿井下最容易自然发火的地区，而且从自然发火的防治技术的实用角度看，在采（盘）区（或采煤工作面）的始采线、终采线和上下煤柱线内的采空区进行防灭火，以灌浆防灭火技术最为适宜，因为泥浆不易受外界（矿压、采动影响和温度等）因素和条件的影响，防灭火效果好。

（5）灌浆方法可分为采前灌浆、随采随灌和采后灌浆三种类型。采前灌浆是针对开采易燃、特厚煤层和老空区过多所采取的防止自然发火的预防性措施，其目的是充填老空区、降温、除尘、排挤有害气体黏结末煤等，防止开采时自然发火。随采随灌，即随着采煤工作面的推进同时向采空区灌注泥浆，防止采空区遗煤自燃。采后灌浆是指在采区或采区的一翼全部采完后，将整个采空区封闭灌浆。

（6）注浆材料的选择应当符合下列规定：

① 注浆材料可选择黄土、页岩、矸石、粉煤灰、尾矿、砂子、水泥、胶体材料等。

② 注浆材料和添加剂不得具有可燃性、助燃性、毒性、辐射性等。

第二百六十七条 在灌浆区下部进行采掘前，必须查明灌浆区内的浆水积存情况。发现积存浆水，必须在采掘之前放出；在未放出前，严禁在灌浆区下部进行采掘作业。

➢ **现场执行**

在灌浆区下部从事采掘作业时，容易诱发矿压变化，留设的煤柱抗压强度降低，煤柱破坏，起不到隔离煤柱应有的隔离作用；下部煤层的采动影响，造成上覆岩层裂隙发育，当上下煤层距离较近时，容易造成上下采空区贯通，诱发溃浆、透水；浆水积存在采掘作业活动的上方，受高差的影响，具有一定压力，当受到外力或自身重力作用下，就可能冲破屏障或阻力，溃泄下来，发生溃浆事故。

定期检测注浆防火区域采空区的出水温度和气体成分变化情况，并建立注浆防火区域管理台账。

第二百六十八条 采用阻化剂防灭火时，应当遵守下列规定：

（一）选用的阻化剂材料不得污染井下空气和危害人体健康。

（二）必须在设计中对阻化剂的种类和数量、阻化效果等主要参数作出明确规定。

（三）应当采取防止阻化剂腐蚀机械设备、支架等金属构件的措施。

➢ **现场执行**

（1）阻化剂防灭火就是把阻化剂溶液喷洒在煤体上以达到防止煤炭自燃的目的，其防火实质是抑制煤在低温时的氧化速度，延长自然发火期。目前，常用的阻化剂有工业氯化钙、卤片（六水氯化镁）。

（2）根据阻化剂灭火原理，阻化剂可分为物理阻化剂和化学阻化剂。采用阻化剂灭火前，应针对特定的煤体取样进行阻化效果试验，测定阻化率和阻化寿命。根据阻化效果、成本和现场实际条件，合理确定阻化剂的种类、数量、阻化效果等主要参数。

（3）目前，多数阻化剂属于盐类或碱类物质，极易腐蚀金属，使用前，应当采取在阻化剂中添加缓蚀剂或对机械设备、支架等金属构件喷涂防腐漆等措施。

第二百六十九条 采用凝胶防灭火时，编制的设计中应当明确规定凝胶的配方、促凝时间和压注量等参数。压注的凝胶必须充填满全部空间，其外表面应当喷浆封闭，并定期观测，发现老化、干裂时重新压注。

➢ **现场执行**

凝胶是胶体的一种特殊存在形式，是介于固体与液体之间的一种特殊状态。其主要成分 80% 以上是水，具有渗透性和封堵性好、促凝时间可控等特点。

凝胶材料配方、促凝时间和压注量直接决定现场使用工艺和防灭火效果。在制定凝胶关注方案时，应根据灌注空间的体积和预计的渗漏量情况计算凝胶的压注量，结合灌注管路的长度、所需的凝胶扩散半径等参数，合理计算促凝时间，并根据促凝时间确定材料配方和添加浓度。

第二百七十条 采用均压技术防灭火时，应当遵守下列规定：

（一）有完整的区域风压和风阻资料以及完善的检测手段。

（二）有专人定期观测与分析采空区和火区的漏风量、漏风方向、空气温度、防火墙内外空气压差等状况，并记录在专用的防火记录簿内。

（三）改变矿井通风方式、主要通风机工况以及井下通风系统时，对均压地点的均压状况必须及时进行调整，保证均压状态的稳定。

（四）经常检查均压区域内的巷道中风流流动状态，并有防止瓦斯积聚的安全措施。

➤ **现场执行**

均压防灭火技术是通过设置调压装置或调整风流系统，改变井下巷道中空气压力的分布状态，尽可能减少或消除漏风通道两端的压差，达到减少或消除漏风、抑制自燃的目的。根据使用原理和使用条件不同，分为开区均压和闭区均压两类。

（1）开区均压又叫采煤工作面均压，在生产工作面建立均压系统，以减少采空区漏风，抑制遗煤自燃，防止一氧化碳等有害气体超限或向工作面涌出，从而保证采煤工作面的工常进行。

① 调节风窗均压，是针对采空区并联漏风采取的一项均压措施。通常在工作面的回风巷内安设调节风窗，使工作面内的风流压力提高，以降低工作面与采空区的压差，从而减少采空区中气体涌出。适用于采空区内已有自燃迹象，并抑制采空区中的火灾气体（一氧化碳等）涌到工作面，威胁工作面的安全生产。

② 局部通风机均压。有时为提高风路的压力，需在风路上安设带风门的风机，利用风机产生的增风作用，改变风路上的压力分布，达到均压的目的。

③ 调节风窗与局部通风机联合均压。工作面采空区内部的漏风通道有时是比较复杂的，采空区后部漏风可能来自上部或下部，如地表坍陷裂缝漏风，本煤层或邻近层采空区漏风，后部联络眼或石门等处漏风都属于这一类。消除这类漏风抑制采空区的煤自燃，通常做法是采用工作面进风巷安设局部通风机而回风巷安设调节风门的联合均压措施。

（2）闭区均压又叫采空区均压，是针对已封闭的密闭区而采取的均压措施，用于防止或扑灭密闭区由于漏风造成的遗煤自燃。实现闭区均压的常用方法是调节风门均压。

（3）实施均压灭火时，必须绘制通风系统图、通风立体图、通风网络图和通风压能图；查明均压区域、风流压能分布和漏风状况，制定均压方案和措施，严格组织实施。在实施中要进行均压效果实测，发现不符合均压技术要求时，要采取风压调节措施，以保证达到均压防火的目的。为绘制通风压能图，须对有关风路同时进行通风阻力测定。

实行区域性均压时，应顾及邻区通风压能的变化，不得使邻区老空、采煤工作面、采空区或护巷煤柱的漏风量有所增加，严防火灾气体涌入生产井巷和作业空间。

采煤工作面采用均压技术实施均压通风时，必须保证均压通风机持续稳定地运转，并有确保均压通风机突然停止运转时作业人员安全撤出的措施。

利用均压技术灭火时，必须查明火源位置，经常检查均压区域内的巷道中风流流动状态，并有防止瓦斯积聚、流向火源引起爆炸的安全措施。

第二百七十一条　采用氮气防灭火时，应当遵守下列规定：

（一）氮气源稳定可靠。

（二）注入的氮气浓度不小于97%。

（三）至少有1套专用的氮气输送管路系统及其附属安全设施。

（四）有能连续监测采空区气体成分变化的监测系统。

（五）有固定或者移动的温度观测站（点）和监测手段。

（六）有专人定期进行检测、分析和整理有关记录、发现问题及时报告处理等规章制度。

➢ **现场执行**

氮气是一种不自燃、不助燃的惰性气体。目前，煤矿常采用膜分离法以空气为原料制备氮气，其制备的氮气中存在氧气，注入的氮气中氧气浓度偏高时，会助燃，必须保障注入的氮气浓度不小于97%。

井下采掘面氧气浓度不得低于20%，当氮气输送管路系统及其附属安全设施出现故障发生氮气泄露时，会造成井下氧气浓度降低，威胁从业人员生命安全，必须安设压力传感器、氧气传感器等安全设施，实时监测注氮压力。

➢ **相关案例**

甘肃靖远煤电股份有限公司王家山煤矿四号井“4·28”事故。

第二百七十二条 采用全部充填采煤法时，严禁采用可燃物作充填材料。

第二百七十三条 开采容易自燃和自燃煤层时，在采（盘）区开采设计中，必须预先选定构筑防火门的位置。当采煤工作面通风系统形成后，必须按设计构筑防火门墙，并储备足够数量的封闭防火门的材料。

➢ **现场执行**

防火门是矿井火灾发生后，在灭火过程中用于进行风流调节、调控（增减风量、短路通风、反风等）以控制烟气排放路线，抑制火灾蔓延和发展，以及进行火区封用时的一种构筑物。

防火门构筑应符合下列要求：①必须采用不燃性材料；②墙体施工厚度大于600 mm；③墙体四周与热壁掏插深度不得小于300 mm；④墙体要求不漏风；⑤防火门开口断面满足行人、通风和运输要求；⑥封闭防火门所用的板材厚度不得小于30 mm。

第二百七十四条 矿井必须制定防止采空区自然发火的封闭及管理专项措施。采煤工作面回采结束后，必须在45天内进行永久性封闭，每周至少1次抽取封闭采空区内气样进行分析，并建立台账。

开采自燃和容易自燃煤层，应当及时构筑各类密闭并保证质量。

与封闭采空区连通的各类废弃钻孔必须永久封闭。

构筑、维修采空区密闭时必须编制设计和制定专项安全措施。

采空区疏放水前，应当对采空区自然发火的风险进行评估；采空区疏放水时，应当加强对采空区自然发火危险的监测与防控；采空区疏放水后，应当及时关闭疏水闸阀、采用自动放水装置或者永久封堵，防止通过放水管漏风。

➢ **现场执行**

（1）采空区封闭应注意以下方面：

① 密闭墙体应具有足够的承压强度、气密性能和使用寿命。冲击地压危险区密闭必须具备抗冲击性能。

② 永久密闭应优先选择充填方式封闭。不具备充填条件的密闭，必须增设一道可压缩密闭（可采用膨胀型塑性材料）。

③ 大面积采空区封闭，可选择封闭长期不用巷道的方式，实现大范围封闭。

④ 需泄水的密闭应在确保不漏风的前提下，保证其泄水能力。

⑤ 密闭位置应选择在动压影响小、围岩稳定、巷道规整的巷段内。巷帮破裂的巷道封闭后，应对密闭周边巷道进行注浆加固处理，如注水泥或马丽散等。

⑥ 永久密闭墙体必须与巷壁紧密结合，连成一体。

⑦ 密闭位置距全风压巷道口不大于5 m，设有规格统一的瓦斯检查牌板和警标，距巷道口大于2 m的设置栅栏；密闭前无瓦斯积聚。所有导电体在密闭处断开（在用管路采取绝缘措施处理的除外）；密闭内有水时设有反水池或者反水管，采空区密闭设有观测孔、措施孔，且孔口设置阀门或者带有水封结构。

⑧ 矿井应建立完善的观测制度，掌握采空区内的气体情况，采空区密闭内气体浓度每半月至少进行一次气体分析，并检查密闭墙的完好状态及漏风情况。

（2）采用密闭防火时，必须分析掌握自然发火隐患区域，查明隐患区域的漏风分布、流向和漏风通道及其连通性，确定合理的封闭范围和密闭数量。

（3）必须加强对封闭区的管理，定期检查其邻近区域生产活动对密闭的采动影响，及时对密闭进行维修，保证封闭区良好的密闭状态。

第二百七十五条 任何人发现井下火灾时，应当视火灾性质、灾区通风和瓦斯情况，立即采取一切可能的方法直接灭火，控制火势，并迅速报告矿调度室。矿调度室在接到井下火灾报告后，应当立即按灾害预防和处理计划通知有关人员组织抢救灾区人员和实施灭火工作。

矿值班调度和在现场的区、队、班组长应当依照灾害预防和处理计划的规定，将所有可能受火灾威胁区域中的人员撤离，并组织人员灭火。电气设备着火时，应当首先切断其电源；在切断电源前，必须使用不导电的灭火器材进行灭火。

抢救人员和灭火过程中，必须指定专人检查甲烷、一氧化碳、煤尘、其他有害气体浓度和风向、风量的变化，并采取防止瓦斯、煤尘爆炸和人员中毒的安全措施。

➢ 现场执行

（1）处理矿井火灾时应当了解下列情况：

① 发火时间、火源位置、燃烧物、火势大小、波及范围、遇险人员分布情况。

② 灾区有毒有害气体情况、通风系统状态、风流方向及变化可能性、煤尘爆炸性。

③ 巷道围岩、支护情况。

④ 灾区供电状况。

⑤ 灾区供水管路、消防器材种类及数量。

（2）矿井火灾初期，一般火势不大，在火势尚未蔓延扩展之前，人员可以接近火源，这时绝大多数火灾都可以被迅速扑灭。灭火方法可分为直接灭火法、隔绝灭火法和综合灭火法三大类。直接灭火法是对刚发生的火灾或火势不大时，可采用水、砂子、化学灭火剂、高倍数泡沫灭火器和挖出火源的办法等直接将火扑灭。隔绝灭火法是在直接灭火法无效时采用的灭火方法，是在通往火区的所有巷道中构筑防火密闭墙，阻止空气进入火区，从而使火逐渐熄灭。隔绝灭火法是处理大面积火灾，特别是控制火势发展的有效方法，其灭火的效果取决于密闭墙的气密性和密闭空间的大小。综合灭火法是以封闭火区为基础，再采取向火区内注入惰气、泥浆或均衡火区漏风通道压差等措施的灭火方法。

用水灭火是因为水吸热能力强，冷却作用大；水与火接触后能产生大量水蒸气（1 kg 水能生成 1700 L 的水蒸气），稀释空气中的氧浓度，并使燃烧物与空气隔绝，阻止其继续燃烧，强水流射向火源，能压灭燃烧物的火焰。所以对于火势不大，范围较小的火灾，用水扑灭是简单易行、经济有效的方法。

用水灭火时应注意的问题：

① 应有足够的水源和水量。少量的水在高温下可以分解成具有爆炸性的氢气和助燃的氧气，因此，必须保证灭火时水源充足。

② 应从火焰四周开始灭火，逐步移向火源中心，千万不要直接把水喷在火源中心，防止大量蒸汽和炽热煤块抛出伤人，也避免高温火源使水分分解成氢气和氧气。

③ 灭火时，必须指定专人检查瓦斯、一氧化碳、煤尘、其他有害气体和风流的变化，还必须采取防止瓦斯爆炸和人员中毒的安全措施。

④ 电气设备着火以后，应首先切断电源。在电源未切断以前，只能使用不导电的灭火器材，如用砂子、岩粉和四氯化碳灭火器进行灭火。如果直接用水灭火，水能导电，火势将更大，并危及救火队员的安全。另外，水不能用来扑灭油料火灾，油比水轻，而且不易与水混合，可以随水流动从而扩大火灾面积。

⑤ 灭火人员一定要站在火源的上风侧，并应保持正常通风，回风道要畅通，以便将烟和水蒸气引入回风道中排出。

在井筒和主要巷道中，尤其是在带式输送机巷道中应装设水幕，当火灾发生时立即启动水幕，能很快地限制火灾的发展。但用水淹没采区或矿井的灭火方法，只能在万不得已时使用。

用砂子或岩粉灭火就是把砂子（或岩粉）直接撒在燃烧物体上覆盖火源，将燃烧物与空气隔绝熄灭。此外，砂子或岩粉不导电，并能吸收液体物质，因此可用来扑灭油类或电气火灾。砂子成本低廉，灭火时操作简便，因此，在机电硐室、材料仓库、炸药库等地方均应设置防火砂箱。

挖除火源就是在火势不大、范围小、人员能够接近的火区，直接用锹镐配合，将降温后的燃烧物直接挖除，消灭火灾。在瓦斯矿井挖除火源是比较危险的，必须检查瓦斯浓度和温度，采取必要的安全措施。

采用直接挖除火源方法灭火时，必须符合以下条件：火源范围小，且能直接达到火源；可燃物温度降到 70 ℃以下，且无复燃或引燃其他物质的危险；无瓦斯或火灾气体爆炸的危险；风流稳定，无 CO 中毒的危险；需要爆破处理时，炮眼内的温度不超过 40 ℃；挖出的炽热物应保证运输过程中无复燃危险。

化学灭火器灭火。目前煤矿上使用的化学灭火有两类：一类是泡沫灭火器，另一类是干粉灭火器。

第二百七十六条　封闭火区时，应当合理确定封闭范围，必须指定专人检查甲烷、氧气、一氧化碳、煤尘以及其他有害气体浓度和风向、风量的变化，并采取防止瓦斯、煤尘爆炸和人员中毒的安全措施。

➢ **现场执行**

封闭火区是件复杂而危险的工作，尤其在瓦斯矿井封闭火区过程中，可能因瓦斯积聚而发生瓦斯爆炸事故。在没有瓦斯爆炸危险的情况下，应先在火区的进风侧迅速构筑临时密闭墙，切断风流，控制与减弱火势，然后在回风侧构筑临时密闭墙。最后，在临时密闭墙的掩护下砌筑永久密闭。

在瓦斯矿井中，为防止封闭火区引起瓦斯爆炸时封闭，仍先筑进风侧防火墙，只是在防火墙将要建成时，先不急于封严，留出一定断面的通风孔，待回风侧防火墙也即将完工时，约好时间，同时将进、回风侧防火墙上的通风孔迅速封堵严密，救护队员尽快地撤离灾区。

在实施封闭火区灭火时，“缩小封闭范围”遵循封闭范围尽可能小、防火墙数量尽可能少和有利于快速施工的原则，其目的在于使封闭区内系统简单，便于管理，有利于灭火。密闭墙越多，控制范围越大，漏风概率和漏风量就会越多，不利于灭火。但一味地追求封闭范围尽可能小，对封闭火区施工人员不利。

第三节 井下火区管理

第二百七十七条 煤矿必须绘制火区位置关系图，注明所有火区和曾经发火的地点。每一处火区都要按形成的先后顺序进行编号，并建立火区管理卡片。火区位置关系图和火区管理卡片必须永久保存。

➢ **现场执行**

火区管理卡片是火区管理的重要技术资料，由矿通风管理部门负责填写，并永久保存。火区管理卡片应符合下列要求：

（1）火区登记表中应详细记录火区名称、火区编号、发火时间、发火原因、发火时的处理方法以及发火造成的损失，并绘制火区位置图。

（2）火区灌注灭火材料记录表用于详细记录向火区灌注黄泥浆、河砂、粉煤灰、凝胶、惰气以及其他灭火材料的数量和日期，并说明施工位置、设备和施工过程等情况。

（3）防火墙观测记录表用于说明防火墙设置地点、材料、尺寸以及封闭日期等情况，并详细记录按规定日期观测到的防火墙内气体组分的浓度、防火墙内温度、防火墙出水温度以及防火墙内外压差等数据。

第二百七十八条 永久性密闭墙的管理应当遵守下列规定：

（一）每个密闭墙附近必须设置栅栏、警标，禁止人员入内，并悬挂说明牌。

（二）定期测定和分析密闭墙内的气体成分和空气温度。

（三）定期检查密闭墙外的空气温度、瓦斯浓度，密闭墙内外空气压差以及密闭墙墙体。发现封闭不严、有其他缺陷或者火区有异常变化时，必须采取措施及时处理。

（四）所有测定和检查结果，必须记入防火记录簿。

（五）矿井做大幅度风量调整时，应当测定密闭墙内的气体成分和空气温度。

（六）井下所有永久性密闭墙都应当编号，并在火区位置关系图中注明。

密闭墙的质量标准由煤矿企业统一制定。

➢ **现场执行**

永久性密闭墙按照用料不同分为木段、料石、砖和混凝土等类别。不同地质条件下的密闭墙质量标准要求不同。例如在地压较大的巷道内可使用木段和混凝土密闭墙；在顶板稳定、地压不大的巷道内可使用料石和砖密闭墙。

不得在火区的同一煤层周围进行采掘工作。在同一煤层同一水平的火区两侧、煤层倾角小于35°的火区下部区段、火区下方邻近煤层进行采掘时，必须编制设计，并遵守下列规定：

（1）必须留有足够宽（厚）度的隔离火区煤（岩）柱，回采时及回采后能有效隔离火区，不影响火区的灭火工作。

（2）掘进巷道时，必须有防止误冒、误透火区的安全措施。

（3）煤层倾角在35°及以上的火区下部区段严禁进行采掘工作。

第七章　防　　治　　水

第一节　一　般　规　定

第二百八十二条　煤矿防治水工作应当坚持“预测预报、有疑必探、先探后掘、先治后采”基本原则，采取“防、堵、疏、排、截”综合防治措施。

➢ **现场执行**

针对矿井充水水文地质条件的调查与勘查，对特殊专门的充水水文地质问题开展补充调查与勘探。矿井有突水威胁时，应当采取留设防隔水煤（岩）柱、修建各类防水闸门或防水墙，严禁破坏各类防隔水煤（岩）柱，底板注浆加固改造等措施，防止突水矿井灾害。井下巷道前方穿越导水断层、岩溶陷落柱等导水通道时，应当预先注浆加固，方可掘进施工，探放老空水和对承压含水层进行疏水降压。受水威胁严重的矿井应当实现无人值守泵房和远程监控集控系统，推广使用地面操控的大流量、高扬程潜水泵排水系统，增加矿井抗灾能力，加强地表水（河流、水库、洪水等）的截流治理。

对含水层或老空水等充水水源的水位（压力）、水质、微生物、水温等动态监测预警，对充水通道的应力、位移和导水性能等动态监测预警，对矿井整体和局部采区、工作面涌水量的动态监测预警。

➢ **相关案例**

上饶市铅山县五都煤矿六井“11·20”透水涉险事故。

第二百八十三条　煤矿企业应当建立健全各项防治水制度，配备满足工作需要的防治水专业技术人员，配齐专用探放水设备，建立专门的探放水作业队伍，储备必要的水害抢险救灾设备和物资。

水文地质条件复杂、极复杂的煤矿，应当设立专门的防治水机构。

➢ **现场执行**

（1）煤矿企业及其所属煤矿应当结合本单位实际情况建立健全水害防治岗位责任

制、水害防治技术管理制度、水害预测预报制度、水害隐患排查治理制度、探放水制度、重大水患停产撤人制度以及应急救援制度等，悬挂到醒目位置，组织宣传学习各项制度。

（2）煤矿主要负责人必须赋予调度员、安全员、井下带班人员、班组长紧急撤人的权利，发现突水（透水、溃水）征兆、极端天气可能导致淹井等重大险情，立即撤出所有受水患威胁地点的人员，在原因未查明、隐患未排除之前，不得进行任何采掘活动。

（3）《关于发布禁止井工煤矿使用的设备及工艺目录（第三批）的通知》（安监总煤装〔2011〕17号）规定，使用煤电钻、锚杆钻机等设备进行探放水。

（4）探放水工为特殊工种，必须进行专业培训并经考核合格取得特种作业操作资格证后方可上岗。

➢ **相关案例**

大理白族自治州祥云县宏祥有限责任公司跃金煤矿“9·11”水害事故。

第二百八十四条　*煤矿应当编制本单位防治水中长期规划（5～10年）和年度计划，并组织实施。*

矿井水文地质类型应当每3年修订一次。发生重大及以上突（透）水事故后，矿井应当在恢复生产前重新确定矿井水文地质类型。

水文地质条件复杂、极复杂矿井应当每月至少开展1次水害隐患排查，其他矿井应当每季度至少开展1次。

➢ **现场执行**

（1）班组应当认真组织实施防治水规划，确保防治水工程保质保量按期完成。

防治水中长期规划主要包括：编制规划的原因；矿井水文地质概括；依据《煤矿防治水细则》中防治水中长期规划5年间矿井开展水文地质条件探查、疏水降压、注浆封堵、科学研究等重大防治水工程情况；编制防治水各项工程的工程量、预期效果、工期、劳动组织、设备材料和工程费用的概算等内容。

每年年初要做年度计划，落实资金和工程项目，及时进行验收，研究水害形成和防治水规律，提升防治水的整体工作。

年度防治水计划主要包括：本年度采掘地区的安排；分析水文地质条件，预测可能的突水区和突水量，预计水平、采区及工作面的涌水量；成立抢险救灾指挥部，组织抢险救灾队伍，明确水文地质、机电维修及安装、后勤保障等单位人员的具体任务；确定充填与导水裂隙带连通的地表裂缝、疏通防洪沟等防治水工程及井下防排水项目的工程量及费用；检查维护输电线路、防雷电设施、地面排洪和井下排水设施等；井下清理水沟、沉淀池、水仓；制定探放水计划，编制水灾避灾路线并清理。

（2）矿井水文地质类型划分为简单、中等、复杂、极复杂4个类型。每3年重新确定矿井水文地质类型。

（3）煤矿总工程师要经常组织开展水害隐患排查治理活动，水文地质条件复杂、极复杂的矿井每月至少开展1次水害隐患排查治理活动、其他类型的矿井每季度至少开展1次水害隐患排查治理活动。

对查出的水害隐患要制定专门治理计划，并切实做到整改措施、责任、资金、时限和预案“五到位”。对水害隐患整改不力造成事故的，要依法追究相关人员的责任。

➢ **相关案例**

（1）巴东县野三关矿业有限公司东坡二号井煤矿“8·8”“8·13”水害事故。

（2）四川芙蓉集团实业有限责任公司杉木树煤矿“12·14”水害事故。

第二百八十五条　当矿井水文地质条件尚未查清时，应当进行水文地质补充勘探工作。

➢ **现场执行**

（1）矿井主要勘探目的层未开展过水文地质勘探工作的。

（2）矿井原勘探工程量不足，水文地质条件尚未查清的。

（3）矿井经采掘揭露煤岩层后，水文地质条件比原勘探报告复杂的。

（4）矿井经长期开采，水文地质条件已发生较大变化，原勘探报告不能满足生产要求的。

（5）矿井开拓延深和开采新煤系（组）设计需要的。

（6）矿井巷道顶板处于特殊地质条件部位，浅部煤层提高上限开采上覆有强富水松散含水层或者深部煤层下伏强富水含水层，煤层底板带压，专门防治水工程提出特殊要求的。

（7）各种井巷工程穿越强富水性含水层时，施工需要的。

矿井水文地质补充勘探应当编制补充勘探设计，经煤矿企业总工程师组织审批后实施，矿井水文地质补充勘探工作结束后，应当及时提交成果报告，报总工程师组织评审。

➢ **相关案例**

淮南矿业（集团）有限责任公司潘二煤矿“5·25”突水事故。

第二百八十六条　矿井应当对主要含水层进行长期水位、水质动态观测，设置矿井和各出水点涌水量观测点，建立涌水量观测成果等防治水基础台账，并开展水位动态预测分析工作。

➢ **现场执行**

（1）矿井必须建立的基础台账包括矿井涌水量观测成果台账、气象资料台账、地表水文观测成果台账、钻孔水位台账、井泉动态观测成果及河流渗漏台账、抽（放）水试验成果台账、矿井突水点台账、井田地质钻孔综合成果台账、井下水文地质钻孔成果台账、水质分析成果台账、水源水质受污染观测资料台账、水源井（孔）资料台账、封孔不良钻孔资料台账、矿井和周边煤矿采空区相关资料台账、水闸门（墙）观测资料台账、物探成果验证台账和其他专门项目的资料台账。

水文地质条件复杂、极复杂的矿井应根据实际需要，建立专门的基础台账，需要建立计算机数据库台账长期保存，至少每半年完善1次。

（2）矿井应当分井、分水平设观测站进行涌水量观测，每月观测不少于3次，对于出水较大的断裂破碎带、陷落柱应单独观测，每月观测1～3次。每年不少于2次的水质监测，丰、枯水期各1次。涌水量出现异常、井下发生突水或者受降水影响矿井的雨季时段，观测频率应当适当增加。

对于井下新揭露的出水点，在涌水量尚未稳定或者尚未掌握其变化规律前，一般应当每日观测1次。对溃入性涌水，在未查明突水原因前，应当每隔1～2 h观测1次，以后可以适当延长观测间隔时间，并采取水样进行水质分析。涌水量稳定后，可按井下正常观测时间观测。

当采掘工作面上方影响范围内有地表水体、富水性强的含水层，穿过与富水性强的含水层相连通的构造断裂带或者接近老空积水区时，应当每作业班次观测涌水情况，掌握水量变化。

对于新凿立井、斜井，垂深每延深10 m，应当观测1次涌水量；揭露含水层时，即使未达规定深度，也应当在含水层的顶底板各测1次涌水量。

矿井涌水量观测可以采用容积法、堰测法、浮标法、流速仪法等测量方法，测量工具和仪表应当定期校验。

第二百八十七条　*矿井应当编制下列防治水图件，并至少每半年修订1次：*

（一）矿井充水性图。

（二）矿井涌水量与相关因素动态曲线图。

（三）矿井综合水文地质图。

（四）矿井综合水文地质柱状图。

（五）矿井水文地质剖面图。

➤ 现场执行

（1）矿井充水性图是综合记录井下实测水文地质资料的图纸，是分析矿井充水规律、开展水害预测及制定防治水措施的主要依据之一，也是矿井防治水的必备图纸。一般采用采掘工程平面图作底图进行编制，比例尺为1∶2000或者1∶5000。

矿井充水性图主要内容包括：各种类型的出（突）水点（应当统一编号，并注明出水日期）、涌水量、水位（水压）、水温及涌水特征；古井、废弃井巷、采空区、老硐等的积水范围和积水量；井下防水闸门、防水闸墙、放水孔、防隔水煤（岩）柱、泵房、水仓、水泵台数及能力；井下输水路线；井下涌水量观测站（点）的位置及其他。

矿井充水性图应当随采掘工程的进展定期补充填绘。

（2）矿井涌水量与相关因素动态曲线是综合反映矿井充水变化规律，预测矿井涌水趋势的图件。各矿井应当根据具体情况，选择不同的相关因素绘制下列几种关系曲线图：

① 矿井涌水量与降水量、地下水位关系曲线图。

② 矿井涌水量与单位走向开拓长度、单位采空面积关系曲线图。

③ 矿井涌水量与地表水补给量或者水位关系曲线图。

④ 矿井涌水量随开采深度变化曲线图。

（3）矿井综合水文地质图一般在井田地形地质图的基础上编制，比例尺为1∶2000、1∶5000或者1∶10000，主要内容包括：基岩含水层露头（包括岩溶）及冲积层底部含水层沙的平面分布状况；地表水体，水文观测站，井、泉分布位置及陷落柱范围；水文地质钻孔及其抽水试验成果；基岩等高线（适用于隐伏煤田）；已开采井田井下主干巷道、矿井回采范围及井下突水点资料；主要含水层等水位（压）线；老窑、小煤矿位置及开采范围和涌水情况；有条件时，划分水文地质单元，进行水文地质分区。

（4）矿井综合水文地质柱状图是反映含水层、隔水层及煤层之间的组合关系和含水层层数、厚度及富水性的图纸。一般采用相应比例尺随同矿井综合水文地质图一起编制。矿井综合水文地质柱状图主要内容包括：含水层年代地层名称、厚度、岩性、岩溶发育情况，各含水层水文地质试验参数，含水层的水质类型，含水层与主要开采煤层之间距离关系。

（5）矿井水文地质剖面图主要是反映含水层、隔水层、褶曲、断裂构造等和煤层之间的空间关系。主要内容包括：含水层岩性、厚度、埋藏深度、岩溶裂隙发育深度，水文地质孔、观测孔及其试验参数和观测资料，地表水体及其水位，主要井巷位置，主要开采煤层位置。

矿井水文地质剖面图一般以走向、倾向有代表性的地质剖面为基础。

第二百八十八条　采掘工作面或者其他地点发现有煤层变湿、挂红、挂汗、空气变冷、出现雾气、水叫、顶板来压、片帮、淋水加大、底板鼓起或者裂隙渗水、钻孔喷水、煤壁溃水、水色发浑、有臭味等透水征兆时，应当立即停止作业，撤出所有受水患威胁地点的人员，报告矿调度室，并发出警报。在原因未查清、隐患未排除之前，不得进行任何采掘活动。

➤ 现场执行

不同水源透水征兆如下：

（1）老空水透水征兆：煤层变潮湿、松软，煤帮出现滴水、淋水现象，工作面气温降低及出现雾气、水叫、挂红、硫化氢气味等。

（2）工作面底板灰岩含水层突水征兆：工作面压力增大，底板鼓起，底鼓量有时可达500 mm以上；底板产生裂隙并逐渐增大，沿裂隙向外渗水；底板发生“底爆”，伴有巨响，水大量涌出。

（3）冲积层水突水征兆：突水部位发潮、滴水，并逐渐增大，仔细观测可发现水中有少量细沙；工作面发生局部冒顶，水量突增并出现流砂；发生大量溃水、溃砂，这种现象可能影响到地表，致使地表出现塌陷坑。

以上征兆是典型情况，在突（透）水过程中，不一定全部表现出来，所以，出现突（透）水征兆时，应先撤人到安全地点，再组织技术分析，做出科学判断，综合考虑各种因素，防止误判。

煤矿生产现场带班人员、班组长和调度人员在遇到透水征兆时，要第一时间下达停产撤人命令，立即按照《矿井水害应急预案》中所规定的方向和路线撤出所有受水威胁的作业人员。人员撤退过程中应绝对听从班组长的统一指挥，不要惊慌失措。

煤矿应明确赋予并切实落实调度员、班组长、安全员紧急情况立即停产撤人权，防止因逐级汇报延误最佳撤人时机。

➤ 相关案例

（1）华晋焦煤有限责任公司王家岭矿“3·28”透水事故。

（2）山西省长治市襄矿西故县煤业有限公司“10·25”水害事故。

第二节　地 面 防 治 水

第二百八十九条　煤矿每年雨季前必须对防治水工作进行全面检查。受雨季降水威胁的矿井，应当制定雨季防治水措施，建立雨季巡视制度并组织抢险队伍，储备足够的防洪抢险物资。当暴雨威胁矿井安全时，必须立即停产撤出井下全部人员，只有在确认暴雨洪水隐患消除后方可恢复生产。

➢ 现场执行

（1）煤矿企业要建立健全以矿长为组长的雨季“三防”（防洪、防排水、防雷电）领导小组，制定雨季“三防”工作计划，明确“三防”任务和责任。

（2）煤矿企业在雨季前开展风险隐患排查。重点排查河流、湖泊、山洪等附近矿井的防洪设施和防范措施是否到位；与矿井连通的采煤塌陷坑是否填平压实；井口标高低于当地最高洪水位的矿井是否采取防范措施；采煤地面裂缝是否封堵填实；井田范围内及周边已关闭的废弃煤矿是否填实。对查出的隐患要制定治理方案，加强领导，明确职责，资金到位，质量保证，限期治理完成。防治水工程按照设计要求由煤矿总工程师组织全面验收。

（3）煤矿必须建立雨季巡视制度，成立雨季巡查小组，在雨季期间安排专人负责对本矿井范围及可能波及的废弃老窑、采动裂隙、地面塌陷区等重点地点进行巡视检查，特别是接到暴雨灾害预警后，需要实施24 h不间断巡视。巡视人员要按照规定的时间和路线进行巡视，加强对井下各入水点的水情观察，如若发现异常情况立即向调度室汇报，对中央水泵房值班人员进行巡查，雨季期间必须确保24 h人员在岗，需要对排水沟、矸石山等地点巡查，有阻塞时及时疏通，巡视人员要确保安全，巡视人员雷雨天气在高压设备附近必须穿绝缘靴，不得靠近避雷器和避雷针。

（4）煤矿在雨季前成立抢险队伍，并进行针对性的演练。制定应急预案，制定撤出井下作业人员的标准，明确井下撤人程序、路线等细节。当暴雨洪水威胁矿井安全的时候，现场带班人员、班组长和调度人员要及时撤出井下所有作业人员，确认暴雨洪水隐患消除后方可恢复生产。

第二百九十三条　降大到暴雨时和降雨后，应当有专业人员观测地面积水与洪水情况、井下涌水量等有关水文变化情况和井田范围及附近地面有无裂缝、采空塌陷、井上下连通的钻孔和岩溶塌陷等现象，及时向矿调度室及有关负责人报告，并将上述情况记录在案，存档备查。

情况危急时，矿调度室及有关负责人应当立即组织井下撤人。

第二百九十六条　使用中的钻孔，应当安装孔口盖。报废的钻孔应当及时封孔，并将封孔资料和实施负责人的情况记录在案，存档备查。

➢ 现场执行

井田内所有钻孔需要标注在采掘工程平面图上，建立钻孔台账。对照每个钻孔台账，查找使用中的钻孔，确保每个钻孔按规定安装孔口管，加盖封好；查找台账中的报废钻孔，对照现场位置，检查封孔情况，确保防止地表水或含水层的水沿钻孔灌入井下。

对于封孔质量不过关的钻孔，现场检查落实，有条件的需要重新启封重新封孔；对于地面观测孔、注浆孔、电缆孔、与井下或者含水层相通的钻孔，其孔口管的高程应当高出当地最高洪水位高程。报废的钻孔都必须及时注浆封孔。

第三节 井下防治水

第二百九十七条 *相邻矿井的分界处，应当留防隔水煤（岩）柱；矿井以断层分界的，应当在断层两侧留有防隔水煤（岩）柱。*

矿井防隔水煤（岩）柱一经确定，不得随意变动，并通报相邻矿井。严禁在设计确定的各类防隔水煤（岩）柱中进行采掘活动。

➢ 现场执行

防隔水煤（岩）柱应当符合下列要求：

（1）有煤层露头风化带；在地表水体、含水冲积层下或者水淹区域邻近地带；与富水性强的含水层间存在水力联系的断层、裂隙带或者强导水断层接触的煤层；有大量积水的老空；导水、充水的陷落柱、岩溶洞穴或者地下暗河；分区隔离开采边界；受保护的观测孔、注浆孔和电缆孔等情况之一的，应当留设防隔水煤（岩）柱。

（2）矿井应当根据地质构造、水文地质条件、煤层赋存条件、围岩物理力学性质、开采方法及岩层移动规律等因素确定相应的防隔水煤（岩）柱的尺寸。

（3）有突水淹井历史或者带压开采并有突水淹井威胁的矿井，应当分水平或者分采区实行隔离开采，留设防隔水煤（岩）柱。多煤层开采矿井，各煤层的防隔水煤（岩）柱必须统一考虑确定。

➢ 相关案例

（1）开滦（集团）蔚州矿业有限责任公司崔家寨矿“7·29”水害事故。

（2）黔南州瓮安县运达煤焦有限公司运达煤矿“4·5”透水事故。

（3）新余市分宜县双林镇白水村麻竹坑煤矿“10·12”透水事故。

第二百九十八条 *在采掘工程平面图和矿井充水性图上必须标绘出井巷出水点的位置及其涌水量、积水的井巷及采空区范围、底板标高、积水量、地表水体和水患异常区等。在水淹区域应当标出积水线、探水线和警戒线的位置。*

➢ 现场执行

积水线是指经过调查确定的积水边界线。积水线是由调查所得的水淹区域积水区分布资料，或由物探、钻探探查确定（图3-7-1）。

探水线是指用钻探方法进行探水作业的起始线。探水线是根据水淹区域的水压、煤（岩）层的抗拉强度及稳定性、资料可靠程度等因素沿积水线平行外推一定距离划定。当采掘工作面接近至此线时就要采取探放水措施。具体参见表3-7-1、图3-7-1。

警戒线是指开始加强水情观测、警惕积水威胁的起始线。警戒线是由探水线再平行外推一定距离划定。当采掘工作面接近此线后，应当警惕积水威胁，注意采掘工作面水情变化。具体参见表3-7-1、图3-7-1。

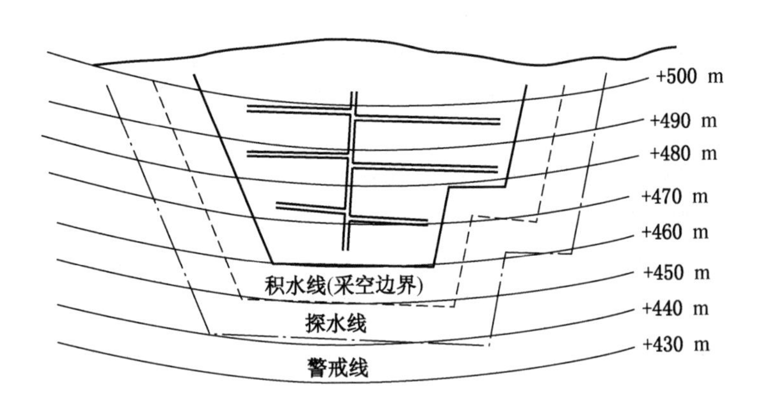

图3-7-1　积水线、探水线、警戒线的划定

表3-7-1　老空水探水线、警戒线　m

边界名称	确定方法	煤层软硬程度	资料依靠调查分析判别	有一定图纸资料作参考	可靠图纸资料作依据
探水线	由积水线平行外推	松软	100~150	80~100	30~40
		中硬	80~120	60~80	30~35
		坚硬	60~100	40~60	30
警戒线	由探水线平行外推	—	60~80	40~50	20~40

➢ ***相关案例***

鸡西市东源煤炭经销有限责任公司东旭煤矿“5·26”水害事故。

第二百九十九条　受水淹区积水威胁的区域，必须在排除积水、消除威胁后方可进行采掘作业；如果无法排除积水，开采倾斜、缓倾斜煤层的，必须按照《建筑物、水体、铁路及主要井巷煤柱留设与压煤开采规程》中有关水体下开采的规定，编制专项开采设计，由煤矿企业主要负责人审批后，方可进行。

严禁开采地表水体、强含水层、采空区水淹区域下且水患威胁未消除的急倾斜煤层。

➢ **现场执行**

（1）水体下开采应当根据矿井水文地质及工程地质条件、开采方法、开采高度和顶板控制方法等，按照《建筑物、水体、铁路及主要井巷煤柱留设与压煤开采规程》规定，编制专项开采方案设计，经有关专家论证，煤炭企业主要负责人审批后，方可进行试采。

开采过程中，应当严格按照批准的设计要求，控制开采范围、开采高度和防隔水煤（岩）柱尺寸。

（2）进行水体下采煤的，应当对开采煤层上覆岩层进行专门水文地质工程地质勘探。

专门水文地质工程地质勘探应当包括下列内容：

① 查明与煤层开采有关的上覆岩层水文地质结构，包括含水层、隔水层的厚度和分布，含水层水位、水质、富水性，各含水层之间的水力联系及补给、径流、排泄条件，断层的导（含）水性。

② 采用钻探、物探等方法探明工作面上方基岩面的起伏和基岩厚度。在松散含水层下开采时，应当查明松散层底部隔水层的厚度、变化与分布情况。

③ 通过岩芯工程地质编录和数字测井等，查明上覆岩土层的工程地质类型、覆岩组合及结构特征，采取岩土样进行物理力学性质测试。

（3）水体下采煤，其防隔水煤（岩）柱应当按照裂缝角与水体采动等级所要求的防隔水煤（岩）柱相结合的原则设计留设。

煤层（组）垮落带、导水裂缝带高度、保护层厚度按照《建筑物、水体、铁路及主要井巷煤柱留设与压煤开采规程》规定计算，或者根据实测、类似地质条件下的经验数据结合力学分析、数值模拟、物理模拟等多种方法综合确定。

放顶煤开采或者大采高（3 m 以上）综采的垮落带、导水裂缝带高度，应当根据本矿区类似地质条件实测资料等多种方法综合确定。煤层顶板存在富水性中等及以上含水层或者其他水体威胁时，应当实测垮落带、导水裂缝带发育高度，进行专项设计，确定防隔水煤（岩）柱尺寸。

放顶煤开采的保护层厚度，应当根据对上覆岩土层结构和岩性、垮落带、导水裂缝带高度以及开采经验等分析确定。

留设防沙和防塌煤（岩）柱开采的，应当结合上覆土层、风化带的临界水力坡度，进行抗渗透破坏评价，确保不发生溃水和溃砂事故。

（4）邻近水体下的采掘工作，应当遵守下列规定：

① 采用有效控制采高和开采范围的采煤方法，防止急倾斜煤层抽冒。在工作面范围内存在高角度断层时，采取有效措施，防止断层导水或者沿断层带抽冒破坏。

② 在水体下开采缓倾斜及倾斜煤层时，宜采用倾斜分层长壁开采方法，并尽量减少第一、第二分层的采厚；上下分层同一位置的采煤间歇时间不得小于 6 个月，岩性坚硬顶板间歇时间适当延长。留设防砂和防塌煤（岩）柱，采用放顶煤开采方法时，先试验后推广。

③ 开采煤层组时，采用间隔式采煤方法。如果仍不能满足安全开采的，修改煤柱设计，加大煤柱尺寸，保障矿井安全。

④ 当地表水体或者松散层富水性强的含水层下无隔水层时，开采浅部煤层及在采厚大、含水层富水性中等以上、预计导水裂缝带大于水体与开采煤层间距时，采用充填法、条带开采、顶板关键层弱化或者限制开采厚度等控制导水裂缝带发育高度的开采方法。对于易于疏降的中等富水性以上松散层底部含水层，可以采用疏降含水层水位或者疏干等方法，以保证安全开采。

⑤ 开采老空积水区内有陷落柱或者断层等构造发育的下伏煤层，在煤层间距大于预计的导水裂缝带波及范围时，还必须查明陷落柱或者断层等构造的导（含）水性，采取相应的防治措施，在隐患消除前不得开采。

⑥ 进行水体下采掘活动时，应当加强水情和水体底界面变形的监测。试采结束后，

提出试采总结报告，研究规律，指导类似条件下的水体下采煤。

➢ **相关案例**

湖南衡阳源江山煤矿“11·29”透水事故。

第三百零二条 井田内有与河流、湖泊、充水溶洞、强或者极强含水层等存在水力联系的导水断层、裂隙（带）、陷落柱和封闭不良钻孔等通道时，应当查明其确切位置，并采取留设防隔水煤（岩）柱等防治水措施。

➢ **现场执行**

井下探查应采用矿井物探、坑道钻探、突水监测、原位测试、水质分析和放水试验等多种方法和手段；采用井下与地面相结合的综合勘探方法，充分发挥地面钻探、物探所获得的技术资料，通过井下钻探、物探进一步补充完善，使井上、下探查结果相互验证和相互补充；井下勘探施工作业时，存在有害气体的溢出超限、积水意外涌出等不安全因素，必须保证矿井安全生产，并采取可靠的安全防范措施。

（1）在组织施工前，要求探放水队将打钻所需的材料及工具、设备准备到位，必须保证正常钻探施工。

（2）在运输钻机等大件设备的过程中，运输人员应轻拿轻放，避免设备因碰撞而受损。

（3）钻机、钻机附属设施及各部件间连接要牢固可靠，并在每次使用前检查，确保施工安全。

（4）每次开钻前，检查钻杆接头的完好情况，严防脱钻事故的发生；钻杆要达到不堵塞、不弯曲、丝口不磨损。

（5）在探水队组织施工进场前，要求掘进队人员对钻机附近 10 m 范围内的巷道支护进行检查，发现巷道支护受损及时处理并加强支护，并打好立柱和挡板。

（6）保持钻场有足够的安全空间，便于施工。

（7）按预计流量备好水泵，清理巷道并挂好风筒、电缆、敷设管道等。钻机安装必须平稳牢固。

（8）钻机架设完成后，进行钻机空载试运转，并检查钻头是否完好，钻杆是否满足钻探的需求。

（9）在巷道低洼处挖好临时水窝，并与排水系统连接，确保排水及时、畅通。

（10）由监控室人员将掘进工作面专用电话安装到打钻地点，保证线路通畅，以便随时能与调度室取得联系。

（11）探水技术人员必须亲临现场，依据设计，确定主要探水钻孔位置、方位、深度以及钻孔数目。

（12）带班领导和当班安全检查员、瓦斯检查员必须在探放水地点监督安全，随时检查空气成分。如果甲烷浓度超过 1% 或其他有害气体浓度超过规定时，必须立即停止钻进，切断气源，撤出人员，到达安全地点后报告矿调度室。

（13）检查 6 项内容。

① 检查排水系统。准备好水窝、水仓及排水管路；检查排水泵及电动机，使之正常运转，达到设计的最大排水能力。对巷道水沟中的浮煤、碎石等杂物，应随时清理干净。

若水沟被冒顶或片帮堵塞时，应立即修复。

② 准备堵水材料。探水地点应备用一定数量的坑木、编织袋、木塞、木板、黄泥、棉线、锯、斧等，以便出水或来压时及时处理。

③ 检查瓦斯。瓦斯浓度超过安全规定时应停止工作，及时加强通风。

④ 检查支护情况。松动或破损的支护要及时修整或更换，仔细检查帮顶是否背好。

⑤ 检查煤壁。煤壁有松软或膨胀等现象时，要及时处理，闭紧填实，必要时可打上木垛，防止水流冲垮煤壁，造成事故。

⑥ 检查避灾路线。避灾路线内不许有木料、矿车或其他杂物阻塞，要时刻保证畅通无阻。

第三百零五条 开采底板有承压含水层的煤层，隔水层能够承受的水头值应当大于实际水头值；当承压含水层与开采煤层之间的隔水层能够承受的水头值小于实际水头值时，应当采取疏水降压、注浆加固底板改造含水层或者充填开采等措施，并进行效果检验，制定专项安全技术措施，报企业技术负责人审批。

➢ 现场执行

（1）当承压含水层与开采煤层之间的隔水层能够承受的水头值大于实际水头值时，可以进行带压开采，但应当制定专项安全技术措施，由煤炭企业总工程师审批。

（2）当承压含水层与开采煤层之间的隔水层能够承受的水头值小于实际水头值时，开采前应当遵守下列规定：

① 采取疏水降压的方法，把承压含水层的水头值降到安全水头值以下，并制定安全措施，由煤炭企业总工程师审批。

② 承压含水层的集中补给边界已经基本查清情况下，可以预先进行帷幕注浆，截断水源，然后疏水降压开采。

③ 当承压含水层的补给水源充沛，不具备疏水降压和帷幕注浆的条件时，可以采用地面区域治理，或者局部注浆加固底板隔水层、改造含水层的方法，但应当编制专门的设计，在有充分防范措施的条件下进行试采，并制定专门的防止淹井措施，由煤炭企业总工程师审批。

（3）煤层底板存在高承压岩溶含水层，且富水性强或者极强，采用井下探查、注浆加固底板或者改造含水层时，应当符合下列要求：

① 掘进前应当同时采用钻探和物探方法，确认无突水危险时方可施工。巷道底板的安全隔水层厚度，钻探与物探探测深度按式（3－7－1）确定：

$$t=\frac{L(\sqrt{\gamma^2L^2+8K_\text{p}p}-\gamma L)}{4K_\text{p}} \qquad (3-7-1)$$

式中 t——安全隔水层厚度，m；

L——巷道底板宽度，m；

γ——底板隔水层的平均重度，MN/m^3；

K_p——底板隔水层的平均抗拉强度，MPa；

p——底板隔水层承受的实际水头值，MPa。

钻孔超前距和帮距参考式（3－7－2）确定：

$$L=0.5KM\sqrt{\frac{3p}{K_p}} \qquad (3-7-2)$$

式中　L——煤柱留设的宽度，m；

K——安全系数，一般取2~5；

M——煤层厚度或者采高，m；

p——实际水头值，MPa；

K_p——煤的抗拉强度，MPa。

② 应当编制注浆加固底板或者改造含水层设计和施工安全技术措施，由煤矿总工程师组织审批。可结合矿井实际情况，建立地面注浆系统。

③ 注浆加固底板或者改造含水层结束后，由煤炭企业总工程师组织效果评价。

突水系数计算公式：

$$L=\frac{p}{M} \qquad (3-7-3)$$

式中　L——突水系数，MPa/m；

p——底板隔水层承受的实际水头值，MPa；

M——底板隔水层厚度，m。

➢ **相关案例**

（1）鹤壁煤电股份有限公司第十煤矿“3·10”突水淹井事故。

（2）神华集团乌海能源骆驼山煤矿“3·1”透水事故。

第三百零八条　水文地质条件复杂、极复杂或者有突水淹井危险的矿井，应当在井底车场周围设置防水闸门或者在正常排水系统基础上另外安设由地面直接供电控制，且排水能力不小于最大涌水量的潜水泵。在其他有突水危险的采掘区域，应当在其附近设置防水闸门；不具备设置防水闸门条件的，应当制定防突（透）水措施，报企业主要负责人审批。

防水闸门应当符合下列要求：

（一）防水闸门必须采用定型设计。

（二）防水闸门的施工及其质量，必须符合设计。闸门和闸门硐室不得漏水。

（三）防水闸门硐室前、后两端，应当分别砌筑不小于5 m的混凝土护碹，碹后用混凝土填实，不得空帮、空顶。防水闸门硐室和护碹必须采用高标号水泥进行注浆加固，注浆压力应当符合设计。

（四）防水闸门来水一侧15~25 m处，应当加设1道挡物箅子门。防水闸门与箅子门之间，不得停放车辆或者堆放杂物。来水时先关箅子门，后关防水闸门。如果采用双向防水闸门，应当在两侧各设1道箅子门。

（五）通过防水闸门的轨道、电机车架空线、带式输送机等必须灵活易拆；通过防水闸门墙体的各种管路和安设在闸门外侧的闸阀的耐压能力，都必须与防水闸门设计压力相一致；电缆、管道通过防水闸门墙体时，必须用堵头和阀门封堵严密，不得漏水。

（六）防水闸门必须安设观测水压的装置，并有放水管和放水闸阀。

（七）防水闸门竣工后，必须按设计要求进行验收；对新掘进巷道内建筑的防水闸门，必须进行注水耐压试验，防水闸门内巷道的长度不得大于15 m，试验的压力不得低于设计水压，其稳压时间应当在24 h以上，试压时应当有专门安全措施。

（八）防水闸门必须灵活可靠，并每年进行2次关闭试验，其中1次应当在雨季前进行。关闭闸门所用的工具和零配件必须专人保管，专地点存放，不得挪用丢失。

➢ 现场执行

（1）防水闸门开启。防水闸门开启前编制安全技术措施，经企业负责人审批；开启前对井下排水和供电系统进行一次全面检查；开启时先打开放水管，有控制地泄压放水；有多个防水闸门需要开启时，应按先高后低顺序依次开启；防水闸门打开后，由救护队员先进去，检查瓦斯和巷道情况。

（2）防水闸门关闭。关闭前，需要书面通知相邻有关矿井，说明关闭时间、位置、最高静止水位和可能造成的影响、近期井下各涌水点水量变化、井上各水文钻孔水位变化情况。关闭前需要撤退水害影响区域全部人员，在各通道设岗警戒。准备好防水闸门硐室的所有设施。将防水闸门附近和水沟内的杂物清理干净。防水避灾路线通畅。检修全部配水设备保证全部排水设备可以正常使用，将水仓积水排到最低水位。附近的局部通风机和电话安装到位。防水闸门以里的栅栏门关好。应急预案及安全措施到位。

防水闸门关闭时，矿井负责人下井检查指挥关闭。

防水闸门关闭后，定时派人观测本矿其他区域的水量和水位变化情况，必须在防水闸门附近的安全地点每班设不少于2人值班，观测记录定时向调度室汇报，出现问题及时处理。防水闸门关闭水头压力稳定7日后，无特殊情况定时观测。

第三百一十条 井巷揭穿含水层或者地质构造带等可能突水地段前，必须编制探放水设计，并制定相应的防治水措施。

井巷揭露的主要出水点或者地段，必须进行水温、水量、水质和水压（位）等地下水动态和松散含水层涌水含砂量综合观测和分析，防止滞后突水。

➢ 现场执行

井巷揭露主要突水点或地段时，应详细观测记录突水的时间、地点、确切位置、出水层位、岩性、厚度、出水形式、围岩破坏情况等，测定水温、水量、水质、水压等，对于井下新揭露的出水点，在涌水量无规律前，应当每日观测1次；对溃入性涌水，在未查明突水原因前，每隔1 ~2 h观测1次，以后可延长间隔时间，并进行水质化验；涌水量正常后，按正常时间观测。对于主要突水点可作为动态观测点进行系统观测，编制卡片，附平面图和素描图。

第四节 井 下 排 水

第三百一十一条 矿井应当配备与矿井涌水量相匹配的水泵、排水管路、配电设备和水仓等，并满足矿井排水的需要。除正在检修的水泵外，应当有工作水泵和备用水泵。工作水泵的能力，应当能在20 h内排出矿井24 h的正常涌水量（包括充填水及其他用水）。备用水泵的能力，应当不小于工作水泵能力的70%。检修水泵的能力，应当不小于工作水泵能力的25%。工作和备用水泵的总能力，应当能在20 h内排出矿井24 h的最大涌水量。

排水管路应当有工作和备用水管。工作排水管路的能力，应当能配合工作水泵在 20 h 内排出矿井 24 h 的正常涌水量。工作和备用排水管路的总能力，应当能配合工作和备用水泵在 20 h 内排出矿井 24 h 的最大涌水量。

配电设备的能力应当与工作、备用和检修水泵的能力相匹配，能够保证全部水泵同时运转。

➤ **现场执行**

矿井应当配备与矿井涌水量相匹配的水泵、排水管路、配电设备和水仓等。主要排水系统水泵排水能力、管路和水仓容量不符合《煤矿安全规程》规定，属于“有严重水患，未采取有效措施”的重大事故隐患。

排酸性矿井水时要采取措施，一是在排水前用石灰等碱性物质将水进行中和；二是采用耐酸泵排水，对管路进行耐酸防护处理。

第三百一十二条 主要泵房至少有 2 个出口，一个出口用斜巷通到井筒，并高出泵房底板 7 m 以上；另一个出口通到井底车场，在此出口通路内，应当设置易于关闭的既能防水又能防火的密闭门。泵房和水仓的连接通道，应当设置控制闸门。

排水系统集中控制的主要泵房可不设专人值守，但必须实现图像监视和专人巡检。

➤ **现场执行**

主要泵房至少有 2 个安全出口，一个出口用斜巷通到井筒，作为回风和设置电缆用，也是重要的安全逃生口；另一个出口通到井底车场，作为水泵安装时的运输通道，为防止泵房被淹和着火，在此通道内应设置易于关闭的既能防水又能防火的密闭门。泵房和水仓的连接通道应设置可靠的控制闸门。

积极推广应用先进的排水设备和技术，如无人值守泵房、远程监控集控系统、地面操控的潜水泵排水系统等，提高矿井的抗灾能力。排水系统集中控制的主要泵房可不设专人值守，但必须实现图像监视和专人巡检。

第三百一十四条 水泵、水管、闸阀、配电设备和线路，必须经常检查和维护。在每年雨季之前，必须全面检修 1 次，并对全部工作水泵和备用水泵进行 1 次联合排水试验，提交联合排水试验报告。

水仓、沉淀池和水沟中的淤泥，应当及时清理，每年雨季前必须清理 1 次。

第五节 探 放 水

第三百一十七条 在地面无法查明水文地质条件时，应当在采掘前采用物探、钻探或者化探等方法查清采掘工作面及其周围的水文地质条件。

采掘工作面遇有下列情况之一时，应当立即停止施工，确定探水线，实施超前探放水，经确认无水害威胁后，方可施工：

（一）接近水淹或者可能积水的井巷、老空区或者相邻煤矿时。

（二）接近含水层、导水断层、溶洞和导水陷落柱时。

（三）打开隔离煤柱放水时。

（四）接近可能与河流、湖泊、水库、蓄水池、水井等相通的导水通道时。

（五）接近有出水可能的钻孔时。

（六）接近水文地质条件不清的区域时。

（七）接近有积水的灌浆区时。

（八）接近其他可能突（透）水的区域时。

➤ 现场执行

地面无法查明水文地质条件时，应采用物探、化探、钻探等综合方法查清水文地质条件，在有水害威胁的矿井，坚持“预测预报、有疑必探、先探后掘、先治后采”的防治水原则。

采掘工作面需全面排查本条所列八种情况，并绘制在采掘工程平面图和矿井充水性图上，确定探水警戒线，确定探水线后进行超前探放水，采用专用钻机、专业技术人员、专门探放水队伍进行探放水，经钻探探水确认无水害威胁后，方可施工。

（1）接近水淹或可能积水的井巷、老空区或相邻煤矿时必须进行超前探放水。年代久远的采空区和废巷等积水，既可形成大片积水区，也可以各种不规则的形状零星分布。这种水体为管道流，水量集中，一旦意外接近或揭露，就能在短时间内以“有压管道流”的形式突然溃出，来势迅猛，水压传递十分迅速，水大时可达几万至十几万立方米，水小时只有几十立方米，但也具有很大的冲击力和破坏力，可能造成重大人身伤亡事故。

（2）矿井底板突水事故中有80%以上是由于断层导致的。通过断层的探查工作，探明断层的产状要素和断层的水文地质条件。然后根据具体情况留设合理的防水煤柱或注浆封堵加固导水断裂构造，利用管棚超前支护等技术加固过断层构造段的巷道，超前对含水层进行疏水降压，达到安全水压后，方可通过断层。

（3）防治陷落柱突水的措施主要包括通过物探手段，探查可能存在的陷落柱位置和边界；对于查出的异常点要用物探、钻探进一步查明；对于查找出来的导水陷落柱比较彻底的防治方法是采取打钻注浆、注骨料或留设防水煤柱等措施。

（4）预防钻孔突水的措施主要包括对历史上已有的钻孔认真核实其封孔情况，对未封或封闭不良的钻孔要建立专门台账，并标绘在有关工程图上。凡能够在地面找到其原孔位的，要透孔到底并重新进行封孔处理；无法在地面施工处理的，要在工程图上画出警戒线和探水线，进行超前探水或留设防水煤柱。

（5）接近其他可能突（透）水的区段时要超前探水。矿井生产建设中，水文地质条件非常复杂，当出现挂红、挂汗等透水征兆或怀疑有其他水害危险时，一定要提高警惕，超前分析和开展超前探水工作，切不可盲目生产和冒险蛮干。

（6）“未查明矿井水文地质条件”重大事故隐患，是指存在下列情形之一的：

① 未进行井田水文地质勘探，或者未查明矿井充水水源、导水通道及充水强度，不能满足矿井防治水工程设计或安全生产建设要求。

② 矿井水文地质条件发生较大变化，突水水源、突水量与勘探报告差别较大，或出现新的含（导）水构造，矿井水文地质类型进一步复杂化，原有勘探成果资料难以满足生产建设需要，未进行矿井水文地质补充勘探。

③ 未查明井田主要含水层富水性，地下水补、径、排等水文地质条件。

④ 没有按《煤矿防治水细则》要求编制矿井水文地质类型划分报告，或者故意降低矿井水文地质类型级别的。

> **相关案例**

（1）贵州贵能投资有限公司水城县勺米乡弘财煤矿“7·3”透水事故。

（2）云南省曲靖市宣威市倘塘镇小河边煤矿小河边井“9·23”水害（瞒报）事故。

第三百一十八条 采掘工作面超前探放水应当采用钻探方法，同时配合物探、化探等其他方法查清采掘工作面及周边老空水、含水层富水性以及地质构造等情况。

井下探放水应当采用专用钻机，由专业人员和专职探放水队伍施工。

探放水前应当编制探放水设计，采取防止有害气体危害的安全措施。探放水结束后，应当提交探放水总结报告存档备查。

> **现场执行**

（1）严格执行井下探放水“三专”要求。由专业技术人员编制探放水设计，采用专用钻机进行探放水，由专职探放水队伍施工。探放水工必须持证上岗，严禁使用非专用钻机探放水。

（2）严格执行井下探放水“两探”要求。采掘工作面超前探放水应当同时采用钻探、物探两种方法，做到相互验证，查清采掘工作面及周边老空水、含水层富水性以及地质构造等情况。有条件的矿井，钻探可采用定向钻机，开展长距离、大规模探放水。

（3）探放水设计包括探放水地区的水文地质条件；探放水巷道的开拓方向、施工次序、规格和支护形式；探放水钻孔组数、个数、方向、角度、深度、施工技术要求和采用的超前距与帮距；探放水施工与掘进工作的安全规定；避灾路线图等内容。班组应严格按照探放水设计进行施工和避灾。

> **相关案例**

恩施州利川曾家沟煤业有限责任公司“6·21”水害事故。

第三百一十九条 井下安装钻机进行探放水前，应当遵守下列规定：

（一）加强钻孔附近的巷道支护，并在工作面迎头打好坚固的立柱和拦板，严禁空顶、空帮作业。

（二）清理巷道，挖好排水沟。探放水钻孔位于巷道低洼处时，应当配备与探放水量相适应的排水设备。

（三）在打钻地点或者其附近安设专用电话，保证人员撤离通道畅通。

（四）由测量人员依据设计现场标定探放水孔位置，与负责探放水工作的人员共同确定钻孔的方位、倾角、深度和钻孔数量等。

探放水钻孔的布置和超前距离，应当根据水压大小、煤（岩）层厚度和硬度以及安全措施等，在探放水设计中做出具体规定。探放老空积水最小超前水平钻距不得小于30 m，止水套管长度不得小于10 m。

> **现场执行**

1. 探放水钻孔的布置

依据《煤矿防治水细则》要求，布置探放水钻孔应当遵循下列规定。

（1）探放老空水和钻孔水。老空和钻孔位置清楚时，应当根据具体情况进行专门探放水设计，经煤矿总工程师组织审批后，方可施工；老空和钻孔位置不清楚时，探水钻孔成组布设，并在巷道前方的水平面和竖直面内呈扇形，钻孔终孔位置满足水平面间距不得大于3 m，厚煤层内各孔终孔的竖直面间距不得大于1.5 m。

（2）探放断裂构造水和岩溶水等时，探水钻孔沿掘进方向的正前方及含水体方向呈扇形布置，钻孔不得少于3个，其中含水体方向的钻孔不得少于2个。

（3）探查陷落柱等垂向构造时，应当同时采用物探、钻探两种方法，根据陷落柱的预测规模布孔，但底板方向钻孔不得少于3个，有异常时加密布孔，其探放水设计由煤矿总工程师组织审批。

（4）煤层内，原则上禁止探放水压高于1 MPa的充水断层水、含水层水及陷落柱水等。如确实需要的，可以先构筑防水闸墙，并在闸墙外向内探放水。

2. 探放水钻孔超前距和止水套管长度要求

依据《煤矿防治水细则》要求，探放水钻孔超前距和止水套管长度，应当符合下列规定。

（1）老空积水范围、积水量不清楚的，近距离煤层开采的或者地质构造不清楚的，探放水钻孔超前距不得小于30 m，止水套管长度不得小于10 m；老空积水范围、积水量清楚的，根据水头值高低、煤（岩）层厚度、强度及安全技术措施等确定。

（2）沿岩层探放含水层、断层和陷落柱等含水体时，按表3－7－2确定探放水钻孔超前距和止水套管长度。

表3－7－2　岩层中探水钻孔超前距和止水套管长度

水压 p/MPa	钻孔超前距/m	止水套管长度/m
$p<1.0$	>10	>5
$1.0\leqslant p<2.0$	>15	>10
$2.0\leqslant p<3.0$	>20	>15
$p\geqslant 3.0$	>25	>20

➢ **相关案例**

（1）吉林省蛟河市丰兴煤矿“4·6”透水事故。

（2）山西朔州平鲁区茂华万通源煤业有限公司“11·11”透水事故。

（3）山西汾西正升煤业有限责任公司“9·28”水害事故。

第三百二十条　在预计水压大于0.1 MPa的地点探放水时，应当预先固结套管，在套管口安装控制闸阀，进行耐压试验。套管长度应当在探放水设计中规定。预先开掘安全躲避硐室，制定避灾路线等安全措施，并使每个作业人员了解和掌握。

➢ **现场执行**

承压套管安装和固定主要包括下斜孔孔口承压套管和水平或上斜孔孔口承压套管两种固定方法。

1. 下斜孔孔口承压套管

向孔内注入水泥浆，将预先准备好的孔口套管（末端用木塞堵住）压入孔内到底，把孔内的水泥砂浆挤到孔壁与套管之间的空隙，使水泥砂浆挤出孔口，待水泥砂浆凝固至规定的时间后，进行扫孔，扫孔至孔底，并向下钻进0.3～0.5 m，然后进行注水耐压试验，试验的压力不得小于实际水压的1.5倍。稳压时间必须至少保持半小时，孔口周围不漏水，套管牢固不活动，即为合格，否则必须重新注浆加固，这样才能保证套管在钻孔出水时不被冲出。

2. 水平或上斜孔孔口承压套管

首先将固定架焊在孔口套管底端，再将套管插入孔内，临时固定，不使其滑落。在孔口用水玻璃和水泥将套管固定并封死，在管的上方另留一个小管作为放气眼，然后用高压注浆泵从孔口管内向四周压入水泥浆，开始从小管跑出空气和水，待跑出水泥浆时即将小管封死，继续向孔口管内压入水泥浆，至一定压力后停止注浆，关闭管上的闸阀，待水泥浆凝固至规定的时间后立即进行扫孔。然后进行注水耐压试验，方法与下斜孔的方法相同。

为确保安全，放水前必须制定安全措施。

（1）探水施工前必须向可能受水害威胁地区的施工人员贯彻、交代报警信号及避灾路线。

（2）探放水人员必须严格按照批准的设计施工，未经审批单位允许，不得擅自改变设计。

（3）探水前应加固探水点10 m范围内支护，背好顶帮，并在工作面迎头打好坚固的立柱和拦板，清理巷道，备好排水设施，在打钻地点附近必须安设专用电话和报警装置，并与可能受水灾威胁的相邻地点有信号联系，一旦透水立即通知有关人员撤离危险区。

（4）在预计水压较大地点探水时，必须先安好孔口管和控制闸阀，孔口管与孔壁间必须灌注水泥浆固定，并进行耐压试验，达到能承受设计压力后，方准继续钻进。

（5）加强工作面支护管理，钻机固定牢固。

（6）检查排水设施，必要时增设临时水仓，确定专职排水人员，并严格交接班。

（7）探水的巷道，中间低洼段如有少量积水，利用临时排水沟排入水仓，如果积水量较大，应安设水泵，排除积水。

（8）巷道支护应牢固符合要求，使巷道有较强的抗水流冲击能力。

（9）钻孔放水前必须估计积水量，根据矿井排水能力和水仓容量，控制排水量并做好水压观察工作。

（10）钻探施工人员应站在安全地点施工，防止钻杆顶人或钻机伤人等严重事故。

（11）钻探过程中应加强透水征兆的观察，掘进工作面发现有煤层变湿、挂红、挂汗、空气变冷、出现雾气、水叫、顶板来压、片帮、淋水加大、底板鼓起或者裂隙渗水、钻孔喷水、煤壁溃水、水色发浑、有臭味等透水征兆时，应当立即停止作业，撤出所有受水患威胁地点的人员，报告矿调度室，并发出警报。在原因未查清、隐患未排除之前，不得进行任何采掘活动。

（12）钻进时，应注意钻孔情况，如发现煤岩松软片帮，来压或钻孔中的水压、水量突然增大，以及有顶钻等异状时，必须停止钻进，进行检查，监视水情并报矿调度室，严禁将钻杆拔出，发现危险时，应立即撤出所有受水威胁地区的人员，然后采取措施，进行处理。

（13）严格钻探现场交接班制度：

① 探水工、队长、机电工、瓦斯检查员必须在探水地点现场交接。

② 交班时，必须交清上班的探水情况、设备运行及瓦斯有无异常情况。

③ 接班后，由班长对遗留的问题逐一进行处理，待处理完毕后，方可进行钻探。

④ 现场交接班时必须停止钻机运行。

⑤ 每次钻探完，应将结果及时汇报矿调度、地测防治水部，包括钻孔参数及钻孔出水量情况。

（14）钻探施工完毕，应将钻机挪至安全地点，防止掘进时损坏设备。

（15）探水作业时，该巷道钻场以下地点严禁有人作业或有其他人员。

（16）探水孔的超前距、帮距及孔间距应符合设计要求。每次探水后、掘进前，应在起点处设置标志，并建立挂牌制度。

➤ **相关案例**

河南省济源煤业有限责任公司一矿“11·12”水害事故。

第三百二十一条 预计钻孔内水压大于1.5 MPa时，应当采用反压和有防喷装置的方法钻进，并制定防止孔口管和煤（岩）壁突然鼓出的措施。

➤ **现场执行**

防喷装置包括孔口防喷逆止阀、孔口防喷帽、盘根密封防喷器等。钻具可使用防喷接头，上下钻可使用孔口反压装置。

孔口防喷帽和防喷接头适用于垂直钻孔，盘根密封防喷器适用于水平或倾斜钻孔。

各种装置必须灵活可靠，采用法兰盘与孔口管进行连接，用螺栓固定，安装不牢，易滑落伤人。

孔口防喷逆止阀的安设应满足下列要求。

（1）防喷立柱必须切实打牢固，它与防喷挡水板用螺钉固定；挡水板上留有钻杆通过的圆孔。

（2）逆止阀固定盘与挡板用固定螺钉连接。

（3）逆止阀固定盘与挡板在打倾斜孔时，两者间有不同的夹角可用木楔夹紧；打水平孔时二者重叠（夹角为零）固定。打垂直孔时可直接与孔口水门法兰盘连接。

（4）孔内遇高压水强烈外喷并顶钻时，用逆止闸制动手把控制钻杆徐徐退出拆卸。当岩芯管离开孔口水门后，立即关孔口水门，让高压水沿三通泄水阀喷向安全地点。

第三百二十二条 在探放水钻进时，发现煤岩松软、片帮、来压或者钻孔中水压、水量突然增大和顶钻等突（透）水征兆时，应当立即停止钻进，但不得拔出钻杆；现场负责人员应当立即向矿井调度室汇报，撤出所有受水威胁区域的人员，采取安全措施，派专业技术人员监测水情并进行分析，妥善处理。

➤ **现场执行**

（1）探水钻进过程中，发现孔内显著变软，钻杆推进突然轻松或沿钻杆流水量突然增大，是钻孔接近或进入强含水体的预兆；此时，必须立即停钻检查，如果孔内水压很大，应将钻杆固定并记录其深度，切勿移动或拔出钻杆，不得直对或任意跨越钻杆。钻机后面严禁站人，以免高压水顶出钻杆伤人。

（2）矿调度室接到汇报后，需要根据具体情况进行调度指挥，包括排水系统的准备、撤人路线的确定，以及现场应采取的安全技术措施等。

专业技术人员到现场监测水情后，经分析判断钻孔确已接近或进入积水区，方可拔出钻杆放水。在拔出钻杆前，必须重新检查和加固有关设备和支护，并打开三通泄水阀，边钻进边推入钻具。

使钻头超过原孔深 1 m 以上，先把附近积存的淤泥碎石冲出孔外，而后再拔出钻杆，以利于安全放水。

遇高压水顶钻杆时，可用立轴卡瓦和逆止阀交替控制钻杆，使其慢慢地顶出孔口，操作时禁止人员直对钻杆站立。

➢ ***相关案例***

陕西省铜川市耀州区照金矿业有限公司“4·25”水害事故。

第三百二十三条 探放老空水前，应当首先分析查明老空水体的空间位置、积水范围、积水量和水压等。探放水时，应当撤出探放水点标高以下受水害威胁区域所有人员。放水时，应当监视放水全过程，核对放水量和水压等，直到老空水放完为止，并进行检测验证。

钻探接近老空时，应当安排专职瓦斯检查工或者矿山救护队员在现场值班，随时检查空气成分。如果甲烷或者其他有害气体浓度超过有关规定，应当立即停止钻进，切断电源，撤出人员，并报告矿调度室，及时采取措施进行处理。

➢ **现场执行**

老空水是煤矿防治水工作的重点之一，探放老空水应重点做好下述工作。

（1）查明老空区积水情况。广泛收集资料，走访调查，分析查明老空水体的空间位置、积水量和水压。特别需要核实已采区的边界及最低洼点的位置和标高，核实原有巷道的泄水系统、积水区与其他煤岩巷的相互关系，由积水区延伸的各条巷道的最远点位置和标高，查明积水区与可能存在补给水源的关系，经过分析后，分别划定积水线、探水线和警戒线三条线来确定探放水起点。

（2）探放老空积水。探放水钻孔的布置应以不漏掉老空、保证安全生产、探水工作量最小为原则。探放水采用专业技术人员、专门队伍、专用钻机。探放水钻孔要打中老空水体，至少有一个孔要打中老空水体最底部，才有可能将老空积水全部疏放干净，排除隐患。

如果井下老空区水与地表水存在密切水力联系，在雨季可接受大量雨水或地表水补给，且老空区的积水量较大，水质不好（如酸性水），为避免矿井承受长期排水的经济负担，矿井可首先对这种老空积水区实行注浆封堵，切断或减少地表水等对其的补给，然后再实施探放水；如果切断或减少老空区的补给水源有困难而无法进行有效的探放水，生产矿井必须对老空积水区留设足够尺寸的防隔水煤（岩）柱，使其与生产区隔开，待矿井生产后期条件成熟后再进行水体下采煤；如老空区积水量大且水压高，应先从煤层顶、底板岩层打穿层放水孔，把水压降下来，然后再沿煤层打探放水钻孔。

（3）探放老空积水时，还应当撤出探放水点以下部位受水害威胁区域内的所有人员。

（4）制定应急预案。当钻孔接近老空时，专职瓦斯检查工或矿山救护队员要在现场值班，随时检查空气成分，如果瓦斯或者其他有害气体浓度超过有关规定，应当立即停止钻进，切断电源，撤出人员，并报告矿井调度室，及时处理；在探放水场地应备用一定数量的坑木、麻袋、木塞、木板、黄泥、棉线、锯和斧等，以便在探放水过程中意外出水或钻孔水压突然增大时及时处理；探放水施工巷道现场发现有松动或破损的支架要及时修整或更换，并仔细检查帮顶是否背好；探放水施工现场及后路的巷道水沟中的浮煤、碎石等杂物，应随时清理干净，若水沟被冒顶或片帮堵塞时，应立即疏通；探放水施工过程中所设计的避灾路线内不许有煤炭、木料或煤车等阻塞，保证畅通无阻。

第三百二十四条 钻孔放水前，应当估计积水量，并根据矿井排水能力和水仓容量，控制放水流量，防止淹井；放水时，应当有专人监测钻孔出水情况，测定水量和水压，做好记录。如果水量突然变化，应当立即报告矿调度室，分析原因，及时处理。

➢ 现场执行

钻孔放水前，应当安排专人测定孔内初始水压；放水时，应当安排专人监测放水孔出水情况，观测水量和残存水压，做好记录，及时分析，直至把水放净。

钻探到积水区后，水量不大时，可利用探水钻孔排除积水；水量大时，必须另打放水钻孔。放水钻孔直径一般为 50～75 mm，孔深不大于 70 m。

1. 疏放水注意事项

疏放水应注意下列安全事项：

（1）放水前应进行放水量、水压及煤层透水性试验，并根据排水设备能力及水仓容量，拟定放水顺序和控制水量，避免盲目性。

（2）放水过程中随时注意水量、水压变化、出水的清浊和杂质、有无有害气体涌出、有无特殊声响等，发现异状应及时采取措施并报告调度室。

（3）事先定出人员撤退路线，沿途要有良好的照明，保证路线畅通。

（4）将迎头设备退至安全位置，防止设备损坏。

（5）在放水地点挖好排水沟，建立临时水仓。

（6）放水地点必须保持良好的通风，风筒距迎头不得大于 5 m，严禁局部通风机时开时停，瓦斯检查员要加强瓦斯及有害气体监测，发生异常及时进行有效处理。

（7）在放水地点安装专用电话，并与调度室及可能受水威胁的地点连通。

2. 疏放水完毕判断标准

（1）当看到排水口已完全不淌水，并且由排水口向里进风或向外出风。

（2）虽然水流始终不断，但没有压力。

（3）捅捣时有小水流，不捅捣时无水等。

如果放水孔被堵塞，为确保正常放水，可采用钻杆透孔及时处理，但是未安装孔口套管的不得透孔。疏通钻孔时，操作人员不准正对钻杆站立进行操作。

3. 放水效果检验

放水结束后，放出的总水量要与预计的积水范围、积水高度和积水量等进行检查验算，避免各种可能发生的假象。通过钻孔放水量、后续钻孔探查见水情况、物探方法对比放水前后积水区域变化情况等，确定放水效果。

➢ **相关案例**

淮北矿业（集团）有限责任公司朱庄煤矿“7·6”水害事故。

第三百二十五条　排除井筒和下山的积水及恢复被淹井巷前，应当制定安全措施，防止被水封闭的有毒、有害气体突然涌出。

排水过程中，应当定时观测排水量、水位和观测孔水位，并由矿山救护队随时检查水面上的空气成分，发现有害气体，及时采取措施进行处理。

➢ **现场执行**

（1）恢复被淹井巷前，应当编制矿井突水淹井调查分析报告。报告应当包括下列主要内容。

① 突水淹井过程、突水点位置、突水时间、突水形式、水源分析、淹没速度和涌水量变化等。

② 突水淹没范围，估算积水量。

③ 预计排水过程中的涌水量。依据淹没前井巷各个部分的涌水量，推算突水点的最大涌水量和稳定涌水量，预计恢复过程中各不同标高段的涌水量，并设计排水量曲线。

④ 分析突水原因所需的有关水文地质点（孔、井、泉）的动态资料和曲线、矿井综合水文地质图、矿井水文地质剖面图、矿井充水性图和水化学资料等。

（2）矿井恢复时，应当设有专人跟班定时测定涌水量和下降水面高程，并做好记录；观察记录恢复后井巷的冒顶、片帮和淋水等情况；观察记录突水点的具体位置、涌水量和水温等，并作突水点素描；定时对地面观测孔、井、泉等水文地质点进行动态观测，并观察地面有无塌陷、裂缝现象等。

矿井排水恢复生产时观测记录包括：制定恢复生产方案，由矿井总工程师审批；加强对涌水量与下降水面高程、井巷冒顶、片帮与淋水、突水点位置等进行详细观测记录；及时组织技术人员分析资料。

（3）排除井筒和下山的积水及恢复被淹井巷前，应当制定防止被水封闭的有害气体突然涌出的安全措施。排水过程中，矿山救护队应当现场监护，并检查水面上的空气成分；排水过程中发现有害气体应及时处理，加大通风，冲淡有害气体，如果加大通风有害气体浓度仍然超过规定，必须由矿山救护队采取专门的措施。

（4）矿井恢复后，应当全面整理淹没和恢复两个过程的图纸和资料，查明突水原因，提出防范措施。

第八章　爆炸物品和井下爆破

第一节　爆炸物品贮存

第三百二十六条　爆炸物品的贮存，永久性地面爆炸物品库建筑结构（包括永久性埋入式库房）及各种防护措施，总库区的内、外部安全距离等，必须遵守国家有关规定。

井上、下接触爆炸物品的人员，必须穿棉布或者抗静电衣服。

➢ **现场执行**

（1）地面爆炸物品贮存库包括大型库、小型库、洞库和覆土库。其中，大型库爆炸物品贮存执行《民用爆炸物品工程设计安全标准》（GB 50089）规定；小型库爆炸物品贮存执行《小型民用爆炸物品储存库安全规范》（GA 838）规定；洞库和覆土库执行《地下及覆土火药炸药仓库设计安全规范》（GB 50154）规定。

地面爆炸物品贮存库治安防范系统执行《民用爆炸物品储存库治安防范要求》（GA 837）规定。

（2）永久性地面爆炸物品库是指在地面建设长期专门用于贮存民用爆炸物品的库房及其配套设施。爆炸物品专用贮存库是指在选址、建筑结构、内外部安全距离和安全设施等方面符合贮存相应危险等级的爆炸物品的仓库。其中，安全设施包括实体防范（物防）、技术防范（技防）和人力防范（人防）等设施。

（3）根据国家安全生产和爆炸物品安全管理的有关法律法规规定，爆炸物品贮存库建设项目，应获得所在地公安机关核准建设和安全评价，对于以爆炸物品贮存库为条件的行政许可事项，其贮存库未经安全评价或安全评价结论不合格的，不予行政许可。

（4）每天由专人按照规定对各种防护设施进行登记巡视，并将检查结果记录在案。

爆破工、药库管理员等涉爆人员必须严格执行《爆破安全规程》关于对穿着防静电衣物的要求，下井必须穿棉布或抗静电衣服，并经过专业培训，考试合格后持证上岗。

入井人员必须佩戴安全帽、胶靴、矿灯、携带自救器，严禁携带烟火和穿化纤衣服入井，严禁酒后入井。

第三百三十条　地面爆炸物品库必须有发放爆炸物品的专用套间或者单独房间。分库的炸药发放套间内，可临时保存爆破工的空爆炸物品箱与发爆器。在分库的雷管发放套间内发放雷管时，必须在铺有导电的软质垫层并有边缘突起的桌子上进行。

➢ **现场执行**

地面分库发放间宜单独设立，当与库房联建时，发放间应当有密实墙与库房隔开。在发放间外部显著位置设置标志牌（雷管发放间、定量 1000 发）。单独设置的发放间至少应当配备 2 具不少于 5 kg 的磷酸铵盐类干粉灭火器。雷管发放套间的地面和台面应当铺设导静电橡胶皮（板），其下铺设金属网并采用导线可靠接地。雷管发放套间应当设置静电泄放装置，进入发放间的作业人员，应当经泄放静电后才能进行操作。雷管发放套间最多允许暂存 1000 发雷管，严禁将零散雷管放在地面上，宜挂在架上或存放在防爆箱内。电雷管发放桌子的边缘突起高度至少高于软质垫层 10 mm。

第三百三十三条　井下爆炸物品库必须采用砌碹或者用非金属不燃性材料支护，不得渗漏水，并采取防潮措施。爆炸物品库出口两侧的巷道，必须采用砌碹或者用不燃性材料支护，支护长度不得小于 5 m。库房必须备有足够数量的消防器材。

➢ **现场执行**

（1）煤矿企业使用的煤矿许用炸药均为硝铵类炸药，必须贮存在一定的温湿度环境下。防止爆炸物品变质。

（2）依据《煤矿井下消防、洒水设计规范》（GB 50383）、《煤炭工业矿井设计规范》（GB 50215）等规定，井下爆炸物品库应当设置消防栓，配备防腐水带和相应水枪。

消防栓应满足《煤矿井下消防、洒水设计规范》（GB 50383）6.1.3 安全技术要求。

依据《煤炭矿井设计防火规范》（GB 51078）6.1.6 规定，井下爆物品库应设置不少于1台推车式灭火器；硐室内灭火器最大保护距离应符合《煤炭矿井设计防火规范》（GB 51078）6.1.7 规定。

井下爆炸物品库灭火器配备数量应满足《矿井防灭火规范（试行）》第27条规定，见表3-8-1。

表3-8-1　井下爆炸物品库灭火器配备

配备地点	灭火器种类	数量	备注
井下爆炸物品库	10 L 灭火器	3	1台灭火器配于发放室，另2台配于贮存室
	5 L 灭火器	1	
井下爆炸物品库发放硐室	10 L 灭火器	1	
	8 L 灭火器	1	

此外，井下爆炸物品库还需配备一定数量的消防砂箱（袋）、消防桶、消防锹和消防钩等消防器材。

第三百三十四条　井下爆炸物品库的最大贮存量，不得超过矿井3天的炸药需要量和10天的电雷管需要量。

井下爆炸物品库的炸药和电雷管必须分开贮存。

每个硐室贮存的炸药量不得超过2 t，电雷管不得超过10天的需要量；每个壁槽贮存的炸药量不得超过400 kg，电雷管不得超过2天的需要量。

库房的发放爆炸物品硐室允许存放当班待发的炸药，最大存放量不得超过3箱。

➢ **现场执行**

依据《煤矿井下车场及硐室设计规范》（GB 50416）规定和本条规定，井下爆炸物品库、单个硐室或壁槽以及发放硐室爆炸物品贮存量应符合表3-8-2。

表3-8-2　井下爆炸物品库最大贮存量

库硐类别	炸药	电雷管
全库	小于或等于该矿3天需要量	小于或等于该矿10天需要量
每个硐室	小于或等于2 t	小于或等于该矿10天需要量
每个壁槽	小于或等于400 kg	小于或等于该矿2天需要量
炸药发放硐室	小于或等于3箱	
雷管发放硐室		小于或等于500发

第三百三十五条 在多水平生产的矿井、井下爆炸物品库距爆破工作地点超过2.5 km的矿井以及井下不设置爆炸物品库的矿井内，可以设爆炸物品发放硐室，并必须遵守下列规定：

（一）发放硐室必须设在独立通风的专用巷道内，距使用的巷道法线距离不得小于25 m。

（二）发放硐室爆炸物品的贮存量不得超过1天的需要量，其中炸药量不得超过400 kg。

（三）炸药和电雷管必须分开贮存，并用不小于240 mm厚的砖墙或者混凝土墙隔开。

（四）发放硐室应当有单独的发放间，发放硐室出口处必须设1道能自动关闭的抗冲击波活门。

（五）建井期间的爆炸物品发放硐室必须有独立通风系统。必须制定预防爆炸物品爆炸的安全措施。

（六）管理制度必须与井下爆炸物品库相同。

➢ 现场执行

井下爆炸物品库发放硐室通风应符合下列要求。

（1）发放硐室应设置独立通风系统，回风流直接引入矿井或采区总回风巷。

（2）发放硐室通风风量不得低于0.15 m/s。

（3）发放硐室必须设置在进风巷道，内设1道能自动关闭的抗冲击波活门，门上有调风风门，日常调节硐内风量和风速。

（4）硐室内空气尽量保持干燥，室内温度控制在20 ℃，高温地区不得超过30 ℃。

（5）编制预防爆炸物品爆炸的安全技术措施，经矿总工程师审批和贯彻学习后，按照下列要求执行：

① 防止明火和表面高温引起的爆炸，在贮存爆炸物品时，绝对不允许明火存在、接触明火或表面高温。

② 电气设备、线路应保证正常良好，如电气开关、电灯、电缆、仪器、仪表等电气设备，由于接触不良或绝缘损坏、漏电、短路等发生火花引起火灾，直至扩大燃烧进而引起爆炸，要重点巡回检查，发现问题及时维修。

③ 为防止散热，保证隔热，采取绝热保温措施，否则将造成表面高温，若与炸药直接接触可能引起分解自燃。

④ 防止摩擦与撞击引起的爆炸，由于炸药等爆炸性质与坚硬的物品间摩擦或撞击，发生局部过热达到燃点或爆发点以上，摩擦撞击的明火也能引起燃烧或爆炸。

第三百三十六条 井下爆炸物品库必须采用矿用防爆型（矿用增安型除外）照明设备，照明线必须使用阻燃电缆，电压不得超过127 V。严禁在贮存爆炸物品的硐室或者壁槽内安设照明设备。

不设固定式照明设备的爆炸物品库，可使用带绝缘套的矿灯。

任何人员不得携带矿灯进入井下爆炸物品库房内。库内照明设备或者线路发生故障时，检修人员可以在库房管理人员的监护下使用带绝缘套的矿灯进入库内工作。

➢ 现场执行

《煤矿井下供配电设计规范》(GB 50417) 规定，井下固定照明电源电压宜采用127 V。井下爆炸物品库照明设备电压不得超过127 V。

第三百三十七条 煤矿企业必须建立爆炸物品领退制度和爆炸物品丢失处理办法。

电雷管（包括清退入库的电雷管）在发给爆破工前，必须用电雷管检测仪逐个测试电阻值，并将脚线扭结成短路。

发放的爆炸物品必须是有效期内的合格产品，并且雷管应当严格按同一厂家和同一品种进行发放。

爆炸物品的销毁，必须遵守《民用爆炸物品安全管理条例》。

➢ 现场执行

（1）爆炸物品相关安全管理制度包括但不限于装卸、运输、贮存、保管、领退、消防、消失、丢失管理制度和雷管电阻检查管理制度、爆炸物品库保卫管理制度、爆炸作业人员岗位安全生产责任制等。

（2）制定爆炸物品领退制度时，应包括但不限于下列方面：①依据当班爆破工作量和消耗定额所需爆破物品品种、数量和规格填写三联单，经班组长审批后签章；②爆破工携带班组长签章的三联单至爆炸物品库领取爆物品；③领取爆炸物品后，必须现场检查品种、数量和规格是否三联单一致，同时检查爆炸物品质量和电雷管编号是否三联单一致；④每次爆破作业后，爆破工根据使用爆炸物品的品种、数量、规格使用情况以及爆破工作情况填报爆破记录；⑤爆破作业结束后，爆破工必须将剩余的及不能再次使用的爆炸物品搜集起来，将本班爆破的炮数、爆破物品使用情况及缴回数量经班组签章，缴回爆炸物品库，由发放人签章。爆破指标三联单由爆破工、班组长和发放人各保留一份。

（3）制定爆破物品丢失管理办法时，应包括但不限于下列方面：①爆破工领取的爆炸物品不得遗失，不得乱扔乱放，不得转交他人，不得私自销毁、抛弃和挪作他用；②发现爆炸物品丢失和被盗，爆破工应立即报告班组长或向主管部门及公安部门报告。

（4）爆炸物品销毁。①爆破作业单位不再使用民用爆炸物品时，应当将剩余的民用爆炸物品登记造册，报所在地县级人民政府公安机关组织监督销毁；拣拾无主民用爆炸物品的，应当立即报告当地公安机关。②民用爆炸物品变质和过期失效的，应当及时清理出库，并予以销毁。销毁前应当登记造册，提出销毁实施方案，报省、自治区、直辖市人民政府国防科技工业主管部门、所在地县级人民政府公安机关组织监督销毁。③经过检验，确认失效及不符合国家标准或技术条件要求的爆破器材，均应退回原发放单位销毁；包装过硝化甘油类炸药有渗油痕迹的药箱（袋、盒），应予销毁。

不应在阳光下暴晒待销毁的爆破器材。

销毁爆破器材，可采用爆炸法、焚烧法、溶解法、化学分解法。

用爆炸法或焚烧法销毁爆破器材时，应在销毁场进行，销毁场应符合《民用爆炸物品工程设计安全标准》(GB 50089) 的规定。

用爆炸法销毁爆破器材应按销毁技术设计进行，技术设计由爆破器材库主任提出并经单位爆破技术负责人审批后报当地县级公安机关监督销毁。

燃烧不会引起爆炸的爆破器材，可组织用焚烧法销毁；焚烧前，应仔细检查，严防其中混有雷管或其他起爆器材。

不抗水的硝铵类炸药和黑火药可置于容器中用溶解法销毁；不得将爆破器材直接丢入河塘江湖及下水道。

采用化学分解法销毁爆破器材时，应使爆破器材达到完全分解，其溶液应经处理符合有关规定后，方可排放到下水道。

每次销毁爆破器材后，应对现场进行检查，发现残存爆破器材应收集起来，进行再次销毁。

第二节　爆炸物品运输

第三百三十八条　*在地面运输爆炸物品时，必须遵守《民用爆炸物品安全管理条例》以及有关标准规定。*

➢ 现场执行

在地面运输爆炸物品时，必须遵守《民用爆炸物品安全管理条例》第四章爆破物品运输许可程序，《爆破安全规程》(GB 6722) 14.1 规定，大型库区内运输爆破物品运输遵守《爆破安全规程》(GB 6722) 7.2 规定。

运输爆炸物品的车辆应符合《民用爆炸物品运输车安全技术要求》(WJ 9073) 规定。

第三百三十九条　*在井筒内运送爆炸物品时，应当遵守下列规定：*

（一）电雷管和炸药必须分开运送；但在开凿或者延深井筒时，符合本规程第三百四十五条规定的，不受此限。

（二）必须事先通知绞车司机和井上、下把钩工。

（三）运送电雷管时，罐笼内只准放置 1 层爆炸物品箱，不得滑动。运送炸药时，爆炸物品箱堆放的高度不得超过罐笼高度的 2/3。采用将装有炸药或者电雷管的车辆直接推入罐笼内的方式运送时，车辆必须符合本规程第三百四十条（二）的规定。使用吊桶运送爆炸物品时，必须使用专用箱。

（四）在装有爆炸物品的罐笼或者吊桶内，除爆破工或者护送人员外，不得有其他人员。

（五）罐笼升降速度，运送电雷管时，不得超过 2 m/s；运送其他类爆炸物品时，不得超过 4 m/s。吊桶升降速度，不论运送何种爆炸物品，都不得超过 1 m/s。司机在启动和停绞车时，应当保证罐笼或者吊桶不震动。

（六）在交接班、人员上下井的时间内，严禁运送爆炸物品。

（七）禁止将爆炸物品存放在井口房、井底车场或者其他巷道内。

➢ 现场执行

运输爆炸物品由药库班组负责，并遵守下列规定。

(1) 运输电雷管和炸药，必须做到分装、分运，严禁炸药与雷管在一个容器里混装、严禁同一罐笼（列车）入井。

(2) 运送爆炸物品时，爆破物品押运工必须于起始点看管，终点接迎。必须事先通知绞车司机和井上下把钩工，告知绞车司机、井上下把钩工本批次运输爆炸物品类型，绞车司机和井上下把钩工要重视爆炸物品运输，分外注意信号和操作，做到平稳启动和停车，不准超速运行，防止罐笼或吊桶发生震动、碰撞。

（3）爆炸物品在井上时，应直接下井，不能存放在井口房；运到井底后，要直接运往井下爆炸物品库，不准存放在井底车场或其他巷道内。

第三百四十条　井下用机车运送爆炸物品时，应当遵守下列规定：

（一）炸药和电雷管在同一列车内运输时，装有炸药与装有电雷管的车辆之间，以及装有炸药或者电雷管的车辆与机车之间，必须用空车分别隔开，隔开长度不得小于3 m。

（二）电雷管必须装在专用的、带盖的、有木质隔板的车厢内，车厢内部应当铺有胶皮或者麻袋等软质垫层，并只准放置1层爆炸物品箱。炸药箱可以装在矿车内，但堆放高度不得超过矿车上缘。运输炸药、电雷管的矿车或者车厢必须有专门的警示标识。

（三）爆炸物品必须由井下爆炸物品库负责人或者经过专门培训的人员专人护送。跟车工、护送人员和装卸人员应当坐在尾车内，严禁其他人员乘车。

（四）列车的行驶速度不得超过2 m/s。

（五）装有爆炸物品的列车不得同时运送其他物品。

井下采用无轨胶轮车运送爆炸物品时，应当按照民用爆炸物品运输管理有关规定执行。

➢ **现场执行**

井下采用无轨胶轮车运送爆炸物品时，应当遵守下列规定。

（1）运送爆炸物品的无轨胶轮车应当符合《矿用防爆柴油机无轨胶轮车通用技术条件》《MT/T 989》要求。

（2）无轨胶轮车运输过程中应符合《煤矿用防爆柴油机无轨胶轮车安全使用规范》（AQ 1064）和《机动车运行安全技术条件》（GB 7258）要求。

（3）无轨胶轮车应按照《道路运输危险货物车辆标识》（GB 13392）规定设置警示标识，张贴具有反光功能的“爆炸物品运输车”等警示牌。

（4）在车辆易取易用的位置配置2条不小5 kg的磷酸铵盐干粉灭火器。

（5）车辆底部应当按照《兵器工业防静电用品设施验收规程》（WJ 2146）铺设阻燃导静电胶皮。

（6）严禁雷管炸药同车运输；除驾驶员和押运人员外，无关人员不得搭乘；运输工作按照既定时间和路线行驶。

第三百四十二条　由爆炸物品库直接向工作地点用人力运送爆炸物品时，应当遵守下列规定：

（一）电雷管必须由爆破工亲自运送，炸药应当由爆破工或者在爆破工监护下运送。

（二）爆炸物品必须装在耐压和抗撞冲、防震、防静电的非金属容器内，不得将电雷管和炸药混装。严禁将爆炸物品装在衣袋内。领到爆炸物品后，应当直接送到工作地点，严禁中途逗留。

（三）携带爆炸物品上、下井时，在每层罐笼内搭乘的携带爆炸物品的人员不得超过4人，其他人员不得同罐上下。

（四）在交接班、人员上下井的时间内，严禁携带爆炸物品人员沿井筒上下。

➢ 现场执行

人力运送爆炸物品除满足规程规定要求外，还需满足《爆破安全规程》(GB 6722)规定。

（1）运送人员应随身携带完好的矿用灯具。

（2）不应一人同时携带雷管和炸药，且两人相隔距离不得小于 20 m；炸药和雷管应分别放在专用背包（木箱）内，不应放在衣袋内。

（3）领导爆炸物品后，应直接送到爆破作业地点，不应乱丢乱放。

（4）不应提前班次领取爆炸物品，不应携带爆炸物品在人群聚集的地方停留。

（5）一人一次的爆炸物品运送数量应满足雷管不超 100 发；拆箱（袋）搬运炸药不超过 20 kg；背运原包炸药不超过 1 箱（袋）。

第三节　井　下　爆　破

第三百四十三条　煤矿必须指定部门对爆破工作专门管理，配备专业管理人员。

所有爆破人员，包括爆破、送药、装药人员，必须熟悉爆炸物品性能和本规程规定。

➢ 现场执行

（1）煤矿企业要严格按照《安全生产法》的要求，指定通防、安监、保卫等部门对爆破工作进行专门管理，并配备专业技术管理人员。

（2）从事爆破工作的人员，应通过安全技术培训并考试合格，持证上岗。

（3）定期参加公安部门及上级有关部门的爆破安全知识培训，提高爆破安全意识，熟悉爆炸物品性能和掌握有关爆破基础知识。

第三百四十五条　开凿或者延深立井井筒中的装配起爆药卷工作，必须在地面专用的房间内进行。

专用房间距井筒、厂房、建筑物和主要通路的安全距离必须符合国家有关规定，且距离井筒不得小于 50 m。

严禁将起爆药卷与炸药装在同一爆炸物品容器内运往井底工作面。

➢ 现场执行

装配起爆药卷的地面专用房间存放着爆炸材料，在专用的房间内进行装配起爆药卷工作必须由爆破工独自进行，严禁其他作业人员进入该作业空间。

向井底工作面运送爆炸材料时，必须通知绞车司机及把钩工，并将引药和炸药单独装在爆炸材料容器内分次运送，严禁混装运送。用吊桶运送时，除爆破工、信号工、水泵司机外，其他人员不得停留在井筒内，应撤至地面或水平巷道内。

第三百四十六条　在开凿或者延深立井井筒时，必须在地面或者在生产水平巷道内进行起爆。

在爆破母线与电力起爆接线盒引线接通之前，井筒内所有电气设备必须断电。

只有在爆破工完成装药和连线工作，将所有井盖门打开，井筒、井口房内的人员全部撤出，设备、工具提升到安全高度以后，方可起爆。

爆破通风后，必须仔细检查井筒，清除崩落在井圈上、吊盘上或者其他设备上的矸石。

爆破后乘吊桶检查井底工作面时，吊桶不得蹾撞工作面。

➢ **现场执行**

爆破作业时，爆破人员、信号工、水泵司机等其他作业人员都必须撤到地面或生产水平巷道内躲炮，严禁爆破工在立井井筒内、吊盘上进行起爆工作。

在爆破母线与电力起爆接线盒引线接通之前，不但要切断井筒内所有电气设备供电，还要防止：爆破母线与压风、供水等管路、井圈、钢丝绳等导电体和动力、照明线路相接触；电雷管脚线和连接线、脚线和脚线之间的接头，接触任何导电体和潮湿的煤、岩壁。要加强机电设备和电缆、电线的检查与维修，使之不损坏漏电。

爆破前，必须提起吊桶，打开井盖门，并将工具、设备移出或提升到安全高度，井筒内和井口房内全部人员撤到安全地点后，方可进行爆破。

爆破后，及时进行通风，采用压入式通风时，井盖门一直要打开到炮烟从井筒完全吹出为止；采用混合式通风时，爆破后可关闭井盖门。通风结束后，必须仔细检查井筒的围岩、井圈支护、管路、工具、设备等的状况，及时清除崩落在井圈上、吊盘上或其他设备上的矸石。

爆破通风后，乘吊桶检查井底工作面有无拒爆、残爆情况。乘吊桶检查井底工作面时，绞车要慢速运行，吊桶不得蹾撞到工作面炸落堆积的煤、矸，以免引爆残留炸药。

第三百四十七条 井下爆破工作必须由专职爆破工担任。突出煤层采掘工作面爆破工作必须由固定的专职爆破工担任。爆破作业必须执行“一炮三检”和“三人连锁爆破”制度，并在起爆前检查起爆地点的甲烷浓度。

➢ **现场执行**

（1）“一炮三检”制度是指装药前、起爆前和爆破后，必须由瓦检工检查爆破地点附近 20 m 以内的瓦斯浓度。

装药前、起爆前，必须检查爆破地点附近 20 m 以内风流中的瓦斯浓度，若瓦斯浓度达到或超过 1%，不准装药、爆破。

爆破后，爆破地点附近 20 m 以内风流中的瓦斯浓度达到或超过 1%，必须立即处理，若经过处理瓦斯浓度不能降到 1% 以下，不准继续作业。

（2）“三人连锁爆破”制度是爆破工、班组长、瓦检工三人必须同时自始至终参加爆破工作过程，并执行换牌制。

入井前，爆破工持警戒牌，班组长持爆破命令牌，瓦检工持爆破牌。

爆破前：①爆破工做好爆破准备后，将自己所持的红色警戒牌交给班组长；②班组长拿到警戒牌后，派人在规定地点警戒，并检查顶板与支架情况，确认支护完好后，将自己所持的爆破命令牌交给瓦检工，下达爆破命令；③瓦检工接到爆破命令牌后，检查爆破地点附近 20 m 处及起爆地点的瓦斯和煤尘情况，确认合格后，将自己所持的爆破牌交给爆破工，爆破工发出爆破信号 5 s 后进行起爆。

爆破后：“三牌”各归原主，即班组长持爆破命令牌、爆破工持警戒牌、瓦检工持爆破牌。

（3）起爆地点指爆破工准备起爆的躲身地点，起爆前应当检查该处的瓦斯浓度，瓦斯浓度达到或超过1%时，不准起爆。

第三百四十八条　爆破作业必须编制爆破作业说明书，并符合下列要求：

（一）炮眼布置图必须标明采煤工作面的高度和打眼范围或者掘进工作面的巷道断面尺寸，炮眼的位置、个数、深度、角度及炮眼编号，并用正面图、平面图和剖面图表示。

（二）炮眼说明表必须说明炮眼的名称、深度、角度，使用炸药、雷管的品种，装药量，封泥长度，连线方法和起爆顺序。

（三）必须编入采掘作业规程，并及时修改补充。

钻眼、爆破人员必须依照爆破作业说明书进行作业。

➢ 现场执行

（1）编制爆破作业说明书必须符合本条规定，同时应当包括但不限于下列内容。

① 炮眼布置图，必须表明采煤工作面高度和打眼范围，或掘进巷道的断面尺寸、炮眼位置、个数、深度、角度及炮眼编号，并用正视图、平面图和剖面图表示。

② 炮眼说明表，必须说明炮眼的名称、深度、角度、装药量、封泥长度、连线方法和起爆顺序。

③ 预期爆破效果表，要说明炮眼利用率、循环进度，炮眼总长度，炸药和雷管总消耗量及单位消耗量。

（2）采掘作业规程必须编制爆破作业说明书，由区队技术人员组织职工进行学习，由班组长负责实施，严格按照爆破说明书要求进行爆破作业。

爆破说明书悬挂在工作面火药硐室内，以便爆破参照执行。

当爆破地点地质条件发生变化时，应及时修改爆破说明书，确保图表与现场相符。

第三百四十九条　不得使用过期或者变质的爆炸物品。不能使用的爆炸物品必须交回爆炸物品库。

➢ 现场执行

（1）依据《工业电雷管》(GB 8031）规定，电雷管保质期为18个月，但是实际情况是电雷管贮存超过9个月，毫秒延期电雷管就会出现秒量漂移、串段和总延期超过130 ms的现象。

建议煤矿爆炸物品贮存制度中，把保存期限设置为9个月以下。

（2）药库不得发放过期或变质的爆炸物品，建立报废爆炸物品登记台账。

爆破工使用过程中出现炸药破损或雷管脚线破皮，应由班组长、安监员和爆破工清点核实数量后全部交回药库，不得乱丢乱放或私自处理。

报废雷管达到500枚、炸药达到100 kg后，通防管理部门将报废爆破材料送往当地公安部门集中销毁，不准私自处理报废爆破材料。

第三百五十条　井下爆破作业，必须使用煤矿许用炸药和煤矿许用电雷管。一次爆破必须使用同一厂家、同一品种的煤矿许用炸药和电雷管。煤矿许用炸药的选用必须遵守下列规定：

（一）低瓦斯矿井的岩石掘进工作面，使用安全等级不低于一级的煤矿许用炸药。

（二）低瓦斯矿井的煤层采掘工作面、半煤岩掘进工作面，使用安全等级不低于二级的煤矿许用炸药。

（三）高瓦斯矿井，使用安全等级不低于三级的煤矿许用炸药。

（四）突出矿井，使用安全等级不低于三级的煤矿许用含水炸药。

在采掘工作面，必须使用煤矿许用瞬发电雷管、煤矿许用毫秒延期电雷管或者煤矿许用数码电雷管。使用煤矿许用毫秒延期电雷管时，最后一段的延期时间不得超过 130 ms。使用煤矿许用数码电雷管时，一次起爆总时间差不得超过 130 ms，并应当与专用起爆器配套使用。

➤ 现场执行

（1）煤矿许用数码电雷管的连接、使用以及在连接使用过程中应采取的安全预防措施必须严格执行电子雷管生产厂家的使用说明书。煤矿许用数码电雷管延期段别一般不应超过 7 段。煤矿井下应当使用预设置型煤矿许用数码电雷管。爆破网路连接接头应悬空，确保与地面或其他导体绝缘。

（2）“未按照矿井瓦斯等级选用相应的煤矿许用炸药和雷管、未使用专用发爆器”的，属于“使用明令禁止使用或者淘汰的设备、工艺”重大事故隐患。

第三百五十一条　在有瓦斯或者煤尘爆炸危险的采掘工作面，应当采用毫秒爆破。在掘进工作面应当全断面一次起爆，不能全断面一次起爆的，必须采取安全措施。在采煤工作面可分组装药，但一组装药必须一次起爆。

严禁在 1 个采煤工作面使用 2 台发爆器同时进行爆破。

➤ 现场执行

（1）起爆方式按延期时间分为秒（半秒）延期爆破、瞬发爆破和毫秒爆破。爆破方式按爆破次数分，有全断面一次爆破和分次爆破两种。

（2）井下所有爆破地点，使用毫秒延期电雷管起爆，最末一段延期时间不超过 130 ms。

① 掘进工作面应全断面一次起爆，大断面全岩工作面可分层（台阶）掘进，但必须制定安全措施，分层（台阶）长度不得超过 6 m，严禁一次定炮分次拉炮。

② 井下工作地点需要分次爆破时，必须制定安全技术措施，报矿总工程师审批，施工前组织班组有关人员进行贯彻学习后，严格按照下列要求执行：

分次爆破作业严格按照爆破说明书执行，分次打眼，分次装药，分次爆破。

装药、导通起爆网络、与爆破母线的连接只能由爆破工一人操作，安全员做好现场安全监管。

第一次装药按设计装药量选用煤矿许用乳化炸药、煤矿许用毫秒电雷管，最后一段不超过 130 ms。

两次爆破间隔时间不少于 30 min（起爆地点到爆破地点的距离应严格执行《煤矿安全规程》第三百六十七条的规定），起爆地点由班组长设置警戒线。

经检查确定第一次爆破无危险后，瓦斯检查员方可通知其他人员进入工作面进行作业。

第二次准备装药前，首先确认第一次爆破后存在的隐患全部处理结束后，方可进行。

第二次装药时，由瓦斯检查员、爆破工、安全员、当班班组长先进入工作面检查第一次爆破后工作面的瓦斯、一氧化碳含量、有无拒爆、风筒等是否完好等情况。

③ 采煤工作面应采用一次装药一次起爆，若采用分组装药分组起爆时，分组装药的间隔距离不得小于 5 m，间隔炮眼中必须插上炮棍，并且做到连一组放一组，严禁提前连炮、爆破。

（3）严禁在一个采煤工作面使用 2 台发爆器同时进行爆破。有冲击地压煤层采掘工作面必须采用一次定炮一次起爆。

第三百五十二条 在高瓦斯矿井采掘工作面采用毫秒爆破时，若采用反向起爆，必须制定安全技术措施。

➤ **现场执行**

（1）正向起爆是指起爆点置于装药顶部，靠近眼口的位置，使爆轰波传向眼底；反向爆破是指起爆点置于装药底部，爆轰波传向眼口，如图 3－8－1 所示。

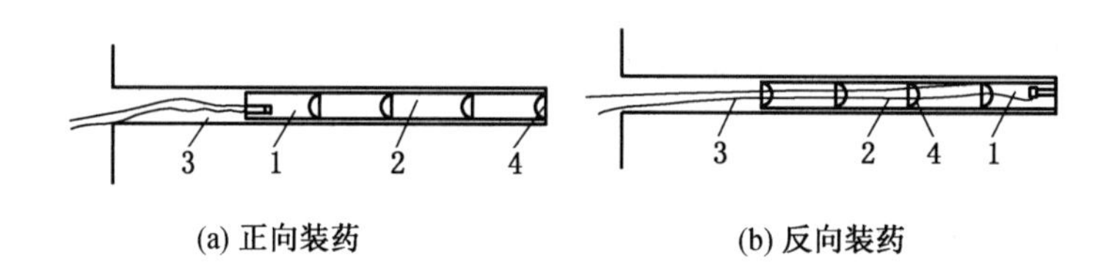

1—起爆药卷；2—被动药卷；3—炮泥；4—聚能穴

图 3－8－1　正反向装药

（2）若采用反向起爆时，必须制定安全技术措施，报矿总工程师审批，施工前组织班组有关人员进行贯彻学习后，严格按照下列要求执行：①必须采用与矿井瓦斯等级相适应、产品合格的煤矿许用炸药，煤矿许用毫秒延期电雷管和煤矿许用数码电子雷管的总延期时间不得超过 130 ms，严禁雷管跳段使用；②煤矿许用毫秒雷管在出库前必须进行导通检查；③炮眼封泥应使用水炮泥，剩余部分应用黏土炮泥等不燃性材料封实；④炮眼布置方式、炮眼深度、装药量、起爆顺序必须严格执行爆破说明书的规定；⑤爆破前，爆破工必须使用取得安全标志的专用仪表对电爆网路进行全电阻检查。

第三百五十三条 在高瓦斯、突出矿井的采掘工作面实体煤中，为增加煤体裂隙、松动煤体而进行的 10 m 以上的深孔预裂控制爆破，可以使用二级煤矿许用炸药，并制定安全措施。

➤ **现场执行**

（1）为防止产生爆燃，必须选用含水型的煤矿许用炸药，严格限制单孔装药量。煤矿许用毫秒雷管在出库前，必须事先进行导通检查。

（2）炮眼布置方式、炮眼深度、装药量、起爆顺序，必须严格执行爆破说明书的规定。由于炮孔内有煤渣，同时又受地应力的影响，在炮孔钻杆拔出时，用探孔管对炮孔进行探孔，并记录炮孔的深度后，确定装药的数量与长度。

（3）为了保证细长药卷间隔装药或连续装药起爆的可靠性，必须在炮孔内沿孔全长敷设煤矿许用导爆索。炮眼封泥长度执行《煤矿安全规程》第三百五十九条的规定。爆破严格执行"一炮三检"制和"三人连锁爆破"制。

（4）爆破前，爆破工必须做电爆网路全电阻检查。为了防止延时突出，爆破后至少等 20 min，方可进入工作面。必须有撤人、停电、警戒、远距离爆破、反向风门等安全防护措施。

（5）在高瓦斯、突出矿井的采掘工作面实体煤中采取深孔预裂爆破时，必须制定安全技术措施，报矿总工程师审批，施工前组织班组有关人员进行贯彻学习后，严格按照下列要求执行：

① 爆破作业必须使用煤矿许用炸药和煤矿许用毫秒延期电雷管，煤矿许用炸药安全等级不得低于二级，煤矿许用毫秒延期电雷管最后一段延期时间不得超过 130 ms。

② 在预裂爆破后，班组长需下令停止作业 4 ~ 8 h。撤人和爆破距离根据突出危险程度确定，一般不小于 200 m，撤出人员应处于新鲜风流中。

第三百五十五条　从成束的电雷管中抽取单个电雷管时，不得手拉脚线硬拽管体，也不得手拉管体硬拽脚线，应当将成束的电雷管顺好，拉住前端脚线将电雷管抽出。抽出单个电雷管后，必须将其脚线扭结成短路。

➢ 现场执行

煤矿许用电雷管结构如图 3-8-2 所示。

电雷管引火元件与起爆药管体连接在一起，这种固结方式所能承受的拉力有限，严禁硬拽管体和脚线。

从成束的电雷管中抽取单个电雷管正确的方法是，先把整束的电雷管脚线顺好，无其他有效工具时，应用脚轻轻踩住脚线末端，拉住管体前段脚线，缓缓用力将其抽出；抽取单个电雷管后，将其脚线扭结成短路

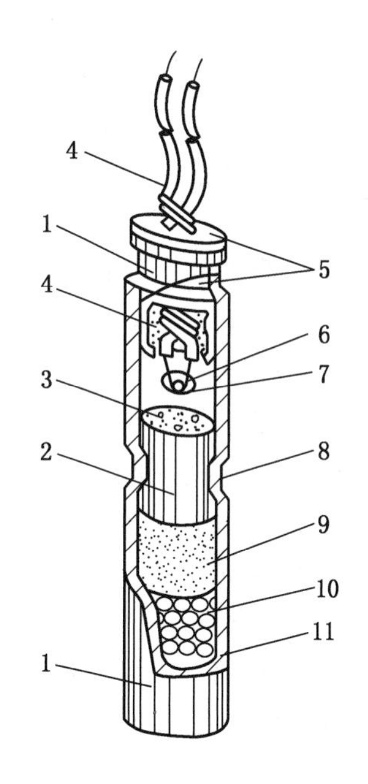

1—管壳；2—延期体；3—延期药芯；4—脚线；5—卡口塞；6—桥丝；7—引火头；8—卡痕；9—起爆药；10—二遍主装药；11— 一遍主装药

图 3-8-2　煤矿许用电雷管结构

第三百五十六条　装配起爆药卷时，必须遵守下列规定：

（一）必须在顶板完好、支护完整，避开电气设备和导电体的爆破工作地点附近进行。严禁坐在爆炸物品箱上装配起爆药卷。装配起爆药卷数量，以当时爆破作业需要的数量为限。

（二）装配起爆药卷必须防止电雷管受震动、冲击，折断电雷管脚线和损坏脚线绝缘层。

（三）电雷管必须由药卷的顶部装入，严禁用电雷管代替竹、木棍扎眼。电雷管必须全部插入药卷内。严禁将电雷管斜插在药卷的中部或者捆在药卷上。

（四）电雷管插入药卷后，必须用脚线将药卷缠住，并将电雷管脚线扭结成短路。

➢ **现场执行**

装配起爆药包宜采用的方法步骤如下：

（1）将电雷管脚线扭结成短路。

（2）用炮锥在药卷后部平头一段扎一个比雷管略长的小孔，严禁斜插，防止影响爆破效果。

（3）将雷管正向全部置于小孔内。

（4）用雷管脚线在药卷上缠绕固定。

第三百五十七条 装药前，必须首先清除炮眼内的煤粉或者岩粉，再用木质或者竹质炮棍将药卷轻轻推入，不得冲撞或者捣实。炮眼内的各药卷必须彼此密接。

有水的炮眼，应当使用抗水型炸药。

装药后，必须把电雷管脚线悬空，严禁电雷管脚线、爆破母线与机械电气设备等导电体相接触。

➢ **现场执行**

（1）装药前，班组长安排专人使用压风方式清除炮眼内的煤粉或岩粉，爆破工定炮时用木质炮棍将药卷轻轻推入炮眼，不准冲撞或捣实。

（2）爆破母线和连接线、脚线和脚线之间的接头必须互相扭紧并悬挂，不得与轨道、金属网、钢丝绳、刮板输送机等导电体相互接触。

（3）爆破母线应随用随挂，不得使用固定爆破母线。

（4）爆破母线与电缆、电线、信号线应分别挂在巷道的两侧。如果必须挂在同一侧，爆破母线必须挂在电缆的下方，并应保持0.3 m以上的距离。

（5）只准采用绝缘母线单回路爆破，严禁用轨道、金属管、金属网、水或大地等当作回路。

（6）爆破前，爆破母线必须扭结成短路。

① 装药前，首先清除炮眼内的煤岩粉，以免装药和充填炮泥时，煤岩颗粒磨破雷管脚线的绝缘层。

② 装药前用炮棍探测一下炮眼的完整程度。炮眼内如有裂缝或明塌，不准装药，以免雷管脚线绝缘层被破碎的煤岩割破。

③ 装炮泥时，要拉直雷管脚线，使脚线紧靠炮眼内壁，以免雷管脚线被炮棍捣破。

④ 连线完毕后，要详细检查一遍各个接头，保证它们各自独立悬空，以免雷管脚线接头接地短路。

⑤ 爆破前，班组长要安排人员对爆破点30 m范围内的各类管路、设备线路等设施进行包裹保护，避免爆破损伤。

第三百五十八条 炮眼封泥必须使用水炮泥，水炮泥外剩余的炮眼部分应当用黏土炮泥或者用不燃性、可塑性松散材料制成的炮泥封实。严禁用煤粉、块状材料或者其他可燃性材料作炮眼封泥。

无封泥、封泥不足或者不实的炮眼，严禁爆破。

严禁裸露爆破。

➤ **现场执行**

（1）水炮泥是用塑料薄膜圆筒充水的一种炮眼充填材料，炸药爆炸后，在灼热爆炸产物的作用下形成一层水幕，并进行蒸发而吸收大量的热，爆炸产物在即将进入矿井大气时受到冷却，使爆炸火焰快速熄灭，从而减小了引爆瓦斯、煤尘的可能性，有利于安全。

（2）裸露爆破（又称糊炮）是指不打炮眼而将炸药卷放在被爆煤岩表面进行爆破。裸露爆破属于“使用明令禁止使用或者淘汰的设备、工艺”重大事故隐患。

第三百五十九条　炮眼深度和炮眼的封泥长度应当符合下列要求：

（一）炮眼深度小于0.6 m时，不得装药、爆破；在特殊条件下，如挖底、刷帮、挑顶确需进行炮眼深度小于0.6 m的浅孔爆破时，必须制定安全措施并封满炮泥。

（二）炮眼深度为0.6～1 m时，封泥长度不得小于炮眼深度的1/2。

（三）炮眼深度超过1 m时，封泥长度不得小于0.5 m。

（四）炮眼深度超过2.5 m时，封泥长度不得小于1 m。

（五）深孔爆破时，封泥长度不得小于孔深的1/3。

（六）光面爆破时，周边光爆炮眼应当用炮泥封实，且封泥长度不得小于0.3 m。

（七）工作面有2个及以上自由面时，在煤层中最小抵抗线不得小于0.5 m，在岩层中最小抵抗线不得小于0.3 m。浅孔装药爆破大块岩石时，最小抵抗线和封泥长度都不得小于0.3 m。

➤ **现场执行**

（1）炮眼深度是指从炮眼底部到自由面的垂直距离。

炮眼长度是指沿炮眼轴线由眼口到眼底之间的距离。

自由面是指被爆介质与空气的接触面。

最小抵抗线是指从装药重心到自由面的最短距离。

自由面与最小抵抗线之间的关系如图3-8-3所示。

同等炮眼长度和装药长度条件时，炮眼深度越大，最小抵抗线越大，炮眼轴线与自由面之间所夹岩石越厚。

（2）炮眼深度小于0.6 m确需进行浅孔爆破时，必须制定安全技术措施，报矿总工程师审批，施工前组织班组有关人员进行贯彻学习后，严格按下列要求执行：①每孔装药量不得超过150 g；②炮眼必须丰满填实炮泥；③爆破前在爆破地点附近洒水降尘，并由瓦斯检查员检查瓦斯，瓦斯浓度不得超过1%；④班组长要检查并加固爆破地点10 m内的支护设备；⑤爆破时，由班组长安排专人设置警戒，安全员负责现场监管，施工管理人员现场指挥。

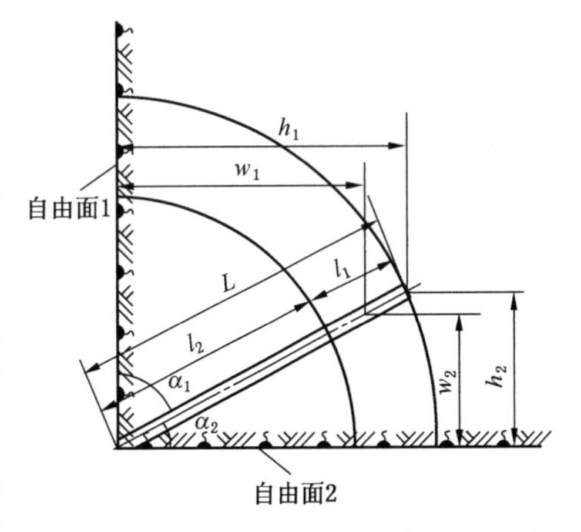

h_1、h_2—对自由面1和2的炮眼深度；w_1、w_2—对自由面1和2的抵抗线；L—炮眼长度；l_1—装药长度；l_2—炮泥堵塞长度；α_1、α_2—炮眼轴线与自由面1和2的夹角

图3-8-3　两个自由面时炮眼深度和最小抵抗线示意图

（3）打眼前，必须按照以下要求执行：

① 打眼前，班组长必须对工作地点严格执行敲帮问顶及围岩观测制度，处理活矸活炭。

② 打眼前，班组长安排人员必须将迎头的浮矸清理干净，必须清理到底，确认无瞎炮、残炮后方可进行打眼作业。

③ 打眼前，所有人员必须站在永久支护下进行操作，严禁空顶作业。

④ 打眼工要严格按照钻孔布置及要求进行钻孔，钻孔位置、深度、角度等按设计进行施工。

⑤ 严禁钻孔与装药平行作业。

⑥ 打眼时，钻孔内出现煤质松软、卡钻、温度骤高骤低等异常情况时，应立即停止钻进，进行检查。

第三百六十条　处理卡在溜煤（矸）眼中的煤、矸时，如果确无除爆破以外的其他方法，可爆破处理，但必须遵守下列规定：

（一）爆破前检查溜煤（矸）眼内堵塞部位的上部和下部空间的瓦斯浓度。

（二）爆破前必须洒水。

（三）使用用于溜煤（矸）眼的煤矿许用刚性被筒炸药，或者不低于该安全等级的煤矿许用炸药。

（四）每次爆破只准使用 1 个煤矿许用电雷管，最大装药量不得超过 450 g。

➢ 现场执行

溜煤（矸）眼发生堵塞时，应立即停止作业，查明堵塞情况，采取人工方法进行疏通。若采用人工方法无法疏通时，可采用爆破方法进行处理。

采用爆破法处理卡在溜煤（矸）眼中的煤、矸时，严格落实爆破制度，同时必须制定安全技术措施，报矿总工程师审批，施工前组织班组有关人员进行贯彻学习后，严格按下列要求执行：

采用煤矿许用刚性被筒炸药时，必须正确组装，严禁采用裸露爆破。

爆破前，必须洒水灭尘，并利用压风管溜煤（矸）眼堵塞部位上、下空间进行供风，检查上、下部空间及周围 20 m 范围内的瓦斯，只有当瓦斯浓度在 1% 以下时，方可进行爆破作业。

爆破时，必须打开溜煤（矸）眼，输送机停止运转或移开运输矿车等运输设备。

第三百六十一条　装药前和爆破前有下列情况之一的，严禁装药、爆破：

（一）采掘工作面控顶距离不符合作业规程的规定，或者有支架损坏，或者伞檐超过规定。

（二）爆破地点附近 20 m 以内风流中甲烷浓度达到或者超过 1.0%。

（三）在爆破地点 20 m 以内，矿车、未清除的煤（矸）或者其他物体堵塞巷道断面 1/3 以上。

（四）炮眼内发现异状、温度骤高骤低、有显著瓦斯涌出、煤岩松散、透老空区等情况。

(五) 采掘工作面风量不足。

➤ **现场执行**

(1) 炮眼内发现异状是指炮眼内有水流出，煤壁发潮、挂水珠，工作面发冷等，可能是透水预兆。

温度骤高骤低是指炮眼内温度忽高忽低或外冒热气、留热水等，前方可能有火区。

有显著瓦斯涌出是指响煤炮、地压突然增大、炮眼内瓦斯忽大忽小等煤与瓦斯突出预兆。

(2) 采掘工作面实际需风量应按照瓦斯或二氧化碳涌出量、炸药使用量、局部通风机实吸风量、风速和人数分别计算，并取其中最大值。

(3) 间距小于 20 m 的平行巷道，其中一个巷道爆破时，另一个工作面严禁任何作业，否则将严禁装药、爆破，待两个工作面的所有人员撤离到安全地点后，方可进行装药、爆破。

第三百六十二条 在有煤尘爆炸危险的煤层中，掘进工作面爆破前后，附近 20 m 的巷道内必须洒水降尘。

➤ **现场执行**

(1) 掘进工作面爆破前后，附近 20 m 的巷道内必须洒水降尘的目的主要是降低空气中煤尘浓度，增加煤尘含水量，惰化煤尘活性，提高煤尘的引爆温度。

从工业卫生角度考虑，由于爆破时产生爆破冲击波，会出现爆破扬尘，使爆破地点及其下风流中的粉尘浓度加大，会加大对作业人员健康的危害。必须在爆破前洒水，以起到防尘的作用，保证从业人员不受粉尘危害。

(2) 所有爆破地点爆破前后，由班组长安排专人对附近 20 m 的巷道内进行洒水降尘，并建立洒水记录。

第三百六十三条 爆破前，必须加强对机电设备、液压支架和电缆等的保护。

爆破前，班组长必须亲自布置专人将工作面所有人员撤离警戒区域，并在警戒线和可能进入爆破地点的所有通路上布置专人担任警戒工作。警戒人员必须在安全地点警戒。警戒线处应当设置警戒牌、栏杆或者拉绳。

➤ **现场执行**

担任警戒工作的警戒人员必须经培训合格，不准由爆破工兼任；警戒人员应佩戴红色袖标，一名警戒人员不得同时警戒 2 个通路。

巷道贯通时，每次爆破前，两个工作面都必须派专人警戒，并设栏杆。

爆破地点较远或上下山与平巷贯通，需多派一名警戒人员，待警戒人员就位后，此人返回通知班组长后，才能下令爆破。

爆破前，班组长必须在将工作面人员全部撤出，爆破工检查完工作区域无其他隐患后，最后撤出工作面，并在安全地点（起爆地点到爆破地点的距离应严格执行《煤矿安全规程》第三百六十七条的规定）清点人数，确认无误后，下达爆破命令。

爆破后，警戒人员要接到通知后，才能撤回；不得事先约好以听几次炮响、敲打几次煤壁为信号便撤回。

第三百六十四条　爆破母线和连接线必须符合下列要求：

（一）爆破母线符合标准。

（二）爆破母线和连接线、电雷管脚线和连接线、脚线和脚线之间的接头相互扭紧并悬空，不得与轨道、金属管、金属网、钢丝绳、刮板输送机等导电体相接触。

（三）巷道掘进时，爆破母线应当随用随挂。不得使用固定爆破母线，特殊情况下，在采取安全措施后，可不受此限。

（四）爆破母线与电缆应当分别挂在巷道的两侧。如果必须挂在同一侧，爆破母线必须挂在电缆的下方，并保持0.3 m以上的距离。

（五）只准采用绝缘母线单回路爆破，严禁用轨道、金属管、金属网、水或者大地等当作回路。

（六）爆破前，爆破母线必须扭结成短路。

➢ 现场执行

（1）爆破母线应符合《爆破母线技术条件》（MT 376）或《煤矿用阻燃爆破母线技术条件》（MT/T 930）等标准。

（2）母线应采用铜心绝缘线，严禁使用裸线和铝线。铜心绝缘线作母线，电阻小，又绝缘。裸线不绝缘，铝线的电阻大，都严禁用作爆破母线。

（3）爆破工必须在安全地点进行起爆，所以爆破母线长度必须大于规定的安全避炮距离。

（4）母线接头不应过多，每个接头要刮净锈垢用干净手接牢，并用绝缘胶布包紧。母线接头过多、接头有锈垢未刮净，会增加电阻；接头处不用绝缘胶布包紧，容易发生漏电、接触放电或短路；这些都可能导致拒爆或突然爆炸。

（5）母线外皮破损时，必须及时包扎。母线的外皮亦即绝缘层，破损后，若不及时包扎，就容易发生漏电或短路。

（6）不得用两根材质、规格不同的导线作爆破母线。两种材质如一个是铜的，另一个是铝的，则铜的电阻小，铝的电阻大；两种规格，则规格大的电阻小，规格小的电阻大。用两种材质、规格不同的导线作爆破母线，就改变了原设计网路的全电阻和起爆能力，当网路发生拒爆时，爆破工不容易找出拒爆的原因而采取有效解决办法。

（7）严禁用四心、多心或多根导线作爆破母线。爆破时只需用两根导线作爆破母线，若用四心、多心或多根导线作爆破母线，则多余的导线就可能是接触漏电或杂散电流而发生意外爆炸事故的途径。

（8）爆破工要将爆破母线和连接线、电雷管脚线和连接线、脚线和脚线之间的接头必须互相扭紧并悬挂，不得与轨道、金属管、金属网、钢丝绳、刮板输送机等导电体相接触，连接完毕后，爆破工需对接头、悬挂等情况进行逐一检查，确保完好。

第三百六十五条　井下爆破必须使用发爆器。开凿或者延深通达地面的井筒时，无瓦斯的井底工作面中可使用其他电源起爆，但电压不得超过380 V，并必须有电力起爆接线盒。

发爆器或者电力起爆接线盒必须采用矿用防爆型（矿用增安型除外）。

发爆器必须统一管理、发放。必须定期校验发爆器的各项性能参数，并进行防爆性能检查，不符合要求的严禁使用。

➢ **现场执行**

（1）目前，煤矿井下大多采用防爆型数显电容式发爆器。

依据《煤矿用电容式发爆器》（GB 7958）规定，在额定负载范围内，发爆器的安全供电时间不大于4 ms；达到4 ms时，输出端子两端电压应降低到本质安全电路规定值以下。

（2）发爆器发放前必须进行参数性能测试，严禁发放不合格的发爆器。

发爆器实行发放室统一管理、维修和发放，爆破工上井后及时交回，并经常更换电池，确保性能满足要求，任何人严禁在井下随意拆卸和更换发爆器电池。

第三百六十六条 每次爆破作业前，爆破工必须做电爆网路全电阻检测。严禁采用发爆器打火放电的方法检测电爆网路。

➢ **现场执行**

爆破网路由雷管脚线、爆破母线和电源3部分组成。

网路全电阻是爆破母线电阻、连接线电阻、雷管和雷管脚线接头的电阻所构成的电阻值和。

电爆网路连接完毕后，必须使用专门的导通仪对总电阻进行检测，并将实测值和设计值进行比较。一般误差范围在5%以内即为合格。

第三百六十七条 爆破工必须最后离开爆破地点，并在安全地点起爆。撤人、警戒等措施及起爆地点到爆破地点的距离必须在作业规程中具体规定。

起爆地点到爆破地点的距离应当符合下列要求：

（一）岩巷直线巷道大于130 m，拐弯巷道大于100 m。

（二）煤（半煤岩）巷直线巷道大于100 m，拐弯巷道大于75 m。

（三）采煤工作面大于75 m，且位于工作面进风巷内。

➢ **现场执行**

从爆破地点到起爆地点或到警戒地点的距离称为避炮安全距离。避炮安全距离是综合考虑使用的炸药威力、起爆装药量以及爆破地点的外部环境，如有无拐弯巷道或掩护物等情况后确定的，必须在作业规程中具体规定。

爆破安全距离应满足：掘进工作面拐弯巷道大于75 m，直线巷道大于150 m；采煤工作面必须使用小电缆，其躲炮距离（从定好炮的拉线距离最近的炮眼算起）不小于50 m；冲击地压煤层的爆破母线长度及躲炮半径必须大于150 m。

第三百六十八条 发爆器的把手、钥匙或者电力起爆接线盒的钥匙，必须由爆破工随身携带，严禁转交他人。只有在爆破通电时，方可将把手或者钥匙插入发爆器或者电力起爆接线盒内。爆破后，必须立即将把手或者钥匙拔出，摘掉母线并扭结成短路。

➢ **现场执行**

（1）采掘工作面爆破应使用防爆型数显电容式发爆器，爆破工管理爆破钥匙，随身携带，不准转交他人，安全检查员保管闭锁钥匙。

（2）使用发爆器爆破时，必须按下列程序和要求操作：①爆破母线与发爆器连接时，应先检查氖气灯泡是否在规定时间发亮；②爆破工领取发爆器钥匙到达工作面以后，将发爆器闭锁钥匙交给安全检查员，爆破前由安全检查员检查爆破制度落实情况并在爆破工携带的检查记录上签字，将发爆器闭锁钥匙交给爆破工，爆破工在接到班组长发出爆破命令，并收到瓦斯检查员交来的爆破牌，发出可以爆破信号后，方可解开母线接头接到发爆器的接线柱上，再把开关钥匙插入毫秒开关内；③将开关钥匙插入毫秒开关内，逆时针转动至充电位置，待氖气灯亮后，立即顺时针转动至放电位置起爆；④起爆后，开关仍停在放电位置上，爆破工必须立即将把手或钥匙拔出，摘掉爆破母线并扭结成短路。

（3）每次爆破后，应及时将防尘小盖盖好，防止煤尘或潮气侵入。

第三百六十九条　爆破前，脚线的连接工作可由经过专门训练的班组长协助爆破工进行。爆破母线连接脚线、检查线路和通电工作，只准爆破工一人操作。

爆破前，班组长必须清点人数，确认无误后，方准下达起爆命令。

爆破工接到起爆命令后，必须先发出爆破警号，至少再等 5 s 后方可起爆。

装药的炮眼应当当班爆破完毕。特殊情况下，当班留有尚未爆破的已装药的炮眼时，当班爆破工必须在现场向下一班爆破工交接清楚。

➢ **现场执行**

井下爆破作业的连线工作应严格按照爆破说明书规定的接线方式进行操作。连线时要认真仔细，不能漏连、误连，要将线尾的氧化层和污垢清除干净后方可进行连线。

连线工作完毕，爆破工最后离开爆破地点。撤到起爆地点后，进行电爆网路全电阻检查。此时，班组长必须清点人数，确认无误后，方准下达起爆命令。爆破工接到班组长下达的起爆命令后，必须发出爆破警号（吹哨），至少再等 5 s，方可起爆。

装药的炮眼应当当班爆破完毕，药卷在炮眼内时间过长，容易受潮产生拒爆或爆燃，或炸药被“压死”（装药密度过大）而拒爆。如果未在现场向下一班爆破工交接清楚，则下一班作业人员很可能误触尚未爆破的装药炮眼而发生意外爆炸事故。

第三百七十条　爆破后，待工作面的炮烟被吹散，爆破工、瓦斯检查工和班组长必须首先巡视爆破地点，检查通风、瓦斯、煤尘、顶板、支架、拒爆、残爆等情况。发现危险情况，必须立即处理。

➢ **现场执行**

（1）井下采掘工作面爆破作业后，炮烟中的氧气减少，并含有大量的有毒有害气体，如一氧化碳、氧化氮及矿尘等。若不等炮烟吹散就进入工作面检查爆破情况，极易造成炮烟熏人事故。

（2）依据《爆破安全规程》（GB 6722）规定，煤巷掘进工作面爆破时，起爆点应设在进风侧反向风门之外的全风压通风的新鲜风流中或避难硐室内，装药前回风系统必须撤人，爆破后，30 min 内不得进入。

（3）爆破后，爆破工、班组长和瓦斯检查工必须巡视爆破地点，检查通风、瓦斯、煤尘、顶板、支架、拒爆、残爆等情况。如有危险情况必须立即处理，并向调度室汇报拒爆、残爆等情况，调度室做好记录。

警戒人员由布置警戒的班（组）长亲自撤回。只有确认工作面的炮烟吹散，警戒人员按规定撤回后，检查瓦斯不超限，被崩倒的支架已经修复，拒爆（残爆）处理完毕，班（组）长才能发布人员进入工作面正式作业的命令。

第三百七十一条　通电以后拒爆时，爆破工必须先取下把手或者钥匙，并将爆破母线从电源上摘下，扭结成短路；再等待一定时间（使用瞬发电雷管，至少等待5 min；使用延期电雷管，至少等待15 min），才可沿线路检查，找出拒爆的原因。

➢ 现场执行

拒爆包括单个药包拒爆、部分拒爆和全部药包拒爆。

产生拒爆的原因很多，人为原因有：装药、填塞不慎引起的断路、短路或药管分离；爆破网路连接错误或节点不牢、电阻误差大；爆破设计不当，造成带炮、“压死”或爆破冲坏网路；防潮抗水措施不严或起爆能不足；碰坏、拉断网路等；漏接、漏点炮或违章作业均会引起拒爆。物质原因有：爆破器材质量不合格、变质或者过期；爆破工作面有水、油污染侵蚀爆破器材等。

正常情况下，炸药的爆炸反应过程是瞬间完成的，但由于某种原因可能使炸药不能立即起爆，而是以较慢的速度分解燃烧直至最后转为爆炸，这个时间一般在几分钟到十几分钟。因此，为防止发生意外，通电拒爆后，不要立即进入爆炸地点查找原因，也不要误认为爆破网路有问题而往返查找线路故障，因为缓爆可延缓爆炸时间长达几分钟到十几分钟。如果超过规定时间还不爆炸，才能按拒爆处理。

第三百七十二条　处理拒爆、残爆时，应当在班组长指导下进行，并在当班处理完毕。如果当班未能完成处理工作，当班爆破工必须在现场向下一班爆破工交接清楚。

处理拒爆时，必须遵守下列规定：

（一）由于连线不良造成的拒爆，可重新连线起爆。

（二）在距拒爆炮眼0.3 m以外另打与拒爆炮眼平行的新炮眼，重新装药起爆。

（三）严禁用镐刨或者从炮眼中取出原放置的起爆药卷，或者从起爆药卷中拉出电雷管。不论有无残余炸药，严禁将炮眼残底继续加深；严禁使用打孔的方法往外掏药；严禁使用压风吹拒爆、残爆炮眼。

（四）处理拒爆的炮眼爆炸后，爆破工必须详细检查炸落的煤、矸，收集未爆的电雷管。

（五）在拒爆处理完毕以前，严禁在该地点进行与处理拒爆无关的工作。

➢ 现场执行

（1）通电以后出现拒爆时，爆破工应用欧姆表检查爆破网路或用导通表检查爆破网路。若表针读数小于零，说明网路有短路处，应重新连线起爆；若表针走动小，读数大，说明爆破母线接头过多或有连接不良的接头，或是网络电阻过大。此时应依次检查连线接头，排除故障后重新爆破。若表针不走动，则说明网路导线或雷管桥丝断线，此时需要改变连线方式，采用并联或串并联。

（2）处理拒爆、残爆时，班组长必须按照提前制定的安全技术措施认真执行，并应在当班处理完毕，不给下一班留下后患。如果当班未能处理完毕，当班爆破工必须在现场向下一班爆破工交接清楚。

（3）拒爆、残爆工作必须在班组长的亲自指导下进行，相应的打眼工、装药工、爆破工要严格执行安全技术措施的规定，安全员要做好现场监督。

（4）在拒爆处理完毕之前，严禁在该地点进行与处理拒爆无关的工作。

（5）处理拒爆（包括残爆）时，确认不是连线问题后，要在距拒爆炮眼 0.3 m 以外另打与拒爆眼平行的新炮眼，重新装药爆破。为防止新炮眼打偏打斜，或因钻机打眼的强烈震动、撞击，引起拒爆炮眼药卷内摩擦感度高的电雷管、炸药爆炸，要先将拒爆炮眼眼口的炮泥掏出约 100 mm 长，插上炮棍，展示拒爆炮眼方向。

（6）爆破后，爆破工要仔细检查炸落的煤矸，收集未爆的电雷管并交回爆炸物品库。因这些未爆的电雷管和残药，仍有爆炸力。如未进行清理收集，将这些雷管和残药混入煤炭中，在燃烧时会发生爆炸造成事故。在拒爆处理完毕以前，严禁在该地点进行与处理拒爆无关的工作。这一规定是为了防止干扰，防止发生意外爆炸事故时，造成更大的伤亡。

（7）处理拒爆必须在班组长指导下，由班组长、爆破工、安监员 3 人在现场按上述规定进行处理，并在记录本上签字。

如果当班未能完成处理工作，必须由 3 人与下一班次班组长、爆破工、安监员交接清楚，并填写交接记录，内容有拒爆炮眼数量、位置、深度、装药量等。

第九章　运输、提升和空气压缩机

第一节　平巷和倾斜井巷运输

第三百七十四条　采用滚筒驱动带式输送机运输时，应当遵守下列规定：

（一）采用非金属聚合物制造的输送带、托辊和滚筒包胶材料等，其阻燃性能和抗静电性能必须符合有关标准的规定。

（二）必须装设防打滑、跑偏、堆煤、撕裂等保护装置，同时应当装设温度、烟雾监测装置和自动洒水装置。

（三）应当具备沿线急停闭锁功能。

（四）主要运输巷道中使用的带式输送机，必须装设输送带张紧力下降保护装置。

（五）倾斜井巷中使用的带式输送机，上运时，必须装设防逆转装置和制动装置；下运时，应当装设软制动装置且必须装设防超速保护装置。

（六）在大于16°的倾斜井巷中使用带式输送机，应当设置防护网，并采取防止物料下滑、滚落等的安全措施。

（七）液力偶合器严禁使用可燃性传动介质（调速型液力偶合器不受此限）。

（八）机头、机尾及搭接处，应当有照明。

（九）机头、机尾、驱动滚筒和改向滚筒处，应当设防护栏及警示牌。行人跨越带式输送机处，应当设过桥。

（十）输送带设计安全系数，应当按下列规定选取：

1. 棉织物芯输送带，8 ~ 9。

2. 尼龙、聚酯织物芯输送带，10 ~ 12。

3. 钢丝绳芯输送带，7～9；当带式输送机采取可控软启动、制动措施时，5～7。

➤ 现场执行

（1）非金属聚合物制造的输送带、托辊和滚筒包胶材料等，其阻燃性能和抗静电性能必须符合《煤矿用钢丝绳芯阻燃输送带》（MT 668）、《煤矿用织物叠层阻燃输送带》（MT 830）、《煤矿用织物芯阻燃输送带》（MT 914）、《煤矿带式输送机滚筒用包覆层》（MT 962）、《煤矿井下用带式输送机托辊技术条件》（MT 821）等规定。

（2）带式输送机各保护装置要求。

① 打滑保护。当输送带速度在 10 s 内均在（50%～70%）K（K 为额定带速）范围内，或输送带速度小于或等于 50% K 时，或输送带速度大于或等于 110% K 时，打滑保护装置应报警，同时中止带式输送机的运行。打滑保护应采用反时限特性。

② 堆煤保护。堆煤保护装置在 2 s 内连续检测到煤位超过预定位置，应报警，同时中止带式输送机运行。

③ 跑偏保护。当运行的输送带跑偏时，跑偏保护装置应报警；当运行的输送带超出托辊端部边缘 20 mm 时，跑偏保护装置中止带式输送机的运行。

④ 超温洒水保护。在测温点处温度超过规定值时超温洒水装置应报警，同时能启动洒水装置，喷水降温。

对主滚筒温度监测的温度阈值设定如下：

测温点与被监测点发热处距离为 10～15 mm 时为（42±2）℃；直接测量滚筒表面温度为（70±2）℃；直接测量滚筒内壁温度为（60±2）℃。

其他部位依据现场实际情况设定。

⑤ 烟雾保护。烟雾探测器必须设置防尘罩；连续 2 s 内，烟雾浓度 Y（指离子型烟雾探测器），达到 1.5 时，烟雾保护装置应报警，中止带式输送机的运行，同时启动洒水装置，喷水降温；必须同时设置烟雾和温度监控。

⑥ 撕裂保护。运行的输送带纵向撕裂时，撕裂保护装置应报警，同时中止带式输送机运行。

⑦ 双向急停开关保护。双向急停开关在任何边的拉线上施加 40～200 N 的力时，双向急停开关能中止带式输送机的运行，并能自锁和复位。

带式输送机各种保护装置应符合《煤矿用带式输送机保护装置技术条件》（MT 872）要求。

（3）煤矿直接购买经过第三方阻燃和抗静电性能试验并取得检验合格报告的输送带，入井前可不进行试验。2021 年 1 月 1 日前已入井的未经过第三方阻燃和抗静电性能试验的输送带，经取样补充进行了第三方阻燃和抗静电性能试验且试验合格的，不作为重大事故隐患。

任一条带式输送机输送带的防打滑、跑偏、堆煤保护装置和温度、烟雾监测装置中有 1 项未安装，或有 1 项整体失效的属于“重大事故隐患”。

第三百七十五条　新建矿井不得使用钢丝绳牵引带式输送机。生产矿井采用钢丝绳牵引带式输送机运输时，必须遵守下列规定：

（一）装设过速保护、过电流和欠电压保护、钢丝绳和输送带脱槽保护、输送带局部过载保护、钢丝绳张紧车到达终点和张紧重锤落地保护，并定期进行检查和试验。

（二）在倾斜井巷中，必须在低速驱动轮上装设液控盘式失效安全型制动装置，制动力矩与设计最大静拉力差在闸轮上作用力矩之比在2～3之间；制动装置应当具备手动和自动双重制动功能。

（三）采用钢丝绳牵引带式输送机运送人员时，应当遵守下列规定：

1. 输送带至巷道顶部的垂距，在上、下人员的20 m区段内不得小于1.4 m，行驶区段内不得小于1 m。下行带乘人时，上、下输送带间的垂距不得小于1 m。

2. 输送带的宽度不得小于0.8 m，运行速度不得超过1.8 m/s，绳槽至输送带边的宽度不得小于60 mm。

3. 人员乘坐间距不得小于4 m。乘坐人员不得站立或者仰卧，应当面向行进方向。严禁携带笨重物品和超长物品，严禁触摸输送带侧帮。

4. 上、下人员的地点应当设有平台和照明。上行带平台的长度不得小于5 m，宽度不得小于0.8 m，并有栏杆。上、下人的区段内不得有支架或者悬挂装置。下人地点应当有标志或者声光信号，距离下人区段末端前方2 m处，必须设有能自动停车的安全装置。在机头机尾下人处，必须设有人员越位的防护设施或者保护装置，并装设机械式倾斜挡板。

5. 运送人员前，必须卸除输送带上的物料。

6. 应当装有在输送机全长任何地点可由乘坐人员或者其他人员操作的紧急停车装置。

➢ 现场执行

（1）“钢丝绳牵引带式输送机”的钢丝绳应采用阻燃钢丝绳。

（2）阻燃钢丝绳牵引带的外观质量应符合下列要求：①阻燃钢丝绳牵引带表面上的明疤深度大于1 mm时，应一次修理完善（深度不大于1 mm时不修理）；②每100 m^2覆盖层上气泡、脱层总面积不得超过900 cm^2并应一次修理完善；③耳胶缺胶、裂开，海绵及起泡等累计长度不得超过带长1%，并应一次修理完善；④布层起泡面积不得超过总面积的1%，单值不得超过400 cm^2并应一次修理完善；⑤阻燃钢丝绳牵引带表面不得露胶布；⑥边部露胶布每侧累计长度不得超过带长的3%，并应一次修理完善；⑦钢条上各点偏心距离不得大于20 mm；⑧阻燃钢丝绳牵引带不得有铰链型带端胶布拉破。

第三百七十六条 采用轨道机车运输时，轨道机车的选用应当遵守下列规定：

（一）突出矿井必须使用符合防爆要求的机车。

（二）新建高瓦斯矿井不得使用架线电机车运输。高瓦斯矿井在用的架线电机车运输，必须遵守下列规定：

1. 沿煤层或者穿过煤层的巷道必须采用砌碹或者锚喷支护；

2. 有瓦斯涌出的掘进巷道的回风流，不得进入有架线的巷道中；

3. 采用碳素滑板或者其他能减小火花的集电器。

（三）低瓦斯矿井的主要回风巷、采区进（回）风巷应当使用符合防爆要求的机车。低瓦斯矿井进风的主要运输巷道，可以使用架线电机车，并使用不燃性材料支护。

（四）各种车辆的两端必须装置碰头，每端突出的长度不得小于100 mm。

➢ 现场执行

（1）突出矿井、新建的高瓦斯矿井、低瓦斯矿井的主要回风巷和采区进（回）风巷，必须选用符合防爆要求的机车。低瓦斯矿井主要进风巷可以使用架线电机车，高瓦斯生产矿井主要进风巷在用的架线电机车可以继续使用，但必须满足《煤矿安全规程》有关规定。

（2）每天安排人员分地点对全矿井下电机车控制箱、车体固定、撒砂机构、传动机构等进行检查，并将检查结果填写在电机车维修记录本上，上交工区存档。

每天对全矿井下电机车各类电源线、电缆接头等进行防爆检查，保证电机车不失去防爆性能，并将检查结果填写在电机车维修记录本上，上交工区存档。

检查瓦斯检测数据显示是否正常。

模拟在瓦斯浓度超限状态下电机车能否自动断电停止运行。

井下电机车司机在驾驶电机车过程中，实时注意监视甲烷检测仪数值变化，当电机车内甲烷检测数值超限后，会出现报警，电机车自动断电停车，待电机车内瓦斯浓度下降到安全范围后，电机车司机再恢复开车，并将电机车运行情况填写在电机车运行日志本上，上交工区存档以备检查。

每天电机车维修工检查电机车运行过程中，架线集电器弹力是否合适，起落是否灵活，接触滑板有无严重凹槽等。

矿井生产所使用各种车辆的两端全部装设碰头，而且每端突出的长度都不低于100 mm，维修人员做好车辆状态检查，对损坏的碰头进行维修更换，做好车辆维修记录。

第三百七十七条　采用轨道机车运输时，应当遵守下列规定：

（一）生产矿井同一水平行驶7台及以上机车时，应当设置机车运输监控系统；同一水平行驶5台及以上机车时，应当设置机车运输集中信号控制系统。新建大型矿井的井底车场和运输大巷，应当设置机车运输监控系统或者运输集中信号控制系统。

（二）列车或者单独机车均必须前有照明，后有红灯。

（三）列车通过的风门，必须设有当列车通过时能够发出在风门两侧都能接收到声光信号的装置。

（四）巷道内应当装设路标和警标。

（五）必须定期检查和维护机车，发现隐患，及时处理。机车的闸、灯、警铃（喇叭）、连接装置和撒砂装置，任何一项不正常或者失爆时，机车不得使用。

（六）正常运行时，机车必须在列车前端。机车行近巷道口、硐室口、弯道、道岔或者噪声大等地段，以及前有车辆或者视线有障碍时，必须减速慢行，并发出警号。

（七）2辆机车或者2列列车在同一轨道同一方向行驶时，必须保持不少于100 m的距离。

（八）同一区段线路上，不得同时行驶非机动车辆。

（九）必须有用矿灯发送紧急停车信号的规定。非危险情况下，任何人不得使用紧急停车信号。

（十）机车司机开车前必须对机车进行安全检查确认；启动前，必须关闭车门并发出开车信号；机车运行中，严禁司机将头或者身体探出车外；司机离开座位时，必须切断电动机电源，取下控制手把（钥匙），扳紧停车制动。在运输线路上临时停车时，不得关闭车灯。

（十一）新投用机车应当测定制动距离，之后每年测定 1 次。运送物料时制动距离不得超过 40 m；运送人员时制动距离不得超过 20 m。

➢ **现场执行**

1. 安全要求

（1）必须按信号指令行车，在开车前必须发出开车信号。机车运行中严禁将头或身体探出车外。严禁司机在车外开车。严禁不松闸就开车。

（2）每班开车前必须对电机车的各种保护进行检查、试验；机车的闸、灯、警铃、连接装置和撒砂装置，任何一项不正常或防爆部分失去防爆性能时，都不得使用该机车。

（3）不得擅自离开工作岗位，严禁在机车行驶中或尚未停稳前离开司机室。暂时离开岗位时，必须切断电动机电源，将控制器手把转至零位，将控制器手把取下保管好，扳紧车闸，但不得关闭车灯。

（4）使用蓄电池式电机车，应按时充电补液，不得使蓄电池放电。

（5）车场调车确需用机车顶车时，严禁异轨道顶车，严禁不连环顶车。

2. 设备检查

（1）交接班时的检查。司机室的顶棚是否完好；连接器是否完好；手闸及撒砂装置是否灵活有效，砂箱是否有砂；照明灯及红尾灯是否明亮。喇叭或警铃是否清晰、洪亮；通信装置是否完好；蓄电池电压表安装是否稳妥，锁紧装置是否可靠；蓄电池电压是否符合规定，防爆部分是否有失爆现象；在切断电源的情况下，控制器换向手把是否灵活，闭锁是否可靠。

检查中发现问题，必须及时处理或向当班领导汇报，检查情况应记入交接班记录簿中。

（2）开车前的检查。开车前必须认真检查车辆组列、装载等情况，出现连接不正常、牵引车数超过规定、矿车上装载的物料的轮廓超过规定的轮廓尺寸、运送物料的机车或车辆上有搭乘人员和运送人员的列车附挂物料车、乘车人员不遵守乘车规定或车上有爆炸性、易燃性、腐蚀性的物品等情况时，不得开车。

3. 特殊操作

（1）接近巷道口、硐室出口、弯道、道岔或噪声较大处，以及机车前面有人或视线内有障碍物时，都必须减低速度，并发出警号。

（2）机车通过施工区段时，必须服从现场施工人员的指挥，准许运行时方可慢速通过。

（3）需要司机扳道岔时，必须停稳机车、刹紧车闸，下车扳动道岔，严禁在车上扳动道岔，严禁挤岔强行通过。

（4）不论任何原因造成电源中断，都应将控制器手把转回零位，然后重新启动。若仍然断电，应视为故障现象。机车运行中继电器脱落时，必须将操作手把转回零位，刹紧车闸，确认无误后方可处理。

（5）列车出现故障或发生不正常现象时，都必须减速停车；有发生事故的危险或接到紧急停车信号时，都必须立即紧急停车。

（6）需要紧急停车时，必须迅速将控制手把转至零位，并连续均匀地撒砂。

(7) 制动时，不可施闸过急过猛，否则易出现闸瓦与车轮抱死致使车轮在轨道上滑行的现象。出现这种现象时，应迅速松闸，缓解后重新施闸。

(8) 制动结束后，必须及时将控制器手把转至零位。

(9) 途中因故障停车后，必须向值班调度员汇报。在机车前后设置警戒后，方可检查机车，但不准对蓄电池电机车的电气设备打开检修。

4. 设备运行要求

(1) 运输信号系统。运输信号系统由信号机、转辙装置、车位传感器、联锁运算装置、显示和操作设备、传输设备、电源设备、线缆及其相关软件等构成，用于提示、指挥机车车辆按照一定的规程安全运行的系统。

(2) 运输信号监控系统。系统采用先进技术与设备对煤矿井下机车运输线路的全部、大部或井底车场进行监测和控制。系统设调度员，取消扳道员，具有行车调度功能，联锁闭塞关系完善，设备操作自动化程度高。简称监控系统。

(3) 路标、警标巡查。在大巷运输的主运巷道内及通道口应安装路标和警标，班组人员在巡查巷道时，确认路标、警标正规悬挂，发挥引导和警示作用。

(4) 运输空间距离。运输调度站指挥人员，利用信集闭系统，通过漏泄通信告知电机车司机，保证其 2 辆机车或 2 列列车在同一轨道同一方向行驶时，保持不少于 100 m 的距离。

同一区段线路上，不得同时行驶非机动车辆，需主要运输系统完成运输后，经调度人员同意后，方准行驶。

5. 安全制动试验

(1) 使用中的机车每年至少进行一次列车制动距离试验，新购进或大修后的机车，在使用前必须进行列车制动距离试验。

(2) 列车制动距离必须符合：运送物料时制动距离不得超过 40 m；运送人员时不得超过 20 m。

(3) 列车制动距离试验，应以日常实际运行的最大牵引载荷、最大速度，在最大坡度的线路上进行（下坡）。测试时要测定司机开始操作到列车停止运行所需的时间和制动距离。如果制动距离超过规定，除对机车制动系统进行检修和调整外，应降低运行速度，减少牵引载荷或其他措施，在同一线路重新进行试验，直至符合要求为止。机车要常备筛好的干燥砂、动态调整坡度大的轨道、降低运行速度、减少牵引车数，以保证制动距离不超过规定，保证运输安全。

第三百七十八条 使用的矿用防爆型柴油动力装置，应满足以下要求：

（一）具有发动机排气超温、冷却水超温、尾气水箱水位、润滑油压力等保护装置。

（二）排气口的排气温度不得超过 77 ℃，其表面温度不得超过 150 ℃。

（三）发动机壳体不得采用铝合金制造；非金属部件应具有阻燃和抗静电性能；油箱及管路必须采用不燃性材料制造；油箱最大容量不得超过 8 h 用油量。

（四）冷却水温度不得超过 95 ℃。

（五）在正常运行条件下，尾气排放应满足相关规定。

（六）必须配备灭火器。

➢ **现场执行**

（1）冷却方式。矿用防爆柴油发动机应采用液冷却方式。

（2）启动方式。防爆柴油机可以使用弹簧启动器、液压启动器、压缩空气启动器或防爆电启动器。对启动过程中有可能产生火花的元部件应采用隔爆结构。

使用防爆电启动器时，与其配套的蓄电池应使用低氢蓄电池并置于隔爆型电池箱内，蓄电池在整个工作过程中，隔爆型电池箱内的氢气含量不应大于0.3%。隔爆型电池箱顶端应装有隔爆透气栅栏，并连续启动5次后，表面温度不得超过150 ℃。

（3）温度。防爆柴油机任一部位的表面温度不得超过150 ℃。防爆柴油机废气排出口温度不得超过70 ℃。

（4）废气成分。防爆柴油机在《煤矿用防爆柴油机械排气中一氧化碳、氮氧化物检验规范》(MT 220) 规定的工况下，未经稀释的排气中，其有害成分的体积浓度一氧化碳（CO）不大于0.1%、氮氧化物（NO_x）不大于0.08%。

（5）自动保护（自动监控）装置。防爆柴油机应配置车载式瓦斯检测报警仪或便携式瓦斯检测报警仪，当巷道风流中瓦斯浓度达到1.0%（有煤与瓦斯突出矿井和瓦斯喷出区域中瓦斯浓度达到0.5%）应能准确发出声光报警信号，其声光信号应能使驾驶员清晰辨别，报警后1 min内应能自动（便携式瓦斯监测仪可手动）停止防爆柴油机工作。

单缸类柴油发动机，出现排气温度最高至70 ℃、表面温度最高至150 ℃、冷却水位（蒸发冷却）低于设定水位或冷却水温度（强制冷却）超过95 ℃或设计温度、瓦斯浓度达到1.0%（有煤与瓦斯突出矿井和瓦斯喷出区域中瓦斯浓度达到0.5%）时（便携式瓦斯监测仪可手动时），应能报警、自动停机。

多缸类柴油发动机，当出现排气温度最高至70 ℃、表面温度最高至150 ℃、冷却净化水箱水位低至设定最低水位、机油压力低于设定最低压力、冷却水位（蒸发冷却）低于设定水位或冷却水温度（强制冷却）超过95 ℃或设计温度、瓦斯浓度达到1.0%（有煤与瓦斯突出矿井和瓦斯喷出区域中瓦斯浓度达到0.5%）时（便携式瓦斯监测仪可手动时），应能报警、自动停机。

（6）灭火装置。防爆柴油发动机应有自动灭火装置或配备一台或数台便携式灭火器，便携式灭火器应能方便地取出使用。

➢ **相关案例**

山西离柳鑫瑞煤业“6·5”事故。

第三百七十九条 使用的蓄电池动力装置，必须符合下列要求：

（一）充电必须在充电硐室内进行。

（二）充电硐室内的电气设备必须采用矿用防爆型。

（三）检修应当在车库内进行，测定电压时必须在揭开电池盖10 min后测试。

➢ **现场执行**

（1）有条件的生产矿井可设立专门的具有独立回风系统充电硐室，将电机车充电机安装于专门的充电硐室内，统一安装矿用防爆型充电机、电源开关等电气设备，配备消防安全设施，明确岗位责任制、充电操作规程、注意事项等安全措施，防止火灾事故发生。

（2）当在充电硐室内对充电电瓶进行充电时，充电人员严格按照电解液浓度配比说明充装电解液，充电过程中每隔 2 h 监测一次电解液浓度变化，一般通过添加蒸馏水量实时控制电解液浓度，保证其浓度在合理范围之内；将每块电瓶充电起止时间和充电电流，认真填写在现场充电记录本上，上交工区存档，以备检查，同时对充电设备进行日常检查检修和维护保养，将检查检修情况填写在检修记录本上。

（3）当电机车维修人员确认电机车出现问题时，必须在电机车车库进行维修，由专业人员、安检部门人员、工区管理人员多级监督检查，对未在车库内检修电机车的人员进行管理考核；在检修电机车过程中，需测定电压时应在揭开电池盖 10 min 后测试，1 人监护、1 人操作，以确保人员安全。

第三百八十条　轨道线路应当符合下列要求：

（一）运行 7 t 及以上机车、3 t 及以上矿车，或者运送 15 t 及以上载荷的矿井、采区主要巷道轨道线路，应当使用不小于 30 kg/m 的钢轨；其他线路应当使用不小于 18 kg/m 的钢轨。

（二）卡轨车、齿轨车和胶套轮车运行的轨道线路，应当采用不小于 22 kg/m 的钢轨。

（三）同一线路必须使用同一型号钢轨，道岔的钢轨型号不得低于线路的钢轨型号。

（四）轨道线路必须按标准铺设，使用期间应当加强维护及检修。

➢ **现场执行**

（1）严禁采用 15 kg/m 及以下钢轨。同一运输线路内使用的钢轨型号必须为同一规格的钢轨，严禁不同型号的钢轨交叉连接。

（2）检查方式。

① 巡查检查方式。每天安排人员对轨道运输线路进行巡查，对轨道线路中轨道道夹板固定情况、道床固定情况、轨枕腐蚀情况、道岔使用情况等项目进行巡查。

② 测量检查方式。该检查方式主要通过专用轨距尺，定点测量轨道线路区域内合格率；使用塞尺对道岔接触部分密贴情况等项目进行测量。

③ 打分检查方式。该检查方式是以数据方式直接反映轨道线路质量。

（3）隐患排查。每天由维修人员对主要运输巷道的轨道巡查一遍，发现问题及时处理，对于不能及时处理的问题及时向带班领导汇报，对危及安全的问题，有权停止该轨道使用；同时，每月执行“旬检查、月验收”制度，将检查问题反馈给区队，由班组负责整改落实。

➢ ***相关案例***

广西合丰能源开发有限公司三矿三号北斜井“12·12”事故。

第三百八十一条　采用架线电机车运输时，架空线及轨道应当符合下列要求：

（一）架空线悬挂高度、与巷道顶或者棚梁之间的距离等，应当保证机车的安全运行。

（二）架空线的直流电压不得超过 600 V。

（三）轨道应当符合下列规定：

1. 两平行钢轨之间，每隔 50 m 应当连接 1 根断面不小于 50 mm^2 的铜线或者其他具有等效电阻的导线。

2. 线路上所有钢轨接缝处，必须用导线或者采用轨缝焊接工艺加以连接。连接后每个接缝处的电阻应当符合要求。

3. 不回电的轨道与架线电机车回电轨道之间，必须加以绝缘。第一绝缘点设在 2 种轨道的连接处；第二绝缘点设在不回电的轨道上，其与第一绝缘点之间的距离必须大于 1 列车的长度。在与架线电机车线路相连通的轨道上有钢丝绳跨越时，钢丝绳不得与轨道相接触。

➤ 现场执行

（1）架空线悬挂高度的规定。自轨面算起，电机车架空线的悬挂高度应符合下列要求：①在行人的巷道内、车场内以及人行道与运输巷道交叉的地方不小于 2 m；在不行人的巷道内不小于 1.9 m。②在井底车场内，从井底到乘车场不小于 2.2 m。③在地面或工业场地内，不与其他道路交叉的地方不小于 2.2 m。

（2）架空线悬挂间距的规定。电机车架空线与巷道顶或棚梁之间的距离不得小于 0.2 m。悬吊绝缘子距电机车架空线的距离，每侧不得超过 0.25 m。电机车架空线悬挂点的间距，在直线段内不得超过 5 m，在曲线段内不得超过表 3－9－1 中的规定值。

表 3－9－1　电机车架空线曲线段悬挂点间距最大值　　m

曲率半径	25～22	21～19	18～16	15～13	12～11	10～8
悬挂点间距	4.5	4	3.5	3	2.5	2

（3）轨道线路上所有钢轨接缝连接后每个接缝处的电阻值，不得大于表 3－9－2 中规定值。

表 3－9－2　轨道线路上所有钢轨接缝连接后每个接缝处的电阻值

钢轨/(kg·m^{-1})	18	22	24	30	33	38	43
电阻值/Ω	0.00024	0.00021	0.00020	0.00019	0.00018	0.00017	0.00016

（4）高瓦斯矿井中，与采区相连的设置架空线的所有巷道，必须设置风向传感器。当风流反向时，必须切断架空线电源。

（5）架线电机车运行检查应符合下列要求。

① 运行条件检查。运行条件检查主要是对电机车运行现场空间、距离等条件进行巡查，包括架空线自身悬挂高度、架空线与巷道顶或者棚梁之间的距离等。巡查结束后应将巡查结果填写在巷道巡查记录表中。

② 机械类检查内容。架线接触线断面磨损不大于总截面的 50%；金具绝缘子的金属部件和吊线金具磨损、烧痕或锈蚀不得大于原截面的 25%，绝缘子、瓷吊线器无裂纹、铁件无松动、破损，绝缘良好；横吊线无严重锈蚀，无断裂现象，损伤、烧痕、锈蚀不超过原截面的 25%，吊线钩固定牢固，无脱落。

③ 电气类检查内容。

架线电压。检查架线电压并做好相应记录。

吊线器。绝缘性能良好，无裂纹损伤，零部件齐全，连接良好，紧固有效。

分区开关。动作灵敏可靠，触点无严重烧损，闭锁装置动作灵敏、可靠，开关外壳接地良好。

馈电线及回流线。回流线与轨道连接良好，连接电阻不得超过同类钢轨 4 m 长度的电阻值，总回流线与靠近的所有轨道相连，连接点紧密。

定期检查管理。架线定期检查维修，记录齐全，执行挂牌管理制度，吊牌齐全清晰；架线每旬清扫一次，每季按要求粉刷一次。

其他。地面敷设时，防雷、接地装置可靠；回流线齐全，连接良好，无开焊；吊线器、绝缘子卫生清洁，无积尘；吊线器绝缘部分刷红漆；吊线器非绝缘部分、吊挂钩及横吊线刷银粉，绝缘子、倒正丝不得有银粉，清洁露出原貌，倒正丝定期注油。

④ 检查方式。

外观检查。该检查方式主要检查架线接触断面是否磨损，架线有无积尘；绝缘子、瓷吊线器有无裂纹，铁件有无松动、破损；吊线器、绝缘子是否卫生清洁等。

测量检查。该方式主要使用专用检查工具，如接地摇表测量对地绝缘电阻，使用测电笔检测架线电压是否在 600 V 以下等。

第三百八十二条　长度超过 1.5 km 的主要运输平巷或者高差超过 50 m 的人员上下的主要倾斜井巷，应当采用机械方式运送人员。

运送人员的车辆必须为专用车辆，严禁使用非乘人装置运送人员。

严禁人、物料混运。

➢ **现场执行**

专用人车应有棚顶、车厢、座椅、安全带或固定倚靠物、扶手、减震、防碰撞装置，除平巷人车外，应有制动装置。

➢ ***相关案例***

内蒙古北联电能源开发有限责任公司吴四圪堵煤矿“6·17”井下运输事故。

第三百八十三条　采用架空乘人装置运送人员时，应当遵守下列规定：

（一）有专项设计。

（二）吊椅中心至巷道一侧突出部分的距离不得小于 0.7 m，双向同时运送人员时钢丝绳间距不得小于 0.8 m，固定抱索器的钢丝绳间距不得小于 1.0 m。乘人吊椅距底板的高度不得小于 0.2 m，在上下人站处不大于 0.5 m。乘坐间距不应小于牵引钢丝绳 5 s 的运行距离，且不得小于 6 m。除采用固定抱索器的架空乘人装置外，应当设置乘人间距提示或者保护装置。

（三）固定抱索器最大运行坡度不得超过 28°，可摘挂抱索器最大运行坡度不得超过 25°，运行速度应当满足表 6 的规定。运行速度超过 1.2 m/s 时，不得采用固定抱索器；运行速度超过 1.4 m/s 时，应当设置调速装置，并实现静止状态上下人员，严禁人员在非乘人站上下。

表6 架空乘人装置运行速度规定 m/s

巷道坡度 θ/(°)	28≥θ>25	25≥θ>20	20≥θ>14	θ≤14
固定抱索器	≤0.8	≤1.2		
可摘挂抱索器	—	≤1.2	≤1.4	≤1.7

（四）驱动系统必须设置失效安全型工作制动装置和安全制动装置，安全制动装置必须设置在驱动轮上。

（五）各乘人站设上下人平台，乘人平台处钢丝绳距巷道壁不小于1 m，路面应当进行防滑处理。

（六）架空乘人装置必须装设超速、打滑、全程急停、防脱绳、变坡点防掉绳、张紧力下降、越位等保护，安全保护装置发生保护动作后，需经人工复位，方可重新启动。

应当有断轴保护措施。

减速器应当设置油温检测装置，当油温异常时能发出报警信号。沿线应当设置延时启动声光预警信号。各上下人地点应当设置信号通信装置。

（七）倾斜巷道中架空乘人装置与轨道提升系统同巷布置时，必须设置电气闭锁，2种设备不得同时运行。

倾斜巷道中架空乘人装置与带式输送机同巷布置时，必须采取可靠的隔离措施。

（八）巷道应当设置照明。

（九）每日至少对整个装置进行1次检查，每年至少对整个装置进行1次安全检测检验。

（十）严禁同时运送携带爆炸物品的人员。

➢ 现场执行

架空乘人装置运行检查包括运行前检查、运行中检查和定期性能检测。

1. 运行前检查

（1）检查内容。架空乘人装置运行前，班组长组织人员对巷道已安装照明灯进行检查，对不亮的照明灯进行更换；巡查检测乘坐吊椅中心至巷道一侧突出部分的距离、吊椅距底板的高度和上下人站处高度、乘人平台处钢丝绳距巷道壁的距离是否满足《煤矿安全规程》要求，如有因巷道底鼓、变形造成安全间隙不够，则汇报相关管理部门，组织专门修复巷道的区队，到现场进行处理，待处理完成后进行验收，满足运行条件后方可正常运行；倾斜巷道中架空乘人装置与轨道提升系统同巷布置时，试验电气闭锁是否可靠，以确保2种设备不得同时运行，倾斜巷道中架空乘人装置与带式输送机同巷布置时，检查现场已采取可靠的隔离措施是否仍发挥作用；对架空乘人装置的机械部件和电气部件进行检查，确认其符合完好标准。同时将检查结果填写在设备运行日志记录本上，每天分生产班次进行检查，月底统一将设备运行日志记录本上交工区进行存档，以备检查。

（2）检查方式。设备运行检查的方式包括设备外观检查、设备测量检测、安全保护试验3个部分。

设备外观检查主要是检查电机、开关设备、操作台是否完好无损，不出现失爆现象；

观察减速箱、液压站内齿轮油和液压油液位是否在允许范围之内，驱动轮、托压绳轮是否出现缺油现象；检查抱索器紧固螺栓有无松动现象等，通过外观检查满足设备最基本安全运行要求。

设备测量检测主要包括使用千分尺测量钢丝绳磨损情况，测量驱动部、托压绳轮轮衬磨损是否超限，检测对轮安全间隙等。通过数据的形式直观地反映设备是否在设计允许范围内运行。

安全保护试验主要包括：超速、打滑、全程急停、防脱绳、变坡点防掉绳、张紧力下降、越位、坠砣升降保护、急停保护等；班组长每天需组织人员对各种保护现场进行检查、试验，确保保护安全可靠。

2. 运行中检查

（1）检查内容。设备运行中，需对架空乘人装置的机械和电气部分进行检查，确保电动机、泵站、减速箱完好；驱动轮主绳轮、尾轮、导向轮绳槽磨损不超限，驱动轮、尾轮转动灵活、无异常摆动、无异响；工作闸和安全闸可靠工作；张紧装置螺栓紧固有效，焊接部分无开焊；各部螺栓紧固有效，焊接不开焊。

（2）检查方式。设备运行中的检查方式包括外观运行状况检查、安全保护试验、安全检查时段。

外观运行状况检查主要针对设备运行状况、参数数据进行跟踪式观察，包括设备运行声响，主电机、减速箱、液压站温度，减速箱油位，液压站工作压力等项目，将仪表仪器所检测数据及时填写在岗位巡查记录本上。

安全保护试验主要是保证设备运行的安全性。上下井人员乘坐架空乘人装置过程中，设备出现某种紧急情况时，安全保护能够灵敏可靠地动作，确保设备立即停车运行。

岗位工每隔两个小时进行一次走动式巡查；维修人员依照安全措施，每天对设备进行检查，保证设备安全运行。

3. 定期性能检测

每年定期联系具有检测资质的机构对架空乘人装置进行安全检测，班组长应组织班组人员一方面做好检测准备工作，另一方面要做好设备检测中发现问题的处理工作。

4. 日常检修及备品备件

电气类检修。参照运输系统、供电系统、电气系统安装运行原理等图纸内容，对发现的设备运行、供电安全可靠、电气设备故障等问题及时进行检修，将设备出现的故障现象、处理过程、处理结果等内容填写在相应记录中。

机械类检修。根据运输系统图、机械设备安装运行原理图，对发现的设备运行故障、机械故障、机械设备磨损等问题及时进行拆检、更换，将设备出现的故障现象、处理过程、处理结果等内容填写在相应记录中。

设备定期维护保养。对每台设备制定维护保养周期性规划，根据既定规划内容，对减速机齿轮油、液压站液压油、托压绳轮加润滑等项目进行维护保养。

备品备件管理。根据设备设计单位所提供的易损、易坏件产品说明，同时结合日常检查、巡查等现场出现的问题，及时进行总结，跟踪设备一般情况下更换周期，及时做好材料汇总工作，查明配件型号，提前做好备品、备件计划，统一库存管理，满足不时之需。

➤ ***相关案例***

河南平煤股份十矿“2·16”运输事故。

第三百八十四条 新建、扩建矿井严禁采用普通轨斜井人车运输。

生产矿井在用的普通轨斜井人车运输，必须遵守下列规定：

（一）车辆必须设置可靠的制动装置。断绳时，制动装置既能自动发生作用，也能人工操纵。

（二）必须设置使跟车工在运行途中任何地点都能发送紧急停车信号的装置。

（三）多水平运输时，从各水平发出的信号必须有区别。

（四）人员上下地点应当悬挂信号牌。任一区段行车时，各水平必须有信号显示。

（五）应当有跟车工，跟车工必须坐在设有手动制动装置把手的位置。

（六）每班运送人员前，必须检查人车的连接装置、保险链和制动装置，并先空载运行一次。

➤ **现场执行**

1. 普通轨斜井人车

普通轨斜井人车是指在倾斜井巷中采用标准轨道，按照行业标准轨道运送人员的设备，包括 XRC 系列、XRB 系列。

2. 漏泄通信设备检查

（1）漏泄通信手机。手机由人车跟车工随身携带，有防护外套，外壳无破损；转换按钮完好，转换灵敏可靠，显示准确；通话语音清晰，发送信号灵敏、可靠。

（2）漏泄通信基地台。发送、接收信号灵敏可靠，通话清晰；各类指示灯显示准确。

（3）漏泄通信中继器。接线良好，发射信号正常。

（4）充电器。充电器完好，性能稳定。

3. 声光报警信号系统检查

触发器固定牢固，动作灵敏；声光信号器固定牢固，声音清晰，接线无失爆，红绿灯显示准确；电缆、小型电气设备符合标准，无失爆；设备工作电压符合技术要求。

4. 安全装置检查

每班运送人员前，跟车工一方面检查车辆制动装置是否可靠，人车的连接装置、保险链是否合格，并先空载运行一次，将检查试验结果填写在岗位运行日志记录本上；另一方面，人车运行时跟车工必须坐在设有手动制动装置把手的位置，保证在出现紧急的情况下能够可靠制动。

5. 现场检查方式

（1）外观检查。该方式主要检查各类信号功能指示灯是否正常显示，声光信号是否正常，红绿灯转换是否正常，指导现场人员上下车地点警示牌板是否正常悬挂等。

（2）试验检查。该方式主要是通过试验的形式对漏泄通信是否畅通，声光报警信号在无线电通信范围内是否正常工作，多水平运输时从各水平发出的信号区别是否明显等内容进行现场检查；任一区段行车时，对各水平的信号显示进行检查；直观判断设备设施是否正常工作。

（3）逐级排查。该方式主要是在出现故障的情况下，按照控制级别，逐级进行排查，找到事故点，解决现场问题。

6. 检查时间段

信号装置检查都必须在设备设施运行以前进行检查试验，保证信号畅通后方可进行运输，同时将信号试验结果填写在岗位运行日志上。

第三百八十五条　采用平巷人车运送人员时，必须遵守下列规定：

（一）每班发车前，应当检查各车的连接装置、轮轴、车门（防护链）和车闸等。

（二）严禁同时运送易燃易爆或者腐蚀性的物品，或者附挂物料车。

（三）列车行驶速度不得超过 4 m/s。

（四）人员上下车地点应当有照明，架空线必须设置分段开关或者自动停送电开关，人员上下车时必须切断该区段架空线电源。

（五）双轨巷道乘车场必须设置信号区间闭锁，人员上下车时，严禁其他车辆进入乘车场。

（六）应当设跟车工，遇有紧急情况时立即向司机发出停车信号。

（七）两车在车场会车时，驶入车辆应当停止运行，让驶出车辆先行。

➤现场执行

平巷人车的连接装置、轮轴、车闸是人车安全运行的重要环节点，每班发车前必须进行检查，如果不进行检查，连接装置闭锁销没有可靠闭锁就可能发生跑车事故；轮轴一旦发生断裂，将导致车辆倾斜，甚至歪倒，危及乘车人员安全；车闸调节不当，将导致车辆制动距离加大，超出安全制动距离要求。

人车在运行中和过轨道接头、道岔时，都会产生颠簸，在强烈的颠簸、碰触过程中，易爆炸、燃烧，腐蚀性液体容易溢出。如果溢出浓度达到爆炸极限，遇到架线电机车产生的明火后容易发生燃烧爆炸事故和腐蚀事故，对人员造成重大伤害。如果附挂物料车，当出现车辆掉道时，也同样影响乘坐人员安全。因此，严禁同时运送易燃易爆或腐蚀性的物品，或附挂物料车。

当人车运行速度大于 4 m/s 时，制动距离就会超过 20 m，而且由于井下条件复杂，视线不佳，如人车司机发现行车前方有问题需要进行紧急制动时，很难保证人车快速停车。另外，人车运行轨道受地质条件影响，部分区段会出现水平或者竖直方向起伏，行车速度越快，人车掉道的可能性越大，对安全运行不利。

为了保证人员乘车安全，避免人员出现湿滑摔倒现象，在人员上下车地点必须有足够的照明。为了使上下车人员和所携带的工具物品不触电，人员上下车时必须切断该区段架空线电源。在双轨道的乘车场，在人员上下车时，为了上下车人员的安全，必须设信号区间闭锁，严禁其他车辆进入乘车场。

第三百八十六条　人员乘坐人车时，必须遵守下列规定：

（一）听从司机及跟车工的指挥，开车前必须关闭车门或者挂上防护链。

（二）人体及所携带的工具、零部件，严禁露出车外。

（三）列车行驶中及尚未停稳时，严禁上、下车和在车内站立。

（四）严禁在机车上或者任意 2 车厢之间搭乘。

（五）严禁扒车、跳车和超员乘坐。

➢ **现场执行**

在候车区域悬挂“乘人须知”管理牌板，应满足如下要求。

（1）乘车人员应在平巷人车候车地点候车，并听从维持秩序人员安排有序上车，严禁拥挤。

（2）必须听从司机及乘务人员的指挥，开车前必须关好车门或挂上防护链。

（3）乘车人员严禁带火药、雷管、易燃、易爆、腐蚀性物品上车，并不准携带超长、超宽的工具。人体及所携带的工具和零件严禁露出车外，尖刀工具必须戴套。

（4）列车行驶中和尚未停稳时，严禁人员上、下车和在车内站立、嬉戏、打闹。

（5）严禁在机车上或任何两车厢之间搭乘。

（6）严禁超员乘坐。

（7）车辆发生异常时，必须立即向司机、跟车工发出停车信号。

（8）严禁扒车、跳车和坐矿车。

第三百八十七条 倾斜井巷内使用串车提升时，必须遵守下列规定：

（一）在倾斜井巷内安设能够将运行中断绳、脱钩的车辆阻止住的跑车防护装置。

（二）在各车场安设能够防止带绳车辆误入非运行车场或者区段的阻车器。

（三）在上部平车场入口安设能够控制车辆进入摘挂钩地点的阻车器。

（四）在上部平车场接近变坡点处，安设能够阻止未连挂的车辆滑入斜巷的阻车器。

（五）在变坡点下方略大于1列车长度的地点，设置能够防止未连挂的车辆继续向下跑车的挡车栏。

上述挡车装置必须经常关闭，放车时方准打开。兼作行驶人车的倾斜井巷，在提升人员时，倾斜井巷中的挡车装置和跑车防护装置必须是常开状态并闭锁。

➢ **现场执行**

1. 挡车装置安装的位置

（1）大巷、采区斜巷。

① 上部车场：距变坡点不小于2 m（含2 m）处设置阻车器。

② 上部变坡点下略大于一列车长度的地点（20～25 m）处：设置常闭式挡车器，挡车器必须与上部车场阻车器实现联动。

③ 下部变坡点上15～20 m内：设置常闭式挡车器。

④ 中部：在变坡点下20～25 m与下部车场两挡之间视其实际长度及坡度增设一定数量的挡车装置。其中，对于坡度小于8°的斜巷，各挡之间的距离不得大于150 m；对于坡度大于8°的斜井巷，各挡之间的距离不得大于100 m。

⑤ 下部车场停车处设置阻车器。

⑥ 下部车场入口处安设挡车栏。

⑦ 对于斜坡中有人员作业的地点，须在其上方15～20 m内增设1～2挡。

（2）各平巷、斜巷、车场固定摘挂钩处必须安装阻车器。

（3）各采区联巷口处必须安装阻车器。

（4）斜井、暗斜井、下山等掘进巷道，在距掘进头20 m处应装设挡车装置。

（5）顺槽斜巷。斜长小于50 m（含50 m）的斜巷，上、下车场各设置一挡。在距上部变坡点15 m设一副钩轴式挡车器；斜长大于50 m的斜巷按下列规定设置挡车设施：

① 上部车场距变坡点前2 m处设置阻车器；上部变坡点下20～25 m处：设置抱轴式挡车器；下部变坡点上20 m处：设置抱轴式挡车器；斜坡长度大于200 m时，中部再加设一道抱轴式挡车器。

② 中部车场在变坡点下20～25 m与下部车场两挡之间视其实际长度及坡度增设一定数量的挡车装置。其中，对于坡度小于8°的斜巷，各挡之间的距离不得大于150 m；对于坡度大于8°的斜巷，各挡之间的距离不得大于100 m。

③ 下部车场停车处设置阻车器。

2. 挡车装置的检查维护管理

斜巷提升防跑车装置和跑车防护装置，必须由专人负责维护保养，确保灵敏可靠。

每班提升前必须有专人负责对防跑车装置和跑车防护装置进行检查，发现防跑车装置和跑车防护装置不灵敏可靠严禁提升，并立即汇报处理。维护工每天必须对防跑车装置和跑车防护装置进行检查，发现防跑车装置和跑车防护装置不灵敏可靠，严禁提升并立即汇报处理，并做好记录。

每月必须对防跑车装置和跑车防护装置全部检查检修一遍，确保必须灵敏可靠。

对自动挡车栏每星期必须试验一次，保证抓捕灵敏可靠，发现问题及时汇报处理。

3. 挡车装置检查维护工作

（1）检查内容包括机械类检查和电器类检查。

机械类检查。主要检查挡车设施固定情况、磨损锈蚀情况，电机、减速箱工作情况，挡车设施能否正常起落等项目。

电气类检查。主要检查电控线路接线是否牢固，检测探头是否可靠工作，视频监控是否正常工作，运人与运料转换是否灵敏等。

（2）外观检查。该检查主要通过视频监控观察所监控的对象是否正常工作，检测指示灯是否显示正常，运人与提物转换是否可靠等。

➢ **相关案例**

（1）湖南益阳市安化海川达矿业有限公司振兴煤矿“4·29”运输事故。

（2）广西罗城伟隆煤业有限公司北陵山煤矿一号井“12·23”运输事故。

（3）华坪县红花矿业有限公司红花场煤矿“8·10”运输事故。

（4）宣威市宝山镇虎场煤矿“3·27”运输事故。

第三百八十八条　倾斜井巷使用提升机或者绞车提升时，必须遵守下列规定：

（一）采取轨道防滑措施。

（二）按设计要求设置托绳轮（辊），并保持转动灵活。

（三）井巷上端的过卷距离，应当根据巷道倾角、设计载荷、最大提升速度和实际制动力等参量计算确定，并有1.5倍的备用系数。

（四）串车提升的各车场设有信号硐室及躲避硐；运人斜井各车场设有信号和候车硐室，候车硐室具有足够的空间。

（五）提升信号参照本规程第四百零三条和第四百零四条规定。

（六）运送物料时，开车前把钩工必须检查牵引车数、各车的连接和装载情况。牵引车数超过规定，连接不良，或者装载物料超重、超高、超宽或者偏载严重有翻车危险时，严禁发出开车信号。

（七）提升时严禁蹬钩、行人。

➢ 现场执行

（1）班组应根据工区要求，组织本班组人员学习现场技术操作规程，建立学习记录本，从理论上指导现场岗位人员正规操作。

（2）运人前，跟车工应进行空载试运行巡查，检查已采取的轨道防滑措施是否有效，如某矿内部规定每隔 50 m 安装一组轨道防滑链，检查托绳轮（辊）是否转动灵活，检查所设信号和候车硐室空间是否满足要求，并将其巡查结果填写在岗位运行日志上。

（3）运送物料前，把钩工检查挡车设施完好情况、连接装置连接情况、物料装载情况，当检查发现牵引车数超过规定，连接不良，或装载物料超重、超高、超宽或偏载严重有翻车危险时，严禁发出开车信号，待全部处理完成后，方可进行提升。提升时严格执行“行车不行人不作业”制度，严禁蹬钩、行人。

（4）每班班末把钩工将轨道提升情况填写在岗位运行日志记录本上。

（5）斜坡轨道铺设时应将轨枕埋设在底板内，或在斜坡段分区域打设地锚，固定轨枕和轨道。

➢ 相关案例

（1）黑龙江双鸭山市岭东区富山矿业有限公司“5·20”运输事故。

（2）广西合山煤业有限责任公司九矿 168 南斜井“4·13”运输事故。

第三百九十条 使用的单轨吊车、卡轨车、齿轨车、胶套轮车、无极绳连续牵引车，应当符合下列要求：

（一）运行坡度、速度和载重，不得超过设计规定值。

（二）安全制动和停车制动装置必须为失效安全型，制动力应当为额定牵引力的 1.5～2 倍。

（三）必须设置既可手动又能自动的安全闸。安全闸应当具备下列性能：

1. 绳牵引式运输设备运行速度超过额定速度 30% 时，其他设备运行速度超过额定速度 15% 时，能自动施闸；施闸时的空动时间不大于 0.7 s。

2. 在最大载荷最大坡度上以最大设计速度向下运行时，制动距离应当不超过相当于在这一速度下 6 s 的行程。

3. 在最小载荷最大坡度上向上运行时，制动减速度不大于 5 m/s^2。

（四）胶套轮材料与钢轨的摩擦系数，不得小于 0.4。

（五）柴油机和蓄电池单轨吊车、齿轨车和胶套轮车的牵引机车或者头车上，必须设置车灯和喇叭，列车的尾部必须设置红灯。

（六）柴油机和蓄电池单轨吊车，必须具备 2 路以上相对独立回油的制动系统，必须设置超速保护装置。司机应当配备通信装置。

（七）无极绳连续牵引车、绳牵引卡轨车、绳牵引单轨吊车，还应当符合下列要求：

1. 必须设置越位、超速、张紧力下降等保护。

2. 必须设置司机与相关岗位工之间的信号联络装置；设有跟车工时，必须设置跟车工与牵引绞车司机联络用的信号和通信装置。在驱动部、各车场，应当设置行车报警和信号装置。

3. 运送人员时，必须设置卡轨或者护轨装置，采用具有制动功能的专用乘人装置，必须设置跟车工。制动装置必须定期试验。

4. 运行时绳道内严禁有人。

5. 车辆脱轨后复轨时，必须先释放牵引钢丝绳的弹性张力。人员严禁在脱轨车辆的前方或者后方工作。

➢ 现场执行

（1）单轨吊车、卡轨车、齿轨车、胶套轮车、无极绳连续牵引车的运行检查可分为机械类检查和电气类检查，检查方式可分为外观检查、测量检查、保护试验、定期检测四类。

（2）单轨吊车的试验方法。

① 最大牵引力测试。将一固定装置固定在轨道上，在固定装置与单轨吊机车之间连接一个精度不低于 ±1% 的拉力表或拉力传感器，缓慢启动机车，当驱动轮滑动时，记录拉力表显示的数值。正反方向各试验 3 次，取其平均值。

② 最大运行速度的测试。在不小于 50 m 的平直道上，机车运行达到最大速度后用速度测试仪或秒表、皮尺测量。正反向各测 3 次，取其平均值。要求最大运行速度不大于 3 m/s。

③ 紧急制动力测试。单轨吊车在轨道上施闸后，卸掉驱动轮挤压油缸的油压。在机车和固定装置之间连接拉力器和一个精度不低于 ±1% 的拉力表（或传感器），用拉力器拉动机车，当机车滑动时记录拉力表显示的数值，正反方向各测 3 次，取其平均值。要求紧急制动的制动力为最大牵引力的 1.5 ~2 倍。

④ 单轨吊机车运行超速保护测试。将机车运行超速保护装置——离心限速释放器安装在测试装置上，使离心释放限速器转子旋转，当离心限速释放器动作时，记录转速值。测试 3 次，取其平均值。要求绳牵引式运输设备运行速度超过额定速度 30% 时，其他设备运行速度超过额定速度 15% 时，能自动施闸。

⑤ 紧急制动装置施闸时的空动时间测试。释放紧急制动装置的压力，实施紧急制动。测试从释放瞬间起至制动闸块接触轨道腹板止的时间差，即为空动时间。要求施闸时的空动时间不大于 0.7 s

⑥ 柴油机超速保护测试。在柴油机正常运转条件下，人为地提高其转速，或模拟超速信号，当转速超过许可的最大转速时，观察保护装置能否自动停止柴油机工作。

⑦ 柴油机冷却水超温保护测试。在柴油机正常运转条件下，模拟冷却水温度超限，观察保护装置能否自动停止柴油机工作。

⑧ 柴油机排气超温保护测试。在柴油机正常运转条件下，模拟排气温度超限，观察保护装置能否自动停止柴油机工作。

⑨ 柴油机润滑油低压保护测试。在柴油机正常运转条件下，人为地使润滑油压力降低，当压力低于规定值时，观察保护装置能否自动停止柴油机工作。

⑩ 瓦斯超限报警断电保护测试。用沼气含量 1% 的气体向瓦斯报警仪喷射，观察瓦斯

报警仪是否能自动报警；当用沼气含量1.5%的气体喷射时，观察瓦斯报警仪能否自动断电（油），停止柴油机工作。

⑪ 照明灯照度测试。在距照明灯20 m轨道下1 m的黑暗处用照度计测量，观察照度值是否符合规定。要求司机室前端应装设喇叭、照明灯和红色信号灯。照明灯应保证机车正前方20 m处至少有4Ix的照度，照明灯和红色信号灯应能互相转换；喇叭音响在距离司机室20 m处应清晰。

⑫ 噪声测试。按《声学轨道车辆内部噪声测量》(GB/T 3449）的规定进行。要求单轨吊车司机室内的最大噪声应小于90 dB(A)。

⑬ 拉杆强度测试。抽检率为每批数量的5%，但被检样品不少于一件。用材料拉伸机的夹钳夹住拉杆两端，测试破断强度。要求常温(15 ℃)$Ak\geqslant$100J；低温(−30 ℃)$Ak\geqslant$70J。其最小破断力应不小于13倍单轨吊机车额定牵引力。

⑭ 拉杆无损探伤检查。用X光机对焊接部位进行X光检查，看是否符合要求：焊缝不得有裂纹、气孔、夹渣等焊接缺陷。

⑮ 通过能力试验。在具有水平1 m、垂直8 m的拐弯半径的试验场地运行，看能否顺利通过最小拐弯半径。

⑯ 爬坡能力试验。在设计要求的最大坡道上，以相应的最大载荷向上运行，看能否顺利通过。要求爬坡能力不大于25°。

⑰ 制动距离测试。在最大坡道上,以相应的最大载荷和最大速度向下运行时,人为实现紧急制动,测量制动距离。要求制动距离应当不超过相当于在这一速度下6 s的行程。

（3）胶套轮车对胶套轮的技术要求。胶套轮材料的拉伸强度应大于35 MPa，摩擦系数应不小于0.4；胶套轮材料应阻燃，抗静电需符合《煤矿井下用聚合物制品阻燃抗静电性通用试验方法和判定规则》(MT 113）的规定；胶套轮表面应无花斑、气泡、裂缝与金属结合强度大于15 MPa；胶套轮结构设计应方便装卸。

➢ **相关案例**

（1）河南中煤登封教学三矿“11·8”运输事故。

（2）淮北矿业（集团）有限责任公司袁店二井煤矿“10·26”运输事故。

（3）安徽神源煤化工有限公司“5·14”运输事故。

第三百九十一条　采用单轨吊车运输时，应当遵守下列规定：

（一）柴油机单轨吊车运行巷道坡度不大于25°，蓄电池单轨吊车不大于15°，钢丝绳单轨吊车不大于25°。

（二）必须根据起吊重物的最大载荷设计起吊梁和吊挂轨道，其安装与铺设应当保证单轨吊车的安全运行。

（三）单轨吊车运行中应当设置跟车工。起吊或者下放设备、材料时，人员严禁在起吊梁两侧；机车过风门、道岔、弯道时，必须确认安全，方可缓慢通过。

（四）采用柴油机、蓄电池单轨吊车运送人员时，必须使用人车车厢；两端必须设置制动装置，两侧必须设置防护装置。

（五）采用钢丝绳牵引单轨吊车运输时，严禁在巷道弯道内侧设置人行道。

（六）单轨吊车的检修工作应当在平巷内进行。若必须在斜巷内处理故障时，应当制定安全措施。

（七）有防止淋水侵蚀轨道的措施。

➢ **现场执行**

柴油机、蓄电池单轨吊车运送人员时，两端必须设置制动装置，是指运送人员的单轨吊列车中，在人车车厢编组的前、后，必须设置制动装置或制动车，以保证在紧急情况下可靠制动。

第三百九十二条 采用无轨胶轮车运输时，应当遵守下列规定：

（一）严禁非防爆、不完好无轨胶轮车下井运行。

（二）驾驶员持有“中华人民共和国机动车驾驶证”。

（三）建立无轨胶轮车入井运行和检查制度。

（四）设置工作制动、紧急制动和停车制动，工作制动必须采用湿式制动器。

（五）必须设置车前照明灯和尾部红色信号灯，配备灭火器和警示牌。

（六）运行中应当符合下列要求：

1. 运送人员必须使用专用人车，严禁超员；
2. 运行速度，运人时不超过 25 km/h，运送物料时不超过 40 km/h；
3. 同向行驶车辆必须保持不小于 50 m 的安全运行距离；
4. 严禁车辆空挡滑行；
5. 应当设置随车通信系统或者车辆位置监测系统；
6. 严禁进入专用回风巷和微风、无风区域。

（七）巷道路面、坡度、质量，应当满足车辆安全运行要求。

（八）巷道和路面应当设置行车标识和交通管控信号。

（九）长坡段巷道内必须采取车辆失速安全措施。

（十）巷道转弯处应当设置防撞装置。人员躲避硐室、车辆躲避硐室附近应当设置标识。

（十一）井下行驶特殊车辆或者运送超长、超宽物料时，必须制定安全措施。

➢ **现场执行**

（1）无轨胶轮特殊车辆是指井下支架搬运车、装载车、铲运车等体积较大的无轨运输车辆。特殊车辆运行速度不得超过有关规定的要求。

（2）专用人车是指满足《矿用防爆柴油机无轨胶轮车通用技术条件》（MT/T 989）等标准要求，具有车厢、座椅及安全带等防护设施，用于运送人员的车辆。

（3）井下运送超长、超宽物料时，必须制定以下安全措施。

① 运送物料超出货厢长度 1/3、单侧超出货厢宽度 150 mm 时，要采取强化的捆绑固定措施，在车辆上设置警示闪光灯，在车辆后方设置有“危险”字样警示的反光牌。

② 禁止相向车辆行驶；加大同向行驶车辆间的间距。

③ 车辆运行速度不得超过规定最高运行速度的 70%。

④ 避开人员集中上下井时间。

（4）严禁采用非防爆柴油机无轨胶轮车、单缸防爆柴油机无轨胶轮车、排气标准在国Ⅱ以下的防爆柴油机、2 缸及以下防爆柴油机无轨胶轮车。

（5）井下使用非防爆无轨胶轮车的，属于“使用明令禁止使用或者淘汰的设备、工艺”重大事故隐患。

➢ **相关案例**

山西煤炭运销集团四明山煤业有限公司“3·5”一般运输事故。

第二节 立 井 提 升

第三百九十三条 立井提升容器和载荷，必须符合下列要求：

（一）立井中升降人员应当使用罐笼。在井筒内作业或者因其他原因，需要使用普通箕斗或者救急罐升降人员时，必须制定安全措施。

（二）升降人员或者升降人员和物料的单绳提升罐笼必须装设可靠的防坠器。

（三）罐笼和箕斗的最大提升载荷和最大提升载荷差应当在井口公布，严禁超载和超最大载荷差运行。

（四）箕斗提升必须采用定重装载。

➢ **现场执行**

1. 防坠器维护检修

（1）日检。防坠器每天要由专人检查处理检查出来的问题，检查和处理的结果记入提升装置检查台账。

① 抓捕器的检查。将罐笼停在井口罐座或专用梁上，检查全部零件是否齐全、有无破损裂纹（以敲打方式进行）及其他缺陷，连接件是否有松动丢失现象。

驱动弹簧有无损坏，弹簧固定的可靠性以及有无异物妨碍弹簧伸缩。

检查抓捕器在驱动弹簧的作用下能否自由活动，楔子能否紧贴制动绳，润滑油是否清洁充足，有无异物落入抓捕器内。

各导向管衬套的磨损情况如何，是否已经达到极限磨损程度，衬套每侧最大允许磨损 3 mm，超过此值须更换，以免抓捕器磨损。

② 制动绳的检查。检查人站在罐笼顶盖上检查时，应按照安全规程的要求，要有必要的保险装备，罐笼以 0.3 m/s 的速度升降，检查制动绳断丝及磨损情况。

应特别注意检查上下出车平台附近的情况。发现断丝时，应把断丝切除，并加以修整和记录断丝部位，在同一个捻距内断丝断面积同钢丝总断面积之比达到 10% 时，则应更换。如果磨损严重，使直径缩小达到 10% 时，也应更换。

在检查断丝和磨损情况的同时，还应检查制动绳的润滑情况，对润滑不良之处，应补充油脂。

当发现有制动绳、罐道绳与罐道梁相撞的情况时，应在罐道梁上固定一块木板，使制动绳、罐道绳与罐道梁隔开，以减少磨损。

③ 拉紧装置的检查。检查全部紧固件是否牢固，如有松动现象时，必须拧紧。制动螺栓如果折断时，应及时更换。制动绳如因塑性伸长而松弛时，应重新拉紧。拉紧装置应涂稠油以防锈蚀。

（2）月检。每月由机电科长或机电工程师检查一次，并及时处理所发现的问题。检查和处理的结果需记入台账。

（3）大修。设备每年大修一次，大修时需将抓捕器拆开，清除全部零件上的污垢及铁锈，将其放入煤油中洗干净，检查各零件是否完好。检查测量各活动部件及磨损情况和磨损量，发现有过度磨损应予更换。所有的轴承与轴的间隙，磨损后应不大于 1 mm，抓捕器楔子的圆弧表面磨损应不大于 1.5 mm，楔子背面及楔背面磨损不应大于 0.2 mm。

悬挂装置于清除污垢及铁锈后详细检查全部铆钉的完整性和牢固性，检查是否有松动现象，检查滑架及滑块的磨损情况，检查悬挂装置于罐笼连接的可靠性。检修完装配好的抓捕器和悬挂装置，应在其非工作表面上涂灰色油漆。大修后的防坠器，必须进行脱钩试验，合格后方可使用。

2. 提升容器的安全运行管理

罐笼和箕斗的最大提升载荷、最大载荷差以及规定的乘罐人数，应在井口醒目位置悬挂牌板公布，能让井口所有工作人员和入井乘罐人员方便看到。立井把钩工严格按照规定的最大提升载荷和最大提升载荷差装罐，防止罐笼和箕斗超载荷装载。入井乘罐人员严格遵守乘罐秩序，立井把钩工严格管理，确保不超过规定人数乘罐，共同维护好安全生产秩序。

3. 箕斗提升定重装载的安全操作

（1）开机前检查要求。

① 检查确认操作台各按钮灵活可靠。

② 检查确认岗点各部位紧固件、连接件齐全、牢固，各转动部分灵活可靠。

③ 检查确认定量仓、翻板开闭转动机构灵活可靠。

④ 检查确认风水管路正常，压力指示正常。

⑤ 检查确认提升机房与卸载之间的信号、闭锁、通信正常可靠。

（2）箕斗提升定重装载操作程序。

① 箕斗到位，翻板位置确认正确，方可打开定量仓门向箕斗内装煤。

② 定量仓门关闭后，方可允许箕斗提升。定量仓门打开时，不能发出提升机运行信号，输送带不能运行。

③ 当定量仓卸完煤且仓门关闭后，方可向定量仓内装煤。

④ 输送带运行后，方可开启给煤机。给煤机停止运行后，方可停止输送带。

（3）运行中安全注意事项。

① 设备运行时，认真观察各设备运行情况，发现异常及时停机处理。

② 认真观察定量仓装煤情况，出现少装、多装、水煤时，及时采取有效措施处理。

③ 班中出现设备故障后，及时通知区队值班人员和矿调度室，迅速消除故障隐患。

④ 定期巡检设备运行情况，发现异常及时处理，并对巡检内容及时填写记录。

⑤ 停机检修期间，停机后需要检修时，按下装载系统闭锁按钮，开关操作把手打到“闭锁”位置，并执行检修牌制度。检修完成后，及时将试车情况汇报给区队值班人员。

（4）紧急情况处理。

① 出现箕斗余煤故障时，操作台上会发出报警声音，同时显示故障信号。此时装载岗位工应该马上转换到手动操作方式，并且用电话向提升机司机问明情况，配合提升机司机走空钩，把箕斗内的余煤彻底卸空，得到提升机司机的允许后才能再向箕斗内装煤。

② 由于意外原因造成定量仓过装时，装载操作台上会出现过载显示。此时手动和自动操作都不能打开定量仓门，装载岗位工必须立即向区队值班人员和提升机司机汇报情

况，配合有关人员进行故障处理。

➤ **相关案例**

丰城市平安煤矿“9・23”坠罐事故。

第三百九十四条 专为升降人员和升降人员与物料的罐笼，必须符合下列要求：

（一）乘人层顶部应当设置可以打开的铁盖或者铁门，两侧装设扶手。

（二）罐底必须满铺钢板，如果需要设孔时，必须设置牢固可靠的门；两侧用钢板挡严，并不得有孔。

（三）进出口必须装设罐门或者罐帘，高度不得小于1.2 m。罐门或者罐帘下部边缘至罐底的距离不得超过250 mm，罐帘横杆的间距不得大于200 mm。罐门不得向外开，门轴必须防脱。

（四）提升矿车的罐笼内必须装有阻车器。升降无轨胶轮车时，必须设置专用定车或者锁车装置。

（五）单层罐笼和多层罐笼的最上层净高（带弹簧的主拉杆除外）不得小于1.9 m，其他各层净高不得小于1.8 m。带弹簧的主拉杆必须设保护套筒。

（六）罐笼内每人占有的有效面积应当不小于0.18 m^2。罐笼每层内1次能容纳的人数应当明确规定。超过规定人数时，把钩工必须制止。

（七）严禁在罐笼同一层内人员和物料混合提升。升降无轨胶轮车时，仅限司机一人留在车内，且按提升人员要求运行。

➤ **现场执行**

1. 罐笼检查维护

每天由维修工负责对罐笼全面检查1次，发现问题及时处理。每班提升前井口把钩工对罐笼全面检查1次，发现问题立即汇报处理。立井提升期间，井口把钩工要加强对罐笼的监视，出现安全隐患严禁提升。

（1）检查罐笼主体有无明显变形，检查乘人层顶部打开的铁盖或铁门是否完好。

（2）检查罐笼进出口的罐门或罐帘是否完好，有无变形。

（3）检查提升矿车的罐笼内阻车器是否安全可靠。

（4）检查罐笼主拉杆缓冲弹簧外面的弹簧筒（保护套筒）是否齐全、安全可靠。

2. 罐笼提升运行安全管理

（1）提升人员安全管理。

① 罐笼每层内1次能容纳的人数应明确规定，并在井口醒目位置悬挂牌板公布，能让井口所有工作人员和入井乘罐人员方便看到。

② 井口把钩工要严守岗位职责，严格清点并限制乘罐人数，维持进出罐秩序，当乘罐人员超过规定人数时，把钩工必须制止。

③ 人员进入罐笼，放下罐帘，认真检查入井人员随身携带的物品是否符合规定，乘罐人员肢体或携带工具有无突出罐外，抬起摇台，关闭安全门，退至安全地点，向信号工发出提升信号。

④ 不得在罐笼同一层内人员和物料混合提升。升降无轨胶轮车时，仅限司机一人留在车内，且按提升人员要求运行。

（2）提升物料安全管理。

① 罐笼到位停稳，打开安全门，落下摇台，打开后阻车器，向罐笼方向放车，关闭后阻车器，打开前阻车器，装罐到位，检查无误，抬起摇台，关闭安全门，关闭前阻车器，向信号工发出提升信号。

② 提升物料前，必须检查车辆的装载情况，装载物料封车不合格、超重、超长、超高、超宽或偏载严重有翻车危险时，严禁入罐。

③ 用罐笼升降无轨胶轮车时，必须设置专用定车或锁车装置，防止无轨胶轮车在罐笼内移动，碰撞罐道或罐道梁或掉进井筒，造成严重事故。

➢ **相关案例**

甘肃山丹县新唐矿业有限责任公司平坡三、五号井“4·9”运输事故。

第三百九十五条 立井罐笼提升井口、井底和各水平的安全门与罐笼位置、摇台或者锁罐装置、阻车器之间的联锁，必须符合下列要求：

（一）井口、井底和中间运输巷的安全门必须与罐位和提升信号联锁：罐笼到位并发出停车信号后安全门才能打开；安全门未关闭，只能发出调平和换层信号，但发不出开车信号；安全门关闭后才能发出开车信号；发出开车信号后，安全门不能打开。

（二）井口、井底和中间运输巷都应当设置摇台或者锁罐装置，并与罐笼停止位置、阻车器和提升信号系统联锁：罐笼未到位，放不下摇台或者锁罐装置，打不开阻车器；摇台或者锁罐装置未抬起，阻车器未关闭，发不出开车信号。

（三）立井井口和井底使用罐座时，必须设置闭锁装置，罐座未打开，发不出开车信号。升降人员时，严禁使用罐座。

➢ **现场执行**

每天由维修工负责对井口摇台或锁罐装置、安全门、阻车器、罐座全面检查1次，发现问题及时处理。每班提升前井口把钩工负责对以上装置全面检查1次，并对操车设备相互联锁关系全面试验1次，发现问题立即汇报处理。

第三百九十六条 提升容器的罐耳与罐道之间的间隙，应当符合下列要求：

（一）安装时，罐耳与罐道之间所留间隙应当符合下列要求：

1. 使用滑动罐耳的刚性罐道每侧不得超过5 mm，木罐道每侧不得超过10 mm。

2. 钢丝绳罐道的罐耳滑套直径与钢丝绳直径之差不得大于5 mm。

3. 采用滚轮罐耳的矩形钢罐道的辅助滑动罐耳，每侧间隙应当保持10～15 mm。

（二）使用时，罐耳和罐道的磨损量或者总间隙达到下列限值时，必须更换：

1. 木罐道任一侧磨损量超过15 mm或者总间隙超过40 mm。

2. 钢轨罐道轨头任一侧磨损量超过8 mm，或者轨腰磨损量超过原有厚度的25%；罐耳的任一侧磨损量超过8 mm，或者在同一侧罐耳和罐道的总磨损量超过10 mm，或者罐耳与罐道的总间隙超过20 mm。

3. 矩形钢罐道任一侧的磨损量超过原有厚度的50%。

4. 钢丝绳罐道与滑套的总间隙超过15 mm。

➢ **现场执行**

罐耳的磨损量及其最大间隙，应当参照图 3－9－1 和表 3－9－3 的规定执行。

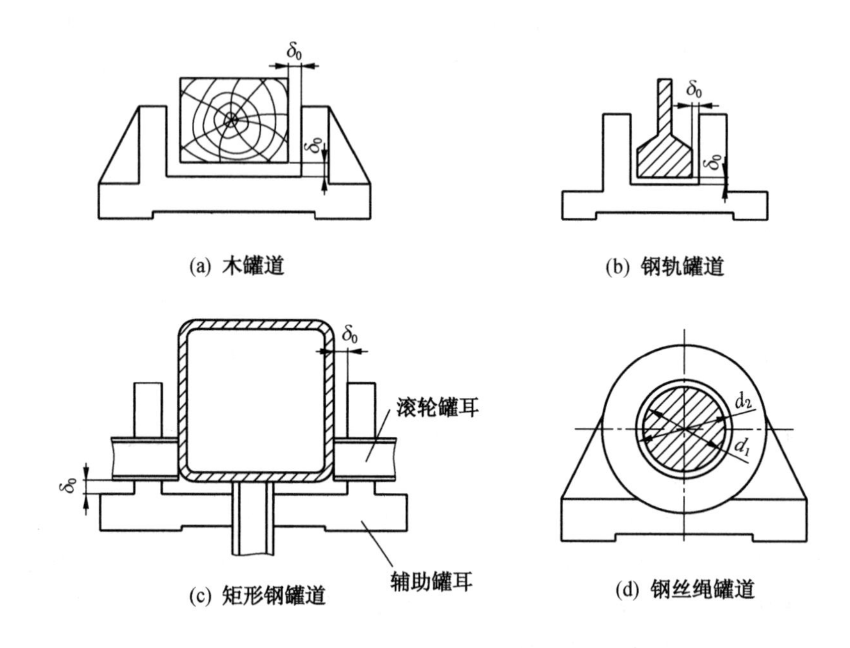

图 3－9－1　罐道和罐耳之间的间隙

表 3－9－3　罐道和罐耳的磨损量及其最大间隙　mm

罐道种类	木罐道（图 3－9－1）		钢轨罐道（图 3－9－1）			矩形钢罐道（图 3－9－1）		钢丝绳罐道（图 3－9－1）		备　注
项目部位	罐道	罐耳	轨头	轨腰	罐耳	罐道	辅助滑动罐耳	钢丝绳直径	罐耳滑套厚度	
安装时每侧最大侧面间隙（δ_0）	10		5			10～15		—		矩形钢罐道的滚动罐耳在运动中紧靠矩形钢罐道
安装时最大侧面总间隙（$2\delta_0$）	20		10			20～30		—		
安装时最大径向间隙（d_2-d_1）	—		—			—		5		
许可最大磨损量（任一侧）	15	10	8	原有厚度的 25%	8	钢板厚度的 50%	10	—		当罐耳厚度小于 20 mm 时，罐耳每侧磨损量按原有厚度的 50% 设计
	—	—	—			—		直径的 15%	设计厚度的 50%	采用封闭式钢丝绳罐道时，许可磨损为外层钢丝厚度的 50%

表3－9－3（续） mm

罐道种类	木罐道（图3－9－1）		钢轨罐道（图3－9－1）			矩形钢罐道（图3－9－1）		钢丝绳罐道（图3－9－1）		备 注
项目部位	罐道	罐耳	轨头	轨腰	罐耳	罐道	辅助滑动罐耳	钢丝绳直径	罐耳滑套厚度	
同一侧罐道和罐耳总磨损量			10			—		—		
罐道和罐耳最大总间隙	40		20			35～40		15		

立井井口、井底、中间水平的四角稳罐道和罐耳之间的间隙以及许可最大磨损量，可参照表3－9－3中有关钢轨罐道的规定执行，罐道和罐耳最大总间隙：正面（宽）25 mm，侧面（长）35 mm。

第三百九十七条 立井提升容器间及提升容器与井壁、罐道梁、井梁之间的最小间隙，必须符合表7要求。

提升容器在安装或者检修后，第一次开车前必须检查各个间隙，不符合要求时不得开车。

采用钢丝绳罐道，当提升容器之间的间隙小于表7要求时，必须设防撞绳。

表7 立井提升容器间及提升容器与井壁、罐道梁、井梁间的最小间隙值 mm

罐道和井梁布置		容器与容器之间	容器与井壁之间	容器与罐道梁之间	容器与井梁之间	备 注
罐道布置在容器一侧		200	150	40	150	罐耳与罐道卡子之间为20
罐道布置在容器两侧	木罐道 钢罐道		200 150	50 40	200 150	有卸载滑轮的容器，滑轮与罐道梁间隙增加25
罐道布置在容器正面	木罐道 钢罐道	200 200	200 150	50 40	200 150	
钢丝绳罐道		500	350		350	设防撞绳时，容器之间最小间隙为200

➢ 现场执行

立井提升容器间及提升容器与井壁、罐道梁、井梁之间的间隙检查维护由专职井筒维修工负责，井筒维修工在作业过程中，必须佩戴合格的安全带，所使用工具及材料必须具备可靠防坠措施，严禁交叉作业。

第三百九十八条 钢丝绳罐道应当优先选用密封式钢丝绳。

每个提升容器(平衡锤)有4根罐道绳时，每根罐道绳的最小刚性系数不得小于500 N/m，各罐道绳张紧力之差不得小于平均张紧力的5%，内侧张紧力大，外侧张紧力小。

每个提升容器(平衡锤)有2根罐道绳时，每根罐道绳的刚性系数不得小于1000 N/m，各罐道绳的张紧力应当相等。单绳提升的2根主提升钢丝绳必须采用同一捻向或者阻旋转钢丝绳。

➢ 现场执行

1. 布置钢丝绳罐道应考虑的条件

（1）应尽可能使罐道绳远离提升容器的回转中心，以增大罐道绳的抗扭力矩，减少提升容器在运行中的摆动和扭转。

（2）应尽可能增加容器之间及容器与井壁之间的间隙尺寸。

（3）应便于在井口、井底设置稳罐的刚性罐道和罐道梁，并保证罐耳通过时有足够的间隙。

（4）应便于布置和安装罐道绳的固定及拉紧装置。

（5）尽可能对称于提升容器布置，使各罐道绳受力均匀。

2. 罐道钢丝绳的检查与维护

罐道钢丝绳的检查与维护必须由专职井筒维修工负责，罐道绳必须每天检查1次，检查结果应记入钢丝绳检查记录簿。出现以下情况之一时，必须更换。

（1）罐道钢丝绳在1个捻距内断丝断面积与钢丝总断面积之比达到15%时，必须更换。

（2）罐道钢丝绳以钢丝绳标称直径为准计算的直径减小量达到15%时，必须更换。

（3）使用密封钢丝绳外层钢丝厚度磨损量达到50%时，必须更换。

第三百九十九条 应当每年检查1次金属井架、井筒罐道梁和其他装备的固定和锈蚀情况，发现松动及时加固，发现防腐层剥落及时补刷防腐剂。检查和处理结果应当详细记录。

建井用金属井架，每次移设后都应当涂防腐剂。

➢ 现场执行

对金属井架、井筒罐道梁和其他装备的固定和锈蚀情况检查维修由专职井筒维修工负责，井筒维修工在作业过程中，必须做到以下几个方面。

（1）在井架上或井筒中作业，必须佩戴合格的安全带。选择好工作位置后，应立即将安全带固定在工作位置上方的牢靠地点。

（2）站在罐笼或箕斗顶上工作时，必须装设保险伞和栏杆，并佩戴保险带。提升容器的速度一般为0.3～0.5 m/s，最大不得超过2 m/s。

（3）在井架上及井筒中使用的各类工具应拴牢工具绳，防止工具坠落伤人。

（4）严禁在井架上或井筒中平行作业。

（5）井架上部施工时，靠近天轮要特别注意天轮运转请勿靠近，必要时申请停钩施工。

（6）除锈刷漆必须严格按照标准除锈彻底，每一遍涂漆必须均匀光洁。

第四百条 提升系统各部分每天必须由专职人员至少检查1次，每月还必须组织有关人员至少进行1次全面检查。

检查中发现问题，必须立即处理，检查和处理结果都应当详细记录。

➢ **现场执行**

提升装置检查部位主要包括：提升容器、连接装置、防坠器、罐耳、罐道、阻车器、摇台（锁罐装置）、装卸设备、天轮（导向轮）、钢丝绳、滚筒（摩擦轮）、制动装置、位置指示器、防过卷装置、调绳装置、传动装置、电动机和控制设备，以及各种保护和闭锁装置。

第四百零二条 罐笼提升的井口和井底车场必须有把钩工。

人员上下井时，必须遵守乘罐制度，听从把钩工指挥。开车信号发出后严禁进出罐笼。

第四百零三条 每一提升装置，必须装有从井底信号工发给井口信号工和从井口信号工发给司机的信号装置。井口信号装置必须与提升机的控制回路相闭锁，只有在井口信号工发出信号后，提升机才能启动。除常用的信号装置外，还必须有备用信号装置。井底车场与井口之间、井口与司机操控台之间，除有上述信号装置外，还必须装设直通电话。

1套提升装置服务多个水平时，从各水平发出的信号必须有区别。

➢ **现场执行**

1. 把钩工岗位操作规范

（1）罐笼每层内1次能容纳的人数应明确规定，并在井口醒目位置悬挂牌板公布，让井口所有工作人员和入井乘罐人员能方便看到。井口和井底车场把钩工必须严格按规定限制乘罐人数。

（2）井口把钩工要严守岗位职责，严格清点并限制乘罐人数，维持进出罐秩序，当乘罐人员超过规定人数时，把钩工必须制止。

（3）认真检查入井人员随身携带的物品是否符合规定，乘罐人员肢体或携带工具严禁突出罐外。

（4）不得在罐笼同一层内人员和物料混合提升。升降无轨胶轮车时，仅限司机一人留在车内，且按提升人员要求运行。

（5）升降人员时操作程序：罐笼到位停稳，打开安全门，落下摇台，打开罐帘（门），清点并限制乘罐人数；人员进入罐笼，关闭罐帘（门），检查乘罐人员肢体或携带工具有无突出罐外；抬起摇台，关闭安全门，退至安全地点，向信号工发出提升信号。

2. 把钩工安全行为规范

（1）把钩工在绞车运行期间必须精力集中，随时注视指示信号、提升容器、连接装置、安全门、罐门、钢丝绳设施的情况，发现异常及时采取措施。

（2）升降爆炸材料时，严禁乘人。人员上下井时间内，严禁运送爆炸材料。严禁在井口和井底附近存放爆炸材料。

（3）升降人员时，严禁使用罐座，不得超员，严禁在同一层罐笼内人员和物料混合提升。

（4）提升人员时，当罐停稳后，必须由把钩工打开安全门和罐门。升降人员上下罐时必须是一侧进罐，另一侧出罐，不准两侧同时上下。

（5）提升人员时，开车信号未发之前，必须检查乘罐人员肢体或携带工具有无伸出罐外，如有以上情况，必须纠正后方可发出开车信号。

（6）升降物料时，要认真检查装车数量和重量是否符合规定。

（7）推车时，把装罐的车放过挡车器后，立即搬回挡车器；任何时候不得把车辆提前放过挡车器。

（8）升降管子、轨道等长料时严格执行专项安全措施。

（9）遇到罐内卡车、在罐内掉道时，应与信号工联系后，使用绳索系牢的长柄工具处理。

第四百零四条 井底车场的信号必须经由井口信号工转发，不得越过井口信号工直接向提升机司机发送开车信号；但有下列情况之一时，不受此限：

（一）发送紧急停车信号。

（二）箕斗提升。

（三）单容器提升。

（四）井上下信号联锁的自动化提升系统。

第四百零五条 用多层罐笼升降人员或者物料时，井上、下各层出车平台都必须设有信号工。各信号工发送信号时，必须遵守下列规定：

（一）井下各水平的总信号工收齐该水平各层信号工的信号后，方可向井口总信号工发出信号。

（二）井口总信号工收齐井口各层信号工信号并接到井下水平总信号工信号后，才可向提升机司机发出信号。

信号系统必须设有保证按上述顺序发出信号的闭锁装置。

➢ 现场执行

1. 信号装置检查

每天由维修工负责对信号装置全面检查 1 次，发现问题及时处理。每班提升前信号工负责对信号装置全面检查 1 次，并对信号装置闭锁功能全面试验 1 次，发现问题立即汇报处理。

井口信号装置发出的信号清晰准确，声光具备。信号系统按顺序发出信号的闭锁装置安全可靠。

2. 信号发送

（1）信号工必须严格按统一规定的信号种类标志发送信号，严禁用口令、敲管子等非标准信号。

（2）升降物料时，进车侧进车完毕，出车侧也出车完毕，关闭井口安全门，抬起摇台，关闭阻车器后，进车侧和出车侧信号工给井下总信号工发出信号。升降人员时，乘罐人员进出罐笼完毕，罐帘（门）关闭，井口安全门关闭，摇台抬起，进出两侧信号工给井下总信号工发出信号。

（3）下井口总信号工在收齐井下各岗位信号工发来的信号后，方可向上井口总信号工发送信号，不得越过井口信号工直接向提升机司机发送开车信号。

（4）井口总信号工收齐井口各层信号工信号并接到井下水平总信号工信号后，才可向提升机司机发出信号。

（5）信号发出后，应不离信号工房（室），并密切监视提升容器及信号显示系统的运行情况，如发现运行与发送信号不符等异常现象，应立即发出停车信号，查明原因处理后方可重新发送信号。

（6）发出开车信号后，一般不得随意废除本信号，特殊情况需要改变时，必须先发送停车信号后再发送其他种类信号。

第四百零六条　在提升速度大于3 m/s的提升系统内，必须设防撞梁和托罐装置。防撞梁必须能够挡住过卷后上升的容器或者平衡锤，并不得兼作他用；托罐装置必须能够将撞击防撞梁后再下落的容器或者配重托住，并保证其下落的距离不超过0.5 m。

➤ 现场执行

立井提升系统防撞梁、托罐装置及缓冲装置作为提升系统的最后一道安全防线，必须确保安全可靠。由专职井筒维修工负责对防撞梁和托罐装置定期检查，发现问题及时处理。检查维护防撞梁、托罐装置要严格执行以下安全措施：

（1）工作人员要听从负责人统一指挥，集中精力，服从安排，工作中严禁违章指挥、违章作业。工作过程中，每一道工序完成后，必须经负责人验收后，方可进行下一道工序。

（2）绞车提升、下放速度不准超过0.3 m/s，信号工要手不离打点器，绞车司机听不清信号不准开车。

（3）登高作业人员及在罐笼顶部作业人员必须佩戴保险带，作业人员佩戴好相关物品。

（4）井口上和罐笼顶上作业，需人工传递物料或用绳索上下物料，严禁上下之间抛掷物料。

（5）井口动用电气焊时，现场要备有灭火器和清水，电气焊结束，及时用清水浇灭熔渣、余火。

（6）检修期间，井底禁止人员通行。

（7）检修防撞梁时，人员在罐笼顶上作业，缓慢提升罐笼，检查防撞梁、缓冲托罐装置，检查其上的钢丝绳、制动装置、咬合装置。

（8）检查完毕，做1次超高试验，检查防撞梁、缓冲托罐装置是否灵活可靠。

第四百零七条　立井提升装置的过卷和过放应当符合下列要求：

（一）罐笼和箕斗提升，过卷和过放距离不得小于表8所列数值。

（二）在过卷和过放距离内，应当安设性能可靠的缓冲装置。缓冲装置应当能将全速过卷（过放）的容器或者平衡锤平稳地停住，并保证不再反向下滑或者反弹。

（三）过放距离内不得积水和堆积杂物。

（四）缓冲托罐装置必须每年至少进行1次检查和保养。

表8 立井提升装置的过卷和过放距离

提升速度*/(m·s^{-1})	≤3	4	6	8	≥10
过卷、过放距离/m	4.0	4.75	6.5	8.25	≥10.0

*提升速度为表8中所列速度的中间值时，用插值法计算。

➢ 现场执行

过卷和过放距离是指提升装置过卷或过放保护装置开始动作到罐笼或箕斗运行到终点的距离，但提升容器提升到终点的速度不一定是零。从安全提升方面考虑，提升装置的最大提升速度越快，需要设置的过卷和过放距离就越大。

立井提升装置的过卷和过放距离检查以及缓冲托罐装置检查维护由专职井筒维修工负责，井筒维修工在作业过程中，必须佩戴合格的安全带，所使用工具及材料必须具备可靠的防坠措施，严禁平行作业。立井提升装置的过卷和过放必须符合下列要求：

（1）立井提升装置过卷和过放距离内不得有影响罐笼和箕斗正常提升的障碍物，过放距离内不得积水或堆积杂物，副井仰井内积水要及时排出。

（2）缓冲托罐装置动作灵活可靠，能将全速过卷（过放）的容器或平衡锤平稳地停住，并保证不再反向下滑（或反弹）。

第三节 钢丝绳和连接装置

第四百零八条 各种用途钢丝绳的安全系数，必须符合下列要求：

（一）各种用途钢丝绳悬挂时的安全系数，必须符合表9的要求。

表9 钢丝绳安全系数最小值

用途分类			安全系数*的最小值
单绳缠绕式提升装置	专为升降人员		9
	升降人员和物料	升降人员时	9
		混合提升时**	9
		升降物料时	7.5
	专为升降物料		6.5
摩擦轮式提升装置	专为升降人员		9.2－0.0005H***
	升降人员和物料	升降人员时	9.2－0.0005H
		混合提升时	9.2－0.0005H
		升降物料时	8.2－0.0005H
	专为升降物料		7.2－0.0005H
倾斜钢丝绳牵引带式输送机	运人		6.5－0.001L**** 但不得小于6
	运物		5－0.001L 但不得小于4

表9（续）

用 途 分 类		安全系数*的最小值
倾斜无极绳绞车	运人	6.5－0.001L但不得小于6
	运物	5－0.001L但不得小于3.5
架空乘人装置		6
悬挂安全梯用的钢丝绳		6
罐道绳、防撞绳、起重用的钢丝绳		6
悬挂吊盘、水泵、排水管、抓岩机等用的钢丝绳		6
悬挂风筒、风管、供水管、注浆管、输料管、电缆用的钢丝绳		5
拉紧装置用的钢丝绳		5
防坠器的制动绳和缓冲绳（按动载荷计算）		3

* 钢丝绳的安全系数，等于实测的合格钢丝拉断力的总和与其所承受的最大静拉力（包括绳端载荷和钢丝绳自重所引起的静拉力）之比；

** 混合提升指多层罐笼同一次在不同层内提升人员和物料；

*** H为钢丝绳悬挂长度，m；

**** L为由驱动轮到尾部绳轮的长度，m。

（二）在用的缠绕式提升钢丝绳在定期检验时，安全系数小于下列规定值时，应当及时更换：

1. 专为升降人员用的小于7。

2. 升降人员和物料用的钢丝绳：升降人员时小于7，升降物料时小于6。

3. 专为升降物料和悬挂吊盘用的小于5。

➤ 现场执行

1. 钢丝绳的选用原则

钢丝绳的类型选择要符合安全技术的要求，既要考虑使用寿命、价格因素、维护特点，又要考虑钢丝绳的使用条件及结构特点。选用原则主要有以下方面。

（1）选取钢丝绳时一般应略大于安全系数最低值。

（2）在井筒淋水大、淋水酸碱性高以及在回风井中腐蚀严重的情况下应选用镀锌钢丝绳。

（3）在磨损严重的条件下使用的钢丝绳如斜井提升等，应尽可能地选用外层钢丝较粗的三角股钢丝绳。

（4）当弯曲疲劳为主要损坏原因时，应选用线接触顺捻绳或三角股绳。

（5）多绳摩擦轮提升机采用左右捻各半，单绳缠绕式提升的钢丝绳捻向与绳在卷筒上缠绕的螺旋线方向应一致，目的是防止缠绕时钢丝绳有“松绳”现象。

（6）罐道用钢丝绳最好用密封或半密封钢丝绳，也可选用表面光滑、比较耐磨的三角股绳。

（7）用于温度较高或有明火的地方（如矸石山），应选用金属绳芯钢丝绳。

2. 在用钢丝绳更换标准

规定一个最低安全系数是因为钢丝绳在运行中受多种应力的作用及冲击载荷、交变负荷作用，为了能足够安全，特制定一个最小安全系数，以满足实际安全提升的需要。当检验的安全系数小于规定的最低安全系数时，处于不充分安全状态，必须更换钢丝绳。

3. 钢丝绳的试验

（1）直径测量。应用宽钳口的游标卡尺测量，其钳口的最小宽度应足以跨越两个相邻的股，精度应不小于0.05 mm。

测量应在无张力的条件下，在距钢丝绳端头15 m以外的直线部位上进行，在相距至少1 m的两个截面的不同方向上测量两个直径，以4次测量结果的平均值作为钢丝绳直径的实测值。同一截面两个测量结果的差与实测直径之比即为不圆度。

在有争议的情况下，直径的测量可在给钢丝绳施加其最小破断力5%的张力情况下进行。

（2）长度测量。钢丝绳长度测量方法应由供、需双方商定，并在订货合同中注明。钢丝绳长度测量以m为单位，量具精度应不低于±2.5%。

（3）质量测定。以kg为单位测量钢丝绳总质量（包括卷轴、链钩和包装材料）。从总质量中减去卷轴、链钩和包装材料的质量，除以钢丝绳的实测长度（以hm为单位），所得的商即为钢丝绳的实际单位质量。

（4）不松散性检查。将钢丝绳的一端解开相对立的两个股，约有两个捻距长，当这两个股重新恢复到原位后，不应自行散开（四股钢丝绳除外）。检查确定为松散的钢丝绳为捻制质量不合格的钢丝绳。

4. 破断拉力试验

当试验钢丝绳的全部钢丝时，钢丝破断拉力总和是全部钢丝的实测破断拉力之和。

当试验钢丝绳内部分钢丝时，钢丝破断拉力总和应是部分钢丝实测破断拉力总和，折合成全绳所有钢丝的破断拉力总和。

第四百零九条　各种用途钢丝绳的韧性指标，必须符合表10的要求。

表10　不同钢丝绳的韧性指标

钢丝绳用途	钢丝绳种类	钢丝绳韧性指标下限		说　　明
		新绳	在用绳	
升降人员或升降人员和物料	光面绳	MT 716中光面钢丝绳韧性指标	新绳韧性指标的90%	在用绳按MT717标准（面接触绳除外）
	镀锌绳	MT 716中AB类镀锌钢丝韧性指标	新绳韧性指标的85%	
	面接触绳	GB/T 16269中钢丝韧性指标	新绳韧性指标的90%	
升降物料	光面绳	MT 716中光面钢丝绳韧性指标	新绳韧性指标的80%	
	镀锌绳	MT 716中A类镀锌钢丝韧性指标	新绳韧性指标的80%	
	面接触绳	GB/T 16269中钢丝韧性指标	新绳韧性指标的80%	
罐道绳	密封绳	特级	普级	按YB/T 5295标准

➢ 现场执行

1. 钢丝绳韧性指标判定

钢丝绳韧性指标在现行标准中主要是以钢丝的弯曲和扭转性能来衡量的，对于直径较细的钢丝，则用检查打结率的方法代替弯曲性能，个别地区则规定用检查缠绕性能代替弯曲性能。

（1）弯曲次数。钢丝绳试样拆股后，钢丝按规定的方法持续反复180°弯曲直至破坏前所能承受的最少弯曲次数，称为钢丝绳拆股钢丝的反复弯曲次数。反复弯曲次数与钢丝直径、公称抗拉强度及试验时所采用的弯曲圆弧半径等数值有关，钢丝绳标准中规定了钢丝反复弯曲次数的数值。

（2）扭转次数。钢丝绳试样拆股后，钢丝按规定方法持续反复进行360°扭转直至破坏前所能承受的最少扭转次数，称为钢丝绳拆股钢丝的扭转次数。钢丝的扭转次数与钢丝直径、公称抗拉强度等有关，钢丝绳标准中规定了钢丝扭转次数的数值。

（3）打结率。钢丝绳拆股后，钢丝按规定方法进行打结后再做拉伸试验，打结后钢丝的破断拉力与不打结钢丝的破断拉力的百分比，称为钢丝绳内钢丝的打结率。

2. 保持钢丝绳足够的韧性

为保持钢丝绳具有足够的韧性，对钢丝绳加强维护是延缓钢丝绳韧性指标下降的有效措施，具体维护方法如下。

（1）加强提升钢丝绳的检查，每天至少1次，发现特殊情况，应增加检查次数。

（2）加强立井井筒及斜巷巷道的维护，防止钢丝绳受到磨损，防止淋水腐蚀钢丝绳。

（3）斜巷轨道要干净整洁，地辊布置合理，间隔适当，保持地辊齐全完好，避免钢丝绳直接与轨道、轨枕等摩擦。

（4）斜巷运输对提升钢丝绳进行定期换头可改变钢丝绳的受力方位，延长钢丝绳的使用寿命。

（5）加强对钢丝绳的涂油，对使用中的钢丝绳根据井巷条件及锈蚀情况，至少每月涂油1次。摩擦轮式提升装置的提升钢丝绳，只准涂、浸专用的钢丝绳油（增摩脂），但对不绕过摩擦轮部分的钢丝绳必须涂防腐油。

（6）避免超载运行，不管是立井提升还是斜巷运输，都要严格按规定装载，同时尽量避免钢丝绳在运行中遭受卡罐、掉道、突然停车等猛烈拉力。

第四百一十条　新钢丝绳的使用与管理，必须遵守下列规定：

（一）钢丝绳到货后，应当进行性能检验。合格后应当妥善保管备用，防止损坏或者锈蚀。

（二）每根钢丝绳的出厂合格证、验收检验报告等原始资料应当保存完整。

（三）存放时间超过1年的钢丝绳，在悬挂前必须再进行性能检测，合格后方可使用。

（四）钢丝绳悬挂前，必须对每根钢丝做拉断、弯曲和扭转3种试验，以公称直径为准对试验结果进行计算和判定：

1. 不合格钢丝的断面积与钢丝总断面积之比达到6%，不得用作升降人员；达到10%，不得用作升降物料。

2. 钢丝绳的安全系数小于本规程第四百零八条的规定时，该钢丝绳不得使用。

（五）主要提升装置必须有检验合格的备用钢丝绳。

（六）专用于斜井提升物料且直径不大于18 mm的钢丝绳，有产品合格证和检测检验报告等，外观检查无锈蚀和损伤的，可以不进行（一）、（三）所要求的检验。

➢ **现场执行**

1. 钢丝绳到货性能检验

（1）对技术资料的检查：

① 检查钢丝绳的出厂合格证、矿用产品安全标志等技术资料是否齐全。煤矿提升用钢丝绳必须由经国家有关部门批准、有生产矿井提升钢丝绳资质的钢丝绳厂生产。

② 在韧性标准上必须是“重要”，证明符合《煤矿安全规程》中规定的韧性标准。

③ 检查钢丝绳标牌上规格型号是否与要求的相同，直径和长度是否符合要求，安全系数是否符合要求。

（2）对钢丝绳实物的检验：

① 检查钢丝绳外包装是否完好，有无破损和碰伤。

② 打开钢丝绳外包装，检查钢丝有无锈蚀，钢丝有无机械伤痕。

③ 检查钢丝绳直径是否在标准允许的公差之内，绳头是否松散，捻股是否均匀。

④ 重新包装好，进行防水处理，放通风干燥处存放。

2. 钢丝绳保管

（1）钢丝绳应存放在通风宽敞的室内，与潮湿地面分离，防止钢丝绳受潮锈蚀或者损坏。避免阳光直射和热气烘烤钢丝绳，以防润滑脂滴落。避免钢丝绳受到挤压和撞击。钢丝绳附近不要堆放酸、碱等有腐蚀性的物品。

（2）钢丝绳不宜露天堆放，如果必须放在室外，应放在地势较高的干燥地面上，钢丝绳底下应用砖块或者木板垫起，上面用遮雨布盖好，在室外严禁钢丝绳直接与地面接触。

（3）入库后如储藏期较长，一般每年要进行1次外观检查，如发现钢丝锈蚀，要进行解卷检查，除锈涂上油后，再重新缠绕，情况严重时要及时处理，防止钢丝绳储藏不当严重变质。

（4）每根钢丝绳的出厂合格证、验收检验报告等原始资料应保存完整。

3. 钢丝绳悬挂前检验

（1）钢丝绳悬挂前，应截取一段约1.5 m长的新钢丝绳，对每根钢丝做拉断、弯曲和扭转3种试验。

（2）以公称直径为准对试验结果进行计算和判定。钢丝绳的安全系数如低于规定时，该钢丝绳不得使用。

第四百一十一条 在用钢丝绳的检验、检查与维护，应当遵守下列规定：

（一）升降人员或者升降人员和物料用的缠绕式提升钢丝绳，自悬挂使用后每6个月进行1次性能检验；悬挂吊盘的钢丝绳，每12个月检验1次。

（二）升降物料用的缠绕式提升钢丝绳，悬挂使用12个月内必须进行第一次性能检验，以后每6个月检验1次。

（三）缠绕式提升钢丝绳的定期检验，可以只做每根钢丝的拉断和弯曲2种试验。试验结果，以公称直径为准进行计算和判定。出现下列情况的钢丝绳，必须停止使用：

1. 不合格钢丝的断面积与钢丝总断面积之比达到25%时；

2. 钢丝绳的安全系数小于本规程第四百零八条规定时。

（四）摩擦式提升钢丝绳、架空乘人装置钢丝绳、平衡钢丝绳以及专用于斜井提升物料且直径不大于18 mm的钢丝绳，不受（一）、（二）限制。

（五）提升钢丝绳必须每天检查1次，平衡钢丝绳、罐道绳、防坠器制动绳（包括缓冲绳）、架空乘人装置钢丝绳、钢丝绳牵引带式输送机钢丝绳和井筒悬吊钢丝绳必须每周至少检查1次。对易损坏和断丝或者锈蚀较多的一段应当停车详细检查。断丝的突出部分应当在检查时剪下。检查结果应当记入钢丝绳检查记录簿。

（六）对使用中的钢丝绳，应当根据井巷条件及锈蚀情况，采取防腐措施。摩擦提升钢丝绳的摩擦传动段应当涂、浸专用的钢丝绳增摩脂。

（七）平衡钢丝绳的长度必须与提升容器过卷高度相适应，防止过卷时损坏平衡钢丝绳。使用圆形平衡钢丝绳时，必须有避免平衡钢丝绳扭结的装置。

（八）严禁平衡钢丝绳浸泡水中。

（九）多绳提升的任意一根钢丝绳的张力与平均张力之差不得超过±10%。

➢ 现场执行

1. 在用钢丝绳的检验

（1）在用钢丝绳的检验项目。缠绕式提升钢丝绳的定期检验，应截取一段约1.5 m长的钢丝绳，可只做每根钢丝的拉断和弯曲2种试验。

（2）在用钢丝绳更换标准。缠绕式提升钢丝绳的定期检验，以公称直径为准进行计算和判定。出现下列情况的钢丝绳，应停止使用：

① 经试验和计算，不合格钢丝的断面积与钢丝总断面积之比达到25%时，该钢丝绳不得使用。

② 经试验和计算，钢丝绳的安全系数低于规定时，该钢丝绳不得使用。

2. 钢丝绳的检查

（1）钢丝绳的检查周期：

① 提升钢丝绳应每天检查1次。

② 平衡钢丝绳、罐道绳、防坠器制动绳（包括缓冲绳）、架空乘人装置钢丝绳、钢丝绳牵引带式输送机钢丝绳和井筒悬吊钢丝绳每周应至少检查1次。

（2）钢丝绳的检查方法：

① 对钢丝绳的检查方法一般是人工检查，再加上辅助工具，常用的有棉纱、游标卡尺及先进的钢丝绳探伤装置。检查时要特别注意检查端头和容易损坏区段，不得出现漏检。

② 对易损坏和断丝或锈蚀较多的一段应停车详细检查。断丝的突出部分应在检查时剪下。

③ 检查结果应记入钢丝绳检查记录簿。

（3）钢丝绳断丝更换标准。各种股捻钢丝绳在1个捻距内断丝断面积与钢丝总断面积之比达到下列数值时，必须更换：

① 升降人员或升降人员和物料用钢丝绳5%。

② 专为升降物料用的钢丝绳、平衡钢丝绳、防坠器的制动钢丝绳（包括缓冲绳）、兼作运人的钢丝绳牵引带式输送机的钢丝绳和架空乘人装置的钢丝绳10%。

③ 罐道钢丝绳15%。

④ 无极绳运输和专为运物料的钢丝绳牵引带式输送机的钢丝绳 25% 。

（4）钢丝绳磨损更换标准。以钢丝绳公称直径为准计算的直径减小量达到下列数值时，必须更换：

① 提升钢丝绳、架空乘人装置或制动钢丝绳 10% 。

② 罐道钢丝绳 15% 。

③ 使用密封式钢丝绳时，外层钢丝厚度磨损量达到 50% 时，应更换。

（5）钢丝绳锈蚀更换标准。

① 钢丝出现变黑、锈皮、点蚀麻坑等损伤时，不得再用作升降人员。

② 钢丝绳锈蚀严重或点蚀麻坑形成沟纹或外层钢丝松动时，不论断丝数多少或绳径是否变化，应立即更换。

第四百一十二条 钢丝绳的报废和更换，应当遵守下列规定：

（一）钢丝绳的报废类型、内容及标准应当符合表 11 的要求。达到其中一项的，必须报废。

（二）更换摩擦式提升机钢丝绳时，必须同时更换全部钢丝绳。

表 11 钢丝绳的报废类型、内容及标准

<table>
<tr><th>项 目</th><th colspan="2">钢 丝 绳 类 别</th><th>报废标准</th><th>说 明</th></tr>
<tr><td rowspan="4">使用期限</td><td rowspan="2">摩擦式提升机</td><td>提升钢丝绳</td><td>2 年</td><td rowspan="2">如果钢丝绳的断丝、直径缩小和锈蚀程度不超过本表断丝、直径缩小、锈蚀类型的规定，可继续使用 1 年</td></tr>
<tr><td>平衡钢丝</td><td>4 年</td></tr>
<tr><td colspan="2">井筒中悬挂水泵、抓岩机的钢丝绳</td><td>1 年</td><td rowspan="2">到期后经检查鉴定，锈蚀程度不超过本表锈蚀类型的规定，可以继续使用</td></tr>
<tr><td colspan="2">悬挂风管、输料管、安全梯和电缆的钢丝绳</td><td>2 年</td></tr>
<tr><td rowspan="4">断丝</td><td colspan="2">升降人员或者升降人员和物料用钢丝绳</td><td>5%</td><td rowspan="4">各种股捻钢丝绳在 1 个捻距内断丝断面积与钢丝总断面积之比</td></tr>
<tr><td colspan="2">专为升降物料用的钢丝绳、平衡钢丝绳、防坠器的制动钢丝绳（包括缓冲绳）、兼作运人的钢丝绳牵引带式输送机的钢丝绳和架空乘人装置的钢丝绳</td><td>10%</td></tr>
<tr><td colspan="2">罐道钢丝绳</td><td>15%</td></tr>
<tr><td colspan="2">无极绳运输和专为运物料的钢丝绳牵引带式输送机用的钢丝绳</td><td>25%</td></tr>
<tr><td rowspan="2">直径缩小</td><td colspan="2">提升钢丝绳、架空乘人装置或者制动钢丝绳</td><td>10%</td><td rowspan="2">1. 以钢丝绳公称直径为准计算的直径减小量
2. 使用密封式钢丝绳时，外层钢丝厚度磨损量达到 50% 时，应当更换</td></tr>
<tr><td colspan="2">罐道钢丝绳</td><td>15%</td></tr>
<tr><td>锈蚀</td><td colspan="3">各类钢丝绳</td><td>1. 钢丝出现变黑、锈皮、点蚀麻坑等损伤时，不得再用作升降人员
2. 钢丝绳锈蚀严重，或者点蚀麻坑形成沟纹，或者外层钢丝松动时，不论断丝数多少或者绳径是否变化，应当立即更换</td></tr>
</table>

➤ **现场执行**

（1）摩擦式提升机提升钢丝绳的使用期限为2年。如果钢丝绳的断丝、直径缩小和锈蚀程度不超过《煤矿安全规程》规定，最多可以延长使用1年。

（2）平衡钢丝绳的使用年限应不超过4年，如果钢丝绳的断丝、直径缩小和锈蚀程度不超过《煤矿安全规程》规定，可继续使用，但最多不得超过1年。

（3）井筒中悬挂水泵、抓岩机的钢丝绳的使用年限应不超过1年，到期后经检查鉴定，锈蚀程度不超过《煤矿安全规程》规定，可以继续使用。

（4）悬挂风管、输料管、安全梯和电缆的钢丝绳的使用年限应不超过2年，到期后经检查鉴定，锈蚀程度不超过《煤矿安全规程》规定，可以继续使用。

➤ **相关案例**

江西花鼓山煤业有限公司山南井“6·22”运输事故。

第四百一十三条 钢丝绳在运行中遭受到卡罐、突然停车等猛烈拉力时，必须立即停车检查，发现下列情况之一者，必须将受损段剁掉或者更换全绳：

（一）钢丝绳产生严重扭曲或者变形。

（二）断丝超过本规程第四百一十二条的规定。

（三）直径减小量超过本规程第四百一十二条的规定。

（四）遭受猛烈拉力的一段的长度伸长0.5%以上。

在钢丝绳使用期间，断丝数突然增加或者伸长突然加快，必须立即更换。

➤ **现场执行**

1. 判断钢丝绳伸长变化的方法

（1）对于斜井提升，在钢丝绳上很难做出永久不掉的标记来判断钢丝绳的伸长变化，而钢丝绳开始断丝多发生在距钩头不远处，可在断丝处离开卷筒时，在与其对齐的卷筒边缘做标记。钢丝绳受到猛烈拉力后，在同样载荷条件下，当将钢丝绳缠到卷筒时，此断丝点尚未与卷筒边缘的标志对齐，说明钢丝绳已被拉长。

（2）立井提升由于没有托辊的摩擦，在钢丝绳上的标记较好保存，每次提升都可以及时发现钢丝绳有无明显伸长（摩擦轮绞车除外）。

（3）钢丝绳伸长率计算：发现被拉长后，便可用以下方法计算永久伸长率：

$$\rho = \left(\frac{L_2}{L_1} - 1\right) \times 100\%$$

式中 L_1——钢丝绳未受猛烈拉力的50个捻距的长度；

L_2——钢丝绳遭受猛烈拉力的50个捻距的长度。

未受猛烈拉力50个捻距的长度，尽量取与猛烈拉力一段较近的卷筒内的钢丝绳长，因为正常提升时，钢丝绳存在上端捻距大于下端捻距的现象，两个捻距相距越远，差距越大。

2. 判断钢丝绳伸长突然加快的方法

随着钢丝绳使用时间的延长，捻距也在逐渐加长，为了能发现钢丝绳伸长突然加快，新绳悬挂运行几天后，就在两端和中间各取50个捻距测出长度；在平均使用寿命的前1/4时间，再对应测出50个捻距长度，正常永久伸长率约为0.5%；在平均使用寿命的

1/2 时间，永久伸长率约为 0.4%；在平均使用寿命的后 1/4 时间，永久伸长率约为 0.3%。如果某一时期永久伸长率明显高于上述数值，则可以认为伸长率发展突然加快。

第四百一十四条 有接头的钢丝绳，仅限于下列设备中使用：

（一）平巷运输设备。

（二）无极绳绞车。

（三）架空乘人装置。

（四）钢丝绳牵引带式输送机。

钢丝绳接头的插接长度不得小于钢丝绳直径的 1000 倍。

➢ 现场执行

1. 无极绳钢丝绳插接技术

矿用钢丝绳的插接方法一般有小接法与大接法两种。

（1）小接法是将两个绳头单股拆开，按一定的方法将两个绳头的股编结在一起。用这种方法接出的绳子，在接头范围内，是两根绳子的绳股合在一起，因此绳头变粗。这样对接的绳子一般不用在通过滑轮处，只作增加绳子长度使用。它的接头长度较短，一般规定为$(40\sim50)d$。例如用在重要部位的绳索，接头长度可加长到$(80\sim100)d$，所以对接法也叫短插。

（2）大接法。单股插接长度一般为钢丝绳直径的 180 倍，即一根钢丝绳头，按三股算，破头长度应保证大于$3\times180d$，两端头总长为$2\times3\times180d$。例如，d24.5 钢丝绳，大插接一次，就需插接$2\times3\times180\times24.5$(26460 mm)。由于无极绳绞车运输系统中，钢丝绳要穿过导向尾轮及张紧轮、压绳轮、摩擦滚筒等，因此，必须使用大接法。

采用大接法时，预留的钢丝绳埋头长度只能长于设计长度，否则，插完的绳索的抗拉力达不到原绳索的抗拉力。压绳代替麻芯处的两股钢丝绳必须十字交叉，这是为了增加接头绳处的抗拉力。用钢丝绳代替麻芯时，麻芯不能多拉，拉出麻芯的长度与填进的一股钢丝绳应有一点搭在一处，中间芯不能脱开。接头处由于麻芯抽出，这样绳索的保养就不如原绳，因此在使用中，要经常加油进行保养，以延长使用时间。大接绳头虽然能达到原绳索的技术性能，但由于插接时的工艺不高，从而产生不利因素。因此，在使用中，最好将此处绳索安排在工作不频繁的地方，以免发生意外。该方法适用于普通捻 6 股钢丝绳插接连接。大接绳头在使用中，要经常检查。

2. 矿用钢丝绳大接法的插接技术

（1）破股。先把要插接的钢丝绳两绳头破股。根据《煤矿安全规程》钢丝绳插接长度不少于钢丝绳直径 1000 倍的规定。在破股时，从绳头量取大于钢丝绳直径 500 倍的长度，并在该处用扎丝扎紧，如图 3－9－2 所示。破股时按照钢丝绳的旋向隔一股取一股钢丝绳并盘圈，破股时长绳要按钢丝绳的捻距盘成直径 500 mm 左右的圈，便于操作。待取下的三股绳长度达到钢丝绳直径的 500 倍时，停止破绳。把取下的三股钢丝绳分别盘圈放置，并把另三股带绳芯的钢丝绳在离扎丝 150～200 mm 处截断，另一根钢丝绳绳头也用同样的方法进行破开。

（2）对绳头。对绳头时要拉紧使两端绳的捻距一致，然后先将一侧的长绳全都绕远后再走另一侧的 3 根长绳。把破开的两个绳头对头放在一起，按照一左一右、短短长长及

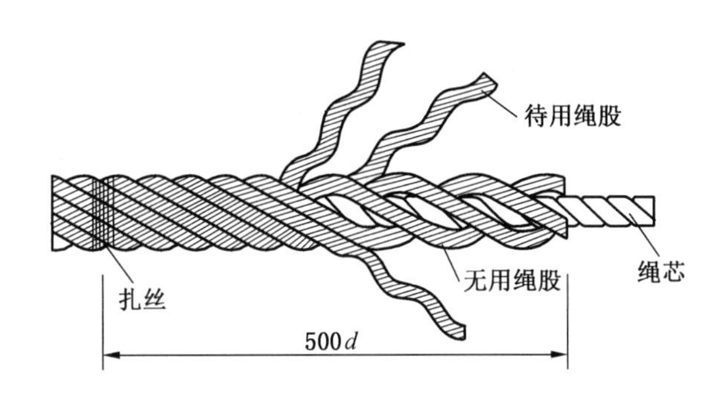

图 3-9-2　钢丝绳破头示意图

钢丝绳的旋向逐个交叉在一起，如图 3-9-3 所示。部分人员托起两侧主绳，分别抓住两侧的三股长绳头，用力拉紧。待长绳和短绳的捻距走向一致时，解开一边扎丝，采取短绳进长绳退的方式，走第一股绳，如图 3-9-4 所示。待长绳的剩下部分为钢丝绳直径的 60 倍时，将短绳也按钢丝绳直径的 60 倍截断；再走第二股钢丝绳，待第二股钢丝绳长短绳搭接点距第一股绳长短绳搭接点为钢丝绳直径的 140 倍时，停止走绳，第二股长绳与短绳的长度均按钢丝绳直径的 60 倍截断；走第三股钢丝绳时，待第三股钢丝绳长短绳搭接点距第二股钢丝绳长短绳搭接点为钢丝绳直径的 120 倍时，停止走绳，同样按绳径 60 倍留取相等的长度并截断。另一侧三股绳的对绳头方式类同。

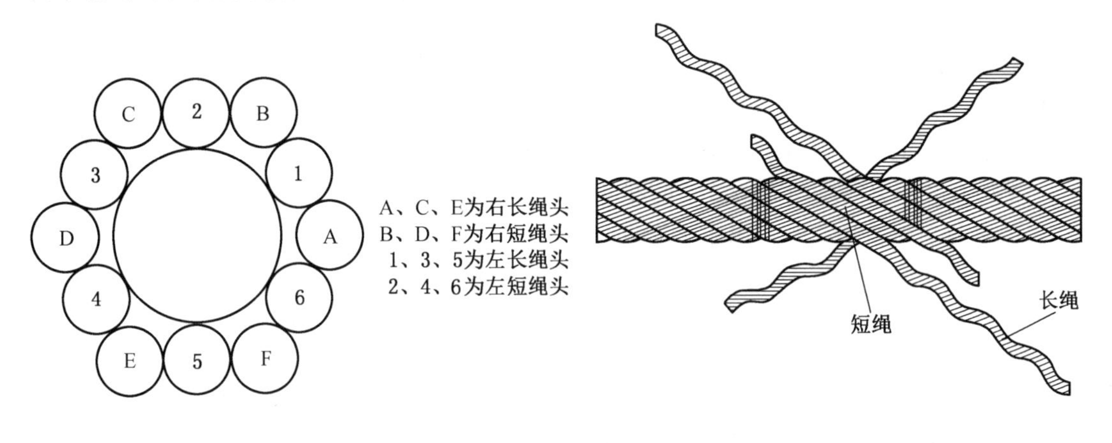

图 3-9-3　钢丝绳对绳头剖面示意图　　图 3-9-4　钢丝绳对绳头示意图

(3) 抽绳芯。从第一根留取的长绳绳头开始，用扁锉按每边三股破绳，正反旋转切断绳芯，用钩锉钩出绳芯后，插入方锉反向旋转，另一人顺势抽出绳芯，抽至第 3 根短绳留下的绳头处为止。另一侧也用同样的方法抽出绳芯。旋转方锉时要注意保持方锉两边均为三股。

(4) 埋绳头。埋绳头前，要提前测量每股绳头的长度，防止埋入的两股绳头顶在一起；要用麻绳或胶布包扎绳头 50 mm 左右，防止绳头露出。用扁锉从绳背面插入绳头搭接处，钩锉从搭接处插入并钩在绳背面，扁锉尖压下绳头反向旋转，将绳头压入原绳芯的空间。其他绳头依次按此操作，直至绳头全部进入主绳体。

第四百一十五条 新安装或者大修后的防坠器，必须进行脱钩试验，合格后方可使用。对使用中的立井罐笼防坠器，应当每6个月进行1次不脱钩试验，每年进行1次脱钩试验。对使用中的斜井人车防坠器，应当每班进行1次手动落闸试验、每月进行1次静止松绳落闸试验、每年进行1次重载全速脱钩试验。防坠器的各个连接和传动部分，必须处于灵活状态。

➢ 现场执行

1. 立井罐笼防坠器试验

（1）立井罐笼防坠器不脱钩试验方法。

① 在井筒口顺进出车方向放置2根足够长的工字钢，放置完好后，在工字钢上均匀布置锯末袋（起缓冲作用）。

② 将罐笼缓慢下放至锯末袋上，抽出主拉杆下楔形绳环的连销轴，此时在驱动弹簧的作用下防坠器楔子压在制动绳上，防坠器处于制动状态，然后用罐笼上的链条与主提升钢丝绳连接提升罐笼。

③ 开动绞车，缓慢提起主提升钢丝绳，罐笼缓缓上升，防坠器楔子在制动绳上滑动。将罐笼上提约0.5 m后罐笼停止运行，在罐笼底部导向套处（可以选择其他参考点，但每个实验所旋转的参考点必须一致）的制动绳上做标记，此点记为A点。

④ 在罐笼底部做完标记后，提升机缓缓下放主提升钢丝绳。此时虽然防坠器处于制动状态，但在罐笼自身重力下，罐笼缓缓下滑。当主提升钢丝绳下垂一定幅度时，罐笼停止下滑，此时绞车停止放绳。在罐笼底部导向套处（可以选择其他参考点，但每个试验点所选择的参考点必须一致）的制动绳上做标记，此点记为B点。

⑤ 将A、B两点之间的距离测出并记录好，此距离即为静负荷试验下罐笼下坠的距离。

⑥ 试验中两个罐笼各进行1次，每次试验中的A点应选择在制动绳的不同位置上。

（2）立井罐笼防坠器脱钩试验前准备。

① 试验工作在地面井口出车平台处进行，井口处必须架设坚固可靠的钢梁，并在井口铺设枕木和装有木屑的草袋；钢梁应有足够的强度，必须能够承受载重罐笼由1 m高度落下时产生的冲击力。

② 检查抓捕器在罐笼上是否安装正确，导向套和抓捕器楔盒是否同心，各转动和滑动部件是否灵活。抓捕机构的连板、销轴、拨爪楔子等重要零部件是否有永久变形。

③ 检查制动绳的张紧力是否合适，固定是否牢靠。

④ 准备好脱钩装置。连板与提升钢丝绳相连接，U形环与罐笼主拉杆相连接，将麻绳绑在脱钩器上端，开动提升机将罐笼提升一段距离（约1 m）后停住，当向下拉动麻绳时，U形环脱离脱钩器，罐笼下落。

（3）立井罐笼防坠器空罐笼脱钩试验方法。

① 把罐笼停在井口枕木上。

② 在提升钢丝绳环与主拉杆之间装上脱钩器。

③ 开动绞车，缓慢提起主提升钢丝绳，将罐笼上提0.4～0.8 m，在制动钢丝绳和罐道上做好标记。

④ 拉动脱钩器使罐笼脱离提升钢丝绳下落，防坠器产生制动作用。

⑤ 用钢板尺或圈尺测量下滑距离并做好记录。空罐笼脱钩试验时，罐笼与制动绳的相对下降距离不得超过 100 mm，罐笼与井架的相对下降距离不得超过 120 mm。

（4）立井罐笼防坠器重载脱钩试验方法。

①把罐笼停在井口枕木上，在罐笼内装上跟乘人（每人按 70 kg 计）质量相当的沙袋或土包。

② 在提升钢丝绳环与主拉杆之间装上脱钩器。

③ 开动绞车，缓慢提起主提升钢丝绳，将罐笼上提 0.4 ~ 0.8 m，在制动钢丝绳和罐道上做好标记。

④ 拉动脱钩器使罐笼脱离提升钢丝绳下落，防坠器产生制动作用。

⑤ 用钢板尺或圈尺测量下滑距离并做好记录。重罐试验时罐笼与制动绳的相对下降距离不得超过 200 mm。

2. 斜井人车防坠器试验

（1）斜井人车防坠器手动落闸试验方法。

① 将斜井人车提至斜巷坡道试验段上，斜井人车处于静止状态。

② 人车跟车工搬动斜井人车防坠器操作手把，观察插爪是否同时或顺序落闸。

（2）斜井人车防坠器静止松绳落闸试验方法。

① 将斜井人车提至斜巷坡道试验段上，斜井人车处于静止状态。

② 用钢丝绳套或链环将头车车体固定在钢轨上。

③ 把钩工给绞车房发出下放信号，使提升钢丝绳松弛，斜井人车防坠器插爪落下，进行检查。合格标准为插爪落下迅速、没有滞缓现象，撞块距离为头车 30 mm、尾车 35 mm。

（3）斜井人车防坠器重载全速脱钩试验方法程序。

① 按照乘人质量及数量，把装好的沙袋（每袋 70 kg）放在斜井人车里。

② 将斜井人车提到抓捕地点上方一定距离，其距离 S_t 应满足人车下行达到全速所需的距离，即 $S_t = v^2/2g(\sin\alpha - \omega\cos\alpha)$。式中，$v$ 为人车正常运行速度；g 为重力加速度；α 为斜井倾角；ω 为车轮滚动阻力系数，取 $\omega = 0.02$。

③ 打开斜井人车制动装置，斜井人车防坠器插爪下落。提升钢丝绳放松，摘开斜井人车钩头，在主拉杆和钩头间加装脱扣器。在脱扣器的锁板上拴好脱扣钢丝绳，另一端固定在钢轨上，此时不留余绳，再用另一条细钢丝绳一端固定在速度闭锁器的楔块上，留余绳长度为 S_t，另一端也固定在钢轨上。

④ 通知试验指挥人与绞车房联系开车，当斜井人车下放运行距离达到 S_t 时，控制速度闭锁器的楔块被抽出，开动机构动作，斜井人车制动。合格标准为开动机构灵活可靠、缓冲距离应大于下式计算值，即 $S_x = [v + g(\sin\alpha - \omega\cos\alpha)t]^2/2g$，空行程距离应符合空载全速脱钩时间计算值的 1.25 倍。

➤ **相关案例**

淮南矿业（集团）有限责任公司张集煤矿二期工程“4·2”运输事故。

第四百一十六条　立井和斜井使用的连接装置的性能指标和投用前的试验，必须符合下列要求：

（一）各类连接装置的安全系数必须符合表12的要求。

表12 各类连接装置的安全系数最小值

用途		安全系数最小值
专门升降人员的提升容器连接装置		13
升降人员和物料的提升容器连接装置	升降人员时	13
	升降物料时	10
专为升降物料的提升容器的连接装置		10
斜井人车的连接装置		13
矿车的车梁、碰头和连接插销		6
无极绳的连接装置		8
吊桶的连接装置		13
凿井用吊盘、安全梯、水泵、抓岩机的悬挂装置		10
凿井用风管、水管、风筒、注浆管的悬挂装置		8
倾斜井巷中使用的单轨吊车卡轨车和齿轨车的连接装置	运人时	13
	运物时	10

注：连接装置的安全系数等于主要受力部件的破断力与其所承受的最大静载荷之比。

（二）各种环链的安全系数，必须以曲梁理论计算的应力为准，并同时符合下列要求：

1. 按材料屈服强度计算的安全系数，不小于2.5；

2. 以模拟使用状态拉断力计算的安全系数，不小于13。

（三）各种连接装置主要受力件的冲击功必须符合下列要求：

1. 常温（15 ℃）下不小于100 J；

2. 低温（－30 ℃）下不小于70 J。

（四）各种保险链以及矿车的连接环、链和插销等，必须符合下列要求：

1. 批量生产的，必须做抽样拉断试验，不符合要求时不得使用；

2. 初次使用前和使用后每隔2年，必须逐个以2倍于其最大静荷重的拉力进行试验，发现裂纹或者永久伸长量超过0.2%时，不得使用。

（五）立井提升容器与提升钢丝绳的连接，应当采用楔形连接装置。每次更换钢丝绳时，必须对连接装置的主要受力部件进行探伤检验，合格后方可继续使用。楔形连接装置的累计使用期限：单绳提升不得超过10年；多绳提升不得超过15年。

（六）倾斜井巷运输时，矿车之间的连接、矿车与钢丝绳之间的连接，必须使用不能自行脱落的连接装置，并加装保险绳。

（七）倾斜井巷运输用的钢丝绳连接装置，在每次换钢丝绳时，必须用2倍于其最大静荷重的拉力进行试验。

（八）倾斜井巷运输用的矿车连接装置，必须至少每年进行1次2倍于其最大静荷重的拉力试验。

➤ 现场执行

1. 倾斜井巷运输连接装置

（1）钢丝绳连接装置选用。斜巷提升钢丝绳与提升容器连接装置（以下简称钩头）有卡子形、插接形和滑头形3种，如图3-9-5所示。

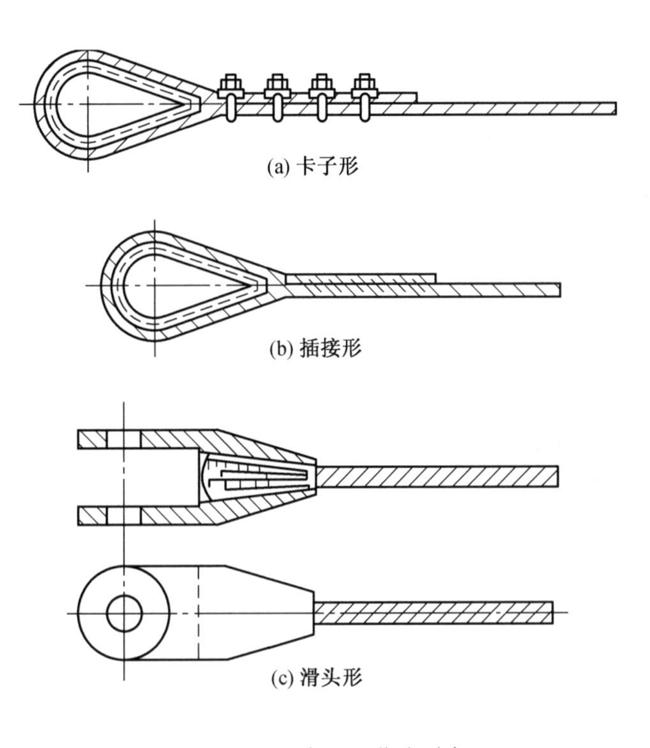

图3-9-5　钢丝绳钩头形式

① 卡子形钩头由U形绳卡、护绳环组成。这种钩头结构简单，制作容易，但U形卡子螺母易松动脱落，可能发生抽脱造成跑车，要保证每个钩头不少于4副卡子和护绳环完好。卡子形钩头一般不能用于斜巷绞车提升运输。

② 插接形钩头利用插接后各股之间插接摩擦力承担提升负荷，也由护绳环和插接绳扣等组成。这种钩头安全性好，制作方便，插接长度应不少于钢丝绳直径的20倍，并保证护绳环完好不脱落。插接形钩头常用于斜巷绞车提升运输。

③ 滑头形钩头是将带有弯钩呈散开状的绳头用钨金灌注在滑头体内的一种连接装置。保证质量的关键在于必须对滑头体内壁和绳头钢丝严格除油，使其表面可靠地涂上锡层，这样才能保证钨金灌注后与滑头体内壁和钢丝头密切结合，防止发生抽脱事故。这种钩头安全性能好，使用寿命长，但制作工艺较复杂，多用于主斜井提升。

（2）插接形钩头制作技术要求。

① 钢丝绳头的插接要均匀，各绳股要受力均衡，不许有个别绳股松弛。插接长度要以绳股穿插总次数为准，不能以插接长度作为标准，因为其强度是由各绳股对穿插的绳股夹紧后的摩擦力实现的。

② 桃形环的直径和强度要足够，一般要达到钢丝绳直径的10倍左右，防止桃形环直径太小，钢丝绳受弯曲应力太大，插接后产生变形，使各绳股受力不均。强度必须保证在

承受安全系数所规定的拉力时不变形。

（3）矿车连接装置选用。矿车连接装置分为连接环和插销。倾斜井巷运输时，矿车之间的连接、矿车与钢丝绳之间的连接应使用不能自行脱落的连接装置。

① 连接环分为锻造链环和焊接链环，包括单环链、双环链、三环链、多环链、万能链，应根据矿井生产的需要进行选择，以满足矿井最大提升能力安全系数的要求。

② 插销应与车辆相配套，牢固地固定在车辆上并有防脱闭锁机构。矿车插销带防脱销时，车辆应带有锁口及防脱销装置。

（4）连接装置试验。倾斜井巷运输用的钢丝绳连接装置，在每次换钢丝绳时，委托有资质的检测机构，用2倍于其最大静荷重的拉力进行试验。

2. 倾斜井巷运输用保险绳

倾斜井巷提升时必须加装保险绳，其目的是防止钢丝绳与矿车之间以及矿车与矿车之间连接处断链或脱销而发生跑车事故。

（1）保险绳形式选择。

① 单绳式保险绳，如图3－9－6所示。单绳式保险绳的一端卡在钩头上，另一端做成绳扣，用插销与矿车尾车相接。此时保险绳必须搭在矿车上部，放置稳固，防止运输途中滑落。

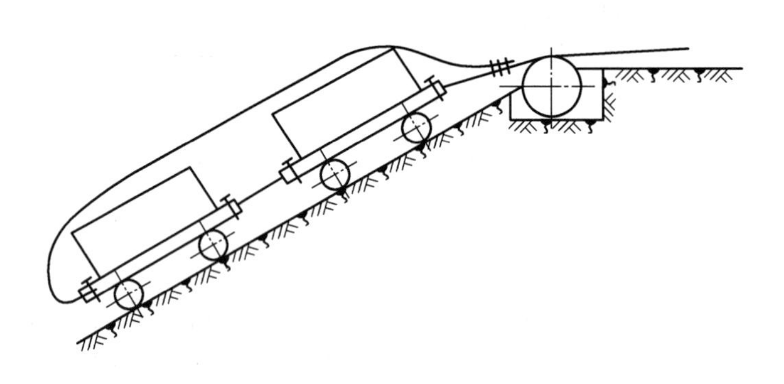

图3－9－6　单绳式保险绳

② 环绳式保险绳，如图3－9－7所示。这种保险绳是把保险绳围成圆环状，其两个绳端一并卡在钩头上部位置，使用时绳圈住矿车，优点是不易滑落，但操作不太方便。

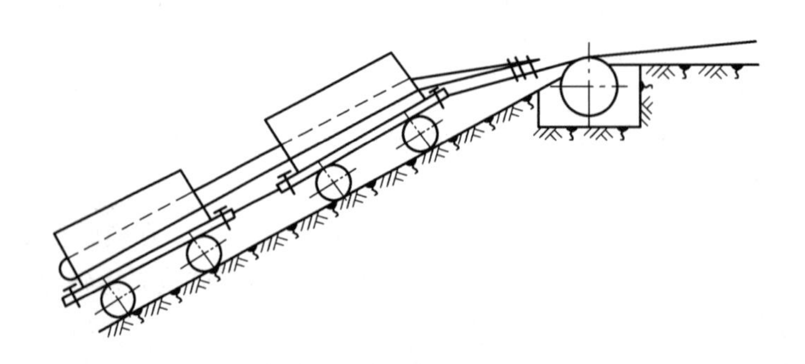

图3－9－7　环绳式保险绳

（2）保险绳制作技术要求。

① 斜巷绞车提升运输使用的保险绳一般应与主提升钢丝绳规格绳径一致。

② 保险绳强度的安全系数应不低于合格的矿车连接装置的安全系数。

③ 保险绳的长度要合适，保险绳不能太短，以免影响矿车连接装置的正常使用，造成矿车之间连接过紧和不能随轨道的高低、转弯等灵活运行而发生矿车掉道事故，保险绳要稍长于矿车自身的连接,使之真正成为矿车连接装置的后备保护。保险绳也不能太长,以防止保险绳落地被磨损,甚至被刮卡而损坏保险绳,或在连接装置失去作用时造成冲击断绳。

（3）保险绳与主绳的连接形式。

① 保险绳一端与主提升钢丝绳采用 U 形卡相连接，另一端插接成环形，用插销连接在连挂车辆末端。

② 保险绳两端插接成环形，一端用相匹配的卸扣连接在主绳上，另一端用插销连接在连挂车辆末端。

③ 保险绳插接成环形，采用 U 形卡与主提升钢丝绳连接在一起，使用时将保险绳套在所连挂的车辆周围（环绳式保险绳）。

➢ **相关案例**

（1）广西扶绥县东罗工矿实业有限公司广龙矿“4·17”运输事故。

（2）湖南开元煤业有限公司四家冲井“10·23”运输事故。

第四节 提 升 装 置

第四百一十七条 提升装置的天轮、卷筒、摩擦轮、导向轮和导向滚等的最小直径与钢丝绳直径之比值，应当符合表 13 的要求。

表 13 提升装置的天轮、卷筒、摩擦轮、导向轮和导向滚等的最小直径与钢丝绳直径之比值

<table>
<tr><th colspan="2">用 途</th><th>最小比值</th><th>说 明</th></tr>
<tr><td rowspan="2">落地式摩擦提升装置的摩擦轮及天轮、围抱角大于 180°的塔式摩擦提升装置的摩擦轮</td><td>井上</td><td>90</td><td rowspan="13">在这些提升装置中，如使用密封式提升钢丝绳，应当将各相应的比值增加 20%</td></tr>
<tr><td>井下</td><td>80</td></tr>
<tr><td rowspan="2">围抱角为 180°的塔式摩擦提升装置的摩擦轮</td><td>井上</td><td>80</td></tr>
<tr><td>井下</td><td>70</td></tr>
<tr><td colspan="2">摩擦提升装置的导向轮</td><td>80</td></tr>
<tr><td colspan="2">地面缠绕式提升装置的卷筒和围抱角大于 90°的天轮</td><td>80</td></tr>
<tr><td colspan="2">地面缠绕式提升装置围抱角小于 90°的天轮</td><td>60</td></tr>
<tr><td colspan="2">井下缠绕式提升机和凿井提升机的卷筒，井下架空乘人装置的主导轮和尾导轮、围抱角大于 90°的天轮</td><td>60</td></tr>
<tr><td colspan="2">井下缠绕式提升机、凿井提升机和井下架空乘人装置围抱角小于 90°的天轮</td><td>40</td></tr>
<tr><td rowspan="3">斜井提升的游动天轮</td><td>围抱角大于 60°</td><td>60</td></tr>
<tr><td>围抱角在 35°～60°</td><td>40</td></tr>
<tr><td>围抱角小于 35°</td><td>20</td></tr>
<tr><td colspan="2">矸石山绞车的卷筒和天轮</td><td>50</td></tr>
<tr><td colspan="2">悬挂水泵、吊盘、管子用的卷筒和天轮，凿井时运输物料的提升机卷筒和天轮，倾斜井巷提升机的游动轮，矸石山绞车的压绳轮以及无极绳运输的导向滚等</td><td>20</td><td></td></tr>
</table>

➢ **现场执行**

现场选用提升装置时，首先根据提升载荷的大小和提升用途选择提升钢丝绳；再根据不同的提升用途，按照本条规定的提升装置的天轮、卷筒、摩擦轮、导向轮和导向滚等的最小直径与钢丝绳直径之比值，选择提升装置的天轮、卷筒、摩擦轮、导向轮和导向滚。

第四百一十八条 各种提升装置的卷筒上缠绕的钢丝绳层数，必须符合下列要求：

（一）立井中升降人员或者升降人员和物料的不超过1层，专为升降物料的不超过2层。

（二）倾斜井巷中升降人员或者升降人员和物料的不超过2层，升降物料的不超过3层。

（三）建井期间升降人员和物料的不超过2层。

（四）现有生产矿井在用的绞车，如果在滚筒上装设过渡绳楔，滚筒强度满足要求且滚筒边缘高度符合本规程第四百一十九条要求，可按本条（一）、（二）所规定的层数增加1层。

（五）移动式或者辅助性专为升降物料的（包括矸石山和向天桥上提升等），不受本条（一）、（二）、（三）的限制。

➢ **现场执行**

矿井安装绞车时，要根据提升运输长度选择容绳量合适的绞车，既不能容绳量过大造成浪费，又不能容绳量过小造成卷筒上缠绕的钢丝绳层数超过本条规定。

第四百一十九条 缠绕2层或者2层以上钢丝绳的卷筒，必须符合下列要求：

（一）卷筒边缘高出最外层钢丝绳的高度，至少为钢丝绳直径的2.5倍。

（二）卷筒上必须设有带绳槽的衬垫。

（三）钢丝绳由下层转到上层的临界段（相当于绳圈1/4长的部分）必须经常检查，并每季度将钢丝绳移动1/4绳圈的位置。

对现有不带绳槽衬垫的在用提升机，只要在卷筒板上刻有绳槽或者用1层钢丝绳作底绳，可继续使用。

第四百二十条 钢丝绳绳头固定在卷筒上时，应当符合下列要求：

（一）必须有特备的容绳或者卡绳装置，严禁系在卷筒轴上。

（二）绳孔不得有锐利的边缘，钢丝绳的弯曲不得形成锐角。

（三）卷筒上应当缠留3圈绳，以减轻固定处的张力，还必须留有定期检验用绳。

➢ **现场执行**

矿井应尽量选用提升机卷筒上缠绕1层的钢丝绳。斜井绞车钢丝绳要掌握好钢丝绳的调头时间，及时调头，延长钢丝绳使用寿命。如果调头晚了，当原钩头端的钢丝绳直径减小较多时，调头后缠在卷筒上每2圈绳的间距小于新绳较多，会给被调出卷筒外的原来缠在卷筒里直径没减小的钢丝绳在卷筒上的排绳造成困难。

矿井立井提升和斜巷运输使用绞车时，必须对提升钢丝绳绳头在绞车卷筒上的固定情况加强安全管理，防止出现断绳或绳头抽出，发生跑车、坠罐事故，必须严格做到以下几个方面：

（1）缠绕式绞车的提升钢丝绳的绳头必须固定在卷筒上的专用卡绳装置上，而不能固定在卷筒轴上。钢丝绳头应露出专用绳卡 50 ~ 100 mm，专用卡绳装置螺丝帽必须压紧。

（2）绞车卷筒绳孔边缘要进行光滑处理，不得有锐利的边缘，钢丝绳的弯曲不得形成锐角，防止因提升钢丝绳受力使钢丝绳损坏而断绳跑车。当绞车卷筒绳孔较小时，禁止剁股穿绳。

（3）绞车卷筒上应至少缠留 3 圈绳，用钢丝绳与卷筒产生的摩擦力，减轻钢丝绳固定处的张力。

（4）绞车卷筒缠绕提升钢丝绳时，必须根据绞车用途留有定期检验用绳。同时把可能出现的钢丝绳意外伤害的长度适当考虑在内，防止钢丝绳在使用后期由于没有检验用绳而提前报废。

第四百二十一条 通过天轮的钢丝绳必须低于天轮的边缘，其高差：提升用天轮不得小于钢丝绳直径的 1.5 倍，悬吊用天轮不得小于钢丝绳直径的 1 倍。

天轮和摩擦轮绳槽衬垫磨损达到下列限值，必须更换：

（一）天轮绳槽衬垫磨损达到 1 根钢丝绳直径的深度，或者沿侧面磨损达到钢丝绳直径的 1/2。

（二）摩擦轮绳槽衬垫磨损剩余厚度小于钢丝绳直径，绳槽磨损深度超过 70 mm。

➢ 现场执行

（1）天轮绳槽衬垫检查维护。天轮绳槽衬垫检查维护由专职井筒维修工负责，每周至少检查 1 次，检查和处理结果都应详细记录。

（2）摩擦轮绳槽衬垫检查维护。摩擦轮绳槽衬垫检查维护由维修工、提升机司机分别负责，维修工每天至少检查 1 次，提升机司机每班至少检查 1 次。检查情况认真填入运转日志以供维修参考。

第四百二十二条 矿井提升系统的加（减）速度和提升速度必须符合表 14 的要求。

表 14 矿井提升系统的加（减）速度和提升速度值

项　目	立井提升		斜井提升	
	升降人员	升降物料	串车提升	箕斗提升
加(减)速度/($m \cdot s^{-2}$)	≤0.75		≤0.5	
提升速度/($m \cdot s^{-1}$)	$v \leq 0.5\sqrt{H}$ 且不超过 12	$v \leq 0.6\sqrt{H}$	≤5	≤7，当铺设固定道床且钢轨≥38 kg/m 时，≤9

注：v—最大提升速度，m/s；H—提升高度，m。

➢ 现场执行

1. 绞车司机对提升速度的控制

（1）绞车司机启动操作时，应根据电流情况操作主令控制器，使提升机均匀加速至规定速度，达到正常运转。

（2）绞车司机减速停车操作时，根据深度指示器指示位置或警铃示警及时减速。将主令控制器拉（或推）至“0”位，用工作闸点动施闸，按要求及时准确减速。注意观察有动力制动或低频制动的提升机，使制动电源正常投入使用，确保提升机正确减速。

（3）绞车司机在提升运输过程中，要加强对绞车运行速度的观察，出现超速现象，及时停车处理。

2. 绞车速度保护装置检查试验

（1）绞车司机每班作业前，必须对超速保护检查试验，确保动作灵敏可靠。当提升速度超过最大速度15%时，超速保护能使绞车自动断电，且使制动器实施安全制动。

（2）绞车司机每班作业前，必须对限速保护检查试验，确保动作灵敏可靠。当减速段速度超过设定值的10%时，限速保护能使绞车自动断电，且使制动器实施安全制动。保证提升容器（或平衡锤）到达终端位置时的速度不超过2 m/s。

3. 立井提升最大速度的选择

立井提升最大速度的选择，要根据不同的提升高度，确定合理的最大提升速度。速度过高，加、减速时间过长，最大速度运行时间过短，会使电动机容量过大，电耗过高；速度过低，提升时间过长，要完成同样的年提升量就要增加一次提升量，使提升机、提升容器、钢丝绳都得加大，增加了不合理的设备费用。矿井提升系统最大提升速度取 $v = 0.6H$，且不超过12 m/s。

第四百二十三条　提升装置必须按下列要求装设安全保护：

（一）过卷和过放保护：当提升容器超过正常终端停止位置或者出车平台0.5 m时，必须能自动断电，且使制动器实施安全制动。

（二）超速保护：当提升速度超过最大速度15%时，必须能自动断电，且使制动器实施安全制动。

（三）过负荷和欠电压保护。

（四）限速保护：提升速度超过3 m/s的提升机应当装设限速保护，以保证提升容器或者平衡锤到达终端位置时的速度不超过2 m/s。当减速段速度超过设定值的10%时，必须能自动断电，且使制动器实施安全制动。

（五）提升容器位置指示保护：当位置指示失效时，能自动断电，且使制动器实施安全制动。

（六）闸瓦间隙保护：当闸瓦间隙超过规定值时，能报警并闭锁下次开车。

（七）松绳保护：缠绕式提升机应当设置松绳保护装置并接入安全回路或者报警回路。箕斗提升时，松绳保护装置动作后，严禁受煤仓放煤。

（八）仓位超限保护：箕斗提升的井口煤仓仓位超限时，能报警并闭锁开车。

（九）减速功能保护：当提升容器或者平衡锤到达设计减速点时，能示警并开始减速。

（十）错向运行保护：当发生错向时，能自动断电，且使制动器实施安全制动。

过卷保护、超速保护、限速保护和减速功能保护应当设置为相互独立的双线型式。

缠绕式提升机应当加设定车装置。

第四百二十四条　提升机必须装设可靠的提升容器位置指示器、减速声光示警装置，必须设置机械制动和电气制动装置。

严禁司机擅自离开工作岗位。

➢ 现场执行

（1）提升装置安全保护检查维护。提升装置安全保护检查维护由维修工分别负责，维修工每天对提升装置安全保护全面检查 1 次，发现安全保护装置不灵敏、不可靠及时汇报并处理，检查维修情况认真填入检查维修记录簿。

（2）绞车司机安全操作。

① 绞车司机每班提升作业前对提升装置安全保护全面检查试验 1 次，确保安全保护装置动作灵敏可靠，检查试验情况并认真填入运转日志，以供维修参考。

② 每班提升作业前必须对绞车过卷和过放保护装置试验 1 次，确保过卷和过放保护装置动作灵敏可靠。

③ 绞车司机要加强班中巡检，确保安全保护装置动作灵敏可靠，一旦出现安全保护装置异常现象，立即停车，并及时汇报处理。

④ 绞车运转过程中，当安全保护装置动作使绞车自动断电且使制动器实施安全制动时，要查明原因，排除故障，严禁甩掉安全保护装置强行开车。

（3）“提升机未按照《煤矿安全规程》规定安装保护装置，或者保护装置失效”重大事故隐患，是指包括立井和斜井提升人员的提升机，未按照《煤矿安全规程》第四百二十三条有关规定安装以下保护装置的：

① 过卷和过放保护：当提升容器超过正常终端停止位置或者出车平台 0.5 m 时（倾斜井巷使用提升机或者绞车提升时，井巷上端的过卷距离应当根据巷道倾角、设计载荷、最大提升速度和实际制动力等参量计算确定，并有 1.5 倍的备用系数），必须能自动断电，且使制动器实施安全制动。

② 超速保护：当提升速度超过最大速度 15% 时，必须能自动断电，且使制动器实施安全制动。

③ 过负荷和欠电压保护。

④ 限速保护：提升速度超过 3 m/s 的提升机应当装设限速保护，以保证提升容器或者平衡锤到达终端位置时的速度不超过 2 m/s。当减速段速度超过设定值的 10% 时，必须能自动断电，且使制动器实施安全制动。

⑤ 提升容器位置指示保护：当位置指示失效时，能自动断电，且使制动器实施安全制动。

⑥ 闸瓦间隙保护：当闸瓦间隙超过规定值时，能报警并闭锁下次开车。

⑦ 松绳保护：缠绕式提升机应当设置松绳保护装置并接入安全回路或者报警回路。

⑧ 减速功能保护：当提升容器或者平衡锤到达设计减速点时，能示警并开始减速。

⑨ 错向运行保护：当发生错向时，能自动断电，且使制动器实施安全制动。

第四百二十五条　机械制动装置应当采用弹簧式，能实现工作制动和安全制动。

工作制动必须采用可调节的机械制动装置。

安全制动必须有并联冗余的回油通道。

双滚筒提升机每个滚筒的制动装置必须能够独立控制，并具有调绳功能。

➢ 现场执行

1. 提升机机械制动装置检查维护

（1）提升机机械制动装置检查维护由维修工负责，维修工每天对其全面检查1次，发现机械制动装置不灵敏或制动力矩不足及时汇报并处理。检查维修情况认真填入检查维修记录簿。

（2）为了防止因闸瓦间隙增大而使制动力矩下降，工作制动采用可调节的机械制动装置。制动闸的调整必须在司机的配合下由维修工进行，需在松闸状态下调整，同时闸的松紧程度需要司机操作试验。

2. 绞车司机安全操作

（1）绞车司机每班提升作业前对机械制动装置全面检查试验1次，确保机械制动装置动作灵敏可靠。双卷筒提升机每个卷筒的制动装置能独立控制，确保调绳功能正常。检查试验情况认真填入运转日志，以供维修参考。

（2）绞车司机要加强班中巡检，确保机械制动装置动作灵敏可靠，一旦出现制动装置动作不灵敏或制动力矩不足，立即停车，并及时汇报处理。

第四百二十六条 提升机机械制动装置的性能，必须符合下列要求：

（一）制动闸空动时间：盘式制动装置不得超过0.3 s，径向制动装置不得超过0.5 s。

（二）盘形闸的闸瓦与闸盘之间的间隙不得超过2 mm。

（三）制动力矩倍数必须符合下列要求：

1. 制动装置产生的制动力矩与实际提升最大载荷旋转力矩之比K值不得小于3。

2. 对质量模数较小的提升机，上提重载保险闸的制动减速度超过本规程规定值时，K值可以适当降低，但不得小于2。

3. 在调整双滚筒提升机滚筒旋转的相对位置时，制动装置在各滚筒闸轮上所产生的力矩，不得小于该滚筒所悬重量（钢丝绳重量与提升容器重量之和）形成的旋转力矩的1.2倍。

4. 计算制动力矩时，闸轮和闸瓦的摩擦系数应当根据实测确定，一般采用0.30～0.35。

➢ 现场执行

维修工每天对机械制动装置的性能全面检查调试1次，发现制动装置达不到规定的空动时间，盘形闸的闸瓦与闸盘之间的间隙超过规定值或制动力矩倍数不符合要求时，必须查找原因，及时处理。检查调试情况认真填入检查维修记录簿。

每年委托有资质的检测机构对提升机机械制动装置的性能检测检验1次，由检测机构出具合格的检测检验报告。

盘形闸闸瓦间隙调整如下：

（1）盘形闸的闸瓦与闸盘之间的间隙调整必须在司机的配合下由维修工进行，需在松闸状态下进行调整。

（2）盘形闸闸瓦间隙调整后用塞尺进行具体测量，闸瓦间隙一般调整为1～1.5 mm，最大不得超过2 mm。

（3）盘形闸闸瓦间隙调整经现场测量符合标准后，提升机司机必须对盘形闸的松紧程度进行操作试验。

第四百二十七条 各类提升机的制动装置发生作用时，提升系统的安全制动减速度，必须符合下列要求：

（一）提升系统的安全制动减速度必须符合表15的要求。

表15 提升系统安全制动减速度规定值

减速度	$\theta \leq 30°$	$\theta > 30°$
提升减速度/($m \cdot s^{-2}$)	$\leq A_c^*$	≤ 5
下放减速度/($m \cdot s^{-2}$)	≥ 0.75	≥ 1.5

$^* A_c = g(\sin\theta + f\cos\theta)$

式中 A_c—自然减速度，m/s^2；

g—重力加速度，m/s^2；

θ—井巷倾角，(°)；

f—绳端载荷的运行阻力系数，一般取0.010～0.015。

（二）摩擦式提升机安全制动时，除必须符合表15的要求外，还必须符合下列防滑要求：

1. 在各种载荷（满载或者空载）和提升状态（上提或者下放重物）下，制动装置所产生的制动减速度计算值不得超过滑动极限。钢丝绳与摩擦轮衬垫间摩擦系数的取值不得大于0.25。由钢丝绳自重所引起的不平衡重必须计入。

2. 在各种载荷和提升状态下，制动装置发生作用时，钢丝绳都不出现滑动。

计算或者验算时，以本条第（二）款第1项为准；在用设备，以本条第（二）款第2项为准。

➢ 现场执行

1. 提升系统的安全制动减速度选定

（1）提升系统的安全制动减速度必须符合第四百二十七条表15的要求。

（2）各种载荷（满载或空载）和各种提升状态（上提或下放重物）下，摩擦式提升机制动装置产生的制动减速度计算值不得超过滑动极限。钢丝绳与摩擦轮衬垫间摩擦系数的取值不得大于0.25。由钢丝绳自重引起的不平衡重必须计入。

（3）在各种载荷及提升状态下，摩擦式提升机制动装置发生作用时，钢丝绳都不出现滑动。

（4）对于转动惯量较小的绞车，当上提重物保险制动满足了不松绳的要求却满足不了$K \geq 2$的规定时，可降低最大静张力，即减轻提升重量，使$K \leq 2$；或提升重物采用二级制动，即保险制动时先施加部分制动力矩，使系统的制动减速度小于提升容器的自然减速度，保证不松绳，后施以全部的保险制动力矩，使$K \geq 3$。

2. 提升机司机安全操作

（1）严禁用常用闸进行紧急制动。为了不产生松绳，保险闸可取$K \geq 2$或采用二级制动，如果以工作闸代替保险闸进行紧急制动，松绳会更多，断绳跑车的可能性更大。

（2）为了保证有足够的制动减速度，上提重载保险制动采用二级制动时，下放重载则不能采用二级制动，要一次制动到位。

第四百二十八条 提升机操作必须遵守下列规定：

（一）主要提升装置应当配有正、副司机。自动化运行的专用于提升物料的箕斗提升机，可不配备司机值守，但应当设图像监视并定时巡检。

（二）升降人员的主要提升装置在交接班升降人员的时间内，必须正司机操作，副司机监护。

（三）每班升降人员前，应当先空载运行1次，检查提升机动作情况；但连续运转时，不受此限。

（四）如发生故障，必须立即停止提升机运行，并向矿调度室报告。

➢ **现场执行**

1. 提升机安全操作

（1）司机必须经过培训，熟悉设备的结构、性能、技术特征、动作原理，掌握有关规定及各项规章制度，并经考试取得合格证后持证上岗。

（2）主要提升装置必须配有正、副司机，每班不得少于2人（不包括实习或熟悉期内的司机）。司机不允许连班顶岗，应轮换操作，每人连续操作时间一般不超过1 h，操作未结束前禁止换人。因身体骤感不适不能坚持操作时，可中途停车，并与井口信号工联系，由另一司机代替。

（3）每班升降人员前应先空载运行1次，检查提升机动作情况，但连续运转时，不受此限。

（4）升降人员的主要提升装置在交接班升降人员的时间内，必须正司机操作，副司机负责对正司机的操作进行监护。

2. 监护司机的职责

（1）监护操作司机按提升人员和下放重物的规定速度操作。

（2）及时提醒操作司机进行减速、制动和停车。

（3）出现紧急情况而操作司机未操作时，监护司机可直接操作安全闸把或按下司机台上的主回路跳闸联锁按钮紧急停车。

3. 运行过程中事故停车处理

（1）事故停车处理方法。

① 运行中出现下列情况之一时，应立即断电，使用工作闸制动停车。电流过大，加速太慢，启动不起来；运转部位发生异响；出现情况不明的意外信号；过减速点不能正常减速；出现其他必须立即停车的不正常现象。

② 运行中出现下列情况之一时，应立即断电，使用安全闸进行紧急停车。工作闸操作失灵；接到紧急停车信号；接近正常停车位置，不能正常减速；出现其他必须紧急停车故障。

③ 缠绕式提升机在运行中出现松绳现象时应及时减速，如继续松绳时应及时停车后反转，将已松出的绳缠紧后停车。

(2) 事故停车安全注意事项。

① 运行中发生事故，在故障原因未查清和消除前禁止动车。原因查清后，故障未能全部处理完毕但已能暂时恢复运行，经主管领导批准可以恢复运行，将提升容器升降至终点位置，完成本钩提升行程后再停车继续处理。

② 钢丝绳如遭受卡罐紧急停车等猛烈拉力时，必须立即停车，待对钢丝绳进行检查无误后，方可恢复运行。

③ 因停电停车时，应立即断开电源总开关，将主令控制器手把放至“0”位。工作闸、安全闸手柄置于施闸位置。

④ 过卷停车时，如未发生故障，经与井口信号工联系，维修电工将过卷开关复位后，可返回提升容器，恢复提升，但应及时向领导汇报，填写运行日志。

⑤ 在设备检修及处理事故期间，司机应严守岗位，不得擅自离开提升机房，提升机司机需外离处理事故时，至少应留一人坚守操作岗位，检修需要开车时，必须由专人指挥。

➢ **相关案例**

七台河市隆运煤矿“7·18”运输事故。

第四百二十九条 新安装的矿井提升机，必须验收合格后方可投入运行。专门升降人员及混合提升的系统应当每年进行1次性能检测，其他提升系统每3年进行1次性能检测，检测合格后方可继续使用。

➢ **现场执行**

1. 新安装的矿井提升机的验收

新安装的矿井提升机必须经有关专业人员和有经验的工作人员进行全面细微的检查验收，合格后方可投入运行。检查新安装的矿井提升机存在什么问题、应做哪些改进、与实际要求还有什么不足等，为以后的运行和维护提供技术保障。

2. 矿井提升机的性能检测项目内容

(1)《煤矿安全规程》规定的各保险装置。

(2) 天轮的垂直和水平程度、有无轮缘变形和轮辐弯曲现象。

(3) 电气、机械传动装置和控制系统的情况。

(4) 各种调整和自动记录装置以及深度指示器的动作状况和精密程度。

(5) 检查常用闸和保险闸的各部间隙及连接、固定情况，并验算其制动力矩和防滑条件。

(6) 测试保险闸空动时间和制动减速度。对于摩擦轮式绞车，要检验在制动过程中钢丝绳是否打滑。

(7) 测试盘形闸的贴闸压力。

(8) 井架的变形、损坏、锈蚀和震动情况。

(9) 井筒罐道的垂直度及固定情况。

检测结果必须写成报告书，针对发现的缺陷，必须提出改进措施，并限期解决。

第四百三十条 提升装置管理必须具备下列资料，并妥善保管：

（一）提升机说明书。

（二）提升机总装配图。

（三）制动装置结构图和制动系统图。

（四）电气系统图。

（五）提升机、钢丝绳、天轮、提升容器、防坠器和罐道等的检查记录簿。

（六）钢丝绳的检验和更换记录簿。

（七）安全保护装置试验记录簿。

（八）故障记录簿。

（九）岗位责任制和设备完好标准。

（十）司机交接班记录簿。

（十一）操作规程。

制动系统图、电气系统图、提升装置的技术特征和岗位责任制等应当悬挂在提升机房内。

➢ 现场执行

1. 提升机需保存的技术资料

（1）矿井档案资料室应保管的技术资料。提升机技术资料必须妥善保管好，矿井档案资料室至少存档1份，对提升机技术资料的借阅严格履行借阅手续，要及时归还。

（2）提升机房内应保存的技术资料。提升机房内也应妥善保管好必要的提升机技术资料，以备检查维修及处理提升机故障时使用，提升机技术资料必须上锁专人管理。

2. 提升机房内应悬挂牌板

矿井应制定齐全完整的提升机管理制度，制作成牌板悬挂在提升机房内。悬挂在提升机房内的技术资料及管理制度包括提升机制动系统图、电气系统图、提升装置的技术特征、司机操作规程和岗位责任制、司机交接班制度、巡回检查制度、设备包机制度、设备检修制度、要害场所管理制度等。

3. 提升机房内应配备记录本

提升机房内应配备齐全各种记录本，提升机司机、维修人员等工作人员要对设备巡检、维修、试验、运转及故障处理情况做详细记录。各种记录本要妥善保管。

第五节 空气压缩机

第四百三十一条 矿井应当在地面集中设置空气压缩机站。

在井下设置空气压缩设备时，应当遵守下列规定：

（一）应当采用螺杆式空气压缩机，严禁使用滑片式空气压缩机。

（二）固定式空气压缩机和储气罐必须分别设置在2个独立硐室内，并保证独立通风。

（三）移动式空气压缩机必须设置在采用不燃性材料支护且具有新鲜风流的巷道中。

（四）应当设自动灭火装置。

（五）运行时必须有人值守。

➢ 现场执行

（1）在井下硐室安装固定式空气压缩机及其储气罐时，应保证其四周留有足够的空间，并保持通风良好，便于维修、维护。

（2）移动式空气压缩机设置在采用不燃性材料支护且具有新鲜风流的巷道中。巷道内顶板完整、支护良好、无杂物堆积、无淋水和粉尘飞扬，保证安装地点空气流畅，不得妨碍人员作业和行走。

（3）空气压缩机司机必须经过培训，考试合格取得合格证后，持证上岗，方准操作；应熟悉所操作空压机结构、性能、工作原理、技术特征，能独立操作；必须严格执行交接班制度和工种岗位责任制；接班前不得喝酒，接班后遵守劳动纪律，不得睡觉、打闹。

➢ **相关案例**

河北省冀中能源张矿集团怀来艾家沟矿业有限公司“2·28”火灾事故。

第四百三十二条　空气压缩机站设备必须符合下列要求：

（一）设有压力表和安全阀。压力表和安全阀应当定期校准。安全阀和压力调节器应当动作可靠，安全阀动作压力不得超过额定压力的1.1倍。

（二）使用闪点不低于215℃的压缩机油。

（三）使用油润滑的空气压缩机必须装设断油保护装置或者断油信号显示装置。水冷式空气压缩机必须装设断水保护装置或者断水信号显示装置。

第四百三十三条　空气压缩机站的储气罐必须符合下列要求：

（一）储气罐上装有动作可靠的安全阀和放水阀，并有检查孔。定期清除风包内的油垢。

（二）新安装或者检修后的储气罐，应当用1.5倍空气压缩机工作压力做水压试验。

（三）在储气罐出口管路上必须加装释压阀，其口径不得小于出风管的直径，释放压力应当为空气压缩机最高工作压力的1.25~1.4倍。

（四）避免阳光直晒地面空气压缩机站的储气罐。

第四百三十四条　空气压缩设备的保护，必须遵守下列规定：

（一）螺杆式空气压缩机的排气温度不得超过120℃，离心式空气压缩机的排气温度不得超过130℃。必须装设温度保护装置，在超温时能自动切断电源并报警。

（二）储气罐内的温度应当保持在120℃以下，并装有超温保护装置，在超温时能自动切断电源并报警。

➢ **现场执行**

1. 空气压缩机启动前检查

（1）冷却水畅通，水量充足，水质洁净，水压符合规定。

（2）各润滑油腔油脂量合适，油路畅通，油质洁净。

（3）超温、超压、断油、断水保护装置灵敏可靠，安全阀和压力调节器应动作可靠。

（4）各压力表齐全可靠，指示准确。

2. 空气压缩机巡检

空压机正常运行后，司机应定期巡回检查（一般为每小时1次）。如发现不正常现象，应及时汇报处理，巡回检查各发热部位温升情况，并记录在运行日志内；记录各风压、油压、水压、电压、电流等数值；空压机运行情况；注油器、压力调节器工作情况；冷却系统、供油系统、排气系统工作情况应无严重的漏水、漏油、漏气现象，各安全保护和自动控制装置动作灵敏可靠。

3. 空气压缩机日常维护

（1）每班试验安全阀和断水保护（或断水信号）1 次，并做好记录。

（2）每周试油压和超温保护装置及压力调节器 1 次，并做好记录。

（3）每运行 100～150 h 检查气缸吸、排气阀 1 次，必要时加以更换。

4. 空气压缩机安全操作

（1）司机不得随意变更保护装置的整定值。

（2）气缸、风包有压情况下，禁止敲击和碰撞。

（3）下列情况禁止操作空压机运转：安全保护装置失灵；电动机、电气设备接地不良；指示仪表损坏。

（4）在处理事故期间，司机应严守岗位，不准离开机房。

5. 空气压缩机紧急停机情况

（1）空压机或电动机有故障性异响、异震。

（2）冷却水不正常，出口水温超过规定。

（3）电动机冒烟冒火或电动机电流表指示超限。

（4）油泵压力不够，润滑油中断或压力降到 0.1 MPa 以下。

（5）保护装置及仪表失灵。

紧急停机操作程序如下：

（1）若发生故障时，可直接断电停机（情况允许可卸荷停机）。

（2）因电源断电自动停机时，应断开电源开关。

（3）在冬季停机时，当气缸温度降至室温以下时，关闭冷却水，同时放掉机体内全部冷却水。

第十章　电　　气

第一节　一　般　规　定

第四百三十五条　煤矿地面、井下各种电气设备和电力系统的设计、选型、安装、验收、运行、检修、试验等必须按本规程执行。

➢ 现场执行

（1）煤矿地面、井下电气设备和电力系统的设计、选型、安装、验收必须符合《煤矿电气设备安装工程施工与验收规范》（GB 51145）相关要求。

（2）设备投运前要对岗位人员进行培训，并制定管理制度；检修时要制定检修措施并经主要负责人进行审批。

（3）电气试验要符合《电力安全工作规程》要求，本单位不具备试验资质时要委托相关资质单位进行试验测试。

第四百三十六条　矿井应当有两回路电源线路（即来自两个不同变电站或者来自不同电源进线的同一变电站的两段母线）。当任一回路发生故障停止供电时，另一回路应当担负矿井全部用电负荷。区域内不具备两回路供电条件的矿井采用单回路供电时，应当报安全生产许可证的发放部门审查。采用单回路供电时，必须有备用电源。备用电源的容量必须满足通风、排水、提升等要求，并保证主要通风机等在10 min内可靠启动和运行。备用电源应当有专人负责管理和维护，每10天至少进行一次启动和运行试验，试验期间不得影响矿井通风等，试验记录要存档备查。

矿井的两回路电源线路上都不得分接任何负荷。

正常情况下，矿井电源应当采用分列运行方式。若一回路运行，另一回路必须带电备用。带电备用电源的变压器可以热备用；若冷备用，备用电源必须能及时投入，保证主要通风机在10 min内启动和运行。

10 kV及以下的矿井架空电源线路不得共杆架设。

矿井电源线路上严禁装设负荷定量器等各种限电断电装置。

➤ 现场执行

（1）矿井双回路电源切换必须按照《国家电网公司电力安全工作规程》执行，严格执行工作票、操作票制度。

（2）倒闸操作基本要求：停电拉闸操作应按照断路器（开关）—负荷侧隔离开关（刀闸）—电源侧隔离开关（刀闸）的顺序依次进行，送电合闸操作应按与上述相反的顺序进行。严禁带负荷拉合隔离开关（刀闸）。

第四百三十七条　矿井供电电能质量应当符合国家有关规定；电力电子设备或者变流设备的电磁兼容性应当符合国家标准、规范要求。

电气设备不应超过额定值运行。

➤ 现场执行

（1）衡量矿井供电电能质量的主要指标包括电压、频率和波形等，各项指标应符合《电能质量　供电电压偏差》（GB/T 12325）、《电能质量　电压波动和闪变》（GB/T 12326）、《电能质量　公用电网谐波》（GB/T 14549）、《电能质量　三相电压不平衡》（GB/T 15543）、《电能质量　电力系统频率偏差》（GB/T 15945）等标准。

（2）电气设备的额定值是制造厂家按照安全、经济、寿命全面考虑为电气设备规定的电压、电流、功率等正常运行参数，实际的负载或电阻元件所消耗的功率都不能超过这个规定的数值，否则就会因为过热而受到损坏或缩短寿命。

第四百三十八条　对井下各水平中央变（配）电所和采（盘）区变（配）电所、主排水泵房和下山开采的采区排水泵房供电线路，不得少于两回路。当任一回路停止供电时，其余回路应当承担全部用电负荷。向局部通风机供电的井下变（配）电所应当采用分列运行方式。

主要通风机、提升人员的提升机、抽采瓦斯泵、地面安全监控中心等主要设备房，应当各有两回路直接由变（配）电所馈出的供电线路；受条件限制时，其中的一回路可引自上述设备房的配电装置。

向突出矿井自救系统供风的压风机、井下移动瓦斯抽采泵应当各有两回路直接由变（配）电所馈出的供电线路。

本条上述供电线路应当来自各自的变压器或者母线段，线路上不应分接任何负荷。

本条上述设备的控制回路和辅助设备，必须有与主要设备同等可靠的备用电源。

向采区供电的同一电源线路上，串接的采区变电所数量不得超过3个。

➢ 现场执行

（1）本条所述电力负荷均为一级电力负荷，若供电中断，可造成人员伤亡或使重要设备损坏并在较短时间内难以修复，给企业造成很大损失，必须确保其供电可靠：①应当有两回路供电，任一回路停止供电，另一回路应当承担全部用电负荷；②双回路应采用分列运行方式；③两回路电源上严禁分接其他任何负荷；④一类负荷设备的控制回路和辅助设备，必须有与主要设备同等可靠的备用电源。

（2）向采区供电的同一电源线路上串接的采区变电所数量不得超过3个，是指从中央变电所馈出的一条线路，最多只能串接3个采区变电所供电，如图3－10－1所示。

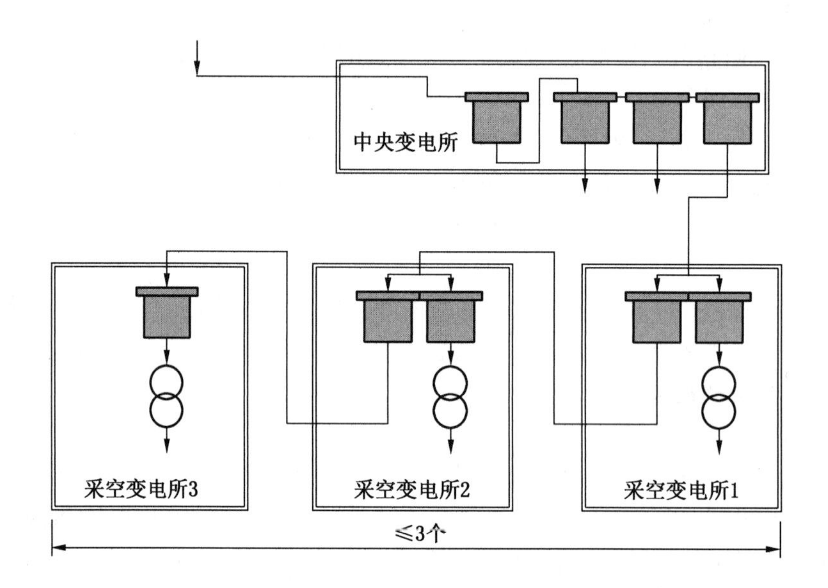

图3－10－1　串接的采区变电所供电线路布置要求示意图

第四百三十九条　采区变电所应当设专人值班。无人值班的变电所必须关门加锁，并有巡检人员巡回检查。

实现地面集中监控并有图像监视的变电所可以不设专人值班，硐室必须关门加锁，并有巡检人员巡回检查。

➢ 现场执行

1. 值班人员职责

（1）采区变电所值班人员必须经专业技术培训合格后持证上岗，要熟知变电所主要电气设备的性能、构造及工作原理，能熟练掌握操作方法，会排除一般故障。

（2）要掌握变电所供电系统图，了解变电所电源情况和各开关的负荷、性质、容量和运行方式，认真执行操作命令，完成本职工作任务。

（3）上班前，要认真检查、了解电气设备的运行情况，检查电气设备上一班的运行方式、操作情况、异常运行、设备缺陷和处理情况以及上班未完成的工作及注意事项。

（4）认真执行操作规程，随时注意开关各项保护的工作状态。如发生故障时应立即处理，并及时上报，做好设备运行记录和故障记录。

（5）严格执行交接班制度，交接重点内容包括隐患及整改、安全状况、安全条件及安全注意事项，并按规定要求填写交接班记录。

2. 巡检人员职责

（1）设备外观零部件，各种标志是否齐全、完好。

（2）设备、电缆的运行状况，声音、温度是否正常。

（3）各种仪表、信号指示是否正确。

（4）设备接地保护装置是否良好、可靠。

（5）认真规范填写相关记录。

第四百四十条　严禁井下配电变压器中性点直接接地。

严禁由地面中性点直接接地的变压器或者发电机直接向井下供电。

第四百四十一条　选用井下电气设备必须符合表16的要求。

表16　井下电气设备选型

<table>
<tr><th rowspan="3">设备类别</th><th rowspan="3">突出矿井和瓦斯喷出区域</th><th colspan="5">高瓦斯矿井、低瓦斯矿井</th></tr>
<tr><th colspan="2">井底车场、中央变电所、总进风巷和主要进风巷</th><th rowspan="2">翻车机硐室</th><th rowspan="2">采区进风巷</th><th rowspan="2">总回风巷、主要回风巷、采区回风巷、采掘工作面和工作面进、回风巷</th></tr>
<tr><th>低瓦斯矿井</th><th>高瓦斯矿井</th></tr>
<tr><td>1. 高低压电机和电气设备</td><td>矿用防爆型（增安型除外）</td><td>矿用一般型</td><td>矿用一般型</td><td>矿用防爆型</td><td>矿用防爆型</td><td>矿用防爆型（增安型除外）</td></tr>
<tr><td>2. 照明灯具</td><td>矿用防爆型（增安型除外）</td><td>矿用一般型</td><td>矿用防爆型</td><td>矿用防爆型</td><td>矿用防爆型</td><td>矿用防爆型（增安型除外）</td></tr>
<tr><td>3. 通信、自动控制的仪表、仪器</td><td>矿用防爆型（增安型除外）</td><td>矿用一般型</td><td>矿用防爆型</td><td>矿用防爆型</td><td>矿用防爆型</td><td>矿用防爆型（增安型除外）</td></tr>
</table>

注：1. 使用架线电机车运输的巷道中及沿巷道的机电设备硐室内可以采用矿用一般型电气设备（包括照明灯具、通信、自动控制的仪表、仪器）。

2. 突出矿井井底车场的主泵房内，可以使用矿用增安型电动机。

3. 突出矿井应当采用本安型矿灯。

4. 远距离传输的监测监控、通信信号应当采用本安型，动力载波信号除外。

5. 在爆炸性环境中使用的设备应当采用 EPL Ma 保护级别。非煤矿专用的便携式电气测量仪表，必须在甲烷浓度1.0%以下的地点使用，并实时监测使用环境的甲烷浓度。

> **现场执行**

（1）表16表注5中的爆炸性环境是指甲烷浓度超限的环境。

（2）“井下电气设备选型与矿井瓦斯等级不符”的，属于“使用明令禁止使用或者淘汰的设备、工艺”重大事故隐患。

第四百四十二条 井下不得带电检修电气设备。严禁带电搬迁非本安型电气设备、电缆，采用电缆供电的移动式用电设备不受此限。

检修或者搬迁前，必须切断上级电源，检查瓦斯，在其巷道风流中甲烷浓度低于1.0%时，再用与电源电压相适应的验电笔检验；检验无电后，方可进行导体对地放电。开关把手在切断电源时必须闭锁，并悬挂“有人工作，不准送电”字样的警示牌，只有执行这项工作的人员才有权取下此牌送电。

> **现场执行**

（1）电气设备操作及检修人员应经过培训考试合格并持有效证件。

（2）停送电应由专人负责，不得随意更换联系人。

（3）检修或者搬迁前操作流程。

① 停本级电源，将被检修设备的开关合至分闸状态，并对开关进行闭锁，在被检修设备的开关操作手柄或旋钮上悬挂“有人工作，不准送电”字样的警示牌；

② 停上级电源，有效切断有可能送电（包括反送电）到检修设备的所有上级电源，并按规定悬挂警示牌；

③ 检查瓦斯，确认检修巷道风流中甲烷浓度低于1.0%；

④ 验电与放电，使用与电源电压等级相适应的验电笔进行验电，检验无电后，方可进行导体对地放电；

⑤ 装设接地线（或合接地刀闸），接地线（或合接地刀闸）应在被检修设备所停上级电源开关的负荷侧或被检修电气设备的电源侧装设，并在接地处悬挂“已接地”牌。

（4）检修作业需要跨班次的，交接班时，交班和接班的工作负责人及停送电专人对现场所有的安全措施进行交接，签字确认后，方可继续检修作业。

> **相关案例**

大同煤矿集团挖金湾虎龙沟煤业有限公司“8·15”机电事故。

第四百四十三条 操作井下电气设备应当遵守下列规定：

（一）非专职人员或者非值班电气人员不得操作电气设备。

（二）操作高压电气设备主回路时，操作人员必须戴绝缘手套，并穿电工绝缘靴或者站在绝缘台上。

（三）手持式电气设备的操作手柄和工作中必须接触的部分必须有良好绝缘。

> **现场执行**

（1）井下电气设备操作人员必须是专职人员，应经过培训考试合格并持有效证件。

（2）绝缘手套、电工绝缘靴等绝缘用具必须送资质单位定期做耐压试验，保证绝缘用具合格。

（3）操作高压电气设备主回路时，必须实行操作票制度和监护制度，一人操作，一人监护，严禁带负荷拉电源开关。

（4）手持式电气设备操作前，要对设备认真检查，确保绝缘不破损，同时，手持式电气设备要和电缆接地芯线相连，保证接地保护良好。

➢ 相关案例

山西寿阳段王煤矿集团有限公司“7·20”一般机电事故。

第四百四十四条　容易碰到的、裸露的带电体及机械外露的转动和传动部分必须加装护罩或者遮栏等防护设施。

➢ **现场执行**

（1）防护装置的结构和布局应设计合理，确保人体不能直接进入危险区域。

（2）防护装置要有足够的强度、刚度，还要有足够的稳定性、耐腐蚀性和抗疲劳性，一般应用金属材料制作。

（3）防护装置优先采用封闭结构。

（4）容易碰到的、裸露的带电体的护罩应采用封闭结构；防护栏可以采用网状结构，要设置方便检修进出的活动门，活动门必须上锁。带电体加装防护栏处，还应设置醒目的“高压危险”警示牌。

（5）机械外露的转动和传动部分加装的护罩应采用封闭结构，要设置方便察看设备运转的观察窗；防护栏可以采用网状结构，要设置方便检修进出的活动门，活动门必须上锁。设备转动部位加装防护栏处，还应设置醒目的“转动部位，请勿靠近”警示牌。

（6）重要安全防护装置与设备运转联锁，安全防护装置未起作用前，设备不能运转。

第四百四十五条　井下各级配电电压和各种电气设备的额定电压等级，应当符合下列要求：

（一）高压不超过 10000 V。

（二）低压不超过 1140 V。

（三）照明和手持式电气设备的供电额定电压不超过 127 V。

（四）远距离控制线路的额定电压不超过 36 V。

（五）采掘工作面用电设备电压超过 3300 V 时，必须制定专门的安全措施。

➢ **现场执行**

制定专门安全措施时，应注意以下问题。

（1）煤矿或矿区采掘工作面首次使用 3300 V 以上用电设备时，应当组织开展对涉及的相关技术和管理问题的系统研究，评估对策措施的有效性，相关结论报企业技术负责人。

（2）采掘工作面使用 3300 V 以上用电设备时，必须根据工作面具体条件和使用设备的具体情况制定专门措施，重点关注绝缘监视、接地保护、安全防护等内容。

（3）设备操作人员应当有高压操作能力，应当穿戴高压防护用品，使用高压操作工具，遵循《电力安全工作规程发电厂和变电站电气部分》（GB 26860）相关规定。

（4）应当完善相关管理制度和岗位操作规程。

第四百四十六条 井下配电系统同时存在2种或者2种以上电压时，配电设备上应当明显地标出其电压额定值。

➤ **现场执行**

为防止停送电或检修时出现误操作、误接线等现象，从而造成电气事故，在停送电或检修作业时，要反复确认，严格按执行“工作票、操作票”制度。

第四百四十七条 矿井必须备有井上、下配电系统图，井下电气设备布置示意图和供电线路平面敷设示意图，并随着情况变化定期填绘。图中应当注明：

（一）电动机、变压器、配电设备等装设地点。

（二）设备的型号、容量、电压、电流等主要技术参数及其他技术性能指标。

（三）馈出线的短路、过负荷保护的整定值以及被保护干线和支线最远点两相短路电流值。

（四）线路电缆的用途、型号、电压、截面和长度。

（五）保护接地装置的安设地点。

➤ **现场执行**

（1）定期填绘井上、井下配电系统图，井下电气设备布置示意图和供电线路平面敷设示意图，是为了掌握矿井供电地点的变化，确保供电合理，无超负荷运行现象，合理地利用机电设备，完善矿井机电管理。

（2）图纸绘制标准：①井上设备、设施图形符号执行GB/T 4728；②井下设备、设施图形符号执行《煤矿电气图专用图形符号》（MT/T 570）；③未涵盖的新设备、设施可自行设定图例，但需在图例中标注并说明（非标准图例）；④图框格式执行《技术制图图纸幅面和格式》（GB/T 14689）。

第四百四十八条 防爆电气设备到矿验收时，应当检查产品合格证、煤矿矿用产品安全标志，并核查与安全标志审核的一致性。入井前，应当进行防爆检查，签发合格证后方准入井。

➤ **现场执行**

1. 验收

防爆电气设备到矿验收时，应做好以下方面工作。

（1）核查相关文件资料、产品铭牌及标志。安全标志证书应在有效期内，产品上的“MA”标识应清晰完整，铭牌中应有安全标志编号。铭牌上所载信息应与安全标志证书上所载信息一致，包括产品名称、型号规格、生产厂家、安全标志编号等。

（2）核对设备的主要零（元）部件。设备主要零（元）部件，包括其名称、型号规格、安全标志或其他强制性安全认证编号等，应与安全标志审核备案的产品主要零（元）部件明细表中所载信息一致。

（3）一致性检查应做好记录，并存档。经一致性检查合格的产品，应张贴合格标记。

2. 检查

防爆电气设备入井前进行防爆检查，应包括以下内容。

（1）证件。防爆电气设备应具有产品合格证和矿用产品安全标志。

（2）标志。设备上应有“MA”标志、防爆标志，且内容完整、清晰；并有“严禁带电开盖”等的永久性警告或警示标志。

（3）铭牌。铭牌上的内容应完整、清晰，且至少应包括以下信息：制造商名称或注册商标、产品名称及型号、产品编号或产品批次号（表面积有限的设备除外）、防爆标志或防爆型式、防爆合格证编号、安全标志编号、出厂日期。

（4）接地。设备上接地部位有清晰的接地标识和接线柱。

（5）电气间隙和爬电距离。电气设备接线盒内或直接引入的接线端子部分的电气间隙和爬电距离应符合标准规定。

（6）引入装置。多余的电缆引入口应使用相匹配的封堵件进行封堵，密封圈和压紧元件之间应有一个金属垫圈，密封圈不应有老化、破损等现象。

（7）隔爆面。可打开的门或盖以及易磨损的隔爆面应完好、进行过防锈处理，无损伤或者锈蚀；隔爆间隙应符合标准的规定。

（8）紧固件。紧固件应完整，不得缺失、松动。

（9）抗电弧。隔爆壳体内部应有喷涂耐弧漆等抗电弧措施。

（10）机械连锁。设备门或盖采用快开门结构时机械连锁应正常、可靠，门或盖打开后隔离开关不能合闸。

第二节　电气设备和保护

第四百四十九条　井下电力网的短路电流不得超过其控制用的断路器的开断能力，并校验电缆的热稳定性。

➢ 现场执行

（1）矿井应根据情况提前进行供电设计，计算井下电力网的三相短路电流，不得超过其控制用的断路器的最大分断电流峰值，根据计算情况合理进行供电布置。

（2）供电设计时还应当考虑出现三相短路电流通过电缆时，校验电缆的热稳定性。

第四百五十条　井下严禁使用油浸式电气设备。

40 kW 及以上的电动机，应当采用真空电磁起动器控制。

➢ 现场执行

（1）《禁止井工煤矿使用的设备及工艺目录（第一批）》规定，煤矿井下禁止使用油浸式电气设备。

（2）为保证供电可靠性，降低故障率，井下 40 kW 及以上的电动机，采用真空电磁起动器，淘汰普通空气绝缘的磁力开关。

第四百五十一条　井下高压电动机、动力变压器的高压控制设备，应当具有短路、过负荷、接地和欠压释放保护。井下由采区变电所、移动变电站或者配电点引出的馈电线上，必须具有短路、过负荷和漏电保护。低压电动机的控制设备，必须具备短路、过负荷、单相断线、漏电闭锁保护及远程控制功能。

➢ 现场执行

（1）“短路”是指中性点不直接接地的电力系统中相与相之间发生非正常连接，保护应动作于跳闸。

（2）“过负荷”是当电流超过额定值并超过规定时间，使设备跳闸的一项保护，一般分为定时限和反时限两种，保护应动作于跳闸。

（3）“接地”是指中性点不直接接地的电力系统中任一相与地之间发生非正常连接。发生接地故障时，不破坏系统线电压的对称性，不影响负荷的短时间运行，但是有可能会造成人身触电事故，保护动作切除故障线路。

（4）“欠压释放保护”是指在电网电压低于额定电压65%时能够释放从而切断负荷电源的一种保护，防止电压过低损坏电气设备，保护应动作于跳闸。

（5）“单相断线”是指三相供电系统中有一相断线。电动机在运行中发生单相断线故障还能保持短时间运行，但是功率减小，转速降低，在外部负荷未发生变化时，未断线两相电流增加，若不能及时切除故障，将会使电动机绕组烧毁，保护应动作于跳闸。

（6）“漏电闭锁”是指在开关合闸前对负荷进行绝缘监测，当负荷对地绝缘阻值低于闭锁值时起闭锁作用不能合闸，减少漏电故障的断电次数，缩小漏电故障的断电范围。当主电路的对地绝缘电阻降低到漏电闭锁动作值时，应实现漏电闭锁，当对地绝缘电阻上升到动作值1.5倍时，应解除漏电闭锁。

（7）“远程控制功能”是满足设备的远程启动和停止，以及信息采集和自动化控制要求的必备条件。

（8）煤矿应根据《煤矿安全规程》《煤矿电气试验规程》《煤矿井下低压检漏保护装置的安装、运行、维护与检修细则》《煤矿井下低压电网短路保护装置的整定细则》等相关规定，对井下高压设备保护装置，每年进行一次定期检验，配电系统继电保护每半年进行一次整定值检查，负荷变化时应及时整定，保证各种保护装置动作灵敏可靠。

第四百五十二条 井下配电网路（变压器馈出线路、电动机等）必须具有过流、短路保护装置；必须用该配电网路的最大三相短路电流校验开关设备的分断能力和动、热稳定性以及电缆的热稳定性。

必须用最小两相短路电流校验保护装置的可靠动作系数。保护装置必须保证配电网路中最大容量的电气设备或者同时工作成组的电气设备能够起动。

第四百五十三条 矿井6000 V及以上高压电网，必须采取措施限制单相接地电容电流，生产矿井不超过20 A，新建矿井不超过10 A。

井上、下变电所的高压馈电线上，必须具备有选择性的单相接地保护；向移动变电站和电动机供电的高压馈电线上，必须具有选择性的动作于跳闸的单相接地保护。

井下低压馈电线上，必须装设检漏保护装置或者有选择性的漏电保护装置，保证自动切断漏电的馈电线路。

每天必须对低压漏电保护进行1次跳闸试验。

煤电钻必须使用具有检漏、漏电闭锁、短路、过负荷、断相和远距离控制功能的综合保护装置。每班使用前，必须对煤电钻综合保护装置进行1次跳闸试验。

突出矿井禁止使用煤电钻，煤层突出参数测定取样时不受此限。

➤ **现场执行**

（1）矿井应当每年进行高压预防性试验，单项接地电容电流检验是其中一项，当高压电网的单相接地电容电流超过规定值时，可采取变压器中性点经消弧电抗线圈接地或缩短供电网络距离等补偿措施。

（2）井上、下变电所的高压馈电线上，必须具备有选择性的单相接地保护，发生单项接地故障时，保护装置发出报警信号；向移动变电站和电动机供电的高压馈电线上，必须具有选择性的动作于跳闸的单相接地保护，发生单项接地故障时，保护装置发出报警信号，并使开关自动切断漏电故障所在回路电源。

（3）具备选择性的单相接地保护，通常选用零序电流互感器等，零序电流保护的基本原理是基于基尔霍夫电流定律：流入电路中任一节点的复电流的代数和等于零。在线路与电气设备正常的情况下，各相电流的矢量和等于零，因此，零序电流互感器的二次侧绕组无信号输出，执行元件不动作。当发生接地故障时的各相电流的矢量和不为零，故障电流使零序电流互感器的环形铁芯中产生磁通，零序电流互感器的二次侧感应电压使执行元件动作，带动脱扣装置，切换供电网络，达到接地故障保护的目的。

（4）漏电保护试验：①按下“漏试”按钮，开关跳闸，漏电指示灯亮，显示屏有漏电试验显示，证明试验成功；②恢复送电；③做好试验记录；④严格执行日检制度。照明信号综合保护装置每天试验一次。对具有选择性功能的检漏保护装置，各支路应每天做一次跳闸试验，认真做好记录。

第四百五十四条　直接向井下供电的馈电线路上，严禁装设自动重合闸。手动合闸时，必须事先同井下联系。

➢ 现场执行

自动重合闸装置是指因故障跳开后的断路器按需要自动投入的一种自动装置。向井下供电的馈电线路装设自动重合闸装置会使故障进一步扩大，可能造成严重的安全事故。当直接向下供电的馈电线路上的开关因故障自动跳闸后，地面变电所值班人员应立即向矿调度室汇报，安排专业人员处理停电故障，故障排除后，必须同井下中央变电所人员联系，确认无误后，实施手动合闸送电。

第四百五十五条　井上、下必须装设防雷电装置，并遵守下列规定：

（一）经由地面架空线路引入井下的供电线路和电机车架线，必须在入井处装设防雷电装置。

（二）由地面直接入井的轨道、金属架构及露天架空引入（出）井的管路，必须在井口附近对金属体设置不少于2处的良好的集中接地。

➢ 现场执行

（1）煤矿防雷应在认真调查地理、地质、土壤、气象、环境、雷电活动规律等条件下，结合煤矿生产特点的基础上进行设计，每年请有资质单位对矿井防雷电设施进行检测，并出具防雷设施检验报告。

（2）煤矿防雷分类：①建（构）筑物的防雷，分为第二类防雷建（构）筑物（包括瓦斯抽采站、主要通风机房等）和第三类防雷建（构）筑物（包括带式运输走廊等）；②供配电系统的防雷，包括高压架空输电线路、高压配电线路、变配电所、设备、直配电机、避雷器等；③电子系统的防雷，包括安全监控、人员位置检测等系统中线缆的布设以及电涌保护器的设置等方面；④矿井的防雷，包括井下设备的接地、井口等电位连接及接地、供配电线路的防雷、信息线路的防雷、接触网的防雷等。

（3）经由地面架空线路引入井下的供电线路（包括电机车架线），应改用铠装电缆埋地敷设，埋地长度应符合计算要求，在架空线与电缆连接处装设与电缆绝缘水平相一致的避雷器。

（4）由地面直接入井的轨道、金属架构及露天架空引入（出）井的管路，必须在井口附近对金属体设置不少于2处的可靠接地，接地电阻不得大于5 Ω，两接地极的距离应大于20 m。

第三节　井下机电设备硐室

第四百五十六条　永久性井下中央变电所和井底车场内的其他机电设备硐室，应当采用砌碹或者其他可靠的方式支护，采区变电所应当用不燃性材料支护。

硐室必须装设向外开的防火铁门。铁门全部敞开时，不得妨碍运输。铁门上应当装设便于关严的通风孔。装有铁门时，门内可加设向外开的铁栅栏门，但不得妨碍铁门的开闭。

从硐室出口防火铁门起5 m内的巷道，应当砌碹或者用其他不燃性材料支护。硐室内必须设置足够数量的扑灭电气火灾的灭火器材。

井下中央变电所和主要排水泵房的地面标高，应当分别比其出口与井底车场或者大巷连接处的底板标高高出0.5 m。

硐室不应有滴水。硐室的过道应当保持畅通，严禁存放无关的设备和物件。

➢ 现场执行

（1）井下机电设备硐室设计应符合《井下机电设备硐室及设备安装技术标准》。

（2）为防止硐室发生电气火灾，支护方式采用砌碹等方式，支护材料选用不燃性材料，硐室必须装设符合要求的防火铁门，硐室两头分别设置2～4个合格的电气火灾灭火器和不少于0.2 m^3 的灭火砂，单个砂箱或砂袋质量不超10 kg。

（3）若机电设备硐室发生倒灌水，会引起电气设备失爆、接地、短路故障，造成全矿井停电，故井下中央变电所和主要排水泵房的地面标高，分别比其出口与井底车场或者大巷连接处的底板标高高出0.5 m，同时硐室内不应有滴水。

第四百五十七条　采掘工作面配电点的位置和空间必须满足设备安装、拆除、检修和运输等要求，并采用不燃性材料支护。

➢ 现场执行

（1）配电点一般应设置在专用硐室内，硐室的高度不低于2 m，硐室内各种设备与墙壁之间留出0.5 m以上的通道，各种设备相互之间留出0.8 m以上的通道，便于安装、拆除、检修作业。

（2）受条件所限，配电点也可设置在巷道一侧。但配电点不能占用人行道，影响行人。配电点电气设备最突出部分距轨道安全间隙不能小于500 mm。

（3）配电点硐室应采用锚喷支护方式，也可采用工字钢棚支护方式。

第四百五十八条　变电硐室长度超过6 m时，必须在硐室的两端各设1个出口。

➢ 现场执行

井下机电设备硐室必须设在进风流中，长度超过6 m时，必须在硐室两端各设一个出口。硐室内的宽度、高度应能满足运输最大设备时的尺寸要求。硐室内温度不能超过30 ℃；硐室内应有照明，照明间距为3 ~6 m。

第四百五十九条　硐室内各种设备与墙壁之间应当留出0.5 m以上的通道，各种设备之间留出0.8 m以上的通道。对不需从两侧或者后面进行检修的设备，可以不留通道。

➢ 现场执行

井下变电所、配电点硐室各类电气设备之间要留出足够的检修空间，便于人员检修操作。

第四百六十条　硐室入口处必须悬挂“非工作人员禁止入内”警示牌。硐室内必须悬挂与实际相符的供电系统图。硐室内有高压电气设备时，入口处和硐室内必须醒目悬挂“高压危险”警示牌。

硐室内的设备，必须分别编号，标明用途，并有停送电的标志。

➢ 现场执行

（1）机电硐室严禁闲杂人员进入，需进入硐室时，须有分管负责人批准。

（2）硐室内悬挂有供电系统图和设备布置图，能够明确说明设备控制范围。

（3）硐室设备必须编号管理，标明控制范围，防止误操作。

（4）设备上必须有与设备运行状态相对应的“运行”“热备”“冷备”“检修”状态标识牌及停送电时的标识牌。

第四节　输电线路及电缆

第四百六十一条　地面固定式架空高压电力线路应当符合下列要求：

（一）在开采沉陷区架设线路时，两回电源线路之间有足够的安全距离，并采取必要的安全措施。

（二）架空线不得跨越易燃、易爆物的仓储区域，与地面、建筑物、树木、道路、河流及其他架空线等间距应当符合国家有关规定。

（三）在多雷区的主要通风机房、地面瓦斯抽采泵站的架空线路应当有全线避雷设施。

（四）架空线路、杆塔或者线杆上应当有线路名称、杆塔编号以及安全警示等标志。

➢ 现场执行

（1）地面固定式架空高压电力线路架设应符合《电力安全工作规程发电厂和变电站电气部分》(GB 26860）及《矿山电力设计标准》(GB 50070）。根据《矿山电力设计标准》(GB 50070)，当条件限制必须通过沉陷区时，应减少通过沉陷区的路段长度，并应使通过沉陷区两回电源线路之间有足够的安全距离和采取其他必要的安全措施；同杆（塔）架设的矿井电源线路不宜通过可能产生沉陷的地区和尚未稳定的沉陷地区。

（2）地面固定式架空高压电力线路各项安全距离应符合《66 kV及以下架空电力线路

设计规范》(GB 50061) 及《矿山电力设计标准》(GB 50070)。

(3) 在多雷区的主要通风机房、地面瓦斯抽采泵站的架空线路应根据《煤炭工业矿井防雷设计规范》(QX/T 150) 要求，全线架设避雷线。

(4) 架空线路、杆塔或者线杆上应根据《输电线路标志牌使用规范》对各类标志牌规范制作、规范安装。

第四百六十二条 在总回风巷、专用回风巷及机械提升的进风倾斜井巷（不包括输送机上、下山）中不应敷设电力电缆。确需在机械提升的进风倾斜井巷（不包括输送机上、下山）中敷设电力电缆时，应当有可靠的保护措施，并经矿总工程师批准。

溜放煤、矸、材料的溜道中严禁敷设电缆。

➢ 现场执行

(1) 煤矿电力电缆敷设应符合《矿山电力设计标准》(GB 50070) 及《井下电缆敷设技术标准》(Q/FKSG J06.03)。

(2) 下井电缆应敷设在副井井筒、进风巷或开凿专用的电缆巷道；在机械提升的进风的倾斜井巷（不包括输送机上、下山）中敷设电缆时，必须有可靠的安全措施，并符合以下要求：

① 不应设接头，需设接头时，必须用金属的接线盒保护壳，并可靠地接地；

② 短路、过负荷和检漏等保护应安装齐全，整定准确、动作灵敏可靠；

③ 保证电缆的敷设质量，并由专人负责对电缆接头、绝缘电阻、局部温升和电缆的吊挂等项进行检查；

④ 支护必须完好；

⑤ 纸绝缘电缆的接线盒应使用非可燃性充填物，在使用沥青绝缘充填物的电缆接线盒时在其接线盒 10 m 内的井巷中不得有易燃物；

⑥ 电缆应敷设在发生断绳跑车事故时，不易砸坏的场所或增设电缆沟槽、隔墙、以防砸坏电缆。

(3) 采区专用回风巷不得用于运输、安设电气设备，突出区不行人。

第四百六十三条 井下电缆的选用应当遵守下列规定：

(一) 电缆主线芯的截面应当满足供电线路负荷的要求。电缆应当带有供保护接地用的足够截面的导体。

(二) 对固定敷设的高压电缆：

1. 在立井井筒或者倾角为 45°及其以上的井巷内，应当采用煤矿用粗钢丝铠装电力电缆。

2. 在水平巷道或者倾角在 45°以下的井巷内，应当采用煤矿用钢带或者细钢丝铠装电力电缆。

3. 在进风斜井、井底车场及其附近、中央变电所至采区变电所之间，可以采用铝芯电缆；其他地点必须采用铜芯电缆。

(三) 固定敷设的低压电缆，应当采用煤矿用铠装或者非铠装电力电缆或者对应电压等级的煤矿用橡套软电缆。

（四）非固定敷设的高低压电缆，必须采用煤矿用橡套软电缆。移动式和手持式电气设备应当使用专用橡套电缆。

➢ **现场执行**

（1）井下电缆的选用应符合《矿用橡套软电缆》(GB/T 12972)、《煤矿用阻燃电缆》(MT 818)、《矿山电力设计标准》(GB 50070) 及《井下电缆敷设技术标准》(Q/FKSG J06. 03)。

（2）电缆主线芯的截面应在供电线路负荷计算的基础上进行选择。

（3）动力电缆未取得煤矿矿用产品安全标志的，属于“使用明令禁止使用或者淘汰的设备、工艺”重大事故隐患。

第四百六十四条　电缆的敷设应当符合下列要求：

（一）在水平巷道或者倾角在30°以下的井巷中，电缆应当用吊钩悬挂。

（二）在立井井筒或者倾角在30°及以上的井巷中，电缆应当用夹子、卡箍或者其他夹持装置进行敷设。夹持装置应当能承受电缆重量，并不得损伤电缆。

（三）水平巷道或者倾斜井巷中悬挂的电缆应当有适当的弛度，并能在意外受力时自由坠落。其悬挂高度应当保证电缆在矿车掉道时不受撞击，在电缆坠落时不落在轨道或者输送机上。

（四）电缆悬挂点间距，在水平巷道或者倾斜井巷内不得超过3 m，在立井井筒内不得超过6 m。

（五）沿钻孔敷设的电缆必须绑紧在钢丝绳上，钻孔必须加装套管。

第四百六十五条　电缆不应悬挂在管道上，不得遭受淋水。电缆上严禁悬挂任何物件。电缆与压风管、供水管在巷道同一侧敷设时，必须敷设在管子上方，并保持0.3 m以上的距离。在有瓦斯抽采管路的巷道内，电缆（包括通信电缆）必须与瓦斯抽采管路分挂在巷道两侧。盘圈或者盘“8”字形的电缆不得带电，但给采、掘等移动设备供电电缆及通信、信号电缆不受此限。

井筒和巷道内的通信和信号电缆应当与电力电缆分挂在井巷的两侧，如果受条件所限：在井筒内，应当敷设在距电力电缆0.3 m以外的地方；在巷道内，应当敷设在电力电缆上方0.1 m以上的地方。

高、低压电力电缆敷设在巷道同一侧时，高、低压电缆之间的距离应当大于0.1 m。高压电缆之间、低压电缆之间的距离不得小于50 mm。

井下巷道内的电缆，沿线每隔一定距离、拐弯或者分支点以及连接不同直径电缆的接线盒两端、穿墙电缆的墙的两边都应当设置注有编号、用途、电压和截面的标志牌。

➢ **现场执行**

（1）煤矿电力电缆悬挂应符合《矿山电力设计标准》(GB 50070) 及《井下电缆敷设技术标准》(Q/FKSG J06. 03) 规定。

（2）井下电缆悬挂标准。

① 电缆水平敷设时必须与巷道走向一致，垂直方向敷设时必须与地面成90°，即横平竖直。

② 电缆改变敷设方向时，要求成90°转弯，转弯处应有适宜的圆弧，同时满足铠装电缆弯曲半径不小于20倍电缆外径，橡套电缆弯曲半径不小于10倍电缆外径。

（3）电缆悬挂点的间距在水平巷道或倾斜巷道内不大于2 m，在立井井筒内不得超过6 m。

（4）悬挂高度符合下列要求（以下高度以电缆钩最下方为准）。

① 主要运输巷不低于1.6 m。

② 掘进与回采巷道平巷悬挂不低于1.6 m，放顶硐室及机电硐室处不低于1.8 m。

（5）悬挂应有适当的弛度，一般以电缆拉直后自然垂下为宜。

第四百六十六条 立井井筒中敷设的电缆中间不得有接头；因井筒太深需设接头时，应当将接头设在中间水平巷道内。

运行中因故需要增设接头而又无中间水平巷道可以利用时，可以在井筒中设置接线盒。接线盒应当放置在托架上，不应使接头承力。

➢ 现场执行

（1）立井敷设电缆应符合《煤矿井下供配电设计规范》（GB 50417）。

（2）立井下井电缆在井口井径处应预留电缆沟（洞），并应有防止地面水从电缆沟（洞）灌入井下的措施。

（3）立井下井电缆支架，宜固定在井壁上，支架间距不应超过6 m。斜井、平硐及大巷中的电缆悬挂点的间距不应超过3 m。

（4）电缆在立井井筒中不应有接头。若井筒太深必须有接头时，应将接头设在地面或井下中间水平巷道内（或井筒壁龛内），且不应使接头受力。每一接头处宜留8～10 m的余量，立井井筒中按电缆所经井筒深度的1.02倍计取。

（5）防爆高压电缆中间接头应采用压接方式。

（6）冷、热塑中间接线头必须是正规厂家生产的合格产品，并严格按照冷、热塑组件说明制作。外层必须有严密的防水、防潮、防外力碰撞能力。其接线应为外层铠装相连，芯线铜屏蔽层相连。

（7）非主要通风大巷及采掘工作地区，严禁使用热塑管绝缘工艺制作电缆接头，应采用冷塑管绝缘工艺制作电缆接头。

（8）中间接线盒两端应有牢固固定电缆的装置，外金属铠装层必须良好接地，芯线屏蔽层应连通。

第四百六十七条 电缆穿过墙壁部分应当用套管保护，并严密封堵管口。

➢ 现场执行

电缆穿过墙壁部分应当用材质坚硬、耐挤压的套管保护，应用防火堵泥对电缆套管的两端进行封堵，墙壁两侧电缆应有电缆指向标识。

第四百六十八条 电缆的连接应当符合下列要求：

（一）电缆与电气设备连接时，电缆线芯必须使用齿形压线板（卡爪）、线鼻子或者快速连接器与电气设备进行连接。

（二）不同型电缆之间严禁直接连接，必须经过符合要求的接线盒、连接器或者母线盒进行连接。

（三）同型电缆之间直接连接时必须遵守下列规定：

1. 橡套电缆的修补连接（包括绝缘、护套已损坏的橡套电缆的修补）必须采用阻燃材料进行硫化热补或者与热补有同等效能的冷补。在地面热补或者冷补后的橡套电缆，必须经浸水耐压试验，合格后方可下井使用。

2. 塑料电缆连接处的机械强度以及电气、防潮密封、老化等性能，应当符合该型矿用电缆的技术标准。

➢ 现场执行

1. 电缆连接

（1）电缆与电气设备连接时，电缆线芯必须使用齿形压线板（卡爪）、线鼻子或快速连接器与电气设备进行连接。

（2）不同型电缆之间必须经过接线盒、连接器或母线盒进行连接。

（3）同型橡套电缆的修补连接（包括绝缘、护套已损坏的橡套电缆的修补）必须采用阻燃材料进行硫化热补或与热补有同等效能的冷补。在地面热补或冷补后的橡套电缆，必须经浸水耐压试验，合格后方可下井使用。

（4）同型塑料电缆连接处的机械强度以及电气、防潮密封、老化等性能，应符合该型矿用电缆的技术标准。

2. 电气设备（接线盒）外部接线

（1）两台电气设备间距约 0.5 m（两台设备喇叭嘴间距），中间连接电缆应适度（以两喇叭嘴直线距离下垂 180 ±30 mm 左右为准）。

（2）凡有电缆压线板的电器，引入引出电缆必须用压线板压紧，但不得把电缆压扁。

（3）紧固件应齐全、完整、可靠。同一部分的螺母、螺栓其规格应要求一致。螺杆露出螺母一般为 1 ~3 丝。

（4）喇叭嘴压紧要有余量，余量不小于 1 mm，否则为失爆。线嘴应平行压紧，两压紧螺丝入口之差应不大于 5 mm，否则为不完好。

（5）隔爆接合面紧固螺栓应加装弹簧垫，用弹簧垫圈时其规格应与螺栓保持一致，紧固程度应以将其压平为合格。

（6）密封圈的分层侧在接线时，应向里；密封圈内径与电缆外径的配合为 ±1 mm；密封圈刀削后应整齐圆滑，不得出现锯齿状。

3. 电气设备（接线盒）内部接线

（1）电缆护套伸入电气设备（接线盒）器壁的长度为 5 ~15 mm，小于 5 mm 是失爆，大于 15 mm 为不完好。

（2）接线应整齐、紧固、导电良好、无毛刺。卡爪（或平垫圈）、弹簧垫（或双帽）齐全，使用线鼻子时可不用平垫圈。接线后，卡爪（或平垫圈）不压绝缘胶皮或其他绝缘物，芯线裸露距卡爪（或平垫圈）不大于 10 mm。

（3）接线腔地线长度应适宜，以松开线嘴卡兰拉动电缆后，三相火线拉紧或松脱，地线不掉为宜。接地螺栓、螺母、垫圈不允许涂绝缘物。

（4）接线柱螺丝、弹垫齐全和卡爪齐全，压线紧固。接线腔内清洁无杂物。

（5）防爆面清洁无杂物，无锈迹，光滑无伤痕，必须涂凡士林。

（6）当线嘴已全部压紧仍不能将密封圈压紧时，只能用一个厚度适当，不开口的金属圈来调整，不得填充其他杂物。

第五节　井下照明和信号

第四百六十九条　下列地点必须有足够照明：

（一）井底车场及其附近。

（二）机电设备硐室、调度室、机车库、爆炸物品库、候车室、信号站、瓦斯抽采泵站等。

（三）使用机车的主要运输巷道、兼作人行道的集中带式输送机巷道、升降人员的绞车道以及升降物料和人行交替使用的绞车道（照明灯的间距不得大于30 m，无轨胶轮车主要运输巷道两侧安装有反光标识的不受此限）。

（四）主要进风巷的交岔点和采区车场。

（五）从地面到井下的专用人行道。

（六）综合机械化采煤工作面（照明灯间距不得大于15 m）。

地面的通风机房、绞车房、压风机房、变电所、矿调度室等必须设有应急照明设施。

➢ 现场执行

（1）井下各地点固定照明单位面积安装功率及最小照度均匀系数应符合《煤矿井下供配电设计规范》(GB 50417）要求。井下固定照明网络电压损失应符合《煤矿井下供配电设计规范》要求。地面主要场所除照明外还应设有应急照明设施，当停电时应急照明设施启动。

（2）井下照明照度应当满足表3－10－1的要求。

表3－10－1　照　明　照　度

<table>
<tr><th>序</th><th>照明地点</th><th>照度值/lx</th><th>测量照度地点</th></tr>
<tr><td>1</td><td>主（中央）变电所</td><td>30</td><td rowspan="8">底板上0.8 m水平面</td></tr>
<tr><td>2</td><td>机电硐室</td><td>15</td></tr>
<tr><td>3</td><td>电机车库</td><td>30</td></tr>
<tr><td>4</td><td>爆破材料库发放室</td><td>15</td></tr>
<tr><td>5</td><td>翻车机硐室</td><td>15</td></tr>
<tr><td>6</td><td>信号站、调度室</td><td>50</td></tr>
<tr><td>7</td><td>候车室</td><td>20</td></tr>
<tr><td>8</td><td>保健站</td><td>75</td></tr>
<tr><td>9</td><td>主排水泵房</td><td>1520</td><td rowspan="5">底板水平面</td></tr>
<tr><td>10</td><td>井底车场巷道</td><td>15</td></tr>
<tr><td>11</td><td>运输巷道</td><td>5</td></tr>
<tr><td>12</td><td>巷道交岔点</td><td>10</td></tr>
<tr><td>13</td><td>专用人行道</td><td>5</td></tr>
</table>

第四百七十条 严禁用电机车架空线作照明电源。

➢ **现场执行**

电机车架空线为专用线路，电压应为 250 V 或 550 V。

架线电机车电源用轨道回流，轨道中直流漏电电流增加（杂散电流），应定期对杂散电流进行检测。

第四百七十一条 矿灯的管理和使用应当遵守下列规定：

（一）矿井完好的矿灯总数，至少应当比经常用灯的总人数多 10%。

（二）矿灯应当集中统一管理。每盏矿灯必须编号，经常使用矿灯的人员必须专人专灯。

（三）矿灯应当保持完好，出现亮度不够、电线破损、灯锁失效、灯头密封不严、灯头圈松动、玻璃破裂等情况时，严禁发放。发出的矿灯，最低应当能连续正常使用 11 h。

（四）严禁矿灯使用人员拆开、敲打、撞击矿灯。人员出井后（地面领用矿灯人员，在下班后），必须立即将矿灯交还灯房。

（五）在每次换班 2 h 内，必须把没有还灯人员的名单报告矿调度室。

（六）矿灯应当使用免维护电池，并具有过流和短路保护功能。采用锂离子蓄电池的矿灯还应当具有防过充电、过放电功能。

（七）加装其他功能的矿灯，必须保证矿灯的正常使用要求。

➢ **现场执行**

（1）矿灯备用数量应为矿灯完好数量的 10%，现场有记录，并定期检查其完好程度，矿灯完好率应为 100%，有故障维修后要有维修记录或更换记录。

（2）矿灯应集中管理，编号清晰，专人专灯，严禁混用。

（3）矿灯应保持完好，出现红灯、损坏等现象时严禁发放，应及时维修或更换，矿灯回收后应及时充电。

第四百七十二条 矿灯房应当符合下列要求：

（一）用不燃性材料建筑。

（二）取暖用蒸汽或者热水管式设备，禁止采用明火取暖。

（三）有良好的通风装置，灯房和仓库内严禁烟火，并备有灭火器材。

（四）有与矿灯匹配的充电装置。

➢ **现场执行**

矿灯房灭火器材符合使用规定、数量充足。充电装置与矿灯相匹配，有可靠充电稳压装置。

第四百七十三条 电气信号应当符合下列要求：

（一）矿井中的电气信号，除信号集中闭塞外应当能同时发声和发光。重要信号装置附近，应当标明信号的种类和用途。

（二）升降人员和主要井口绞车的信号装置的直接供电线路上，严禁分接其他负荷。

➢ **现场执行**

（1）正常提升运输信号规定为：1 声停车；2 声提升；3 声下降；4 声慢速提升；5 声慢速下降。

（2）信号发送要准确、清晰、响亮，应声光具备，严格按规定信号发送。

（3）开车信号发出后，非特殊情况，不准废除。如必须改变信号时，应先发送停车信号，先联系好后，才准许改发信号。

（4）开车信号发出后，信号工应手不离停车信号按钮，时刻观察提升系统运行情况，注意监听声响，发现异常情况应立即发出停车信号，待查明原因处理后，方可重新发出信号。

（5）信号装置可能出现异常现象，及时汇报处理，严禁带病运行。

（6）当提升机连续停止运行 6 h 以上或事故检修后，信号工必须对所有的信号装置和通信装置进行全面检查、试验。在确认一切正常后，方准发送开车信号。

（7）非紧急情况不准使用紧急停车信号。

第四百七十四条 井下照明和信号的配电装置，应当具有短路、过负荷和漏电保护的照明信号综合保护功能。

➢ 现场执行

（1）照明信号综合保护装置应根据实际电压进行整定计算。

（2）照明信号综合保护装置应每班进行 1 次保护性能试验。

第六节 井下电气设备保护接地

第四百七十五条 电压在 36 V 以上和由于绝缘损坏可能带有危险电压的电气设备的金属外壳、构架，铠装电缆的钢带（钢丝）、铅皮（屏蔽护套）等必须有保护接地。

➢ 现场执行

将因绝缘破坏而带电的金属外壳或构架同接地体之间做良好的电气连接，称为保护接地。保护接地是漏电保护的后备保护，它可以将设备上的故障电压限制在安全范围内。实践表明：人体触及 36 V 以上带电导体时会引起人身伤害，甚至引发触电事故。

（1）变压器的接地。应将高、低压侧的铠装电缆的钢带、铅皮用连接导线分别接到变压器外壳上的专供接地的螺钉上；如用橡套电缆时，将电缆的接地芯线接到进出线装置的内接地端子上，然后将变压器外壳的接地螺钉用连接导线接到接地母线（或辅助接地母线）上。

（2）电动机的接地。可直接将其外壳的接地螺钉接到接地母线（或辅助接地母线）上。橡套电缆应将专用接地芯线与接线箱（盒）内接地螺钉连接。如用铠装电缆时，应将端头的铠装钢带（钢丝）、铅皮同外壳的接地螺钉连接。禁止把电动机的底脚螺栓当作外壳的接地螺钉使用。

（3）高压配电装置的接地。应将各进、出口的电缆头接地部分（铠装层、铅皮层或接地芯线头）分别用独立的连接导线连接到配电装置的接地螺钉上，然后用连接导线将进口电缆头接地螺钉与底架接地螺钉相连接，最后连接到接地母线（或辅助接地母线）上。

（4）井下各机电硐室、各采区变电所（包括移动变电站和移动变压器）及各配电点的电气设备的接地。除通过电缆的铠装层、屏蔽套或接地芯线与总接地网相连外，还必须设置辅助接地母线。其所有设备的外壳都要用独立的连接导线接到辅助接地母线上。辅助接地母线还必须用接地导线与局部接地极连接。

（5）电缆接线盒的接地。应将接线盒上的接地螺钉直接用接地导线与局部接地极相连接。接线盘两端的铠装电缆的接地，要用绑扎方法或用特备的镀锌卡环通过与接地导线相连接的连接导线把两端电缆的铅皮层和钢带（钢丝）层连接起来。在接线盒处能采用铅封的尽量铅封，其接线盒仍按照上述方法接地。接线盒两端电缆头的钢带层和铅皮层用连接导线绑扎或用铁卡环卡紧时，应沿电缆轴向把铅皮二等或三等分割开并倒翻180°，把铅皮紧贴在钢带上，铅皮与钢带接触处应打磨光洁。铁卡环的宽度不得小于30 mm。如用裸铜线绑扎时，沿电缆轴向绑扎长度不得小于50 mm。

（6）移动电气设备的接地，是利用橡套电缆的接地芯线实现的。接地芯线的一端和移动电气设备进线装置内的接地端子相连，另一端和起动器出线装置中的接地端子相连。接地芯线和接地端子相连时，应使接地芯线比主芯线长一些，以免使接地芯线承受机械拉力。起动器外壳应与总接地网或局部接地极相连。

（7）移动变电站的接地。应先将高、低压侧橡套电缆的接地芯线分别接到进线装置的内接地端子上，用连接导线将高压侧电缆引入装置上的外接地端子与高压开关箱的外接地端子连接牢固；再将高、低压侧开关箱和干式变压器上的外接地螺钉分别用独立的连接导线接到接地母线（或辅助接地母线）上。

第四百七十六条 任一组主接地极断开时，井下总接地网上任一保护接地点的接地电阻值，不得超过2 Ω。每一移动式和手持式电气设备至局部接地极之间的保护接地用的电缆芯线和接地连接导线的电阻值，不得超过1 Ω。

➢ 现场执行

接地电网接地电阻测定每季度1次，新安装的电气设备接地电阻在投入运行前要进行测定。

第四百七十七条 所有电气设备的保护接地装置（包括电缆的铠装、铅皮、接地芯线）和局部接地装置，应当与主接地极连接成1个总接地网。

主接地极应当在主、副水仓中各埋设1块。主接地极应当用耐腐蚀的钢板制成，其面积不得小于0.75 m^2、厚度不得小于5 mm。

在钻孔中敷设的电缆和地面直接分区供电的电缆，不能与井下主接地极连接时，应当单独形成分区总接地网，其接地电阻值不得超过2 Ω。

➢ 现场执行

（1）安装主接地极时，应保证接地母线和主接地极连接处不承受较大拉力，并应设有便于取出主接地极进行检查的牵引装置。

（2）井下变压器、电动机、高压配电装置、电缆接线盒、移动电气设备、移动变电站等所有需要接地的设备，均通过接地用的连接导线直接与接地母线（或辅助接地母线）或铠装电缆的钢带（钢丝）、铅皮套或橡套（塑料）电缆的接地芯线（或接地护套）相连接。而接地母线（或辅助接地母线）与连接在一起的所有电缆的接地部分，又均通过各接地导线同各局部接地极相连接，最后都直接汇接到主接地极上，从而构成一个全矿井内完整的不间断的总接地网。

第四百七十八条 下列地点应当装设局部接地极：

（一）采区变电所（包括移动变电站和移动变压器）。

（二）装有电气设备的硐室和单独装设的高压电气设备。

（三）低压配电点或者装有3台以上电气设备的地点。

（四）无低压配电点的采煤工作面的运输巷、回风巷、带式输送机巷以及由变电所单独供电的掘进工作面（至少分别设置1个局部接地极）。

（五）连接高压动力电缆的金属连接装置。

局部接地极可以设置于巷道水沟内或者其他就近的潮湿处。

设置在水沟中的局部接地极应当用面积不小于0.6 m^2、厚度不小于3 mm的钢板或者具有同等有效面积的钢管制成，并平放于水沟深处。

设置在其他地点的局部接地极，可以用直径不小于35 mm、长度不小于1.5 m的钢管制成，管上至少钻20个直径不小于5 mm的透孔，并全部垂直埋入底板；也可用直径不小于22 mm、长度为1 m的2根钢管制成，每根管上钻10个直径不小于5 mm的透孔，2根钢管相距不得小于5 m，并联后垂直埋入底板，垂直埋深不得小于0.75 m。

➢ **现场执行**

（1）定期向钢管里加灌盐水，以降低接地电阻值。

（2）每年至少要对局部接地极详细检查一次，并测其接地电阻值。其中浸在水沟中的局部接地极应提出水面检查，如发现接触不良或严重锈蚀等缺陷，应立即处理或更换，矿井水含酸性较大时，应适当增加检查的次数。

第四百七十九条 连接主接地极母线，应当采用截面不小于50 mm^2的铜线，或者截面不小于100 mm^2的耐腐蚀铁线，或者厚度不小于4 mm、截面不小于100 mm^2的耐腐蚀扁钢。

电气设备的外壳与接地母线、辅助接地母线或者局部接地极的连接，电缆连接装置两头的铠装、铅皮的连接，应当采用截面不小于25 mm^2的铜线，或者截面不小于50 mm^2的耐腐蚀铁线，或者厚度不小于4 mm、截面不小于50 mm^2的耐腐蚀扁钢。

➢ **现场执行**

（1）连接导线如果采用铜线，铜线两端必须压铜线鼻子，微留余量，连接点应垂直。

（2）连接导线如果采用镀锌扁钢，镀锌扁钢应垂直连接，折弯部分应90°弯曲，必须保证镀锌扁钢平直，压接牢固。镀锌扁钢之间的连接，必须采用两条M12 mm的镀锌螺栓连接。

（3）接地芯线和接地端子相连时，接地芯线比主芯线长一些，以免使接地芯线受到机械力。

（4）严禁采用铝导体作为接地极、接地母线、辅助接地母线、连接导线和接地导线。

第四百八十条 橡套电缆的接地芯线，除用作监测接地回路外，不得兼作他用。

➢ **现场执行**

（1）橡套电缆的接地芯线，只能作为监测接地回路使用，紧固螺栓必须牢固可靠。

（2）接地芯线必须长于其他三相电源线的20 mm，预防其中一相电源线受外力拔脱时的漏电故障发生。

第七节　电气设备、电缆的检查、维护和调整

第四百八十一条　电气设备的检查、维护和调整，必须由电气维修工进行。高压电气设备和线路的修理和调整工作，应当有工作票和施工措施。

高压停、送电的操作，可以根据书面申请或者其他联系方式，得到批准后，由专责电工执行。

采区电工，在特殊情况下，可对采区变电所内高压电气设备进行停、送电的操作，但不得打开电气设备进行修理。

➢ **现场执行**

（1）电气维修工、专职电工应经过培训考试合格并持有效证件。

（2）高压电气设备和线路的修理和调整工作，必须按照《国家电网公司电力安全工作规程》执行，严格执行“工作票、操作票”制度。

（3）高压停送电操作基本要求：停电拉闸操作应按照断路器（开关)—负荷侧隔离开关（刀闸)—电源侧隔离开关（刀闸）的顺序依次进行，送电合闸操作应按与上述相反的顺序进行。

第四百八十二条　井下防爆电气设备的运行、维护和修理，必须符合防爆性能的各项技术要求。防爆性能遭受破坏的电气设备，必须立即处理或者更换，严禁继续使用。

➢ **现场执行**

1. 电气设备的隔爆性能

（1）隔爆接合面的缺陷或机械伤痕，将其伤痕两侧高于无伤表面的凸起部分磨平后，不得超过下列规定：隔爆面上对局部出现的直径不大于1 mm，深度不大于2 mm的砂眼，在40、25、15 mm宽的隔爆面上，每1 cm^2 不得超过5个；10 mm宽的隔爆面上，不得超过2个。产生的机械伤痕，宽度与深度不大于0.5 mm，其长度应保证剩余无伤隔爆面的有效长度不小于规定长度的2/3。

（2）隔爆接合面不得有锈蚀及油漆，应涂防锈油或磷化处理。

（3）用螺栓固定的隔爆接合面，其紧固程度应以压平弹簧垫圈不松动为合格。

（4）观察窗孔胶封及透明良好，无破损、无裂纹。

2. 进线嘴的连接紧固与密封

（1）接线后紧固件的紧固程度以抽拉电缆不窜动为合格。线嘴压紧应有余量，线嘴与密封圈之间应加金属垫圈。压叠式线嘴压紧电缆后的压扁量不超过电缆直径的10%。

（2）密封圈内径与电缆外径差应不小于1 mm。密封圈外径与进线装置内径差：密封圈外径大于60 mm时，误差小于或等于2 mm；密封圈外径为20～60 mm时，误差小于或等于1.5 mm；密封圈外径小于或等于20 mm时；误差小于或等于1 mm。密封圈宽度应大于电缆外径的0.7倍，但必须大于10 mm；厚度应大于电缆外径的0.3倍，但必须大于

4 mm。密封圈无破损，不得割开使用。电缆与密封圈之间不得包扎其他物体。

（3）电缆护套穿入进线嘴长度一般为 5 ~ 15 mm。当电缆太粗穿不进时，可将穿入部分锉细。

（4）低压隔爆开关空闲的接线嘴应用密封圈及厚度不小于 2 mm 的钢垫圈压紧。其紧固程度：螺旋线嘴用手拧紧为合格；压叠式线嘴用手抓不动为合格；钢垫板应置于密封圈的外面。

3. 接线装置

（1）绝缘座完整无裂纹。

（2）接线螺栓和螺母的螺纹无损伤，无放电痕迹，接线零件齐全，有卡爪、弹簧垫、背帽等。

（3）接线整齐、无毛刺，卡爪不压绝缘胶皮或其他绝缘物，也不得压或接触屏蔽层。

（4）隔爆开关的电源、负荷引入装置不得颠倒使用。

第四百八十三条 矿井应当按表 17 的要求对电气设备、电缆进行检查和调整。

表 17 电气设备、电缆的检查和调整

项目	检查周期	备注
使用中的防爆电气设备的防爆性能检查	每月 1 次	每日应当由分片负责电工检查 1 次外部
配电系统断电保护装置检查整定	每 6 个月 1 次	负荷变化时应当及时整定
高压电缆的泄漏和耐压试验	每年 1 次	
主要电气设备绝缘电阻的检查	至少 6 个月 1 次	
固定敷设电缆的绝缘和外部检查	每季 1 次	每周应当由专职电工检查 1 次外部和悬挂情况
移动式电气设备的橡套电缆绝缘检查	每月 1 次	每班由当班司机或者专职电工检查 1 次外皮有无破损
接地电网接地电阻值测定	每季 1 次	
新安装的电气设备绝缘电阻和接地电阻的测定		投入运行以前

检查和调整结果应当记入专用的记录簿内。检查和调整中发现的问题应当指派专人限期处理。

➢ **现场执行**

接地电阻应每季检查一次并做好记录备查和对比。

第八节 井下电池电源

第四百八十四条 井下用电池（包括原电池和蓄电池）应当符合下列要求：

（一）串联或者并联的电池组保持厂家、型号、规格的一致性。

（二）电池或者电池组安装在独立的电池腔内。

（三）电池配置充放电安全保护装置。

➢ **现场执行**

（1）井下用电池包括原电池和蓄电池，应用于煤矿井下各种设备中，为设备提供工作电源或备用电源。

电池一般由外壳、正负极、隔膜和电解质等组成。其中，电解质包括酸性、碱性无机物电解质和有机物电解质。

（2）电池充放电安全保护装置包括过充电、过放电、过流、温度等。

第四百八十五条 使用蓄电池的设备充电应当符合下列要求：

（一）充电设备与蓄电池匹配。

（二）充电设备接口具有防反向充电保护措施。

（三）便携式设备在地面充电。

（四）机车等移动设备在专用充电硐室或者地面充电。

（五）监控、通信、避险等设备的备用电源可以就地充电，并有防过充等保护措施。

➢ 现场执行

使用蓄电池的设备充电应注意以下方面。

（1）蓄电池组电压、电容量等参数应与充电设备的最大牵引力等参数匹配。

（2）每次充电前应对电源装置进行检查，发现问题及时处理。

（3）充电设备的两极不得接反（设备的正极接电池的正极，设备的负极接电池的负极），应具有防反向充电保护措施。

（4）连接线与极柱不得有过热或松动现象。

（5）充电过程中，要监视充电设备的运行情况，遇有不正常现象立即停充，待处理后再充电。

（6）监控、通信、避险等设备的备用电源可以就地充电，由于备用电源过度充电时，会因温度上升而导致内压上升，因此备用电源应配备充放电安全保护装置。

第四百八十六条 禁止在井下充电硐室以外地点对电池（组）进行更换和维修，本安设备中电池（组）和限流器件通过浇封或者密闭封装构成一个整体替换的组件除外。

➢ 现场执行

（1）电池（组）的更换和维修应符合《电力系统用蓄电池直流电源装置运行与维护技术规程》（DL/T 724）、《直流电源系统检修规范》等标准，由于在更换和维修过程中因化学反应产生大量氢气，易危害人体健康和氢气爆炸，所以禁止在井下充电硐室以外地点对电池（组）进行更换和维修。

（2）井下专用充电硐室必须有独立的通风系统，回风风流应引入回风巷，且井下充电硐室风流中和局部积聚处的氢气浓度不得超过0.5%。

第十一章 监控与通信

第一节 一般规定

第四百八十七条 所有矿井必须装备安全监控系统、人员位置监测系统、有线调度通信系统。

➢ 现场执行

（1）矿井必须安装煤矿安全监控系统，依据《煤矿安全监控系统及检测仪器使用管理规范》（AQ 1029）规定安设各类传感器，实现瓦斯超限声光报警、断电闭锁和掘进工作面停风断电闭锁。

煤矿安全监控系统不健全、装备不可靠、不具备断电功能或该设未设的采掘工作面不得生产。

（2）矿井必须安装人员位置监测系统，严格按照规定安设读卡分站，监测井下人员位置，包括携卡人员出/入井时刻、重点区域出/入时刻、限制区域出/入时刻、工作时间、井下和重点区域人员数量、井下人员活动路线等。矿井人员位置监测系统未安装或者不能正常运行的不得生产。

（3）矿井必须安装有线调度通信系统，有线调度通信系统应按照相关要求进行系统选型、安装、使用、维护与管理。

（4）井下监控设备的完好率为100%，有监控设备台账，传感器、分站备用量不少于应配备数量的20%，待修率不超过20%。

（5）“矿井未安装安全监控系统、人员位置监测系统或者系统不能正常运行，以及对系统数据进行修改、删除及屏蔽”属于重大事故隐患。

“系统不能正常运行”，是指安全监控系统、人员位置监测系统因故障不能发挥应有监控、监测作用，未及时处理故障，且未按照《煤矿安全规程》第四百九十二条第三款要求采用人工监测等补救安全措施，并填写故障记录的。

第四百八十八条 编制采区设计、采掘作业规程时，必须对安全监控、人员位置监测、有线调度通信设备的种类、数量和位置，信号、通信、电源线缆的敷设，安全监控系统的断电区域等做出明确规定，绘制安全监控布置图和断电控制图、人员位置监测系统图、井下通信系统图，并及时更新。

每3个月对安全监控、人员位置监测等数据进行备份，备份的数据介质保存时间应当不少于2年。图纸、技术资料的保存时间应当不少于2年。录音应当保存3个月以上。

➢ 现场执行

（1）安全监测监控系统一般选用工控微型计算机或普通微型计算机、双机或多机备份。主机主要用来接收监测信号、校正、报警判别、数据统计、磁盘存储、显示、声光报警、人机对话、输出控制、控制打印输出与管理网络连接等。

煤矿企业在采区设计、采掘作业规程和安全技术措施中，必须对安全监控设备使用做出明确说明，其中包括文字说明和绘制布置图。图上需要标明传感器、声光报警器、断电器、分站等设备的位置、断电范围、传输电缆，以及有关通风设施、风流方向、风量等。

（2）矿井安全监测队（班组）负责监测设备的安装、维护和使用，并绘制安全监控布置图和断电控制图。

（3）矿井安全监测队（班组）应建立以下安全监控台账及报表：安全监控仪器台账；安全监控系统故障登记表；检修记录；巡检记录；传感器调校记录；中心站运行日志；安全监控日报；报警断电记录月报；甲烷超限断电闭锁和甲烷风电闭锁功能测试记录；安全监控仪器使用情况月报等。

安全监控系统和网络中心应每3个月对数据进行备份，备份的数据介质保存时间不少于2年。图纸、技术资料的保存时间应不少于2年。

（4）安全测控布置图和断电控制图要根据采掘工作面的变化情况及时修改。布置图应标明传感器、声光报警器、断电控制器、分站、电源、中心站等设备的位置、接线、断电范围、报警值、断电值、复电值、传输电缆、供电电缆等；断电控制图应标明甲烷传感器、馈电传感器和分站的位置、断电范围，被控开关的名称和编号，被控开关的断电接点和编号。

第四百八十九条 矿用有线调度通信电缆必须专用。严禁安全监控系统与图像监视系统共用同一芯光纤。矿井安全监控系统主干线缆应当分设两条，从不同的井筒或者一个井筒保持一定间距的不同位置进入井下。

设备应当满足电磁兼容要求。系统必须具有防雷电保护，入井线缆的入井口处必须具有防雷措施。

系统必须连续运行。电网停电后，备用电源应当能保持系统连续工作时间不小于2 h。

监控网络应当通过网络安全设备与其他网络互通互联。

安全监控和人员位置监测系统主机及联网主机应当双机热备份，连续运行。当工作主机发生故障时，备份主机应当在5 min内自动投入工作。

当系统显示井下某一区域瓦斯超限并有可能波及其他区域时，矿井有关人员应当按瓦斯事故应急救援预案切断瓦斯可能波及区域的电源。

安全监控和人员位置监测系统显示和控制终端、有线调度通信系统调度台必须设置在矿调度室，全面反映监控信息。矿调度室必须24 h有监控人员值班。

➢ 现场执行

（1）煤矿安全监控设备之间必须使用专用阻燃电缆或光缆连接，严禁与电话线或动力电缆共用。防爆型煤矿安全监控设备之间的输入、输出信号必须为本质安全型信号。

（2）安全监控系统的主机双机热备，连续运行，当工作主机发生故障时，备用主机应在60 s内自动投入工作；中心站应双回路供电并配备不小于4 h在线式不间断电源；站内设备应有可靠的接地和防雷装置，监控使用录音电话，录音保存3个月以上。

（3）每月检查供电线路及UPS备用电源性能，减少因供电原因而造成的数据中断。

（4）安全监控系统联网主、备机必须装备防火墙等网络安全设备，严禁安装与安全监控无关的软件或程序，监控系统中心站值班人员严禁登录与监控系统无关的网站。运行的主机在受到病毒侵害时，应首先查明原因，受病毒侵害的主机上数据文件不得拷贝到备用机上，以防备用主机再次受病毒感染，影响正常使用。

（5）监控中心站主、备机切换时，要预先检查备用机，由熟悉安全监控系统软件的技术人员进行切换，保证监控数据的连续性。增加或修改测点配置定义时，必须严格按传感器类型及技术指标要求定义，并指定专人进行操作。

（6）为保证矿井有线调度通信系统的可靠性、本质安全防爆性能、矿井有线调度通信电缆必须专用，一般是从地面机房的直接布置有线调度通信电缆经过井口的防雷电装置后再布置到井下的调度电话的使用地点。

（7）为了保证矿井安全监控系统的实时性，严禁安全监控系统与图像监视系统共用同一芯光纤。为了提高矿井安全监控系统的抗故障能力，矿井安全监控系统主干线缆应当分设两条，从不同的井筒或者一个井筒保持一定间距的不同位置进入井下。

（8）为了提高系统抗干扰能力，减少对其他设备的干扰，设备应当满足电磁兼容要求，为防止雷电造成设备损坏、影响系统正常工作，系统必须具有防雷电保护，入井线缆的入井口处必须有防雷措施。如果入井线缆无防雷电防护，一旦遭受雷击，雷电流沿着金属导线，侵入各种设备，将会对电子电气设备甚至人员造成极大的危害，还可能造成长时间不能投入正常的生产，使煤矿蒙受更大的经济损失。所以，对安全监测监控系统进行雷电防护是非常重要的。

（9）要求系统 24 h 不间断运行，是矿井各项参数正常上传的保障。所以地面监控中心站应双回路供电并配备不小于 8 h 在线式不间断电源，当一回路停电后，另一回路能够负担监控中心站的全部负荷。当电网停电（双回路全部停电）后，地面监控中心站应自动切换为在线式不间断电源供电，在线式不间断电源的备用电池供电时间应不少于 8 h，井下分站也要有备用电池，保证分站的正常工作时间不小于 4 h。为保证地面中心站在线式不间断电源的正常使用，应每天检查供电线路及 UPS 性能指标，定期进行电源切换试验，减少因供电原因而造成的数据中断。

（10）为避免瓦斯爆炸事故的发生，当安全监控系统显示井下某一区域瓦斯超限并有可能波及其他区域时，一般是安全监控系统值机人员发现或者矿井瓦斯预警平台发出报警信息，矿井有关人员应当按照瓦斯事故应急救援预案切断瓦斯可能波及区域的电源，一般是调度值班人员指挥现场电工进行操作或者进行远程控制。

第二节 安 全 监 控

第四百九十条 安全监控设备必须具有故障闭锁功能。当与闭锁控制有关的设备未投入正常运行或者故障时，必须切断该监控设备所监控区域的全部非本质安全型电气设备的电源并闭锁；当与闭锁控制有关的设备工作正常并稳定运行后，自动解锁。

安全监控系统必须具备甲烷电闭锁和风电闭锁功能。当主机或者系统线缆发生故障时，必须保证实现甲烷电闭锁和风电闭锁的全部功能。系统必须具有断电、馈电状态监测和报警功能。

➤ **现场执行**

（1）安全监控系统必须具备故障闭锁、甲烷电闭锁和风电闭锁三种闭锁功能。闭锁功能测试方法如下。

① 测试故障闭锁功能。常用方法是将安全监控的相关传感器的小线拔掉，安全监控系统实现断电并闭锁，重新插上小线后，闭锁自动解除。

② 测试甲烷电闭锁功能。常用方法是标准气瓶流量计出口用橡胶软管连接甲烷传感器气室，打开气瓶阀门，通入标准瓦斯气体，当甲烷传感器的测量值达到断电浓度后，安全监控系统实现断电并闭锁，测试结束，关闭气瓶阀门，当甲烷传感器的测量值达到复电浓度后，闭锁自动解除。

③ 测试风电闭锁功能。常用方法是将风筒传感器的状态由“有风”变为“无风”或将局部通风机的开停传感器由“开”变为“停”，安全监控系统实现断电并闭锁，当风筒传感器的状态由“无风”变为“有风”或将局部通风机的开停传感器由“停”变为

“开”后，闭锁自动解除。

（2）当井下安全监控设备发生故障时，有可能对井下各类灾害气体的状态、浓度不能准确检测或状态误报，比如甲烷传感器、风筒传感器或监控分站发生故障时，不能及时发现瓦斯超限和掘进工作面停风，此外，如不故障闭锁，当瓦斯超限时，不能及时断电。

基于此，井下当与闭锁控制有关的设备未投入正常运行或发生传感器、分站断线等故障时，必须切断该监控设备所控制区域的全部非本质安全型电气设备的电源并闭锁。安全监控设备的故障闭锁功能主要是由软件来实现的。当与闭锁控制有关的设备工作正常并稳定运行后，自动解锁。

（3）当瓦斯超限或掘进工作面停风时，必须快速、可靠切断相关区域电源。因此，甲烷电闭锁和风电闭锁功能必须是通过传感器、监控分站、断电器等现场监控设备共同完成的，当主机或系统线缆故障时，也不会影响甲烷电闭锁和风电闭锁功能。所以监控分站在与监控中心站之间通信中断的情况下，也不影响甲烷电闭锁和风电闭锁的功能。

（4）为了防止因电缆中断、设备安装错误或设备故障，造成系统发出错误断电指令后，被控区域不能及时断电，系统需监测被控设备断电和馈电状态，异常时发出报警。比如被控设备的馈电状态是有电，同时系统发出了断电命令，此时就会出现馈电异常报警，或者是被控设备的馈电状态是无电，同时系统发出了复电命令，此时也会出现馈电异常报警。

第四百九十一条　*安全监控设备的供电电源必须取自被控开关的电源侧或者专用电源，严禁接在被控开关的负荷侧。*

安装断电控制系统时，必须根据断电范围提供断电条件，并接通井下电源及控制线。

改接或者拆除与安全监控设备关联的电气设备、电源线和控制线时，必须与安全监控管理部门共同处理。检修与安全监控设备关联的电气设备，需要监控设备停止运行时，必须制定安全措施，并报矿总工程师审批。

➢ 现场执行

（1）专用电源一般指的是从中央变电所或采区变电所内引出的一路专门用于为安全监控设备供电的动力电源。

（2）安全监控分站电源箱是将交流电网电源转换为安全监控分站所需的本质安全型直流电源，并具有维持电网停电后正常供电不小于 4 h 的蓄电池，也就是说当电网停电后，保证监控分站能够对甲烷、风速、风压、一氧化碳、主要通风机、局部通风机开停、风筒状态等监控量继续监控。

（3）安装断电控制系统时，一般由通风管理部门确定断电范围，安全监控管理或机电部门必须根据断电范围要求，提供断电条件，绘制该区域内的断电控制图，图上标明电气设备的具体位置。使用单位和机电部门应根据断电范围要求接通井下电源及控制线，在连接时必须有安全监测人员在场监护，完成接线后，进行闭锁功能测试，测试合格后才允许投入使用。通防部门绘制该区域的安全监控布置图，在图上标明分站、各种传感器、电源、断电器的位置，并说明断电范围。

（4）拆除或改接与安全监控设备关联的电气设备、电源线和控制线、检修与安全监控设备关联的电气设备、需要安全监控设备停止运转时，须报告矿调度室和安全监控管理或机电部门，并制定安全措施报矿总工程师审批后由监测班组实施，杜绝无计划的停电。

（5）安全监控设备以及所有传感器使用前和大修后，应按产品使用说明书的要求测试、调校合格，并在地面试运行 24 ~ 48 h 方能下井，严禁不合格的仪器下井使用。

第四百九十二条　安全监控设备必须定期调校、测试，每月至少 1 次。

采用载体催化元件的甲烷传感器必须使用校准气样和空气气样在设备设置地点调校，便携式甲烷检测报警仪在仪器维修室调校，每 15 天至少 1 次。甲烷电闭锁和风电闭锁功能每 15 天至少测试 1 次。可能造成局部通风机停电的，每半年测试 1 次。

安全监控设备发生故障时，必须及时处理，在故障处理期间必须采用人工监测等安全措施，并填写故障记录。

➢ 现场执行

（1）安全监控设备使用时，受到环境因素和自然条件的影响会发生故障，特别是测量用传感器中的传感元件受检测原理的限制，其使用寿命随使用时间而衰减，灵敏度下降。

监测班组必须定期调校、测试安全监控设备。

（2）安全监控设备的调校、测试应按下列要求进行：安全监控设备每月调试、校正 1 次；采用催化元件的甲烷传感器必须使用校准气样和空气气样在设备设置地点调校，便携式甲烷检测报警仪在仪器维修室调校，每 15 天至少 1 次，采用激光原理的甲烷传感器等，每 6 个月至少调校一次或按照说明书要求的调校周期调校，并建立调校记录。

（3）低浓度载体催化式甲烷传感器调校方法：调校时，首先使用空气样调校零点，空气样充气持续时间必须大于 90 s，范围控制在 0 ~ 0. 03% CH_4 之内。使用 1% ~2% 的标准气样调校报警点和断电点，甲烷传感器显示值超过报警值和断电值后，调节流量控制阀把通气流量控制在 200 mL/min；待传感器测量值稳定显示，调整甲烷传感器的显示值与校准气体浓度值一致并稳定显示，持续时间大于 90 s；保存调校信息，调校结束。

（4）除甲烷以外的其他气体监控设备应采用空气样和标准气样按产品说明书进行调校。风速传感器选用经过标定的风速计调校。温度传感器选用经过标定的温度计调校。其他传感器和便携式检测仪器也应按使用说明书要求定期调校。

（5）安全监控设备的调校包括零点、显示值、报警点、断电点、复电点、控制逻辑等。

（6）为保证井下甲烷浓度超标或局部供风地点风机故障时能将控制范围内全部非本质安全型电气设备断电，安全监控系统必须具备甲烷电闭锁和风电闭锁功能。每 15 天至少对甲烷超限断电闭锁和甲烷风电闭锁功能进行一次测试，确保甲烷电闭锁和风电闭锁功能正常运行。采用激光原理的甲烷传感器调校周期变长，但是甲烷超限断电闭锁和甲烷风电闭锁功能测试周期不变仍然是每 15 天至少测试一次。

（7）可能造成局部通风机停电的，每半年测试 1 次。测试该项功能时，如果掘进工作面局部通风机处于停止状态，掘进工作面或回风流甲烷传感器监测瓦斯浓度大于 3. 0% ，对局部通风机进行闭锁使之不能启动，工作面或回风流甲烷传感器监测瓦斯浓度低于 1. 5% 时，自动解锁；如果掘进工作面局部通风机处于运行状态，掘进工作面或回风流甲烷传感器监测瓦斯浓度大于3.0%，不能闭锁该局部通风机。

（8）必须提前制定处理安全监控设备常见故障期间的安全措施，报矿总工程师审批，当安全监控设备发生故障时，必须及时按照制定的安全措施进行处理，必须采用人工监测等安全措施，并填写故障记录，甲烷传感器故障必须在8 h内处理完毕，其他故障必须在24 h内处理完毕。

（9）甲烷传感器未调校或者未按规定周期调校的，采取堵塞、包裹或风吹甲烷传感器进气口，或者故意不按规定位置悬挂甲烷传感器等方式，造成甲烷传感器失效的，属于“未按照国家规定安设、调校甲烷传感器，人为造成甲烷传感器失效，或者瓦斯超限后不能报警、断电或者断电范围不符合国家规定的”重大事故隐患。

第四百九十三条　*必须每天检查安全监控设备及线缆是否正常，使用便携式光学甲烷检测仪或便携式甲烷检测报警仪与甲烷传感器进行对照，并将记录和检查结果报矿值班员；当两者读数差大于允许误差时，应以读数较大者为依据，采取安全措施并必须在8 h内对2种设备调校完毕。*

➤ **现场执行**

（1）井下安全监测工必须24 h值班，每天检查煤矿安全监控系统及电缆的运行情况。使用便携式甲烷检测报警仪或光学瓦斯检查仪与甲烷传感器进行对照，并将记录和检查结果报地面中心站值班员。

（2）“允许误差”是指采用甲烷传感器的基本误差，即在正常试验条件下确定的传感器测量误差值。例如，载体催化式甲烷传感器的基本误差为：0～1.00% CH_4，±0.10%（绝对误差）CH_4；1.00%～3.00% CH_4，读数的±10%；3.00%～4.00% CH_4，±0.30%（绝对误差）CH_4。

当读数较大者达到《煤矿安全规程》中“表18”规定的报警浓度时，应当报警，并停止作业。当读数较大者达到“表18”规定的断电浓度时，应当切断断电范围内的全部非本质安全型电气设备的电源、撤人，同时，必须在8 h内对2种设备调校完毕。

第四百九十四条　*矿调度室值班人员应当监视监控信息，填写运行日志，打印安全监控日报表，并报矿总工程师和矿长审阅。系统发出报警、断电、馈电异常等信息时，应当采取措施，及时处理，并立即向值班矿领导汇报；处理过程和结果应当记录备案。*

➤ **现场执行**

（1）监控系统中心站应设在矿调度室内，并实行24 h值班制度，随时观察安全监控系统的运行情况。

（2）对调度室和监控室合并的矿井的矿调度室值班人员或是对于调度室和监控室分开的矿井的监控值机人员的职责具体要求：正常状态下的职责是监视监控信息，填写运行日志，打印安全监控日报表，并报矿总工程师和矿长审阅；异常状态下是指系统发出报警、断电、馈电异常等信息时，异常状态下的职责是采取措施，及时处理事故隐患，防止瓦斯爆炸等事故的发生，对系统故障设备进行处理，系统值班人员负责填写系统运行日志，按照应急预案先采取措施，再向值班矿领导汇报。处理过程和结果应当记录备案。

（3）系统发出报警、断电、馈电异常信息时，中心站值班人员应立即通知矿井调度部门，查明原因，并按规定程序及时报上一级管理部门。处理过程及结果应记录备案。

（4）调度值班人员接到报警、断电、馈电异常信息后，应按规定指挥现场人员停止工作，断电时撤出人员，并向矿值班领导汇报。处理过程应记录备案。

（5）安全监控设备中断运行或出现异常情况，应采取措施，进行原因分析，处理故障，并登记处理情况，安全监控设备中断运行或异常情况期间应采用人工检测，并有记录。

（6）当系统显示井下某一区域甲烷超限并有可能波及其他区域时，应按瓦斯事故应急预案手动遥控切断瓦斯可能波及区域的电源。

➤ *相关案例*

淮南矿业集团张集煤矿“5·30”瓦斯高值超限事故。

第四百九十五条 安全监控系统必须具备实时上传监控数据的功能。

➤ **现场执行**

（1）煤矿安全监控系统传感器的数据或状态应传输到地面主机，便于地面中心站值班人员随时观察安全监控系统的运行情况。

（2）为满足集团公司或重点产煤县市监管的需求，煤矿安全监控系统必须与上一级管理部门联网，实施上传监控数据。

第四百九十六条 便携式甲烷检测仪的调校、维护及收发必须由专职人员负责，不符合要求的严禁发放使用。

➤ **现场执行**

（1）矿井应当建立安全仪表计量检验制度，包括便携式甲烷检测仪在内的通防仪器仪表由仪器维护班组负责充电、发放和维护工作，并定期检查和测试其性能。

（2）便携式甲烷检测仪或甲烷报警矿灯等检测仪器要集中上架编号统一管理，便携式甲烷检测仪必须做到专人专用，下井前凭牌领取，上井后必须交回，严禁跨班使用。

（3）每班要清理隔爆罩上的煤尘，下井前必须检查便携式甲烷检测仪或甲烷检测报警矿灯的零点和电压值，不符合要求的禁止发放使用，认真填写发放记录。

（4）使用便携式甲烷检测仪或甲烷报警矿灯等检测仪器时要严格按照产品说明书进行操作，严禁擅自调校和拆开仪器。

（5）便携仪一般由电池供电，需要对可充电电池每使用 8 h 充 1 次电。

第四百九十七条 配制甲烷校准气样的装备和方法必须符合国家有关标准，选用纯度不低于 99.9% 的甲烷标准气体作原料气。配制好的甲烷校准气体不确定度应当小于 5%。

➤ **现场执行**

配制甲烷校准气样的装备和方法必须符合《空气中甲烷校准气体技术条件》（MT 423）、《煤矿安全监控系统及检测仪器使用管理规范》（AQ 1029）等有关标准的规定。

第四百九十八条 甲烷传感器（便携仪）的设置地点，报警、断电、复电浓度和断电范围必须符合表 18 的要求。

表18　甲烷传感器（便携仪）的设置地点、报警、断电、复电浓度和断电范围

设　置　地　点	报警浓度/%	断电浓度/%	复电浓度/%	断　电　范　围
采煤工作面回风隅角	≥1.0	≥1.5	<1.0	工作面及其回风巷内全部非本质安全型电气设备
低瓦斯和高瓦斯矿井的采煤工作面	≥1.0	≥1.5	<1.0	工作面及其回风巷内全部非本质安全型电气设备
突出矿井的采煤工作面	≥1.0	≥1.5	<1.0	工作面及其进、回风巷内全部非本质安全型电气设备
采煤工作面回风巷	≥1.0	≥1.0	<1.0	工作面及其回风巷内全部非本质安全型电气设备
突出矿井采煤工作面进风巷	≥0.5	≥0.5	<0.5	工作面及其进、回风巷内全部非本质安全型电气设备
采用串联通风的被串采煤工作面进风巷	≥0.5	≥0.5	<0.5	被串采煤工作面及其进、回风巷内全部非本质安全型电气设备
高瓦斯、突出矿井采煤工作面回风巷中部	≥1.0	≥1.0	<1.0	工作面及其回风巷内全部非本质安全型电气设备
采煤机	≥1.0	≥1.5	<1.0	采煤机电源
煤巷、半煤岩巷和有瓦斯涌出岩巷的掘进工作面	≥1.0	≥1.5	<1.0	掘进巷道内全部非本质安全型电气设备
煤巷、半煤岩巷和有瓦斯涌出岩巷的掘进工作面回风流中	≥1.0	≥1.0	<1.0	掘进巷道内全部非本质安全型电气设备
突出矿井的煤巷、半煤岩巷和有瓦斯涌出岩巷的掘进工作面的进风分风口处	≥0.5	≥0.5	<0.5	掘进巷道内全部非本质安全型电气设备
采用串联通风的被串掘进工作面局部通风机前	≥0.5	≥0.5	<0.5	被串掘进巷道内全部非本质安全型电气设备
	≥0.5	≥1.5	<0.5	被串掘进工作面局部通风机
高瓦斯矿井双巷掘进工作面混合回风流处	≥1.0	≥1.0	<1.0	除全风压供风的进风巷外，双掘进巷道内全部非本质安全型电气设备
高瓦斯和突出矿井掘进巷道中部	≥1.0	≥1.0	<1.0	掘进巷道内全部非本质安全型电气设备
掘进机、连续采煤机、锚杆钻车、梭车	≥1.0	≥1.5	<1.0	掘进机、连续采煤机、锚杆钻车、梭车电源
采区回风巷	≥1.0	≥1.0	<1.0	采区回风巷内全部非本质安全型电气设备
一翼回风巷及总回风巷	≥0.75	—	—	

表18（续）

设置地点	报警浓度/%	断电浓度/%	复电浓度/%	断电范围
使用架线电机车的主要运输巷道内装煤点处	≥0.5	≥0.5	<0.5	装煤点处上风流100 m内及其下风流的架空线电源和全部非本质安全气设备
矿用防爆型蓄电池电机车内	≥0.5	≥0.5	<0.5	机车电源
矿用防爆型柴油机车、无轨胶轮车	≥0.5	≥0.5	<0.5	车辆动力
井下煤仓	≥1.5	≥1.5	<1.5	煤仓附近的各类运输设备及其他非本质安全型电气设备电源
封闭的带式输送机地面走廊内，带式输送机滚筒上方	≥1.5	≥1.5	<1.5	带式输送机地面走廊内全部非本质安全型电气设备
地面瓦斯抽采泵房内	≥0.5			
井下临时瓦斯抽采泵站下风侧栅栏外	≥1.0	≥1.0	<1.0	瓦斯抽采泵站电源

➢ **现场执行**

（1）甲烷传感器由监测班组每15天至少进行一次用标准气样和空气样对其进行标校、测试，确保甲烷传感器的报警浓度、断电浓度、复电浓度和断电范围必须符合规定。

（2）甲烷传感器应垂直悬挂在巷道上方风流稳定的位置，距顶板（顶梁、屋顶）不得大于300 mm，距巷道侧壁（墙壁）不得小于200 mm，安设地点必须支护良好、无滴水，并设有保护装置，安装维护方便，不影响行人和行车。

（3）无线甲烷传感器不需要电缆，除具有甲烷监测、超限报警、断电等功能，还具有不需要维护电缆的优点，因此，采煤工作面回风隅角宜设置无线甲烷传感器。

（4）为及时发现煤与瓦斯突出，突出矿井采煤工作面进风巷、突出矿井的煤巷和半煤岩巷及有瓦斯涌出岩巷的掘进工作面的进风分风口处、采区回风巷、一翼回风巷及总回风巷应设置甲烷传感器。

（5）必须按照第四百九十八条表18要求采掘工作面等重要地点安设甲烷传感器或便携仪。

（6）当被串掘进工作面局部通风机前甲烷传感器甲烷浓度不小于1.5% CH_4 时，应切断被串掘进工作面局部通风机电源。因为，当被串掘进工作面局部通风机前甲烷传感器甲烷浓度较高时，压入掘进工作面风流的甲烷浓度也较高，加上掘进工作面甲烷涌出，掘进工作面甲烷浓度会更高，此时就应当切断被串掘进工作面局部通风机电源。

（7）“甲烷传感器的设置地点、报警浓度、断电浓度和断电范围不符合表18要求的”属于“未按照国家规定安设、调校甲烷传感器，人为造成甲烷传感器失效，或者瓦斯超限后不能报警、断电或者断电范围不符合国家规定的”重大事故隐患。

➢ ***相关案例***

山西省晋中市平遥县峰岩煤焦集团二亩沟煤业公司“11·18”瓦斯爆炸事故。

第四百九十九条　井下下列地点必须设置甲烷传感器：

（一）采煤工作面及其回风巷和回风隅角，高瓦斯和突出矿井采煤工作面回风巷长度大于1000 m时回风巷中部。

（二）煤巷、半煤岩巷和有瓦斯涌出的岩巷掘进工作面及其回风流中，高瓦斯和突出矿井的掘进巷道长度大于1000 m时掘进巷道中部。

（三）突出矿井采煤工作面进风巷。

（四）采用串联通风时，被串采煤工作面的进风巷；被串掘进工作面的局部通风机前。

（五）采区回风巷、一翼回风巷、总回风巷。

（六）使用架线电机车的主要运输巷道内装煤点处。

（七）煤仓上方、封闭的带式输送机地面走廊。

（八）地面瓦斯抽采泵房内。

（九）井下临时瓦斯抽采泵站下风侧栅栏外。

（十）瓦斯抽采泵输入、输出管路中。

➢ 现场执行

（1）采煤工作面甲烷传感器应按图3－11－1设置。U型通风方式在上隅角设置甲烷传感器T0或便携式瓦斯检测报警仪，工作面设置甲烷传感器T1，工作面回风巷设置甲烷传感器T2；若煤与瓦斯突出矿井的甲烷传感器T1不能控制采煤工作面进风巷内全部非本质安全型电气设备，则在进风巷设置甲烷传感器T0；瓦斯和高瓦斯矿井采煤工作面采用串联通风时，被串工作面的进风巷设置甲烷传感器T4，如图3－11－1a所示。

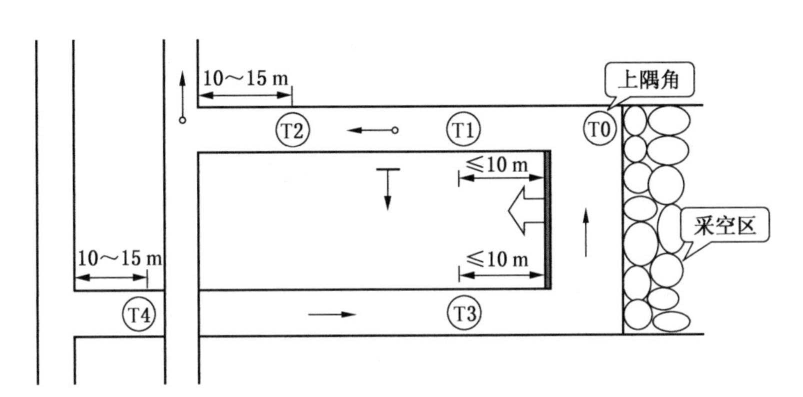

(a) U型通风方式

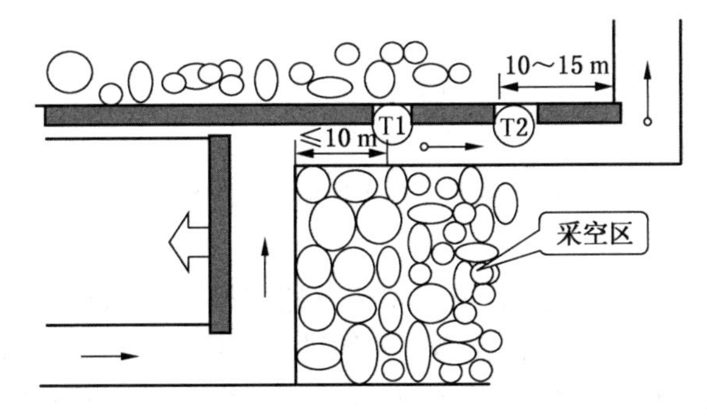

(b) Z型通风方式

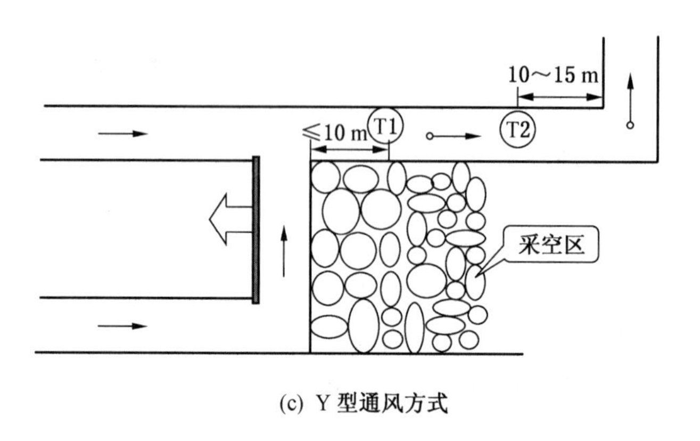

(c) Y 型通风方式

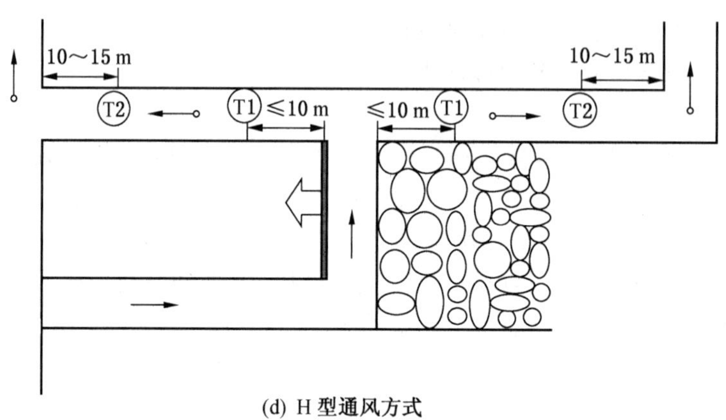

(d) H 型通风方式

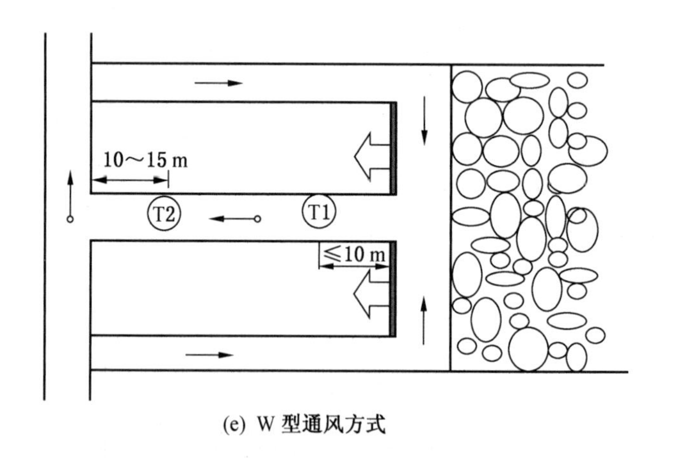

(e) W 型通风方式

图 3－11－1　采煤工作面甲烷传感器的设置

（2）采用两条巷道回风的采煤工作面甲烷传感器应按图 3－11－2 设置：甲烷传感器 T0、T1 和 T2 的设置同图 3－11－1a；在第二条回风巷设置甲烷传感器 T5、T6。采用三条巷道回风的采煤工作面，第三条回风巷甲烷传感器的设置与第二条回风巷甲烷传感器 T5、T6 的设置相同。

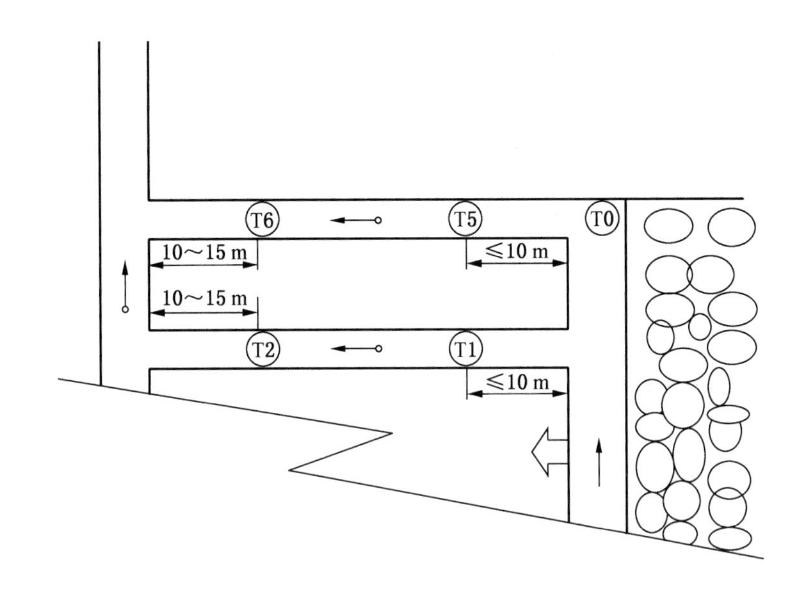

图 3－11－2 采用两条巷道回风的采煤工作面甲烷传感器的设置

(3) 瓦斯矿井的煤巷、半煤岩巷和有瓦斯涌出岩巷的掘进工作面甲烷传感器应按图 3－11－3 设置：在工作面混合风流处设置甲烷传感器 T1，在工作面回风流中设置甲烷传感器 T2；采用串联通风的掘进工作面，必须在被串工作面局部通风机前设置掘进工作面进风流甲烷传感器 T3。

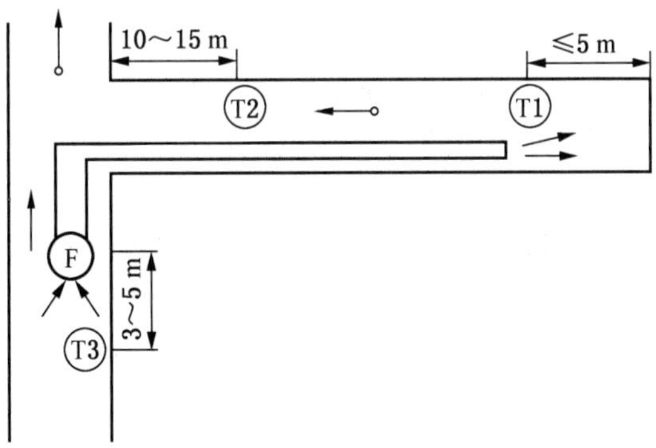

图 3－11－3 掘进工作面甲烷传感器的设置

(4) 回风流中的机电硐室进风侧必须设置甲烷传感器，如图 3－11－4 所示。

(5) 使用架线电机车的主要运输巷道内，装煤点处必须设置甲烷传感器，如图 3－11－5 所示。

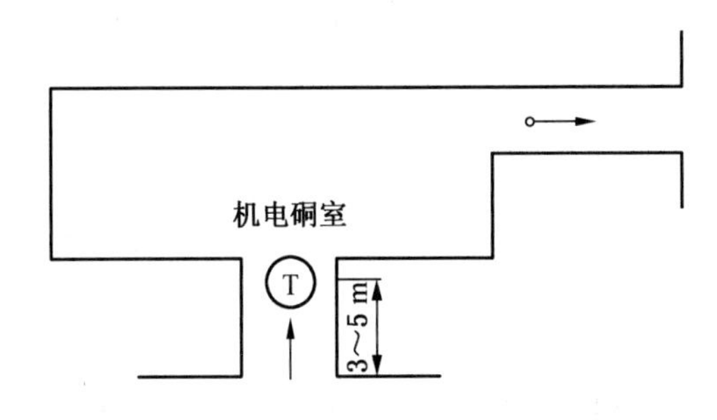

图 3－11－4 回风流中的机电硐室进风侧甲烷传感器的设置

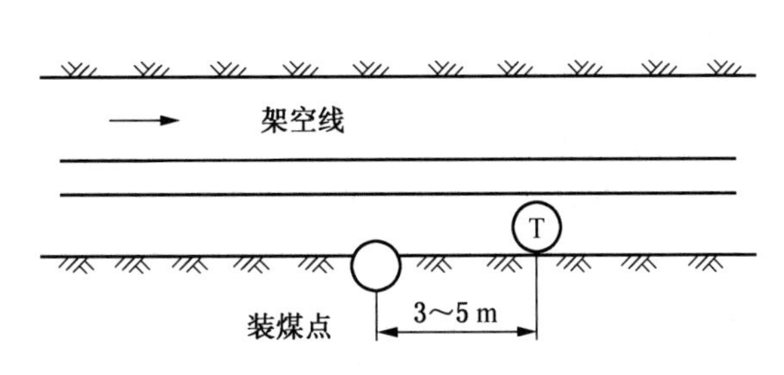

图 3－11－5 装煤点处甲烷传感器的设置

（6）下列地点未设置甲烷传感器的属于“未按照国家规定安设甲烷传感器”重大事故隐患。①采煤工作面及其回风巷和回风隅角，高瓦斯和突出矿井采煤工作面回风巷长度大于1000 m时回风巷中部；②煤巷、半煤岩巷和有瓦斯涌出的岩巷掘进工作面及其回风流中，高瓦斯和突出矿井的掘进巷道长度大于1000 m时掘进巷道中部；③突出矿井采煤工作面进风巷；④采用串联通风时，被串采煤工作面的进风巷，被串掘进工作面的局部通风机前；⑤采区回风巷、一翼回风巷、总回风巷；⑥使用架线电机车的主要运输巷道内装煤点处；⑦煤仓上方、封闭的带式输送机地面走廊；⑧地面瓦斯抽采泵房内；⑨井下临时瓦斯抽采泵站下风侧栅栏外。

第五百条 突出矿井在下列地点设置的传感器必须是全量程或者高低浓度甲烷传感器：

（一）采煤工作面进、回风巷。

（二）煤巷、半煤岩巷和有瓦斯涌出的岩巷掘进工作面回风流中。

（三）采区回风巷。

（四）总回风巷。

➢ **现场执行**

（1）全量程或高低浓度甲烷传感器的范围分别是0～100%，0～4%～40%。

（2）突出矿井在下列地点未设置全量程或者高低浓度甲烷传感器的，属于“未按照国家规定安设甲烷传感器”重大事故隐患：①采煤工作面进、回风巷；②煤巷、半煤岩巷和有瓦斯涌出的岩巷掘进工作面回风流中；③采区回风巷；④总回风巷。

第五百零一条 井下下列设备必须设置甲烷断电仪或者便携式甲烷检测报警仪：

（一）采煤机、掘进机、掘锚一体机、连续采煤机。

（二）梭车、锚杆钻车。

（三）采用防爆蓄电池或者防爆柴油机为动力装置的运输设备。

（四）其他需要安装的移动设备。

➢ **现场执行**

采煤机、掘进机、掘锚一体机、连续采煤机、梭车、锚杆钻车、采用防爆蓄电池或防爆柴油机为动力装置的运输设备等，它们的共同特点为可移动，在特殊状况下有可能碰撞产生火花，在井下属于危险源，所以必须设置甲烷断电仪或便携式甲烷检测报警仪，时刻对上述设备附近环境进行监测，确保设备运行时甲烷浓度不超标。

第五百零三条 每一个采区、一翼回风巷及总回风巷的测风站应当设置风速传感器，主要通风机的风硐应当设置压力传感器；瓦斯抽采泵站的抽采泵吸入管路中应当设置流量传感器、温度传感器和压力传感器，利用瓦斯时，还应当在输出管路中设置流量传感器、温度传感器和压力传感器。

使用防爆柴油动力装置的矿井及开采容易自燃、自燃煤层的矿井，应当设置一氧化碳传感器和温度传感器。

主要通风机、局部通风机应当设置设备开停传感器。

主要风门应当设置风门开关传感器，当两道风门同时打开时，发出声光报警信号。甲烷电闭锁和风电闭锁的被控开关的负荷侧必须设置馈电状态传感器。

➤ **现场执行**

（1）各类传感器的安装和调试由监测班组负责，使用和管理由所在区队班组负责。

（2）自然发火矿井应设置一氧化碳传感器。一氧化碳传感器能连续监测矿井中自然发火区及带式输送机的输送带等着火时产生的一氧化碳浓度。开采容易自燃、自燃煤层的采煤工作面必须至少设置一个一氧化碳传感器，地点可设置在上隅角、工作面或工作面回风巷，报警浓度不小于0.0024%。

一氧化碳传感器除用作环境监测外，还用于自然发火预测。一氧化碳传感器布置在巷道上方，并应不影响行人和行车，安装维护方便。

一氧化碳传感器应垂直悬挂，距顶板（顶梁）不得大于300 mm，距巷壁不得小于200 mm，一氧化碳传感器应设在风流稳定、一氧化碳等有害气体与新鲜风流混合均匀的位置。一氧化碳传感器用于自然发火预测时，应以每天一氧化碳平均浓度的增量变化为依据。

（3）开采容易自燃、自燃煤层及地温高的矿井采煤工作面应设置温度传感器。温度传感器的报警值为30 ℃。机电硐室内应设置温度传感器，报警值为34 ℃。

温度传感器除用作环境监测外，还用于自然发火预测。温度传感器的布置同一氧化碳传感器，其用于自然发火预测时，应以每天平均温度的增量变化为依据。温度传感器选用经过标定的温度计调校。

（4）主要通风机、局部通风机必须设置设备开停传感器。开停传感器主要用于监测煤矿井下机电设备的开停状态，并把检测到的设备开停信号转换成各种标准信号传输给矿井监测系统，实现对机电设备开停状态的实时监测。它主要是监测开关负荷侧是否有电流通过。

（5）风筒传感器主要监测掘进工作面风筒是否有风，当风筒内风量不足或风筒在中间位置断开时，风筒传感器将显示无风，并自动切断工作面电气设备电源。

（6）馈电传感器主要监测煤矿井下馈电开关或电磁起动器负荷侧有无电压，从而判断馈电开关是否断电。

（7）风门传感器是监测井下风门打开或关闭的装置，当井下两道风门同时打开时发出声光报警信号。

第三节　人员位置监测

第五百零四条　下井人员必须携带标识卡。各个人员出入井口、重点区域出入口、限制区域等地点应当设置读卡分站。

➤ **现场执行**

（1）重点区域是指采区、采煤工作面、掘进工作面等重要区域。

限制区域是指盲巷、采空区等不允许人员进入的区域。

（2）为满足监测携卡人员进/入方向的要求，在巷道分支处应设置读卡分站。

读卡分站应设置在便于读卡、观察、调试、检验、围岩稳定、支护良好、无淋水、无杂物的位置。

安全监测班组负责煤矿井下作业人员管理系统的安装、使用、维护和管理工作，监测工应培训合格后持证上岗。

第五百零五条 人员位置监测系统应当具备检测标识卡是否正常和唯一性的功能。

➢ **现场执行**

目前，常采用虹膜、人脸识别等技术检测标识卡是否正常和唯一性的功能。

第五百零六条 矿调度室值班员应当监视人员位置等信息，填写运行日志。

➢ **现场执行**

调度室和监控室合并的矿井的矿调度室值班人员或是对于调度室和监控室分开的矿井的监控值机人员，正常状态下的职责是监视监控信息，填写运行日志，打印监测日（班）报表，并报矿长审阅。

值班人员接到超定员报警、人员进入限制区域报警或其他报警后，应报告生产调度及值班领导，生产调度及值班领导应立即采取措施，处理结果应记录在案。

第四节 通信与图像监视

第五百零七条 以下地点必须设有直通矿调度室的有线调度电话：矿井地面变电所、地面主要通风机房、主副井提升机房、压风机房、井下主要水泵房、井下中央变电所、井底车场、运输调度室、采区变电所、上下山绞车房、水泵房、带式输送机集中控制硐室等主要机电设备硐室、采煤工作面、掘进工作面、突出煤层采掘工作面附近、爆破时撤离人员集中地点、突出矿井井下爆破起爆点、采区和水平最高点、避难硐室、瓦斯抽采泵房、爆炸物品库等。

有线调度通信系统应当具有选呼、急呼、全呼、强插、强拆、监听、录音等功能。

有线调度通信系统的调度电话至调度交换机（含安全栅）必须采用矿用通信电缆直接连接，严禁利用大地作回路。严禁调度电话由井下就地供电，或者经有源中继器接调度交换机。调度电话至调度交换机的无中继器通信距离应当不小于10 km。

➢ **现场执行**

（1）突出煤层采掘工作面附近指的是距离突出煤层采掘工作面迎头一定范围内，一般为30～50 m。

（2）选呼、急呼、全呼、强插、强拆指的是有线调度通信系统能对不同用户设置不同的优先权和呼叫权限。

① 选呼：有线调度通信系统应能够随时挑选系统内的任何终端设备进行呼叫；

② 急呼：有线调度通信系统应配置可接收系统内终端紧急呼叫的设备，显示紧急呼叫的终端号码；

③ 全呼：有线调度通信系统应能够随时对系统内所有的终端设备进行呼叫；

④ 强插：有线调度通信系统应可以随时呼叫系统内的终端，可强插中继或用户线，保证调度通信畅通无阻，具有最高优先级；

⑤ 强拆：有线调度通信系统应可以随时呼叫系统内的终端，可强拆中继或用户线，保证调度通信畅通无阻，具有最高优先级。

（3）“采掘工作面及突出煤层采掘工作面附近，未安设直通矿调度室的有线调度电话”的属于“采掘工作面未按照国家规定安设压风、供水、通信线路及装置”重大事故隐患。

➢ **相关案例**

泸西县三金煤业有限公司三金煤矿“4·25”煤与瓦斯突出事故。

第五百零八条　矿井移动通信系统应当具有下列功能：

（一）选呼、组呼、全呼等。

（二）移动台与移动台、移动台与固定电话之间互联互通。

（三）短信收发。

（四）通信记录存储和查询。

（五）录音和查询。

➢ **现场执行**

减少煤矿井下作业人员数量是安全高效现代化矿井的必然选择。固定岗位无人值守的煤矿，除应装备远程监控系统外，还应装备矿井移动通信系统，为巡视人员等配备矿用防爆手机，以便及时发现问题和处理故障。

井下基站、基站电源应设置在便于观察、调试、检验、围岩稳定、支护良好、无淋水、无杂物的位置。

通信系统的维护人员应每天检查、测试在用通信设备及通信线缆，发现问题及时处理，并将检查、测试、处理结果报调度中心站。

第五百零九条　安装图像监视系统的矿井，应当在矿调度室设置集中显示装置，并具有存储和查询功能。

➢ **现场执行**

（1）煤矿无人值守的岗位和地点，除应装备远程监控系统外，还应设置矿用图像监视设备，以便观察设备和环境状况等。

（2）为及时发现并处置问题，图像监视系统应当在矿调度室设置集中显示装置，应实时显示地面储煤场、主要运输巷、火车装车点、副井上下井口、井下主要转载点、主水仓口、主要通风机房场所视频信号。

（3）为便于分析和调查，图像监视系统应具有存储和查询功能，图像存储时间应不小于7 d。

第四部分　职业病危害防治

第一章　职业病危害管理

第六百三十七条　煤矿企业必须建立健全职业卫生档案，定期报告职业病危害因素。

➤ **现场执行**

（1）依据《中华人民共和国职业病防治法》规定，用人单位应当建立、健全职业卫生档案和劳动者健康监护档案，建立、健全工作场所职业病危害因素监测及评价制度。

（2）依据《煤矿作业场所职业病危害防治规定》规定，煤矿应当建立健全企业职业卫生档案。企业职业卫生档案应当包括下列内容：① 职业病防治责任制文件；②职业卫生管理规章制度；③作业场所职业病危害因素种类清单、岗位分布以及作业人员接触情况等资料；④职业病防护设施、应急救援设施基本信息及其配置、使用、维护、检修与更换等记录；⑤作业场所职业病危害因素检测、评价报告与记录；⑥职业病个体防护用品配备、发放、维护与更换等记录；⑦煤矿企业主要负责人、职业卫生管理人员和劳动者的职业卫生培训资料；⑧职业病危害事故报告与应急处置记录；⑨劳动者职业健康检查结果汇总资料，存在职业禁忌证、职业健康损害或者职业病的劳动者处理和安置情况记录；⑩建设项目职业卫生“三同时”有关技术资料；⑪职业病危害项目申报情况记录；⑫其他有关职业卫生管理的资料或者文件。

（3）依据《中华人民共和国职业病防治法》规定，职业病危害是指对从事职业活动的劳动者可能导致职业病的各种危害。

职业病危害因素包括职业活动中存在的各种有害的化学、物理、生物因素以及在作业过程中产生的其他职业有害因素。

煤矿井下班组人员接触的主要职业病危害包括粉尘、有毒有害气体、噪声、振动、高温、体力劳动强度过大、作业空间狭小等。归纳到职业性有害因素按其来源可分为三类。

一是生产过程中产生的有害因素，它包括：生物因素如细菌、病毒等；物理因素如高温、低温、噪声、振动、放射性物质等；化学因素如粉尘、有毒有害气体等。

二是劳动过程中的有害因素，如劳动强度过大、连续作业时间过长、长期不良的劳动体位、能量代谢率的增高等。

三是作业环境不良或防护设施不到位，如作业空间狭小、通风换气量不够，采光照明、采暖防寒、露天作业及生产作业局部不合理或达不到卫生标准要求。

在煤矿生产中，这三类职业危害同时存在。

（4）依据《煤矿作业场所职业病危害防治规定》规定，定期报告职业病危害因素是指煤矿应当以矿井为单位开展职业病危害因素日常监测，并委托具有资质的职业卫生技术服务机构，每年进行一次作业场所职业病危害因素检测，将日常监测、检测情况存入本单位职业卫生档案，检测结果向所在地安全生产监督管理部门和驻地煤矿安全监察机构报告，并向劳动者公布；在申领、换发煤矿安全生产许可证时，应当如实向驻地煤矿安全监察机构申报职业病危害项目，同时抄报所在地安全生产监督管理部门。

第六百三十八条　煤矿企业应当开展职业病危害因素日常监测，配备监测人员和设备。

煤矿企业应当每年进行一次作业场所职业病危害因素检测，每3年进行一次职业病危害现状评价。检测、评价结果存入煤矿企业职业卫生档案，定期向从业人员公布。

➢ 现场执行

（1）依据《中华人民共和国职业病防治法》《煤矿作业场所职业病危害防治规定》规定，煤矿应当以矿井为单位开展职业病危害因素日常监测，并确保监测系统处于正常运行状态。

煤矿应当配备专职或者兼职的职业病危害因素监测人员，配备相应的监测仪器设备。监测人员应当经培训合格；未经培训合格的，不得上岗作业。

监测设备的配备应满足煤矿主要的职业病危害因素日常监测，数量可根据煤矿实际需要的监测点数量进行确定；所配备的监测设备，凡属国家计量要求范围内的，应有有效期内的计量合格证。

煤矿企业应委托具有资质的职业卫生技术服务机构每年进行一次作业场所职业病危害因素检测，每三年进行一次职业病危害现状评价（每3年进行职业病危害现状评价的，当年可不再做职业病危害因素检测），对作业场所职业病危害因素的危害程度（浓度或强度）、防护措施及其效果进行评价，为职业病危害防治提供依据。定期检测、评价应由取得煤炭采选业资质的职业卫生技术服务机构承担。

（2）煤矿相关班组应根据监测、检测、评价结果，落实整改措施，同时将日常监测、检测、评价、落实整改情况存入本单位职业卫生档案。检测、评价结果定期向所在地卫生行政部门、安全生产监督管理部门和驻地煤矿安全监察机构报告，并向劳动者公布。

第六百三十九条　煤矿企业应当为接触职业病危害因素的从业人员提供符合要求的个体防护用品，并指导和督促其正确使用。

作业人员必须正确使用防尘或者防毒等个体防护用品。

➢ 现场执行

（1）依据《煤矿职业安全卫生个体防护用品配备标准》（AQ 1051）规定，个体防护用品是指劳动者在劳动中为防御物理、化学、生物等外界因素伤害人体而穿戴和配备的各种物品的总称。个体防护用品包括矿灯、自救器、擦拭及洗涤护肤用品、头部护具类、呼吸护具类、眼（面）护具类、上肢防护类、下肢防护类、听力防护类、防护服装类、防寒用品类等。

煤矿应当按照《煤矿职业安全卫生个体防护用品配备标准》（AQ 1051）规定，为接触职业病危害的班组劳动者提供符合国家职业卫生标准和要求（如数量足够、质量合格、在有效期内）的个体防护用品。

（2）煤矿劳动防护用品的采购、验收、保管、发放、使用、报废等管理制度，班组按照要求严格遵守履行。

（3）用人单位应当对劳动者进行上岗前的职业卫生培训和在岗期间的定期职业卫生培训，普及职业卫生知识，督促劳动者遵守职业病防治法律、法规、规章和操作规程，指导劳动者正确使用职业病防护设备和个人使用的职业病防护用品。

煤矿应当对班组进行个体防护用品使用方法、性能和使用要求等相关知识培训，指导和督促班组正确使用职业病防护用品。

（4）作业人员在作业过程中，必须按照职业安全规章制度和个体防护用品使用规则，正确佩戴和使用个体防护用品；未按规定佩戴和使用个体防护用品的，不得上岗作业。

班前会要对防护用品的佩戴和使用进行强调，作业前、作业中班组长和安全员要不定期地进行检查，发现未按规定佩戴和使用防护用品的人员及时停止作业。

第二章　粉　尘　防　治

第六百四十条　作业场所空气中粉尘（总粉尘、呼吸性粉尘）浓度应当符合表25的要求。不符合要求的，应当采取有效措施。

表25　作业场所空气中粉尘浓度要求

粉尘种类	游离 SiO_2 含量/%	时间加权平均容许浓度/（$mg \cdot m^{-3}$）	
		总尘	呼尘
煤尘	＜10	4	2.5
硅尘	10～50	1	0.7
	50～80	0.7	0.3
	≥80	0.5	0.2
水泥尘	＜10	4	1.5

注：时间加权平均容许浓度是以时间加权数规定的8 h工作日、40 h工作周的平均容许接触浓度。

➢ 现场执行

（1）粉尘浓度是衡量工作场所空气中的污染程度，即单位空气中所含粉尘的质量。

总粉尘是指可进入整个呼吸道（鼻、咽和喉、胸腔支气管、细支气管和肺泡）的粉尘，简称总尘，是经采样器捕获的全部粉尘颗粒。

呼吸性粉尘是指按呼吸性粉尘标准测定方法所采集的可进入肺泡的粉尘粒子，其空气动力学直径均在7.07 μm以下，空气动力学直径5 μm粉尘粒子的采样效率为50%，简称呼尘。

游离 SiO_2（二氧化硅）是指没有与金属或金属化合物结合而呈游离状态的二氧化硅。二氧化硅的粉尘极细，可以悬浮在空气中，如果人长期吸入含有二氧化硅的粉尘，因二氧化硅粉尘硬度大、密度高，极容易沉积在肺泡深处，二氧化硅粉尘长期沉积，就会患硅肺病。长期在二氧化硅粉尘含量较高的场所工作的人易患此病。

煤矿粉尘据其来源可分为煤尘、硅尘和水泥尘。煤尘是破碎煤炭产生的粉尘，其主要存在于煤矿采、装、运煤等作业环节，还有一部分是尚未开采前已存在于煤层裂隙的原生煤尘；硅尘是煤矿破碎岩石产生的粉尘，其主要存在于煤矿掘进工作面；水泥尘是煤矿锚喷作业时喷出水泥砂浆或者混凝土时产生的粉尘。

（2）煤矿建设项目职业病防护设施必须与主体工程同时设计、同时施工、同时投入生产和使用。职业病防护设施所需费用应当纳入建设项目工程预算。班组应配合落实，发现未落实时，可检举举报。

（3）煤矿建设项目在可行性论证阶段，班组应配合煤矿及有资质的职业卫生技术服务机构进行职业病危害预评价，编制预评价报告。

（4）煤矿不得使用国家明令禁止使用的可能产生职业病危害的技术、工艺、设备和材料，限制使用或者淘汰职业病危害严重的技术、工艺、设备和材料。班组有拒绝违章指挥的权利。

（5）煤矿应当优化生产布局和工艺流程，使有害作业和无害作业分开，减少接触职业病危害的人数和接触时间。煤矿应当将检测结果告知班组及其从业人员。

（6）煤矿应当在醒目位置设置公告栏，公布有关职业病危害防治的规章制度、操作规程和作业场所职业病危害因素检测结果；对产生严重职业病危害的作业岗位，应当在醒目位置设置警示标识和中文警示说明。

第六百四十一条　粉尘监测应当采用定点监测、个体监测方法。

➢ 现场执行

（1）定点监测是指采用定点长时间或定点短时间采样方法对作业场所粉尘浓度进行测定的方法。

定点采样时若采样仪器不能满足全工作日连续一次性采样，可在全工作日内进行分次的 1 h 以上的长时间采样，或分次的短时间 15 min 采样。空气中粉尘 8 h 时间加权平均浓度按下式计算：

$$TWA = (C_1T_1 + C_2T_2 + \cdots + C_nT_n)/8$$

式中　TWA——空气中粉尘 8 h 时间加权平均浓度，mg/m^3；

C_1、C_2、…、C_n——长时间采样或短时间 15 min 采样测得空气中粉尘浓度，mg/m^3；

T_1、T_2、…、T_n——劳动者在相应的粉尘浓度下的工作时间，h；

8——时间加权平均容许浓度规定的 8 h。

（2）个体监测方法是指用佩戴在作业人员身上的粉尘浓度个体采样器连续在呼吸带抽取含尘空气，测定一个工班内作业人员所接触的平均粉尘浓度的方法。所测得的结果对了解作业人员每天实际接触的粉尘浓度以及评价粉尘对作业人员健康的危害具有实际意义。

我国煤炭行业使用的粉尘浓度个体采样器的分粒特性应当符合 BMRC 曲线，即分粒的尘粒最大空气动力学直径为 7.07 μm，其沉积效率为 0.50% 的沉积点的粉尘粒径为 5.0 μm。

个体采样是全工作日连续一次性采样，空气中粉尘 8 h 时间加权平均浓度按下式计算：

$$TWA=\frac{m_2-m_1}{Q\times480}\times1000$$

式中 TWA——空气中粉尘 8 h 时间加权平均浓度，mg/m^3；

m_2——采样后的滤膜质量，mg；

m_1——采样前的滤膜质量，mg；

Q——采样流量，L/min；

480——时间加权平均容许浓度规定的以 8 h 计，min。

第六百四十二条 煤矿必须对生产性粉尘进行监测，并遵守下列规定：

（一）总粉尘浓度，井工煤矿每月测定 2 次；露天煤矿每月测定 1 次。粉尘分散度每 6 个月测定 1 次。

（二）呼吸性粉尘浓度每月测定 1 次。

（三）粉尘中游离 SiO_2 含量每 6 个月测定 1 次，在变更工作面时也必须测定 1 次。

（四）开采深度大于 200 m 的露天煤矿，在气压较低的季节应当适当增加测定次数。

➢ 现场执行

总粉尘浓度测定方法执行《工作场所空气中粉尘测定第 1 部分：总粉尘浓度》(GBZ/T 192.1)。

呼吸性粉尘浓度测定方法执行《工作场所空气中粉尘测定第 2 部分：呼吸性粉尘浓度》(GBZ/T 192.2)。

班组个体呼吸性粉尘浓度测定方法执行《矿山个体呼吸性粉尘测定方法》(AQ 4205)。

粉尘分散度测定方法执行《工作场所空气中粉尘测定第 3 部分：粉尘分散度》(GBZ/T 192.3) 或《煤矿粉尘粒度分布测定方法》(GB/T 20966)。

游离二氧化硅浓度测定方法执行《工作场所空气中粉尘测定第 4 部分：游离二氧化硅含量》(GBZ/T 192.4)。

总粉尘中粉尘分散度测定方法选用滤膜溶解涂片法，粉尘粒径为几何投影定径；总粉尘游离二氧化硅含量测定方法选用焦磷酸重量法；呼吸性粉尘游离二氧化硅含量测定方法选用 X 线衍射法。

煤矿相关班组必须按照以上相关规定对生产性粉尘进行监测。

第六百四十三条 粉尘监测采样点布置应当符合表 26 的要求。

表 26 粉尘监测采样点布置

类　别	生 产 工 艺	测 尘 点 布 置
采煤工作面	司机操作采煤机、打眼、人工落煤及攉煤	工人作业地点
	多工序同时作业	回风巷距工作面 10～15 m 处
掘进工作面	司机操作掘进机、打眼、装岩（煤）、锚喷支护	工人作业地点
	多工序同时作业（爆破作业除外）	距掘进头 10～15 m 回风侧
其他场所	翻罐笼作业、巷道维修、转载点	工人作业地点

表26（续）

类　别	生　产　工　艺	测 尘 点 布 置
露天煤矿	穿孔机作业、挖掘机作业	下风侧 3～5 m 处
	司机操作穿孔机、司机操作挖掘机、汽车运输	操作室内
地面作业场所	地面煤仓、储煤场、输送机运输等处进行生产作业	作业人员活动范围内

➢ 现场执行

1. 定点采样点的选择

定点采样点的选择应遵循下列原则：

（1）选择班组有代表性的工作地点，其中应包括空气中有害物质浓度最高、劳动者接触时间最长的工作地点。

（2）在不影响班组相关劳动者工作的情况下，采样点尽可能靠近劳动者；空气收集器应尽量接近劳动者工作时的呼吸带。

（3）在评价工作场所防护设备或措施的防护效果时，应根据设备的情况选定采样点，在班组劳动者工作时的呼吸带进行采样。

（4）采样点应设在工作地点的下风向，应远离排气口和可能产生涡流的地点。

2. 采样点数目的确定

采样点数目的确定应遵循下列原则：

（1）工作场所按产品的生产工艺流程，凡逸散或存在有害物质的工作地点，至少应设置 1 个采样点。

（2）一个有代表性的工作场所内有多台同类生产设备时，1～3 台设置 1 个采样点；4～10 台设置 2 个采样点；10 台以上，至少设置 3 个采样点。

（3）一个有代表性的工作场所内，有 2 台以上不同类型的生产设备，逸散同一种有害物质时，采样点应设置在逸散有害物质浓度大的设备附近的工作地点；逸散不同种有害物质时将采样点设置在逸散待测有害物质设备的工作地点，采样点的数目参照上一条确定。

（4）劳动者在多个工作地点工作时，在每个工作地点设置 1 个采样点。

（5）劳动者工作是流动的时，在流动的范围内，一般每 10 m 设置 1 个采样点。

（6）仪表控制室和劳动者休息室，至少设置 1 个采样点。

第六百四十四条　*矿井必须建立消防防尘供水系统，并遵守下列规定：*

（一）应当在地面建永久性消防防尘储水池，储水池必须经常保持不少于 200 m^3 的水量。备用水池贮水量不得小于储水池的一半。

（二）防尘用水水质悬浮物的含量不得超过 30 mg/L，粒径不大于 0.3 mm，水的 pH 值在 6～9 范围内，水的碳酸盐硬度不超过 3 mmol/L。

（三）没有防尘供水管路的采掘工作面不得生产。主要运输巷、带式输送机斜井与平巷、上山与下山、采区运输巷与回风巷、采煤工作面运输巷与回风巷、掘进巷道、煤仓放煤口、溜煤眼放煤口、卸载点等地点必须敷设防尘供水管路，并安设支管和阀门。防尘用

水应当过滤。水采矿井不受此限。

➢ **现场执行**

矿井必须设置地面水池，地面水池的总容积应大于井下的防储备水量与井下洒水调节水量之和，当计算值小于 200 m^3 时，应按 200 m^3 取值。主水池损坏或检修灯时，需有独立的备用水池，其贮水量不得小于永久性防尘水池的 50% 。北方寒冷地区，地面水池必须设有防冻设施。

矿井防尘用水的水源可采用地面水源或井下水源。使用井下水源时，应设置过滤池或过滤装置。如果井下的水源属于严重的酸性水，则必须设立中性化的处理设施。

防尘管路应当敷设到所有能产生粉尘和沉积粉尘的地点，没有防尘供水管路的采掘工作面不得生产。静压供水管路管径应当满足矿井防尘用水量的要求，强度应当满足静压水压力的要求。采用动压供水时，必须有备用水泵。

降尘剂应当无毒、无腐蚀、不污染环境。

防尘供水系统的敷设，应遵守下列规定。

（1）防尘供水管路必须接到《煤矿安全规程》本条规定的所有地点；

（2）供水管路的管径与强度，应能满足该区段负载的水压和水量；

（3）在井下所有主要运输巷、主要回风巷、上下山、采区运输巷和回风巷、采煤工作面回风巷、运输巷、掘进巷道等敷设的防尘供水管路中，每隔 50 ~ 60 m 都应安设支管和阀门，以供冲洗巷道等使用。

第六百四十五条　井工煤矿采煤工作面应当采取煤层注水防尘措施，有下列情况之一的除外：

（一）围岩有严重吸水膨胀性质，注水后易造成顶板垮塌或者底板变形；地质情况复杂、顶板破坏严重，注水后影响采煤安全的煤层。

（二）注水后会影响采煤安全或者造成劳动条件恶化的薄煤层。

（三）原有自然水分或者防灭火灌浆后水分大于 4% 的煤层。

（四）孔隙率小于 4% 的煤层。

（五）煤层松软、破碎，打钻孔时易塌孔、难成孔的煤层。

（六）采用下行垮落法开采近距离煤层群或者分层开采厚煤层，上层或者上分层的采空区采取灌水防尘措施时的下一层或者下一分层。

➢ **现场执行**

（1）粉尘是指能够较长时间悬浮于空气中的固体微粒。生产性粉尘是指在生产过程中形成的粉尘。按粉尘的性质分为：无机粉尘（含矿物性粉尘、金属性粉尘、人工合成的无机粉尘）；有机粉尘（含动物性粉尘、植物性粉尘、人工合成有机粉尘）：混合性粉尘（混合存在的各类粉尘）。由此可见，煤矿井下粉尘为无机性粉尘。它是人类健康的天敌，是诱发多种疾病的主要原因。而煤层注水是减少煤尘的有效方法之一，采煤工作面除了《煤矿安全规程》规定的 6 种情况外，都应采取煤层注水的防尘措施。

（2）井工煤矿的所有煤层应由国家认定的机构进行煤层注水可注性测试，并出具鉴定报告。

（3）需注水的工作面必须按设计要求采取注水防尘措施。

（4）注水设备必须符合国家井下机电设备使用标准，严禁使用国家明令禁止的淘汰机电设备。

（5）煤矿相关班组进行煤层注水时其方式及条件必须符合《煤矿井下粉尘综合防治技术规范》(AQ 1020）4.4 和《煤矿安全规程》第六百四十五条规定。

第六百四十六条　井工煤矿炮采工作面应当采用湿式钻眼、冲洗煤壁、水炮泥、出煤洒水等综合防尘措施。

➢ 现场执行

（1）《煤矿井下粉尘综合防治技术规范》(AQ 1020）规定：

① 钻眼应采取湿式作业，供水压力为 0.2 ~ 1.0 MPa，耗水量为 5 ~ 6 L/min，使排出的煤粉呈糊状。

② 爆破孔内应填塞自封式水炮泥，水炮泥的充水容量应为 200 ~ 250 mL。

③ 爆破时应采用高压喷雾等高效降尘措施，采用高压喷雾降尘措施时，喷雾压力不得小于 8.0 MPa。

④ “爆破前后冲洗煤壁巷帮”是指通向爆源点所有巷道 30 m 范围内在爆破前、后对巷道周边洒水洗尘。

（2）煤矿各级管理人员包括班组管理人员要对综合防尘措施的落实和效果进行监督检查，保证措施落到实处，减尘降尘效果达标。

第六百四十七条　采煤机必须安装内、外喷雾装置。割煤时必须喷雾降尘，内喷雾工作压力不得小于 2 MPa，外喷雾工作压力不得小于 4 MPa，喷雾流量应当与机型相匹配。无水或者喷雾装置不能正常使用时必须停机；液压支架和放顶煤工作面的放煤口，必须安装喷雾装置，降柱、移架或者放煤时同步喷雾。破碎机必须安装防尘罩和喷雾装置或者除尘器。

➢ 现场执行

煤矿班组应按照《煤矿井下粉尘综合防治技术规范》(AQ 1020）的规定进行采煤防尘：

（1）采煤机割煤必须进行喷雾并满足以下要求：

① 喷雾压力不得小于 2.0 MPa，外喷雾压力不得小于 4.0 MPa。

② 如果内喷雾装置不能正常喷雾，外喷雾压力不小于 8 MPa。

③ 喷雾系统应与采煤机联动，工作面的高压胶管应有安全防护措施。高压胶管的耐压强度应大于喷雾泵站额定压力的 1.5 倍。

④ 泵站应设置两台喷雾泵，一主一备。

（2）液压支架应有自动喷雾降尘系统，并满足以下要求：

一是喷雾系统各部件的设置应有可靠的防止砸坏的措施，并便于从工作面一侧进行安装和维护。

二是按照《煤矿井下粉尘综合防治技术规范》(AQ 1020）的规定，液压支架的喷雾系统，应安设向相邻支架之间进行喷雾的喷嘴；采用放顶煤工艺时应安设向落煤窗口方向喷雾的喷嘴；喷雾压力均不得小于1.5 MPa。

《煤矿井下粉尘综合防治技术规范》(AQ 1020）是2006年12月1日实施的，而《煤矿作业场所职业病危害防治规定》是2015年4月1日实施的，后实施的《煤矿作业场所职业病危害防治规定》标准要求越来越高，越来越严格，喷雾的压力升高，射程就远，控尘范围就广，降尘效率就高，综上所述，从提高降尘效率和更好地保护劳动者的角度讲，放顶煤采煤工作面的放煤口，必须安装高压喷雾装置（喷雾压力不低于8 MPa）或者采取压气喷雾降尘。此外，降柱、移架或者放煤时还要实现同步喷雾。

三是在静压供水的水压达不到喷雾要求时，必须设置喷雾泵站，其供水压力及流量必须与液压支架喷雾参数相匹配。泵站应设置两台喷雾泵，一台使用，一台备用。

（3）按照《煤矿作业场所职业病危害防治规定》第四十二条的规定，破碎机必须安装防尘罩，并加装喷雾装置或者除尘器。

第六百四十八条 井工煤矿采煤工作面回风巷应当安设风流净化水幕。

➤ 现场执行

（1）井工煤矿的采煤工作面回风巷、掘进工作面回风侧应当分别安设至少2道自动控制风流净化水幕。

（2）风流净化水幕安设距离工作面不得超过50 m、喷雾应覆盖巷道全断面；控制装置应适用工作面条件，从业人员经过水幕地点时应能自动关闭，延时后能自动恢复等要求。

（3）可在净化水幕处设置捕尘网，提高捕尘效率和净化效果。

➤ 相关案例

黑龙江七台河东风煤矿“11·27”煤尘爆炸事故。

第六百四十九条 井工煤矿掘进井巷和硐室时，必须采取湿式钻眼、冲洗井壁巷帮、水炮泥、爆破喷雾、装岩（煤）洒水和净化风流等综合防尘措施。

➤ 现场执行

煤矿掘进井巷和硐室时应当符合下列规定：

（1）钻眼应采取湿式作业，供水压力为0.3 MPa左右，耗水量为2～3 L/min，以钻孔流出的污水呈乳状岩浆为准。冻结法凿井和在遇水膨胀的岩层中掘进不能采用湿式钻眼的，可采用干式钻眼，但必须采取注水防尘措施。

（2）爆破前后应对工作面30 m范围内的巷道井壁巷帮进行冲洗。

（3）爆破孔内应填塞自封式水炮泥，水炮泥的装填量应在1节级以上。

（4）爆破时必须在距离工作面10～15 m地点安装压气喷雾器或高压喷雾降尘系统实行爆破喷雾，雾幕应覆盖全断面并在爆破后连续喷雾5 min以上，当采用高压喷雾降尘时，喷雾压力不得小于8 MPa。

（5）装岩装煤时采用洒水和净化风流等防尘措施。

（6）各级管理人员要对综合防尘措施的落实和效果进行监督检查，保证措施落到实处，减尘降尘效果达标。

➤ 相关案例

陕西省榆林市神木市百吉矿业有限责任公司“1·12”煤尘爆炸事故。

第六百五十条　井工煤矿掘进机作业时，应当采用内、外喷雾及通风除尘等综合措施。掘进机无水或者喷雾装置不能正常使用时，必须停机。

➢ 现场执行

（1）煤矿采掘工作面在生产过程中会产生大量粉尘，高浓度的粉尘弥漫、堆积。在此作业环境中长期吸入采掘工作面的粉尘，可以使作业人员得尘肺病，尤其是直接在掘进（开拓）工作面作业的人员更容易得硅肺。粉尘也是影响煤矿生产安全的祸首，积聚的煤尘容易引起爆炸，严重威胁井下作业人员的生命安全及矿井的安全，因此，在井工煤矿掘进机作业时，应采用内、外喷雾及通风除尘等综合措施，降低掘进工作面的粉尘浓度。若掘进机无水或喷雾装置不能正常使用时，必须停机。

（2）煤矿井工掘进机作业时，相关班组应当使用内、外喷雾装置和控尘装置、除尘器等构成的综合防尘系统。掘进机内喷雾压力不得低于 2 MPa，外喷雾压力不得低于 4 MPa。内喷雾装置不能正常使用时，外喷雾压力不得低于 8 MPa；除尘器的呼吸性粉尘除尘效率不得低于 90%。

（3）掘进工作面应采取粉尘综合治理措施，高瓦斯、突出矿井的掘进机司机工作地点和机组后回风侧总粉尘降尘效率应大于或等于 85%，呼吸性粉尘降尘效率应大于或等于 70%；其他矿井的掘进机司机工作地点和机组后回风侧总粉尘降尘效率应大于或等于 90%，呼吸性粉尘降尘效率应大于或等于 75%。掘进机上喷雾系统的降尘效果达不到这个要求时，应采用除尘器抽尘净化等高效防尘措施。

（4）采用除尘器抽尘净化措施时，应对含尘气流进行有效控制，以阻止截割粉尘向外扩散。工作面所形成的混合式通风应符合《巷道掘进混合式通风技术规范》（MT/T 441）的规定。

第六百五十一条　井工煤矿在煤、岩层中钻孔作业时，应当采取湿式降尘等措施。

在冻结法凿井和在遇水膨胀的岩层中不能采用湿式钻眼（孔）、突出煤层或者松软煤层中施工瓦斯抽采钻孔难以采取湿式钻孔作业时，可以采取干式钻孔（眼），并采取除尘器除尘等措施。

➢ 现场执行

（1）井工煤矿在煤、岩层中钻孔应当采取湿式作业。

在突出煤层或者松软煤层钻孔施工时，湿式钻孔极易出现堵钻、卡钻等，这种情况下可选择干式钻孔，但必须采取除尘器捕尘、除尘。

（2）除尘器的呼吸性粉尘除尘效率不得低于 90%，并确保捕尘、降尘装置能在其浓度高于 1% 的条件下安全运行。

（3）煤层中湿式钻眼供水压力为 0.2～1 MPa，耗水量为 5～6 L/min，使排出的煤粉呈糊状。岩层中湿式钻眼供水压力为 0.3 MPa，但应低于风压 0.1～0.2 MPa，耗水量为 2～3 L/min，以钻孔流出的污水呈乳状岩为准。

第六百五十二条　井下煤仓（溜煤眼）放煤口、输送机转载点和卸载点，以及地面筛分厂、破碎车间、带式输送机走廊、转载点等地点，必须安设喷雾装置或者除尘器，作业时进行喷雾降尘或者用除尘器除尘。

➢ 现场执行

（1）依据《煤矿作业场所职业病危害防治规定》规定，煤矿井下煤仓放煤口、溜煤眼放煤口以及地面带式输送机走廊必须安设喷雾装置或者除尘器，作业时进行喷雾降尘或者用除尘器除尘。煤仓放煤口、溜煤眼放煤口采用喷雾降尘时，喷雾压力不得低于 8 MPa。

（2）依据《煤矿井下粉尘综合防治技术规范》（AQ 1020）规定，运煤（矸）转载点分为输送机转载点和卸载点（装入煤仓、溜煤眼上口）；其他地点是指煤仓（溜煤眼）放煤口、矿车放煤处及铲斗装煤（矸）机处，均应安装喷雾装置。

距离掘进工作面 50 m 内应设置 1 道自动控制风流净化水幕，运输巷内应设置自动控制风流净化水幕；在装煤点下风侧 20 m 内，必须设置 1 道风流净化水幕。

（3）转载点落差应不超过 0. 5 m，否则须安装溜槽或导向板，减少冲击产尘。

第六百五十三条　喷射混凝土时，应当采用潮喷或者湿喷工艺，并配备除尘装置对上料口、余气口除尘。距离喷浆作业点下风流 100 m 内，应当设置风流净化水幕。

➢ 现场执行

（1）《关于发布禁止井工煤矿使用的设备及工艺目录（第三批）的通知》（安监总煤装〔2011〕17 号）规定，干式混凝土喷射机列为禁止使用设备。

（2）井工煤矿相关班组喷射混凝土时应当采用潮喷或者湿喷工艺，喷射机、喷浆点应当配备捕尘、除尘装置，距离锚喷作业点下风向 100 m 内，应当设置 2 道以上自动控制风流净化水幕。为使喷体与岩面黏结得好，喷射前，必须冲洗岩面。

① 在井下设专门料场，定点卸料、拌料。料场设专用回风道，用除尘器净化含尘空气，以降低卸料、拌料、上料时的粉尘浓度。

② 潮拌料。搅拌砂、石前先洒水预湿，经滤水后其含水量在 6% ~7% 时才加水泥搅拌，可使拌料过程的粉尘浓度降低。

③ 使用湿式过滤除尘器，以除去喷射机上料口、余气口和结合板上产生的粉尘。

④ 加强喷射的密封，防止漏风泄尘。

⑤ 用双水环预加水，以延长水泥湿润的时间和距离。

⑥ 采用小粒径、低风压、近距离的喷射工艺。石子粒径小于 13 mm，喷嘴出口风压小于 0. 12 MPa，喷嘴口距喷射面的距离小于 0. 6 m。

⑦ 防止堵管事故的发生，以免处理堵管时粉尘飞扬。

⑧ 戴防尘口罩进行个体防护。

⑨ 使用湿喷机，进行湿喷。

⑩ 作业人员工作地点总粉尘降尘效率应大于或等于 85% 。

第三章　热　害　防　治

第六百五十五条　当采掘工作面空气温度超过 26 ℃、机电设备硐室超过 30 ℃时，必须缩短超温地点工作人员的工作时间，并给予高温保健待遇。

当采掘工作面的空气温度超过30 ℃、机电设备硐室超过34 ℃时，必须停止作业。

新建、改扩建矿井设计时，必须进行矿井风温预测计算，超温地点必须有降温设施。

➢ 现场执行

（1）井下作业地点的空气温度不得超过28 ℃，超过时，应当采取降温或者其他防护措施。

（2）生产矿井采掘工作面空气温度不应超过28 ℃，机电设备硐室的空气温度不应超过30 ℃。采掘工作面的空气温度等于或超过32 ℃、机电设备硐室的空气温度等于或超过34 ℃时，应停止作业。当采掘工作面的风流温度为28 ~30 ℃时，作业地点的风流速度应为2. 5 ~3. 0 m/s；当采掘工作面的风流温度为30 ~32 ℃时，作业地点的风流速度应为3. 0 ~4. 0 m/s。

（3）测定空气温度应符合下列要求：

① 掘进工作面空气温度的测点，应选择在工作面距迎头2 m处的回风流中；

② 机电硐室空气温度的测点，应选择在硐室回风口的回风风流中；

③ 测定空气温度的测点，不得靠近人体、发热或制冷设备，至少距离0. 5 m以上；

④ 测定时间一般应在上午8时至下午4时内进行；

⑤ 测温仪器应使用最小分度为0. 5 ℃并经过校正的温度计。

（4）新建、改扩建矿井设计时，班组要监督矿井风温预测计算，超温地点降温设计及设施落实情况。

（5）班组劳动者从事高温作业的，依法享受岗位津贴。高温津贴标准由省级人力资源社会保障行政部门会同有关部门制定，并根据社会经济发展状况适时调整等。

第六百五十六条　有热害的井工煤矿应当采取通风等非机械制冷降温措施。无法达到环境温度要求时，应当采用机械制冷降温措施。

➢ 现场执行

1. 非机械制冷降温措施

（1）通风降温措施。通风降温是矿井降温的主要技术途径和最经济的降温手段之一，应当优先采用。

改善通风条件，提高风速，增大风量，降低风温。采用下行风对降低采煤工作面的气温有比较明显的作用。对于发热量较大的机电硐室，应有独立的回风路线，以便把机电设备产生的热量直接导入采区的回风流中。在局部地点使用水力引射器或压缩空气引射器，或使用小型局部通风机，以增加该点风速，也可起到降温的作用。向风流喷洒低于空气温度的冷水也可降低气温。

（2）分区式开拓方式。采用分区式开拓方式可以缩短入风线路长度，从而降低班组工作面温度。

2. 机械制冷降温措施

当热害严重时，采用非机械制冷措施不能有效解决高温问题时，必须采用机械制冷设备强制制冷。

目前机械制冷方法有地面集中制冷机制冷、井下集中制冷机制冷和井下移动冷冻机制冷3种。

3. 减少高温时段作业时间

井工煤矿地面辅助生产系统和露天煤矿应当合理安排劳动者工作时间，减少高温时段室外作业时间。

第四章 噪 声 防 治

第六百五十七条 作业人员每天连续接触噪声时间达到或者超过 8 h 的，噪声声级限值为 85 dB(A)。每天接触噪声时间不足 8 h 的，可以根据实际接触噪声的时间，按照接触噪声时间减半、噪声声级限值增加 3 dB(A) 的原则确定其声级限值。

➢ 现场执行

（1）噪声是一切有损听力、有害健康或有其他危害的声响。生产性噪声是指在生产的过程中产生的噪声。

生产性噪声种类按照来源分为机械性噪声、流体动力性噪声、电磁性噪声和脉冲噪声。

机械性噪声是由于机械的撞击、摩擦、转动所产生的噪声，如冲压、打磨过程发出的声音。

流体动力性噪声是气体压力或体积的突然变化或流体流动所产生的声音，如空气压缩或释放（汽笛）发出的声音。

电磁性噪声。如变压器所发出的嗡嗡声。

脉冲噪声。

《工作场所有害因素职业接触限值 第 2 部分：物理因素》(GBZ 2.2) 的规定，脉冲噪声是指噪声突然爆发又很快消失，持续时间不大于 0.5 s，间隔时间大于 1 s，声压有效值变化不小于 40 dB 的噪声。

煤矿生产时，因撞击、摩擦和在交变的机械重力作用下，会产生机械振动性噪声，如：输送机、割煤机、钻孔机等；因气体压力突变引起气体分子的剧烈振动所产生的空气流体动力性噪声，如：水泵、风泵、凿岩机等。

噪声强度卫生限值是 85 dB(A) 不是指发生源的基础噪声，是指工人每天连续接触噪声 8 h 的限值，即按一个工作日（8 h）用能量平均的方法。

（2）不同接触时间下接触限值见表 4-4-1。

表 4-4-1 工作场所噪声等效声级接触限值

日接触时间/h	接触限值/dB(A)	日接触时间/h	接触限值/dB(A)
8	85	1	94
4	88	0.5	97
2	91		

（3）班组作业人员应当优先选用低噪声设备，通过隔声、消声、吸声、减振、减少接触时间等措施降低噪声危害。

(4) 煤矿企业应为接触噪声的作业人员按时发放耳塞等，并监督其按规定佩戴和使用。

第六百五十八条 每半年至少监测1次噪声。

井工煤矿噪声监测点应当布置在主要通风机、空气压缩机、局部通风机、采煤机、掘进机、风动凿岩机、破碎机、主水泵等设备使用地点。

露天煤矿噪声监测点应当布置在钻机、挖掘机、破碎机等设备使用地点。

➢ 现场执行

(1) 班组人员进行噪声监测时，应在每个监测地点选择3个测点，监测结果以3个监测点的平均值为准。

(2) 煤矿监测噪声班组应当配备2台以上噪声测定仪器，并对作业场所噪声每6个月监测1次。

第六百五十九条 应当优先选用低噪声设备，采取隔声、消声、吸声、减振、减少接触时间等措施降低噪声危害。

➢ 现场执行

(1) 控制或消除噪声源是从根本上解决噪声危害的一种方法。井工煤矿班组应当优先采用无声或低声设备代替强噪声的设备，如用液压凿岩机代替高噪声的气动凿岩机。对于噪声源，如电机或空气压缩机，如果工艺过程允许远置，则应移至车间外或更远的地方，否则需采取隔声措施。

随着5G通信技术在工业生产的应用，现在已可实现煤矿智能化，对设备远程遥控。此外，设法提高机器制造的精度，尽量减少机器部件的撞击和摩擦，减少机器的振动，可明显降低噪声强度。

(2) 在噪声传播过程中，通过隔声、消声、吸声等材料和装置，阻断和屏蔽噪声的传播。

(3) 班组成员佩戴个人防护用品是保护听觉器官的一项有效措施。最常用的是耳塞，一般由橡胶或软塑料等材料制成，根据外耳道形状设计大小不等的各种型号，隔声效果可达15 dB左右。

此外还有耳罩、帽盔等，其隔声效果优于耳塞，但佩戴时不够方便，成本也较高，普遍采用存在一定的困难。在某些特殊环境，需要将耳塞和耳罩合用，以保护劳动者的听力。

(4) 班组成员实行轮班制，减少噪声接触时间。

第五章 有害气体防治

第六百六十条 监测有害气体时应当选择有代表性的作业地点，其中包括空气中有害物质浓度最高、作业人员接触时间最长的地点。应当在正常生产状态下采样。

➢ 现场执行

(1) 煤矿作业场所主要化学毒物浓度不得超过表4-5-1的要求。

表4-5-1 煤矿主要化学毒物最高允许浓度

化学毒物名称	最高允许浓度/%	化学毒物名称	最高允许浓度/%
CO	0.0024	SO_2	0.0005
H_2S	0.00066	NH_3	0.004
NO（换算成 NO_2）	0.00025		

（2）煤矿企业应当建立健全有毒有害气体监测制度，日常监测可采用采样方式进行地面分析，或在规定地点安装传感器保持实时在线监测。

（3）煤矿井下采空区、废置的硐室、打了栅栏的盲硐及悬挂禁止进入标志的地点易积存超过允许浓度的有害气体，上述地点严禁随意进入，进入前一定要先检查有毒有害气体的浓度。

第六百六十一条 氧化氮、一氧化碳、氨、二氧化硫至少每3个月监测1次，硫化氢至少每月监测1次。

➤ 现场执行

（1）硫化氢是一种刺激性、窒息性气体，毒性极强。重度硫化氢中毒时，出现意识模糊、躁动、昏迷、大小便失禁、肺水肿、全身肌肉痉挛或强直，最后可因呼吸麻痹而死亡。高浓度吸入时可使患者立即昏迷，甚至在数秒钟内猝死。

（2）化学毒物等职业病危害因素浓度和强度应符合《工作场所有害因素职业接触限值 第1部分：化学有害因素》(GBZ 2.1）规定。

➤ 相关案例

内蒙古自治区准格尔旗路鑫聚煤矿井下“3·9”一氧化碳中毒事故。

第六百六十二条 煤矿作业场所存在硫化氢、二氧化硫等有害气体时，应当加强通风降低有害气体的浓度。在采用通风措施无法达到作业环境标准时，应当采用集中抽取净化、化学吸收等措施降低硫化氢、二氧化硫等有害气体的浓度。

➤ 现场执行

（1）煤矿井下为有限空间，成煤环境又非常复杂，加上采矿扰动影响，各班组的作业环境不可避免地会存在硫化氢、二氧化硫等有毒有害气体。

当存在这些有毒有害气体时，应加强通风降低有毒有害气体的浓度。矿井需要的风量应按下列要求分别计算，并选取其中的最大值：

一是按井下同时工作的最多人数计算，每人每分钟供给风量不得少于4 m^3。

二是按采掘工作面、硐室及其他地点实际需要风量的总和进行计算。各地点的实际需要风量，必须使该地点风流中的甲烷、二氧化碳和其他有害气体的浓度、风速、温度及每人供风量符合《煤矿安全规程》的有关规定。

三是使用煤矿用防爆型柴油动力装置机车运输的矿井，行驶车辆的巷道，除供风量符合规程的有关规定外，还应按同时运行的最多车辆数增加巷道配风量，配风量应不小于4 $m^3/(min·kW)$。

（2）在采用通风措施无法达到作业环境标准时，应当采用下列方法降低有害气体浓度：

一是采用煤层注水，水中添加吸收液吸收化学毒物。

二是采用喷雾措施，水中添加吸收液吸收释放出的有害气体。

三是采用风流控制装置将含有有害气体的空气控制在无人区域，用风机将含有有害气体的空气抽出，并采用净化措施吸收净化。

第六章　职业健康监护

第六百六十三条　煤矿企业必须按照国家有关规定，对从业人员上岗前、在岗期间和离岗时进行职业健康检查，建立职业健康档案，并将检查结果书面告知从业人员。

➢ 现场执行

（1）职业健康检查费用由用人单位承担。职业健康检查应当由取得《医疗机构执业许可证》的医疗卫生机构承担。

（2）依据《职业健康监护技术规范》（GBZ 188）和《煤矿作业场所职业病危害防治规定》规定的所接触的职业危害因素类别，确定检查项目和检查周期。

一是上岗前职业健康检查。上岗前健康检查的主要目的是发现有无职业禁忌证，建立接触职业病危害因素人员的基础健康档案，上岗前健康检查均为强制性职业健康检查，应在开始从事有害作业前完成。下列人员应进行上岗前健康检查。

二是拟从事接触职业病危害因素作业的新录用人员，包括转岗到该种作业岗位的人员。

三是拟从事有特殊健康要求作业的人员，如高处作业、电工作业、职业机动车驾驶作业等。

（3）在岗期间职业健康检查。长期从事规定的需要开展健康监护的职业病危害因素作业的劳动者，应进行在岗期间的定期健康检查，定期健康检查的目的主要是早期发现职业病病人或疑似职业病病人或劳动者的其他健康异常改变；及时发现有职业禁忌的劳动者；通过动态观察劳动者群体健康变化，评价工作场所职业病危害因素的控制效果，定期健康检查的周期应根据不同职业病危害因素的性质、工作场所有害因素的浓度或强度、目标疾病的潜伏期和防护措施等因素决定。

（4）离岗时职业健康检查。劳动者在准备调离或脱离所从事的职业病危害作业或岗位前，应进行离岗时健康检查；主要目的是确定其在停止接触职业病危害因素时的健康状况。如最后一次在岗期间的健康检查是在离岗前的 90 d 内，可视为离岗时检查。

➢ 相关案例

国家能源集团宁夏煤业集团有限责任公司梅花井煤矿“5·19”事故。

第六百六十四条　接触职业病危害从业人员的职业健康检查周期按下列规定执行：

（一）接触粉尘以煤尘为主的在岗人员，每2年1次。

（二）接触粉尘以硅尘为主的在岗人员，每年1次。

（三）经诊断的观察对象和尘肺患者，每年1次。

（四）接触噪声、高温、毒物、放射线的在岗人员，每年1次。

接触职业病危害作业的退休人员，按有关规定执行。

➢ 现场执行

（1）在岗员工职业性健康体检周期是根据员工所接触职业危害的性质、种类、毒性对身体损害的大小及劳动强度，拟定在该作业场所能够引起工人身体健康出现病理改变的最低时限。

定期健康检查的周期根据不同职业病危害因素的性质、工作场所有害因素的浓度或强度、目标疾病的潜伏期和防护措施等因素决定。

（2）依据《煤矿作业场所职业病危害防治规定》规定，接触职业病危害作业的劳动者的职业健康检查周期按照表4－6－1执行。

表4－6－1　接触职业病危害作业的劳动者的职业健康检查周期

接触有害物质	体检对象	检查周期
煤尘（以煤尘为主）	在岗人员	2年1次
	观察对象、Ⅰ期煤工尘肺患者	每年1次
岩尘（以岩尘为主）	在岗人员、观察对象、Ⅰ期硅肺患者	
噪声	在岗人员	
高温	在岗人员	
化学毒物	在岗人员	根据所接触的化学毒物确定检查周期
接触粉尘危害作业退休人员的职业健康检查周期按照有关规定执行		

（3）职业健康检查应当由取得《医疗机构执业许可证》的医疗卫生机构承担，检查项目、周期按照规定执行，放射工作人员职业健康检查按照《放射工作人员职业健康监护技术规范》(GBZ 235）等规定执行。

（4）接触职业病危害作业的退休人员的职业健康检查称为离岗后健康检查。

依据《职业健康监护技术规范》(GBZ 188）规定，下列劳动者需要进行离岗后健康检查。

① 劳动者接触的职业病危害因素具有慢性健康影响，所致职业病或职业肿瘤常有较长的潜伏期，故脱离接触后仍有可能发生职业病；

② 离岗后健康检查时间的长短应根据有害因素致病的流行病学及临床特点、劳动者从事该作业的时间长短、工作场所有害因素的浓度等因素综合考虑确定。

（5）劳动者接受职业健康检查应当视同正常出勤，煤矿企业不得以常规健康检查代替职业健康检查。

第六百六十五条　对检查出有职业禁忌证和职业相关健康损害的从业人员，必须调离接害岗位，妥善安置；对已确诊的职业病人，应当及时给予治疗、康复和定期检查，并做好职业病报告工作。

➢ 现场执行

依据《中华人民共和国职业病防治法》第四十四条、第四十七条、第四十八条、第五十六至六十一条规定，煤矿应当做好相关职业病诊断、治疗等工作，依据职业健康检查报告，采取下列措施，班组应当予以配合。

（1）对有职业禁忌的劳动者，调离或者暂时脱离原工作岗位。

（2）对健康损害可能与所从事的职业相关的劳动者，调离原岗位，进行妥善安置。

（3）对需要复查的劳动者，按照职业健康检查机构要求的时间安排复查和医学观察。

（4）对疑似职业病病人，按照职业健康检查机构的建议安排其进行医学观察或者职业病诊断。

（5）对已确诊的职业病人，按照国家有关规定，安排职业病病人进行治疗、康复和定期检查。

（6）对存在职业病危害的岗位，应改善劳动条件，完善职业病防护设施。

（7）煤矿对从事接触职业病危害的作业的劳动者，应当给予适当岗位津贴。

（8）煤矿和医疗卫生机构发现职业病病人或者疑似职业病病人时，应当及时向所在地卫生行政部门和安全生产监督管理部门报告。确诊为职业病的，煤矿还应当向所在地劳动保障行政部门报告。

第六百六十六条　有下列病症之一的，不得从事接尘作业：

（一）活动性肺结核病及肺外结核病。

（二）严重的上呼吸道或者支气管疾病。

（三）显著影响肺功能的肺脏或者胸膜病变。

（四）心、血管器质性疾病。

（五）经医疗鉴定，不适于从事粉尘作业的其他疾病。

➢ **现场执行**

（1）职业禁忌证是指劳动者从事特定职业或者接触特定职业病危害因素时，比一般职业人群更易于遭受职业病危害和罹患职业病，或者可能导致原有自身疾病病情加重，或者在从事作业过程中可能诱发导致他人生命健康的个人特殊生理与病理状态。

职业禁忌证通常与年龄、性别、营养、健康状况、个体差异、生活习惯、生产方式、家庭遗传等因素有关。

（2）由于粉尘的理化性质、荷电性的作用，接尘工人职业禁忌证主要以呼吸系统和心血管疾病为主。

严重上呼吸道或支气管疾病主要指中度以上支气管炎、支气管哮喘、支气管扩张、萎缩性鼻炎、鼻腔肿瘤等。

显著影响肺功能的胸廓病或胸膜病主要指肺硬化、肺气肿、严重胸膜肥厚与黏连或由其他病因引起的肺功能中度损伤等。

心血管疾病主要指冠心病、风湿性心脏病、肺源性心脏病、先天性心脏病、心肌炎、高血压病等。

第六百六十七条　有下列病症之一的，不得从事井下工作：

（一）本规程第六百六十六条所列病症之一的。

（二）风湿病（反复活动）。

（三）严重的皮肤病。

（四）经医疗鉴定，不适于从事井下工作的其他疾病。

➤ **现场执行**

（1）井下是一个特殊的不良作业环境。它与地面工厂比较，气温高、湿度大（相对湿度可达80%以上）、气压高，在通风气流中还混杂有各种粉尘颗粒、有害气体，如：甲烷、一氧化碳、二氧化碳、二氧化硫、氮氧化物、硫化氢等，这些物质在气流内的浓度虽然经检测，都不超过国家卫生标准（特殊情况下除外），但多种有害物质混在一起，对身体仍有危害，并且井下作业采掘空间狭窄，作业时长期处于不良体位（如：弯腰、下蹲、前屈、仰首、爬行等），体力劳动强度过大，光照度低，要求井下生产作业人员不但身体素质好，反应也要机敏灵活。

（2）风湿病是一种侵犯关节、骨骼、肌肉、血管及有关软组织或结缔组织为主的疾病，其中多数为自身免疫性疾病，发病多较隐蔽而缓慢，病程较长且大多具有遗传倾向，诊断及治疗均有一定难度。风湿病（反复活动）其特点是急性关节炎和关节周围炎反复发作，发作间歇期内无任何症状。本病多见于30～60岁人群。

皮肤病是发生在皮肤和皮肤附属器官疾病的总称。皮肤是人体最大的器官，皮肤病的种类不但繁多，多种内脏发生的疾病也可以在皮肤上有所表现。引起皮肤病的原因很多，比如感染因素引起的皮肤病，如麻风、疥疮、真菌病、皮肤细菌感染等常常有一定的传染性，不但影响身体健康，而且易引起恐慌与社会歧视。皮肤病的发病率很高，多比较轻，通常不影响健康，但少数较重甚至可以危及生命。

本条所规定的病种，虽然不属于职业禁忌证，但它却是井下煤矿生产的行业禁忌证。由于井下的特殊作业环境，常年不见阳光，阴暗、潮湿，有此类疾病的人员在井下作业，不但会加重自身疾病的发展，损坏身体健康，还会增加企业医疗经费。

（3）上岗前职业健康检查严格筛查煤矿生产的行业禁忌证。

第六百六十八条 癫痫病和精神分裂症患者严禁从事煤矿生产工作。

➤ **现场执行**

（1）煤矿是一个特殊、艰苦的作业环境，劳动强度又大，这就要求作业人员应保持高度安全意识和敏捷行动能力。

（2）癫痫是大脑神经元突发性异常放电，导致短暂的大脑功能障碍的一种慢性疾病。由于异常放电的起始部位和传递方式的不同，癫痫发作的临床表现复杂多样，可表现为发作性运动、感觉、自主神经、意识及精神障碍。

精神分裂症是一组病因未明的慢性疾病，多在青壮年缓慢或亚急性起病，临床上往往表现为症状各异的综合征，涉及感知觉、思维、情感和行为等多方面的障碍以及精神活动的不协调。

癫痫病、精神分裂症这种疾病在发病时，不仅自己无自主、无自觉的意识能力，还可能因思维狂乱引起自身安全事故或诱发矿井不可预测的大型事故。

（3）在生产人群中，精神分裂症和癫痫病在发病时一般是容易发现的，但在安定时间内是很少有症状的，这就要求医疗机构要严密把好关，一旦发现，应立即报告人事部门予以调离。

第六百六十九条　患有高血压、心脏病、高度近视等病症以及其他不适应高空（2 m以上）作业者，不得从事高空作业。

➢ 现场执行

（1）高空作业通常指的是高处作业，指人在一定位置为基准的高处进行的作业。按照国家标准《高处作业分级》（GB/T 3608）规定，高处作业为在距坠落高度基准面（3.2）2 m或2 m以上有可能坠落的高处进行的作业。高处作业分为一般高处作业和特殊高处作业两种。

（2）在煤矿中高处作业主要分布在立井井筒、露天煤矿、地面建筑、通信架线等处，作业环境多是在室外露天情况下，所以特殊高空作业所占比重很大。

（3）按照《职业健康监护技术规范》（GBZ 188）9.2高处作业的规定，高处作业上岗前职业健康检查的目标疾病中的职业禁忌证包括：①未控制的高血压；②恐高；③癫痫；④晕厥、眩晕症；⑤器质性心脏病或各种心律失常；⑥四肢骨关节及运动功能障碍。

检查内容要求重点询问有无恐高症、高血压、心脏病及精神病家族史等；癫痫、晕厥、眩晕症病史及发作情况。

内科常规检查中要求重点检查血压、心脏、三颤。

由此可见，由于高处作业的特殊性和较地面作业相对难度大的原因，国家对高处作业按特殊工种管理，并规定了工种禁忌证。对没有经过高处作业培训的人员，有的会因生理恐惧不敢在高处环境站立、瞭望，而对患有心血管疾病的病人更会因精神因素，激发血压增高、血肌供血不足加剧原有病症，甚至恶化，同时也极易发生安全事故。

第六百七十条　从业人员需要进行职业病诊断、鉴定的，煤矿企业应当如实提供职业病诊断、鉴定所需的从业人员职业史和职业病危害接触史、工作场所职业病危害因素检测结果等资料。

➢ 现场执行

（1）职业病诊断证明书应当由参与诊断的取得职业病诊断资格的执业医师签署，并经承担职业病诊断的医疗卫生机构审核盖章。

（2）卫生行政部门应当监督检查和督促用人单位提供上述资料；劳动者和有关机构也应当提供与职业病诊断、鉴定有关的资料。

（3）职业病诊断、鉴定所需的资料包括作业场所定期检测资料、个体防护用品配置情况、劳动者职业接触史、上岗前职业健康检查结果，以及在岗期间的定期健康检查结果等资料，退休、离岗人员及换岗人员还需提供健康检查资料。

（4）职业病诊断、鉴定机构需要了解工作场所职业病危害因素情况时，可以对工作场所进行现场调查，也可以向卫生行政部门提出，卫生行政部门应当在十日内组织现场调查。用人单位不得拒绝、阻挠。

（5）职业病诊断、鉴定事关煤矿企业和从业人员的责任、权利和义务，应符合《中华人民共和国职业病防治法》第四十七条、第四十八条、第四十九条、第五十条规定。

第六百七十一条 煤矿企业应当为从业人员建立职业健康监护档案，并按照规定的期限妥善保存。

从业人员离开煤矿企业时，有权索取本人职业健康监护档案复印件，煤矿企业必须如实、无偿提供，并在所提供的复印件上签章。

➢ 现场执行

（1）依据《中华人民共和国职业病防治法》和《煤矿作业场所职业病危害防治规定》规定，用人单位（煤矿）应当为劳动者建立职业健康监护档案，并按照规定的期限妥善保存。

职业健康监护档案应当包括劳动者的职业史、职业病危害接触史、职业健康检查结果和职业病诊疗等有关个人健康资料。

（2）依据《职业健康监护技术规范》（GBZ 188）规定，做好职业健康监护档案的管理。

一是用人单位应当依法建立职业健康监护档案，并按规定妥善保存。劳动者或劳动者委托代理有权查阅劳动者个人的职业健康监护档案，用人单位不得拒绝或者提供虚假档案材料。劳动者离开用人单位时，有权索取本人职业健康监护档案复印件，用人单位应当如实、无偿提供，并在所提供的复印件上签章。

二是职业健康监护档案应有专人管理，管理人员应保证档案只能用于保护劳动者健康的目的，并保证档案的保密性。

（3）为从业人员提供职业健康监护档案复印件时，不得刁难、不得弄虚作假，不得收取任何费用，为从业人员进行健康损害鉴定、追究健康损害责任提供法律保证。

第五部分 应 急 救 援

第一章 一 般 规 定

第六百七十二条 煤矿企业应当落实应急管理主体责任，建立健全事故预警、应急值守、信息报告、现场处置、应急投入、救援装备和物资储备、安全避险设施管理和使用等规章制度，主要负责人是应急管理和事故救援工作的第一责任人。

➢ **现场执行**

（1）应急管理是对突发公共事件全过程的动态管理，包括预防、准备、响应和恢复四个阶段，亦可概括为“一案三制”，即突发公共事件应急预案和应急机制、体制、法制。

（2）建立健全并严格执行事故监测与预警制度、应急值守制度、应急信息报告和传递制度、应急投入及资源保障制度、应急救援预案管理制度、应急演练制度、应急救援队伍管理制度、应急物资装备管理制度、安全避险设施管理和使用制度、应急资料档案管理制度。

第六百七十三条 矿井必须根据险情或者事故情况下矿工避险的实际需要，建立井下紧急撤离和避险设施，并与监测监控、人员位置监测、通信联络等系统结合，构成井下安全避险系统。

安全避险系统应当随采掘工作面的变化及时调整和完善，每年由矿总工程师组织开展有效性评估。

➢ **现场执行**

（1）安全避险包括井下涉险或事故状态下紧急撤离（安全逃生）以及撤离受阻情况下紧急避险待救两部分。安全避险工作应当坚持紧急撤离即为先逃生后避险的原则。紧急避险设施主要包括永久避难硐室、临时避难硐室等。

永久避难硐室是指设置在井底车场、水平大巷、采区（盘区）避灾路线上，具有紧急避险功能的井下专用巷道硐室，服务于整个矿井、水平或采区，服务年限一般不低于5年。

临时避难硐室是指设置在采掘区域或采区避灾路线上，具有紧急避险功能的井下专用巷道硐室，主要服务于采掘工作面及其附近区域，服务年限一般不大于5年。

（2）井下紧急避险系统应与矿井安全监测监控、人员定位、压风自救、供水施救、通信联络等系统有机联系，形成井下整体安全避险系统。

矿井安全监测监控系统应对紧急避险设施的环境参数进行监测；矿井人员定位系统应能实时监测井下人员分布和进出紧急避险设施的情况；矿井压风自救系统应能为紧急避险

设施供给足量氧气；矿井供水施救系统应能在紧急情况下为避险人员供水，并为在紧急情况下输送液态营养物质创造条件；矿井通信联络系统应延伸至井下紧急避险设施，紧急避险设施内应设置直通矿调度室的电话。

（3）矿井在落实井下安全避险系统工作时，应当做好下述工作。

一是认真执行紧急避险系统管理制度，确定专门机构和人员对紧急避险设施进行维护和管理，保证其始终处于正常待用状态。

二是紧急避险设施内应悬挂或张贴简明、易懂的使用说明，指导避险人员正确使用。

三是定期对紧急避险设施及配套设备进行维护和检查，并按产品说明书要求定期更换部件或设备。

四是经检查发现紧急避险设施不能正常使用时，应及时维护处理。采掘区域的紧急避险设施不能正常使用时，应停止采掘作业。

五是建立紧急避险设施的技术档案，准确记录紧急避险设施设计、安装、使用、维护、配件配品更换等相关信息。

第六百七十四条 煤矿企业必须编制应急救援预案并组织评审，由本单位主要负责人批准后实施；应急救援预案应当与所在地县级以上地方人民政府组织制定的生产安全事故应急救援预案相衔接。

应急救援预案的主要内容发生变化，或者在事故处置和应急演练中发现存在重大问题时，及时修订完善。

➢ 现场执行

（1）煤矿应按照《安全生产法》第二十一条、《生产安全事故应急条例》（国务院令第708号）第五条、《生产安全事故应急预案管理办法》（应急管理部令第2号）第五条、《煤矿安全规程》第六百七十四条、《生产经营单位生产安全事故应急预案编制导则》（GB/T 29639）等的规定进行预案编制。

（2）煤矿应按照《生产安全事故应急条例》（国务院令第708号）第六条、《生产安全事故应急预案管理办法》（应急管理部令第2号）第三十四至三十六条、《煤矿安全规程》第六百七十四条的规定及时修订应急预案。

煤矿在实施应急预案修订时，应将年度安全风险辨识评估报告中确认的重大风险纳入预案；对已经消除的重大风险，重新调整预案。

（3）应急救援预案的评审、发放，应按照《生产安全事故应急条例》（国务院令第708号）第五条，《生产安全事故应急预案管理办法》（应急管理部令第2号）第二十一至第二十四条、第二十六条、第二十七条，《煤矿安全规程》第六百七十四条的规定组织实施。

（4）应急救援预案的衔接，是指煤矿的应急预案应按照《安全生产法》第八十一条，《生产安全事故应急预案管理办法》（应急管理部令第2号）第八条、第十二条、第十八条，《煤矿安全规程》第六百七十四条的规定实施衔接。

➢ 相关案例

昭通金寰矿业有限公司昭阳区石垭口煤矿“12·13”顶板事故。

第六百七十五条 煤矿企业必须建立应急演练制度。应急演练计划、方案、记录和总结评估报告等资料保存期限不少于2年。

➢ **现场执行**

（1）应急演练制度主要规定应急演练频次、类型、方案、记录、总结评估报告和持续改进等内容。

（2）应急演练计划、方案包括煤矿编制的演练规划和年度演练计划、演练工作方案，他们应当符合《生产安全事故应急演练基本规范》(AQ/T 9007）“5.1 需求分析”“5.2 明确任务”“5.3 制订计划”“6.1 成立演练组织机构”“6.2.1 工作方案”的相关规定。

（3）应急资料应当归档保存，连续完整，保存期限不少于3年，其归档的应急资料类型应包括纸质版、电子版、影像记录等。

应急管理档案应包括组织机构、工作制度、应急救援预案、上报备案、应急演练、应急救援、协议文书等部分。

第六百七十六条 所有煤矿必须有矿山救护队为其服务。井工煤矿企业应当设立矿山救护队，不具备设立矿山救护队条件的煤矿企业，所属煤矿应当设立兼职救护队，并与就近的救护队签订救护协议；否则，不得生产。

矿山救护队到达服务煤矿的时间应当不超过30 min。

➢ **现场执行**

兼职救护队队员应由井下生产一线班组长和业务骨干人员组成，其队员数量由煤矿生产规模、自然条件和灾害情况等确定。

煤矿应当定期对兼职救护队队员进行救护知识培训。

➢ ***相关案例***

天祝旭东煤业有限责任公司“1·5”瓦斯事故（CO中毒）。

第六百七十九条 煤矿作业人员必须熟悉应急救援预案和避灾路线，具有自救互救和安全避险知识。井下作业人员必须熟练掌握自救器和紧急避险设施的使用方法。

班组长应当具备兼职救护队员的知识和能力，能够在发生险情后第一时间组织作业人员自救互救和安全避险。

外来人员必须经过安全和应急基本知识培训，掌握自救器使用方法，并签字确认后方可入井。

➢ **现场执行**

（1）自救器是入井人员防止有害气体中毒或缺氧窒息的一种随身携带的呼吸保护器具。入井人员必须随身携带额定防护时间不低于30 min的隔绝式自救器。目前，煤矿井下常用的自救器有ZH30(C)型隔绝式化学氧自救器和ZYX45隔绝式压缩氧自救器。其结构及使用方法如下。

ZH30(C)型隔绝式化学氧自救器结构如图5-1-1所示。

ZH30(C)型隔绝式化学氧自救器佩戴操作步骤如图5-1-2所示。

ZYX45隔绝式压缩氧自救器的保护系统结构如图5-1-3所示。

ZYX45隔绝式压缩氧自救器佩戴操作步骤如图5-1-4所示。

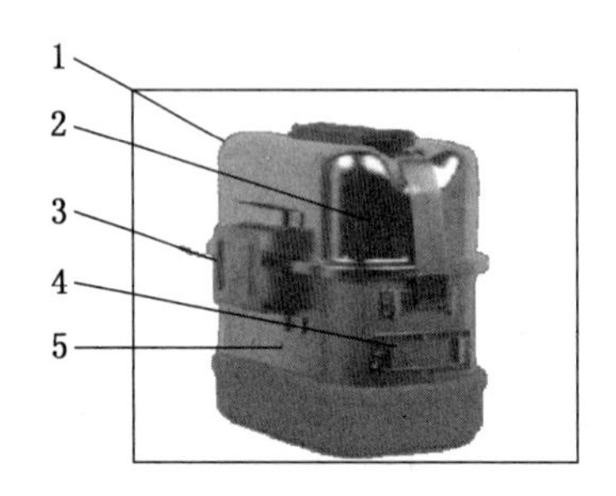

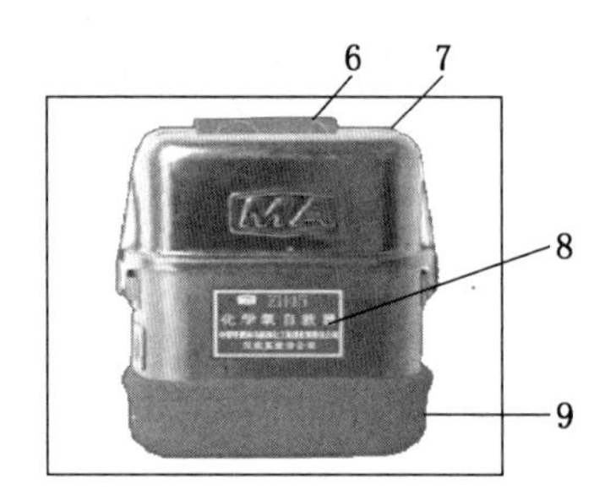

1—上外壳；2—封口带；3—腰带环；4—号码牌；5—下外壳（生氧罐）；6—扳手粘扣；7—扳手；8—铭牌；9—减震套

图 5-1-1　ZH30(C)型隔绝式化学氧自救器结构

(1)揭开扳手粘扣，扳起封口带扳手，至封印条断开，扔掉封口带

(2)揭开上外壳扔掉，拔掉初期生氧器启动针

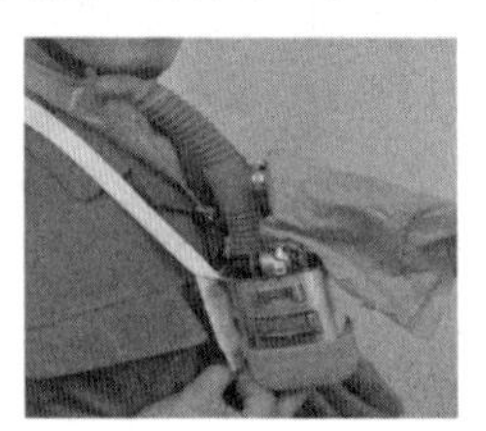

(3)套上脖带，注意隔热垫应靠身体

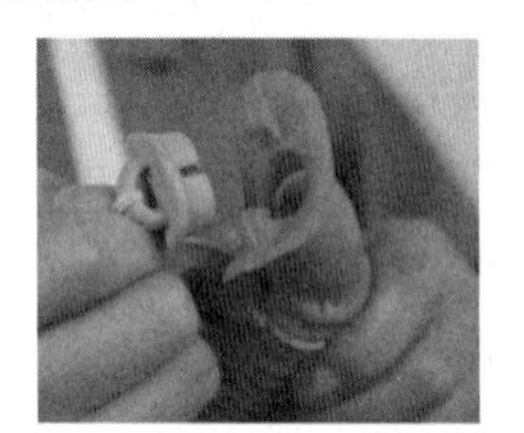

(4)拔掉口具塞

(5)将口具放入唇齿间，上下齿咬住牙垫，紧闭嘴唇。此时，初期生氧装置启动生氧，气囊自动鼓起。如遇到初期生氧装置不能正常发挥作用，应迅速向自救器内呼气，将气囊吹鼓

(6)捏住鼻夹垫圆柄，拉开鼻夹垫，夹住鼻子，不能漏气

(7)佩戴完毕后，戴好安全帽，匀速撤离灾区

图 5-1-2　ZH30（C）型隔绝式化学氧自救器佩戴操作步骤

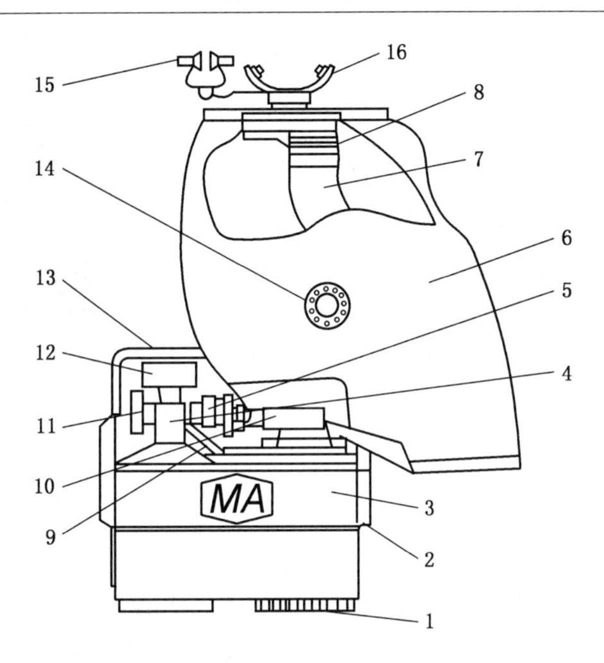

1—底盖；2—挂钩；3—清净罐；4—氧气瓶；5—减压阀；6—气囊；7—呼气软管；8—呼吸阀；9—支架；10—补气压板；11—手轮开关；12—压力表；13—上盖；14—排气阀；15—鼻夹；16—口具

图5-1-3 ZYX45隔绝式压缩氧自救器保护系统结构

(1)将佩戴的自救器移至身体的正前面

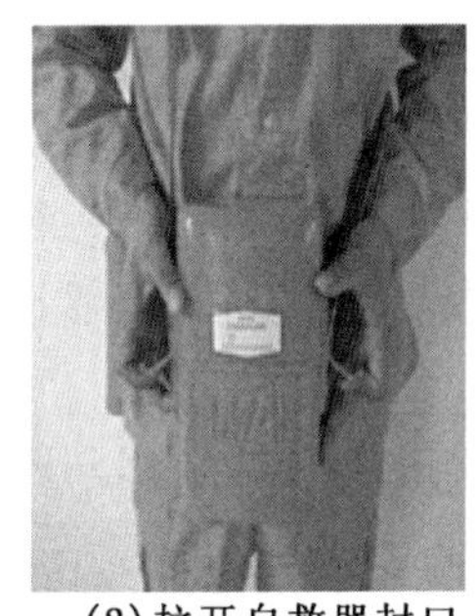

(2)拉开自救器封口带并取下上盖

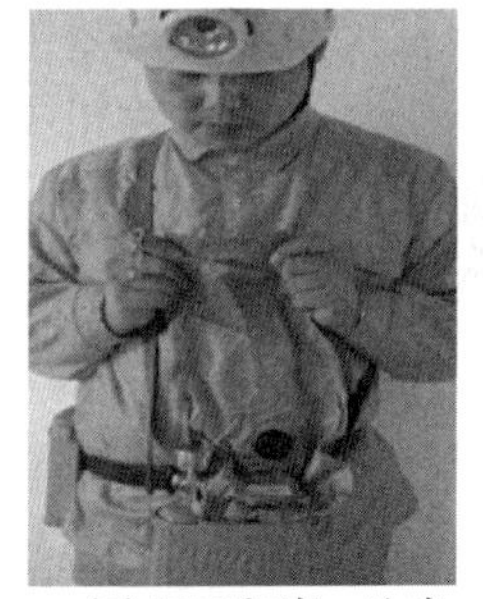

(3)展开气囊，注意气囊不能扭折

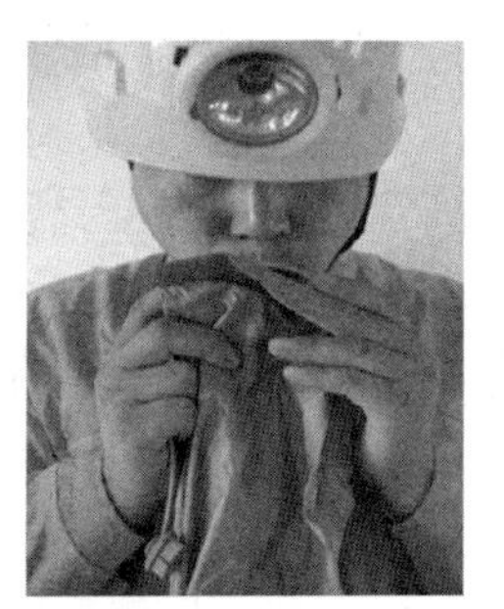

(4)把口具放入口中，口具片应放在唇齿之间，牙齿紧紧咬住牙垫，紧闭嘴唇，使之具有可靠的气密性

(5)逆时针转动氧气开关手轮，打开氧气瓶开关（必须完全打开），用手指按动补气压板，使气囊迅速鼓起

(6)把鼻夹弹簧扳开，将鼻垫准确地夹住鼻孔，用嘴呼吸。使用时如果看见气囊在呼完气后仍不太鼓或吸气有憋气感时，应及时用手指按动补气压板向气囊补气，直到气囊鼓起；也可用力吸气，气囊吸瘪后，补气压板压迫补气杆，也会自动补气

(7)撤离灾区

图5-1-4 ZYX45隔绝式压缩氧自救器佩戴操作步骤

（2）煤矿应当组织作业人员开展应急救援知识的培训，使其掌握煤矿各类灾害事故的避灾路线和避灾方法，确保遇到灾害事故时能有效利用避灾路线进行自救。

（3）对外来人员入井前的安全和应急基本知识培训内容主要包括如下内容。

一是入井前必须正确佩戴劳动保护用品，袖口必须扎紧，帽带必须系牢，矿灯、自救器、人员定位卡必须完好。

对外来人员进行矿井生产系统、工艺、安全风险等基本情况进行培训，下井途中经常提醒安全事项；

二是严禁酒后入井，严禁耳聋、高度近视、心脏病、高血压等职业禁忌证者入井。

三是入井人员必须遵守出入井管理制度，遵守带队人员指挥，严禁单独行动。

四是井下平巷行走时，靠右侧行走，遵守行人、行车规章制度。

五是井下设置严禁入内、危险标志灯区域不得靠近。

第六百八十条 煤矿发生险情或者事故后，现场人员应当进行自救、互救，并报矿调度室；煤矿应当立即按照应急救援预案启动应急响应，组织涉险人员撤离险区，通知应急指挥人员、矿山救护队和医疗救护人员等到现场救援，并上报事故信息。

➢ **现场执行**

（1）及时报告灾情是防止人员伤亡或伤亡扩大，消除或降低险情，防止事故扩大的基础和保障。

在灾害事故发生初期，事故现场的作业人员应沉着冷静，根据异常现象、声响和冲击等情况，尽快了解或判断事故性质、地点和灾害程度，在确保自身安全的情况下，采取积极有效的措施和方法，投入现场抢救，将事故消灭在初始阶段或控制在最小范围内，最大限度地减少事故造成的损失。

报告时，要充分利用现场最近处的电话进行报告，应将事故发生的时间、地点、性质、遇险遇难人数、影响范围等表述清楚。

报告人员应当沉着冷静，要尽量把话说清楚，要如实报告灾情。应按照调度的指令和要求，完成其他工作。

（2）处理灾害事故时，必须统一指挥、密切配合，严禁冒险蛮干和惊慌失措，严禁各行其是和单独行动。

在积极抢救时，首先要确保自身安全，要注意观察风流、气体、顶板、设备及设施的变化，不具备救援条件或救援对自身安全无法保障时，严禁冒险强行施救。

抢救遇险人员时，应先救命后治伤，要正确分析判断伤情，正确运用止血、包扎、临时固定和搬运等急救技术。

采取各种有效的措施，消除初始灾害或防止灾区事故恶化或扩大。

第二章 安 全 避 险

第六百八十三条 煤矿发生险情或者事故时，井下人员应当按应急救援预案和应急指令撤离险区，在撤离受阻的情况下紧急避险待救。

➢ 现场执行

1. 安全避险

安全避险包括紧急撤离和紧急避险两部分。煤矿发生险情或者事故时，井下人员首要工作就是自救互救，尽快撤离险区；在撤离受阻、无法撤出的情况下寻求安全地点紧急避险待救。

2. 瓦斯与煤尘爆炸事故时的避灾方法

（1）背向空气颤动的方向，俯卧倒地，面部贴在地面，以降低身体高度，避开冲击波的强力冲击。

（2）要闭住气暂停呼吸，用毛巾捂住口鼻，防止把火焰吸入肺部。尽量用衣物盖住身体，尽量减少皮肤的暴露面积，以减少烧伤。

（3）迅速按规定佩戴好自救器。

（4）位于爆炸地点进风侧的人员，要逆着进风撤离灾区；回风侧的人员要利用附近的联络巷道绕到进风巷，再迎着进风撤离灾区。

（5）若实在无法安全撤离灾区时，应尽快在附近找一个（或建一个）避难硐室躲避待救。

（6）及时向调度室汇报。

3. 煤与瓦斯突出时的避灾方法

1）掘进工作面发生突出时的避灾方法

（1）发现突出预兆时或发生突出后，现场人员应迅速戴上自救器，向外撤至防突反向风门之外后把风门关好，然后继续外撤。

（2）如果自救器发生故障或佩用自救器不能安全到达安全地点时，应在撤退途中到避难所或利用压风自救装置进行自救，等待救护队援救。

（3）及时向调度室汇报。

2）采煤工作面突出事故时的避灾方法

（1）发现有突出预兆时或发生突出事故后，现场人员应迅速戴上自救器，突出地点进风侧的人员从采面机巷快速撤离采面，然后迎着风流撤离灾区；回风侧的人员在戴好自救器后迅速从回风巷撤离采面，然后再利用联络巷绕到进风巷迎着风流撤离灾区。

（2）如果自救器发生故障或佩用自救器不能安全到达安全地点时，应在撤退途中到避难所或利用压风自救装置进行自救，等待救护队援救。

（3）及时向调度室汇报。

4. 矿井火灾事故时的避灾方法

任何人发现井下火灾时，应视火灾性质、灾区通风和瓦斯情况，立即采取一切可能的方法直接灭火，控制火势，并迅速报告矿调度室。如果火势太大或是瓦斯浓度太高，直接灭火太危险时，就要迅速按照以下方法避灾：

（1）首先要尽最大的可能迅速了解或判明事故的性质、地点、范围和事故区域的巷道情况、通风系统、风流及火灾烟气蔓延的速度、方向以及与自己所处巷道位置之间的关系，并根据应急预案及现场的实际情况，确定撤退路线和避灾自救的方法。

（2）撤退时，任何人无论在任何情况下都不要惊慌、不能狂奔乱跑。应在现场负责人及有经验的老工人带领下有组织地撤退。

（3）位于火源进风侧的人员，应迎着新鲜风流撤退。

（4）位于火源回风侧的人员，应迅速戴好自救器，尽快通过捷径绕到新鲜风流中去，然后再迎着新鲜风流撤退。如果距火源较近而且越过火源没有危险时，也可迅速穿过火区撤到火源的进风侧。

（5）如果在自救器有效使用时间内不能安全撤出时，应在设有储存备用自救器的硐室换用自救器后再行撤退，或是寻找有压风管路系统的地点，以压缩空气供呼吸之用。

（6）如果无论是逆风或顺风撤退，都无法躲避着火巷道或火灾烟气可能造成的危害，则应迅速进入避难硐室；没有避难硐室时应在烟气袭来之前，选择合适的地点就地利用现场条件，快速构筑临时避难硐室，进行避灾自救。

（7）及时向调度室汇报。

5. 矿井透水事故时的避灾方法

（1）透水后，应在可能的情况下迅速观察和判断透水的地点、水源、涌水量、发生原因、危害程度等情况，根据应急救援预案中规定的撤退路线，迅速撤退到透水地点以上的水平，而不能进入透水点附近及下方的独头巷道。

（2）行进中，应靠近巷道一侧，抓牢支架或其他固定物体，尽量避开压力水头和泄水流，并注意防止被水中滚动的矸石和木料撞伤。

（3）如透水破坏了巷道中的照明和路标，迷失行进方向时，遇险人员应朝着有风流通过的上山巷道方向撤退。

（4）在撤退沿途和所经过的巷道交岔口，应留设指示行进方向的明显标志，以提示救护人员的注意。

（5）人员撤退到立井，需从梯子间上去时，应遵守秩序，禁止慌乱和争抢。行动中手要抓牢，脚要蹬稳，切实注意自己和他人的安全。

（6）如唯一的出口被水封堵无法撤退时，应有组织地在独头上山工作面躲避，等待救护人员的营救。严禁盲目潜水逃生等冒险行为。

第六百八十四条 井下所有工作地点必须设置灾害事故避灾路线。避灾路线指示应当设置在不易受到碰撞的显著位置，在矿灯照明下清晰可见，并标注所在位置。

巷道交岔口必须设置避灾路线标识。巷道内设置标识的间隔距离：采区巷道不大于

200 m，矿井主要巷道不大于 300 m。

➢ 现场执行

（1）灾害事故避灾路线是根据可能发生的不同灾害事故和发生地点而预先制定的能使井下人员用尽量短的时间、从最近的距离撤到安全地点的路线图。

煤矿从业人员必须掌握煤矿各类灾害事故的避灾路线。能准确识别逃生路线指示牌和“生命绳”的含义，在遇到灾害事故时能有效利用避灾路线和逃生指示系统进行自救。

（2）避灾路线的设置方法、规格、形式企业应统一规定，如矿图、表格。

避灾路线设置应当按照煤矿水、火、瓦斯、顶板、煤尘等不同事故性质分类设置，标牌设置的位置（如距离某地点多少米等）、材质、样式、内容、规格和色彩应符合有关法规标准的要求，并做到统一。

巷道交岔口设置的避灾路线标识应指明通往的地点及距离，确保路线最优。

（3）煤矿企业应指定单位部门或人员负责避灾路线标识的设计布置，并在相关的矿图上体现出来。指定的单位部门或人员负责避灾路线标识的设置、维护。井下作业要自觉爱护避灾路线标识，保持沿途畅通。

（4）矿井应定期组织入井人员熟悉避灾路线，将应急演练作为有效载体，认真组织开展。

第六百八十九条　突出矿井必须建设采区避难硐室，采区避难硐室必须接入矿井压风管路和供水管路，满足避险人员的避险需要，额定防护时间不低于 96 h。

突出煤层的掘进巷道长度及采煤工作面推进长度超过 500 m 时，应当在距离工作面 500 m 范围内建设临时避难硐室或者其他临时避险设施。临时避难硐室必须设置向外开启的密闭门，接入矿井压风管路，设置与矿调度室直通的电话，配备足量的饮用水及自救器。

➢ 现场执行

（1）额定防护时间是指在规定做功条件下不依靠外界支持，避难硐室在独立工作条件下保证额定遇险人员维持生命所能持续的时间。

只要避难硐室的额定防护时间不低于 96 h，在避难硐室避灾的遇险人员基本上都能够安全获救。500 m 是指遇险人员在灾区的环境中，佩戴有效防护时间为 30 min 的隔绝式自救器能有效走完的距离，只要避难硐室距工作面的距离不超过 500 m，在遇到灾害时，遇险人员就可以在 30 min 内佩戴着自救器安全地撤离灾区或到达避难硐室内避难。

（2）煤矿应当在避难硐室内对入井人员进行操作培训，使其掌握如何进入避难硐室，进入后如何操作，如何配合地面施救，如何利用避难硐室进行自救。

（3）紧急状态下，矿工接到灾害信息，必须根据所在地点具体情况，按照相应的避灾路线和声光指示，有序、快速撤离，在无法安全升井的条件下，方可选择进入避难硐室进行避险。

（4）进入避难硐室必须严格按照《避难硐室操作流程》《避难硐室设备操作说明》《避难硐室日常管理维护规定》等矿井有关规定执行。

第六百九十一条　突出与冲击地压煤层，应当在距采掘工作面 25～40 m 的巷道内、爆破地点、撤离人员与警戒人员所在位置、回风巷有人作业处等地点，至少设置1组压风自救装置；在长距离的掘进巷道中，应当根据实际情况增加压风自救装置的设置组数。每组压风自救装置应当可供5～8人使用，平均每人空气供给量不得少于0.1 m³/min。

其他矿井掘进工作面应当敷设压风管路，并设置供气阀门。

➤ **现场执行**

（1）矿井压风自救装置可安装在巷道、硐室或工作面，利用矿井已装备的管道压缩空气系统供风。当井下发生煤与瓦斯突出或巷道冒顶堵死出路时，受灾人员可迅速使用矿井压风自救装置获得自救，或等待救护队救援。

（2）当井下发生煤与瓦斯突出后现场工作人员不能有效撤离时，应以最快速度进入压风自救装置，首先打开球阀开关，再解开披肩防护袋，迅速地进入袋内避灾，等待地面来人营救。

（3）本条中“突出与冲击地压煤层，未在距采掘工作面25～40 m的巷道内、回风巷有人作业处至少设置1组压风自救装置”“其他矿井掘进工作面未敷设压风管路并设置供气阀门”和“采掘工作面未安设供水管路的”，属于“采掘工作面未按照国家规定安设压风、供水、通信线路及装置”重大事故隐患。

第三章　灾　变　处　理

第七百一十二条　处理矿井火灾事故，应当遵守下列规定：

（一）控制烟雾的蔓延，防止火灾扩大。

（二）防止引起瓦斯、煤尘爆炸。必须指定专人检查瓦斯和煤尘，观测灾区的气体和风流变化。当甲烷浓度达到2.0%以上并继续增加时，全部人员立即撤离至安全地点并向指挥部报告。

（三）处理上、下山火灾时，必须采取措施，防止因火风压造成风流逆转和巷道垮塌造成风流受阻。

（四）处理进风井井口、井筒、井底车场、主要进风巷和硐室火灾时，应当进行全矿井反风。反风前，必须将火源进风侧的人员撤出，并采取阻止火灾蔓延的措施。多台主要通风机联合通风的矿井反风时，要保证非事故区域的主要通风机先反风，事故区域的主要通风机后反风。采取风流短路措施时，必须将受影响区域内的人员全部撤出。

（五）处理掘进工作面火灾时，应当保持原有的通风状态，进行侦察后再采取措施。

（六）处理爆炸物品库火灾时，应当首先将雷管运出，然后将其他爆炸物品运出；因高温或者爆炸危险不能运出时，应当关闭防火门，退至安全地点。

（七）处理绞车房火灾时，应当将火源下方的矿车固定，防止烧断钢丝绳造成跑车伤人。

（八）处理蓄电池电机车库火灾时，应当切断电源，采取措施，防止氢气爆炸。

（九）灭火工作必须从火源进风侧进行。用水灭火时，水流应从火源外围喷射，逐步逼向火源的中心；必须有充足的风量和畅通的回风巷，防止水煤气爆炸。

➤ **现场执行**

（1）火灾是指作业过程中造成人员伤亡、资源损失、环境破坏、设备设施损坏，威胁安全生产的非控制性燃烧。

（2）在处理矿井火灾事故时，矿井指挥部必须控制烟雾的蔓延，防止火灾扩大，给矿山救护队创造从火区进风侧进入灭火的条件。

（3）为防止引起瓦斯、煤尘爆炸，在进回风侧都必须安排专人检查瓦斯和煤尘。

在火区进风侧，指定专人检查瓦斯和煤尘，观测灾区的气体和风流变化。当甲烷浓度达到2.0%以上并继续增加时，全部人员立即撤离至安全地点并向指挥部报告。

在火区回风侧，使用便携式气相色谱仪及时监测灾区环境的气体，当发现有爆炸未显示，基地指挥员可先下令撤退现场人员后再向指挥部报告。

（4）火风压是指矿井发火初期，井下风流与火烟都是沿着发火前的原有方向流动，当火势加大，温度升高，空气成分发生变化，井下空气获得热能，在通风网络中出现自然风压增量的情况。

高温火烟流经的井巷始末两端标高落差越大，火风压值越大；火势越大，温度越高，火风压越大；火风压方向永远向上。

处理上、下山火灾，防止因火风压造成风流逆转和巷道垮塌造成风流受阻应采取下列措施。

一是控制火势，必要时密闭火源进风侧或短路风流，减少火风压。

二是保持主要通风机正常工作。

三是采取局部反风，变下行风流火灾为上行风流火灾。

四是加大火风压所在旁侧风路的风阻，尽量减小回风风路的风阻。

（5）掘进工作面发生火灾后，通风机的状态可能出现两种情况。一种情况是由于着火电源被切断，风机停止了运转。另一种情况是发生火灾后，风机还在正常运转供风。如果改变原有通风状态，可能使事故现场具备瓦斯爆炸的三个条件，造成瓦斯爆炸的严重后果。

第一种情况下，救护队到达现场后，掘进工作面可能积聚着瓦斯并达到或超过了爆炸下限，但是因为空气中氧气浓度过低（低于12%），没有发生爆炸。这时如果启动风机向灾区供风，就给灾区补充氧气而发生爆炸。也可能是由于火源以里有积聚的瓦斯，而火源处瓦斯浓度没有达到爆炸下限，这时救护队到达现场后如果盲目启动风机，就会将火源以里的瓦斯排出而经过火点造成爆炸。

第二种情况下，矿山救护队到达现场后，如果盲目将风机停止，就可能因为掘进工作面停风而形成瓦斯积聚，达到爆炸限度而造成爆炸。

基于此，处理掘进工作面火灾时，应保持原有的通风状态，进行侦察后再采取措施。

第七百一十四条 处理瓦斯（煤尘）爆炸事故时，应当遵守下列规定：

（一）立即切断灾区电源。

（二）检查灾区内有害气体的浓度、温度及通风设施破坏情况，发现有再次爆炸危险时，必须立即撤离至安全地点。

（三）进入灾区行动要谨慎，防止碰撞产生火花，引起爆炸。

（四）经侦察确认或者分析认定人员已经遇难，并且没有火源时，必须先恢复灾区通风，再进行处理。

➢ 现场执行

（1）瓦斯事故主要是指瓦斯（煤尘）爆炸（燃烧），煤（岩）与瓦斯突出，中毒、窒息。

（2）救护小队进入灾区前，必须立即切断灾区电源，防止造成人员触电以及电缆被崩断人员触及时放电而引发瓦斯再次爆炸。

（3）再次爆炸时，灾区救护队员安全得不到保证，必须立即撤到安全地点。

在进入灾区行进及工作中，对于自己携带的装备（特别是铁质的）要拿稳，在搬移铁质支柱、支架等要小心，轻拿轻放，防止碰撞产生火花而引起爆炸。

（4）矿井发生爆炸事故后，会产生大量的有毒有害气体（主要是 CO），氧气浓度也会显著减少。这不仅会造成遇险人员的大量伤亡，也会对抢险救灾人员的生命安全构成严重的威胁。因此，必须先恢复灾区通风，改善工作环境，在保证救护队员安全的前提下再进行处理。

第七百一十五条　发生煤（岩）与瓦斯突出事故，不得停风和反风，防止风流紊乱扩大灾情。通风系统及设施被破坏时，应当设置风障、临时风门及安装局部通风机恢复通风。

恢复突出区通风时，应当以最短的路线将瓦斯引入回风巷。回风井口 50 m 范围内不得有火源，并设专人监视。

是否停电应当根据井下实际情况决定。

处理煤（岩）与二氧化碳突出事故时，还必须加大灾区风量，迅速抢救遇险人员。矿山救护队进入灾区时要戴好防护眼镜。

➢ 现场执行

（1）煤与瓦斯突出，会突出大量的煤（岩）与瓦斯，突出的煤（岩）可能堵塞巷道。瞬时突出的大量煤（岩）与瓦斯也可形成冲击波而造成通风系统被破坏，这时高浓度的瓦斯不但存在于回风侧，而且也向进风侧蔓延。高浓度的瓦斯使空气中的氧气浓度下降而造成人员窒息。突出大量瓦斯的浓度可能达到爆炸界限，如遇到火源还可能发生燃烧或爆炸。

（2）为阻止高浓度瓦斯向进风侧蔓延，应尽快恢复正常通风。恢复通风可对尽快排放瓦斯起到好的作用。突出后还可以利用风流短路的方法，将高浓度瓦斯引入回风道，起到救人和排放瓦斯的作用。

（3）进入灾区内，不准随意启闭电气开关和扭动矿灯开关或灯盖，发现火源应迅速扑灭，以免引起瓦斯爆炸。

（4）瓦斯从回风井口排到地面时，一旦遇到火源，就会发生燃烧或爆炸。所以，发生煤与瓦斯突出事故后，回风井口 50 m 范围内不得有火源，并设专人监视，防止引起回风井口瓦斯燃烧或爆炸。

第七百一十六条　处理水灾事故时，应当遵守下列规定：

（一）迅速了解和分析水源、突水点、影响范围、事故前人员分布、矿井具有生存条件的地点及其进入的通道等情况。根据被堵人员所在地点的空间、氧气、瓦斯浓度以及救出被困人员所需的大致时间制定相应救灾方案。

（二）尽快恢复灾区通风，加强灾区气体检测，防止发生瓦斯爆炸和有害气体中毒、窒息事故。

（三）根据情况综合采取排水、堵水和向井下人员被困位置打钻等措施。

（四）排水后进行侦察抢险时，注意防止冒顶和二次突水事故的发生。

➢ 现场执行

（1）水害事故是指地表水、采空区积水、地质水、工业用水造成的事故及透黄泥、流砂导致的事故，分为矿井透水（突水）和矿井涌水。

（2）矿山救护队到达事故矿井后，要了解灾区情况，灾区内是否有遇险人员、水源、事故前人员分布及灾区内的巷道布置，准确判断遇险人员所在地点，并根据遇险人员所在地点判断其生存条件，计算遇险人员的生存时间，然后采取相应的救灾方案，保证在遇险人员的生存时间内将其救出。

在采取排水措施的同时，采取措施为受困人员创造生存条件。当受困人员所在地点高于透水后水位时，要依据巷道情况采取开绕道或原巷道疏通的方法，尽快地接近受困人员。如果以上方法受现场条件、抢救时间的限制不可行时，可利用打钻等方法供给新鲜空气、饮料及食物；如果其所在地点低于透水后水位时，则禁止打钻，防止泄压扩大灾情。

实践证明，矿井发生水灾后，伴随着矿井突水的水流，会流出大量的 H_2S 和 CH_4 等有毒有害气体；同时，具有一定压力的水流奔腾而下，形成巨大的压力水头，高压水流流过巷道时，就会对巷道的支护造成破坏。因此，救灾时应尽快恢复灾区通风，加强灾区气体检测，防止发生瓦斯爆炸和有害气体中毒、窒息事故；排水后进行侦察抢险时，注意防止冒顶、掉底和二次突水事故的发生。

第七百一十七条 处理顶板事故时，应当遵守下列规定：

（一）迅速恢复冒顶区的通风。如不能恢复，应当利用压风管、水管或者打钻向被困人员供给新鲜空气、饮料和食物。

（二）指定专人检查甲烷浓度、观察顶板和周围支护情况，发现异常，立即撤出人员。

（三）加强巷道支护，防止发生二次冒顶、片帮，保证退路安全畅通。

➢ 现场执行

顶板事故是指在地下采煤过程中，顶板意外冒落造成人员伤亡、设备损坏、生产终止等的事故。顶板冒顶前一般都有预兆，如：顶板断裂发出响声，裂隙增多，裂缝变宽，顶板出现离层，出现掉矸现象，煤壁严重片帮，支架突然明显变形，瓦斯涌出突然增大，淋水加大等现象。井下作业人员发现冒顶预兆时，应及时向上级汇报，并采取有效措施，尽快撤离危险区。

顶板冒落后，救护队应配合现场人员一起救助遇险人员。可通过呼喊、敲击或采用探测仪器等方法，判断遇险人员位置，与遇险人员建立通信联系；可采用掘小巷、绕道或使用临时支护等技术措施，通过冒落区接近遇险者。

当清理大块矸石等冒落物压人时，救护队可提供和操作千斤顶、液压起重器具、液压剪、起重气垫等工具进行处理。一时无法接近时，应设法利用钻孔、压风管路等设施和技术手段提供新鲜空气、饮料和食物。同时，加强巷道支护，防止发生二次冒顶、片帮，保证退路安全畅通。

处理冒顶事故时，应指定专人检查瓦斯浓度、观察顶板和周围支护情况，发现异常，立即撤出人员。

第七百一十八条 处理冲击地压事故时，应当遵守下列规定：

（一）分析再次发生冲击地压灾害的可能性，确定合理的救援方案和路线。

（二）迅速恢复灾区的通风。恢复独头巷道通风时，应当按照排放瓦斯的要求进行。

（三）加强巷道支护，保证安全作业空间。巷道破坏严重、有冒顶危险时，必须采取防止二次冒顶的措施。

（四）设专人观察顶板及周围支护情况，检查通风、瓦斯、煤尘，防止发生次生事故。

➢ 现场执行

矿井冲击地压又称岩爆，是指井巷或工作面周围岩体由于弹性变形能的瞬时释放而产生突然剧烈破坏的动力现象，常伴有煤岩体抛出、巨响及气浪等现象，它具有很大的破坏性，是煤矿重大灾害之一。

矿井冲击地压发生机理比较复杂。在自然地质条件上，地质构造从简单到复杂，煤层厚度从薄煤层到特厚煤层，倾角从水平到急倾斜，顶板包括砂岩、灰岩、油母页岩等，都可能发生冲击地压。在采煤方法和采煤工艺等技术条件方面，不论爆破采煤、普采或综采，采空区处理采用全部垮落法或是水力充填法，是长壁、短壁或是柱式开采，也都发生过冲击地压。

因此，在处理矿井冲击地压事故时，必须首先组织救护队进行灾区侦察，探明事故发生的地点、波及范围，通风系统破坏及瓦斯涌出情况，供水、供电、压风系统破坏情况，灾区坍塌、底鼓及堵埋人员情况，有无积水涌出情况等。灾区侦察结束后，指挥部应根据探明的情况分析判断再次发生冲击地压灾害的可能性，确定合理的救援方案和路线。

迅速恢复灾区的通风。因煤体突出、冒顶导致灾区瓦斯涌出浓度超限时，要立即切断电源，采取恢复通风的措施排出瓦斯。恢复独头巷道通风时，除应将局部通风机安设在新鲜风流处外，其余措施应按照排放瓦斯的要求进行。因冒顶、煤体突出不能正常向掘进迎头或冒顶区供风时，如有条件，通过修复压风管路、恢复压风系统，对迎头或冒顶区进行通风。

加强巷道支护，保证安全作业空间。事故救援必须按照由外向里的原则，逐架整理好变形的支架，清理好畅通的退路，对支架变形严重的地点要采取加强支护的措施，维护好工作空间。巷道破坏严重、有冒顶危险时，必须采取防止二次冒顶的措施。

在抢救过程中，要设专人观察顶板及周围支架牢固情况，检查通风、瓦斯煤尘，发现二次来压征兆或其他异常情况，必须先将人员撤出，待顶板稳定或采取防范措施后再组织抢救。

参 考 文 献

[1] 毛君，董钰峰，卢进南，等. 巷道掘进截割钻进先进技术研究现状及展望［J］. 煤炭学报，2021，46（7）：2084－2099.

[2] 顾大钊，李井峰，曹志国，等. 我国煤矿矿井水保护利用发展战略与工程科技［J/OL］. 煤炭学报，2021［2021－10－14］. https://doi.org/10.13225/j.cnki.jccs.2021.0917.

[3] 梁运涛，田富超，冯文彬，等. 我国煤矿气体检测技术研究进展［J］. 煤炭学报，2021，46（6）：1701－1714.

[4] 林柏泉，李庆钊，周延. 煤矿采空区瓦斯与煤自燃复合热动力灾害多场演化研究进展［J］. 煤炭学报，2021，46（6）：1715－1726.

[5] 袁亮. 深部采动响应与灾害防控研究进展［J］. 煤炭学报，2021，46（3）：716－725.

[6] 徐刚，于健浩，范志忠，等. 国内典型顶板条件工作面矿压显现规律研究［J/OL］. 煤炭学报，2021［2021－10－14］. https://doi.org/10.13225/j.cnki.jccs.2020.1678.

[7] 铁旭初. 我国煤机装备制造70年发展成就与展望［J］. 中国煤炭，2019，45（11）：5－12.

[8] 李良晖，魏炜杰. 放顶煤工作面顶煤破碎机理研究现状与展望［J］. 煤矿安全，2017，48（11）：206－209.

[9] 董强，周西华，李昂，等. 低透自燃煤层综放采空区瓦斯与火共治方法研究［J］. 中国安全科学学报，2016（7）：41－45.

[10] 梁运涛，侯贤军，罗海珠，等. 我国煤矿火灾防治现状及发展对策［J］. 煤炭科学技术，2016（6）：1－6.

[11] 国家安全监督管理总局. 煤矿安全规程　执行说明（2016）［M］. 北京：煤炭工业出版社，2016.

[12] 国家煤矿安全监察局. 煤矿安全生产标准化管理体系基本要求及评分办法（试行）执行说明［M］. 北京：应急管理出版社，2020.

[13] 袁亮，杨大明，窦永山，等. 煤矿安全规程解读（2016）［M］. 北京：煤炭工业出版社，2016.

[14] 法律出版社法规中心. 新编中华人民共和国法律法规全书［M］. 北京：法律出版社，2018.

[15] 国家安全生产监督管理总局信息研究院.《煤矿安全规程》班组学习读本采煤班组［M］. 北京：应急管理出版社，2016.

[16] 国家安全生产监督管理总局信息研究院.《煤矿安全规程》班组学习读本机电班组［M］. 北京：应急管理出版社，2016.

[17] 国家安全生产监督管理总局信息研究院.《煤矿安全规程》班组学习读本运输班组［M］. 北京：应急管理出版社，2016.

[18] 国家安全生产监督管理总局信息研究院.《煤矿安全规程》班组学习读本通风班组［M］. 北京：应急管理出版社，2016.

[19] 国家安全生产监督管理总局信息研究院.《煤矿安全规程》班组学习读本掘进班组［M］. 北京：应急管理出版社，2016.

[20] 王成帅，吉磊. 煤矿班组长安全生产知识和管理能力培训教材［M］. 北京：应急管理出版社，2020.

[21] 朱炎铭，郭英海，曾勇，等. 煤矿地质学［M］. 徐州：中国矿业大学出版社，2016.

[22] 杜计平，孟宪锐. 采矿学［M］. 徐州：中国矿业大学出版社，2009.

[23] 钱鸣高. 矿山压力与岩层控制［M］. 徐州：中国矿业大学出版社，2003.

[24] 王小林，于海森. 煤矿事故救援指南及典型案例分析［M］. 北京：煤炭工业出版社，2014.

[25] 王宏伟. 新时代应急管理通论［M］. 北京：中国工人出版社，2019.

[26] 张伟. 职业道德与法律［M］. 3版. 北京：高等教育出版社，2018.

[27] 武强．煤矿防治水细则解读［M］．北京：煤炭工业出版社，2018.
[28] 窦林名，何学秋．冲击矿压防治理论与技术［M］．徐州：中国矿业大学出版社，2001.
[29] 宋维源．煤层注水防治冲击地压的机理及应用［M］．辽宁：东北大学出版社，2009.
[30 窦林名．煤矿开采冲击矿压灾害防治［M］．徐州：中国矿业大学出版社，2006.
[31] 潘俊锋，刘少虹，高家明，等．深部巷道冲击地压动静载分源防治理论与技术［J］．煤炭学报，2020（5）：1607－1613.
[32] 高明仕，贺永亮，陆菜平，等．巷道内强主动支护与弱结构卸压防冲协调机制［J］．煤炭学报，2020（8）：2749－2759.
[33] 盖德成，李东，姜福兴，等．基于不同强度煤体的合理卸压钻孔间距研究［J］．采矿与安全工程学报，2020（3）：578－585.
[34] 姚建．矿井火灾防治［M］．北京：煤炭工业出版社，2012.
[35] 张建民．中国地下煤火研究与治理［M］．北京：煤炭工业出版社，2008.
[36] 王德明．矿井火灾学［M］．徐州：中国矿业大学出版社，2008.
[37] 陈永峰．煤矿自燃火灾防治［M］．北京：煤炭工业出版社，2004.
[38] 徐精彩．煤自燃危险区域判定理论［M］．北京：煤炭工业出版社，2001.
[39] 管海晏．中国北方煤田自燃环境调查与研究［M］．北京：煤炭工业出版社，1998.